职业技术·职业资格培训教材

维修电工

WEIXIU DIANGONG

(四级)

第2版 上册

主　编　王照清

编　者　张孝三　张　霓

主　审　柴敬镛

中国劳动社会保障出版社

图书在版编目(CIP)数据

维修电工：四级．上册/人力资源和社会保障部教材办公室组织编写．—2 版．—北京：中国劳动社会保障出版社，2013

职业技术·职业资格培训教材

ISBN 978-7-5167-0579-7

Ⅰ．①维… Ⅱ．①人… Ⅲ．①电工-维修-技术培训-教材 Ⅳ．①TM07

中国版本图书馆 CIP 数据核字(2013)第 245693 号

中国劳动社会保障出版社出版发行

(北京市惠新东街 1 号 邮政编码：100029)

*

三河市华骏印务包装有限公司印刷装订 新华书店经销

787 毫米×1092 毫米 16 开本 20.5 印张 395 千字

2013 年 10 月第 2 版 2023 年 10 月第 11 次印刷

定价：45.00 元

营销中心电话：400-606-6496

出版社网址：http: // www.class.com.cn

内容简介

本教材由人力资源和社会保障部教材办公室依据《国家职业标准——维修电工》和上海维修电工（四级）职业技能鉴定细目组织编写。教材从强化培养操作技能、掌握实用技术的角度出发，较好地体现了当前最新的实用知识与操作技术，对于提高从业人员的基本素质、掌握中级维修电工的核心知识与技能有直接的帮助和指导作用。

本教材在编写中根据本职业的工作特点，以能力培养为根本出发点，采用模块化的编写方式。本教材分上、下两册，主要内容包括：电工基础、电子技术与测量、电机与拖动、电气控制技术、可编程控制器与传感器应用技术共5篇26章。

上册内容分为2篇共11章，第1篇电工基础部分包括直流电路、正弦交流电路、三相交流电路、电路中的过渡过程；第2篇电子技术与测量部分包括放大电路、正弦波振荡电路、直流稳压电源、逻辑门电路、晶闸管可控整流电路、常用电子仪器、电子技术技能操作实例。

本教材由王照清主编，柴敬镛主审。参加本教材编写的具体分工为：第1章~第4章由张孝三编写；第5章~第11章、第19章、第20章、第23章~第26章由王照清编写；第12章~第18章、第21章、第22章由张霓编写。

本教材可作为维修电工职业技能培训与鉴定考核教材，也可供全国中、高等职业院校相关专业师生参考使用，以及供本职业从业人员培训使用。

改版说明

2004年中国劳动社会保障出版社出版的《1+X职业技术·职业资格培训教材——维修电工（中级）》已使用近9年。在这9年中得到了广大教师、同学和读者的充分肯定，也提了不少宝贵的意见。《1+X职业技术·职业资格培训教材——维修电工（中级）》是根据当时《国家职业标准——维修电工》和上海1+X职业技能鉴定考核细目——维修电工（四级）而编写的。

在这9年中，随着科学技术的进步与发展，尤其微电子与计算机控制技术的发展与应用，自动化水平日益显著提高，电气设备及自动控制系统越来越先进，如交流变频调速系统和可编程控制器已经得到广泛应用而且还在日新月异地发展。对于承担电气设备及自动控制系统的安装、调试与维修任务的维修电工来说，所需要掌握与了解的理论知识及技能要求也越来越高。《国家职业标准——维修电工》和上海1+X职业技能鉴定考核细目——维修电工（四级）也进行了相应修订。因此，有必要根据新的国家职业标准和上海职业技能鉴定考核细目对《1+X职业技术·职业资格培训教材——维修电工（中级）》进行修改和再版。

第2版教材继承了第1版教材的特点，突出应用性、实用性，理论与实际相结合，力求体现维修电工（四级）所必需的理论知识及操作技能和本职业当前最新的实用知识和操作技能。与第1版教材相比，本教材重点增加了交流变频调速系统、软启动器、可编程控制器及传感器等应用的相关知识和操作技能，同时增加了电子技术的操作技能内容及其相关知识。对典型生产设备电气控制电路等相关知识和操作技能内容也进行重新修改，同时对供配电技术基础知识也进行修改，并将该部分内容归入第四篇电气控制技术。

本教材可作为维修电工（四级）职业资格培训与鉴定考核教材，也可供维修电工学习先进维修电工技术，或进行岗位培训与技术业务培训参考用书。本教材还对中等、高等职业技术学校进行维修电工技能培训有很好的学习使用价值，可作为中等、高等职业技术学校相关专业的教学用书。

目　录

第1篇　电工基础

第1章　直流电路

第2章　正弦交流电路

第3章　三相交流电路

第2篇　电子技术与测量

第1篇　电工基础

第1章

直流电路

第1节 电路的基本概念

电路就是电流的通路，它是由某些电气设备或元件按一定方式组合起来的。图1—1a所示为由干电池、灯泡、开关和导线构成的一个简单直流电路。当合上开关（电键）时，干电池向外输出电流，灯泡有电流流过后发光。把电流所流经的路径称为电路。图1—1b为图1—1a的电路图。

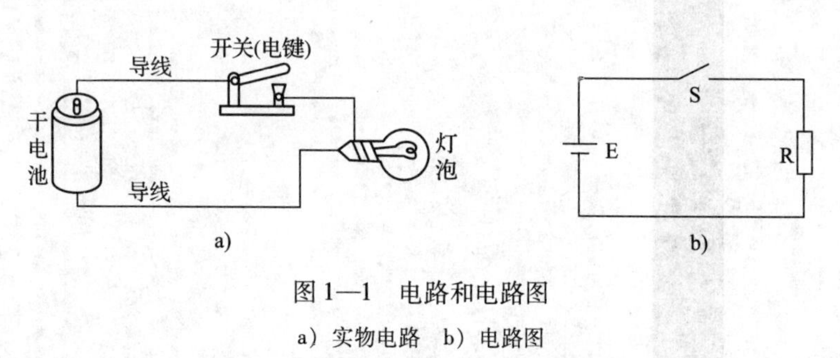

图1—1 电路和电路图

a）实物电路 b）电路图

在了解了电路结构后，还需对电路中的电压、电流以及它们的方向进行讨论。

一、电流、电压和电动势

1. 电流

电流不仅有大小，而且有方向。习惯上规定以正电荷移动的方向为电流的方向。

在分析电路时，常常要知道电流的方向，但有时对某段电路中电流的方向往往难以判断，此时可先任意假设电流的参考方向（也称正方向），然后列方程求解。当解出的电流为正值时，就认为电流的（真正）方向与参考方向一致，如图1—2a所示；反之，当电流为负值时，就认为电流的方向与参考方向相反，如图1—2b所示。只有在选定电流参考方向的条件下，电流的正负才有意义。本教材中电路图上所标的电流方向都指参考方向。

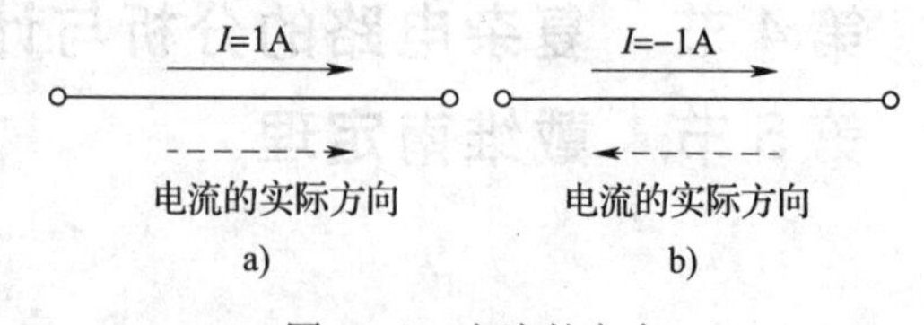

图1—2 电流的方向

a）电流实际方向与参考方向一致 b）电流实际方向与参考方向相反

2. 电压

电压不仅有大小，而且有方向，电压的方向由高电位指向低电位。

电压的方向在电路图中有两种表示方法，一种是用箭头表示，如图 1—3a 所示；另一种是用极性表示，如图 1—3b 所示。

在分析电路时往往难以确定电压的实际方向，此时可先任意假设电压的参考方向，再根据计算所得值判断，计算值为正，说明原假设电压的参考方向是正确的；计算值为负，说明原假设电压的参考方向与实际方向相反。

对于电阻负载来说，没有电流就没有电压，有电压就一定有电流。电阻两端的电压常叫做该电阻的电压降。

3. 电动势

电动势的单位与电压相同，也是伏特（V）。电动势的方向规定为在电源内部由负极指向正极。如图 1—4 所示分别为直流电动势的两种图形符号。

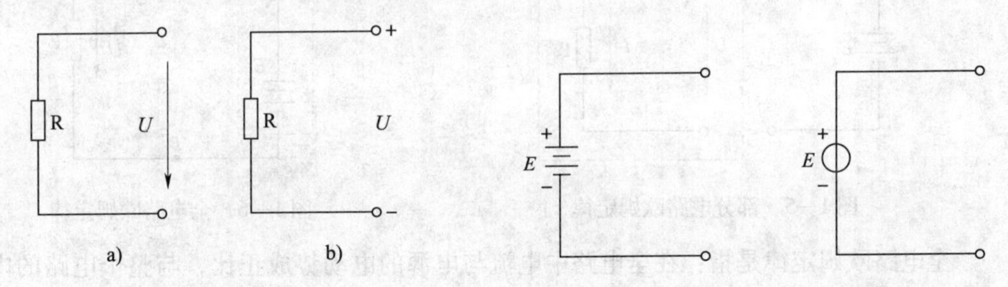

图 1—3　电压的方向

a）用箭头表示电压方向　b）用极性表示电压方向

图 1—4　直流电动势的两种图形符号

对于一个电源来说，既有电动势，又有端电压。电动势只存在于电源内部；端电压只存在于电源外部，其方向由正极指向负极。一般情况下，电源的端电压总是低于电源内部的电动势，只有当电源开路时，电源的端电压才与电源的电动势相等。

二、欧姆定律

1. 部分电路欧姆定律

部分电路欧姆定律是指：在不包含电源的电路中，如图 1—5 所示，流过导体的电流与这段导体两端的电压成正比，与导体的电阻成反比。其数学表达式为：

$$I=\frac{U}{R}$$

式中　I——导体中的电流，A；

U——导体两端的电压，V；

R——导体的电阻，Ω。

欧姆定律揭示了电路中电流、电压、电阻三者之间的联系，是分析电路的基本定律之一，实际应用非常广泛。

2. 全电路欧姆定律

全电路是指由内电路和外电路组成的闭合电路的整体，如图1—6所示。图中的虚线框内代表一个电源，称为内电路。电源内部一般都是有内阻的，这个电阻称为内电阻，用字母r或者R_0表示。内电阻可以单独画出，如图1—6所示。也可以不单独画出，而在电源符号旁边注明内电阻的数值即可。从电源的一端A经过负载R再回到电源另一端B的电路称为外电路。

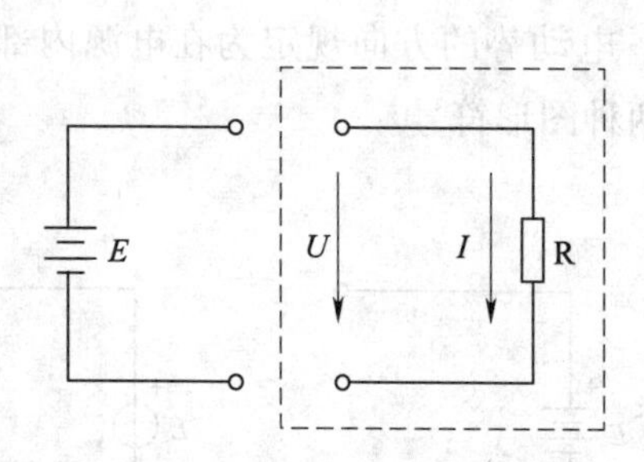

图1—5　部分电路欧姆定律

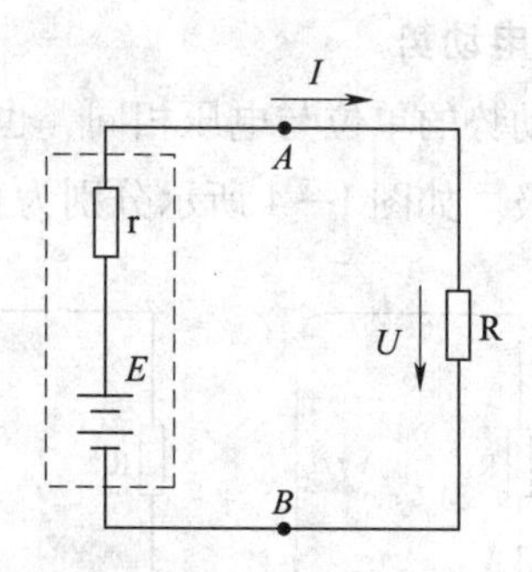

图1—6　全电路欧姆定律

全电路欧姆定律是指：在全电路中电流与电源的电动势成正比，与整个电路的内、外电阻之和成反比。其数学表达式为：

$$I=\frac{E}{R+r}$$

式中　I——电路中电流，A；

E——电源的电动势，V；

R——外电路电阻，Ω；

r——内电路电阻，Ω。

由上式可以得到：

$$E=IR+Ir=U_{外}+U_{内}$$

式中$U_{内}$是电源内阻的电压降；$U_{外}$是电源向外电路的输出电压，也称电源的端电压。因此，全电路欧姆定律又可描述为：电源电动势在数值上等于闭合电路中各部分的电压之和。它反映了电路中的电压平衡关系。

【例1—1】　如图1—6所示，电源的电动势E为6 V，内阻r为0.8 Ω，外接负载电阻R为9.6 Ω。求电源两端的电压和内压降。

解：
$$I=\frac{E}{R+r}=\frac{6}{9.6+0.8}\approx 0.58\ \text{A}$$

$$内压降\ U_{内}=Ir=0.58\times 0.8\approx 0.46\ \text{V}$$

$$端电压\ U_{外}=IR=0.58\times 9.6\approx 5.57\ \text{V}$$

3. 电路中电位的概念及计算

在分析和计算电路时，经常采用电位来讨论和分析问题。电路中各点的电位是对参考点而言的电压，而参考点的电压为零电位。例如，求图 1—7 所示电路中 U_a、U_b、U_c和 U_d 的电位。

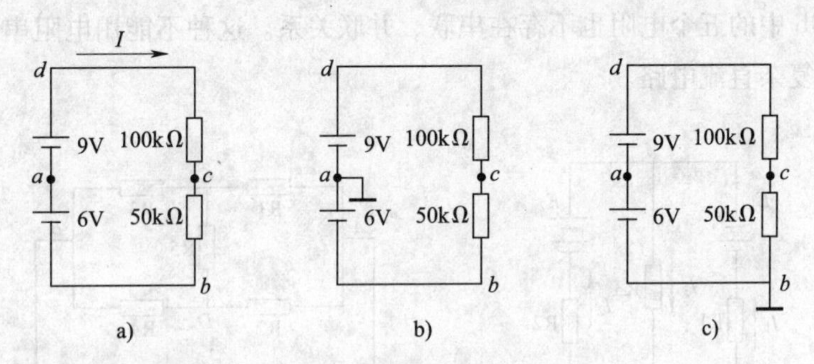

图 1—7　不同参考点得到不同的电位

$$回路中的总电流\ I=\frac{\sum E}{\sum R}=\frac{9+6}{100+50}=0.1\ \text{mA}$$

a 点为参考点：$U_a=0$ V，如图 1—7b 所示。

$U_b=9-0.1\times(100+50)=9-15=-6$ V

$U_c=9-0.1\times 100=9-10=-1$ V

$U_d=9$ V

b 点为参考点：$U_b=0$ V，如图 1—7c 所示。

$U_a=6$ V

$U_c=6+9-0.1\times 100=5$ V

$U_d=6+9=15$ V

通过以上电位的计算，可以看出：

（1）电路中某点电位的高低是相对的，与参考点选择有关。选择不同的参考点，其电位的高低也不同，电位有正电位与负电位之分。当某点的电位高于参考点电位（零电位）时，称其为正电位；反之称为负电位。

（2）电路中任意两点间的电压是不变的，与参考点的选择无关。

（3）参考点的选择是任意的，但是，在一个电路中只能有一个参考点。

第 2 节　基尔霍夫定律

运用欧姆定律及电阻串、并联就能对电路进行化简和计算，这种电路称为简单直流电路。但在实际应用中，经常会遇到如图 1—8 所示的电路。在图 1—8a 中，虽然电阻元件只有三个，可是两个电源接在不同的电路上，三个电阻之间不存在串联、并联关系；同样，在图 1—8b 中的五个电阻也不存在串联、并联关系。这种不能用电阻串、并联化简的直流电路叫做复杂直流电路。

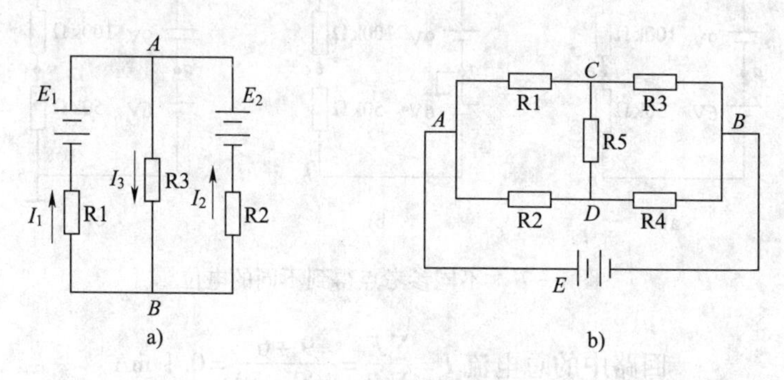

图 1—8　复杂直流电路

a）二网孔电路　b）三网孔电路

分析复杂直流电路的方法很多，但它们的依据是电路的两条基本定律——欧姆定律和基尔霍夫定律。基尔霍夫定律既适用于直流电路，也适用于交流电路。

为了阐明该定律的含义，先介绍几个电路的基本术语。

支路：电路中的每一个分支叫做支路。它由一个或几个相互串联的电路元件所构成。图 1—8a 中有 3 条支路，即：E_1、R1 支路；R3 支路；E_2、R2 支路。在图 1—8b 中有 6 条支路。含有电源的支路叫做有源支路，不含电源的支路叫做无源支路。

节点：三条或三条以上支路所汇成的交点叫做节点。图 1—8a 中有 2 个节点，即 A、B。在图 1—8b 中则有 4 个节点，即 A、B、C、D。

回路：电路中任一闭合路径都叫做回路。一个回路可能只含一条支路，也可能含有几条支路。图 1—8a 中有 3 个回路，图 1—8b 中则有 7 个回路。

网孔：在回路中间不框入任何其他支路的回路叫做网孔。网孔也是最简单的回路。图 1—8a 中有 2 个网孔，图 1—8b 中则有 3 个网孔。

一、基尔霍夫第一定律

基尔霍夫第一定律是用来分析电路中某一节点上各支路之间电流关系的，故又称基尔霍夫电流定律。由于电荷运动的连续性，电路中任何一点（包括节点在内）均不会形成电荷的堆积。因此，在任一瞬间，流进某一节点的电流之和恒等于流出该节点的电流之和。即：

$$\sum I_{进} = \sum I_{出}$$

在图 1—8a 中，对于节点 A，则有：

$$I_1 + I_2 = I_3$$

可将上式改写成：

$$I_1 + I_2 - I_3 = 0$$

因此得到：

$$\sum I = 0$$

即：对任一节点来说，流入与流出该节点电流的代数和恒等于零，这就是基尔霍夫第一定律。

在分析未知电流时，可先任意假设支路电流的参考方向，列出节点电流方程。通常可将流进节点的电流取为正值，流出节点的电流取为负值。再根据计算值的正负结果来确定未知电流的实际方向。有些支路的电流可能是负值，这是由于所假设的电流方向与实际方向相反。

【例 1—2】 在图 1—9 中，$I_1 = 2$ A，$I_2 = -3$ A，$I_3 = -2$ A，试求 I_4。

解：由基尔霍夫第一定律可知：

$$I_1 - I_2 + I_3 - I_4 = 0$$

代入已知数后得：

$$2 - (-3) + (-2) - I_4 = 0$$

得：

$$I_4 = 3 \text{ A}$$

式中，括号外的正负号是由基尔霍夫第一定律根据电流的参考方向确定的，括号内数字前的正负号则表示电流本身数值的正负。

基尔霍夫第一定律一般应用于节点，也可以把它推广应用于包含部分电路的任一假设的闭合面。例如，图 1—10 所示的电路中闭合面所包围的是一个三角形电路，它有三个节点。应用基尔霍夫第一定律可以列出：

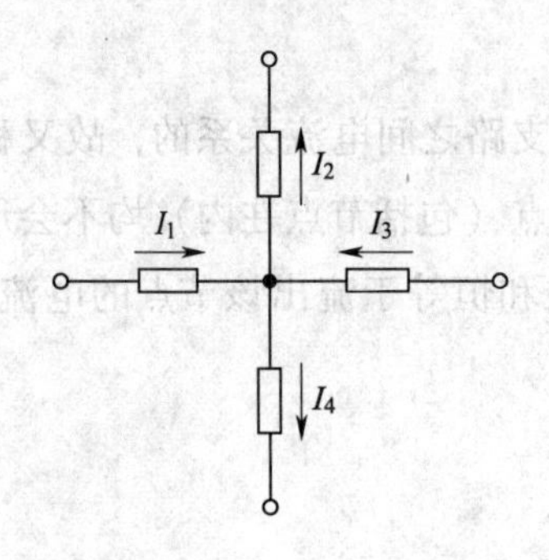

图1—9　例1—2图

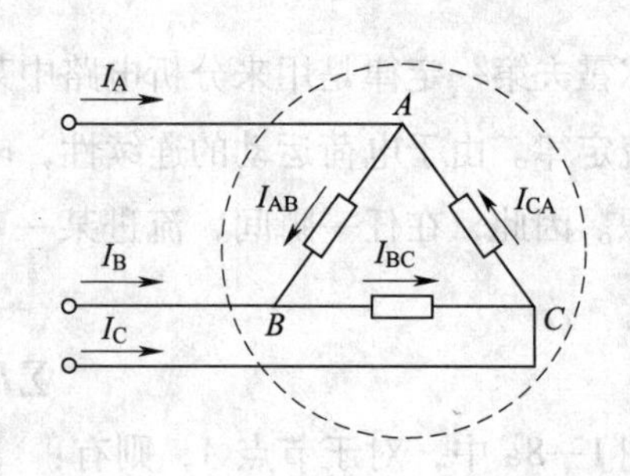

图1—10　基尔霍夫第一定律推广应用

$$I_A = I_{AB} - I_{CA}$$
$$I_B = I_{BC} - I_{AB}$$
$$I_C = I_{CA} - I_{BC}$$

将上面三式相加可得：

$$I_A + I_B + I_C = 0$$

或：

$$\sum I = 0$$

即：流入此闭合面的电流恒等于流出该闭合面的电流。

【例1—3】 图1—11所示为晶体三极管的实验电路。已知两条支路电流分别为$I_b = 0.06$ mA、$I_C = 4.62$ mA，求I_e = ?

解：由于基尔霍夫第一定律可应用于任何假定的封闭面，故本题可将图中S假定为一个封闭面，再根据基尔霍夫节点电流定律可得：

$$I_b + I_C = I_e \qquad I_e = 0.06 + 4.62 = 4.68 \text{ mA}$$

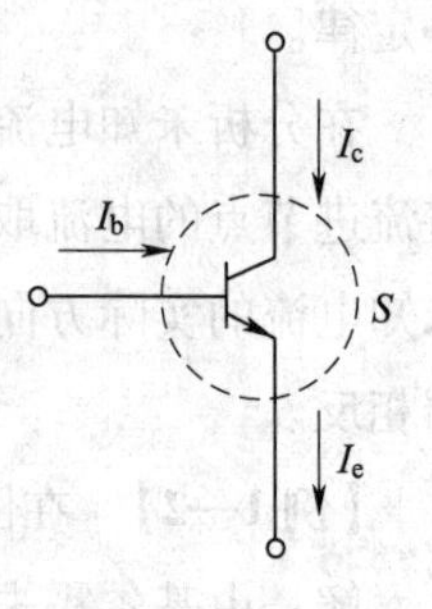

图1—11　例1—3图

二、基尔霍夫第二定律

基尔霍夫第二定律用来分析任一回路内各段电压之间的关系，故又称基尔霍夫电压定律。如果从回路任意一点出发，以顺时针方向或逆时针方向沿回路循环一周，尽管电位有时升高，有时降低，但起点和终点是同一点，它们的电位差（电压）为零。而这个电压又等于回路内各段电压的代数和。所以，在电路的任意闭合回路中各段电压的代数和等于零。这就是基尔霍夫第二定律，用公式表示为：

$$\sum U = 0$$

在图1—12所示的电路中按虚线方向循环一周，根据电压与电流的参考方向可列出下式：

$$U_{ca} + U_{ad} + U_{db} + U_{bc} = 0$$

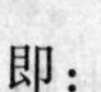

即：

$$I_1R_1 - I_2R_2 + E_2 - E_1 = 0$$

或：

$$E_1 - E_2 = I_1R_1 - I_2R_2$$

由此可得到基尔霍夫第二定律的另一种表示形式：

$$\sum E = \sum IR$$

上式表明，在任一回路循环方向上，回路中电动势的代数和恒等于电阻上电压降的代数和。其中凡电动势的方向与所选回路循环方向一致者，取正值；反之则取负值。凡电流的参考方向与回路循环方向一致者，则该电流在电阻上所产生的电压降取正值；反之则取负值。

【例1—4】 在图1—13所示的电路中，已知 $R_1=10\ \text{k}\Omega$、$R_2=20\ \text{k}\Omega$、$E_1=6\ \text{V}$、$E_2=6\ \text{V}$、$E_3=3\ \text{V}$，求图中所示电流 I_1、I_2 和 I_3。

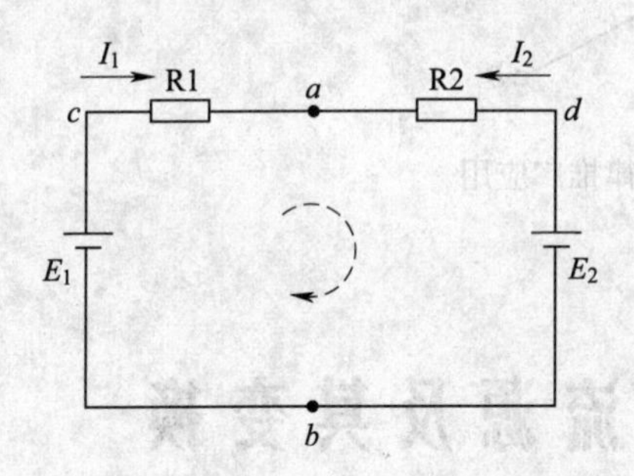

图1—12　回路

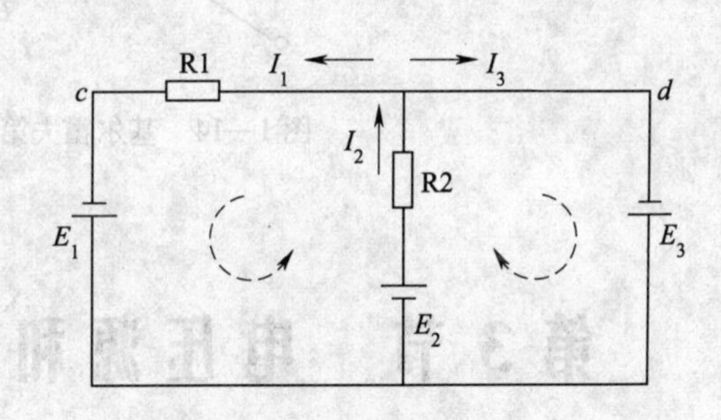

图1—13　例1—4图

解：(1) 应用基尔霍夫第二定律列出右回路方程：

$$E_2 + E_3 = I_2R_2$$

$$6 + 3 = 20I_2$$

$$I_2 = 0.45\ \text{mA}$$

(2) 应用基尔霍夫第二定律列出左回路方程：

$$E_2 + E_1 = I_2R_2 + I_1R_1$$

$$6 + 6 = 20 \times 0.45 + 10I_1$$

$$I_1 = 0.3\ \text{mA}$$

(3) 应用基尔霍夫第一定律列出节点电流方程：

$$I_2 - I_1 - I_3 = 0$$

$$0.45 - 0.3 - I_3 = 0$$

$$I_3 = 0.15\ \text{mA}$$

基尔霍夫第二定律不仅适用于闭合电路，也可以把它推广应用于回路的部分电路。如图 1—14 所示，有：

$$\sum U = U_A - U_B - U_{AB} = 0$$

或：

$$U_{AB} = U_A - U_B$$

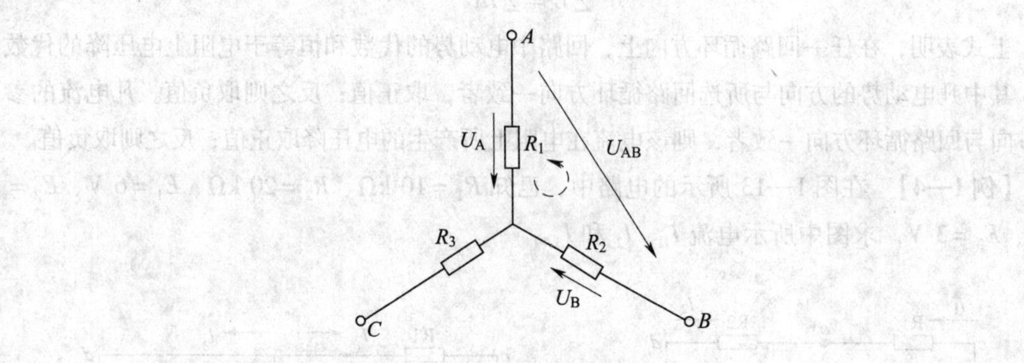

图 1—14　基尔霍夫第二定律推广应用

第 3 节　电压源和电流源及其变换

在电路中，一个电源可以用两种不同的电路模型来表示。一种是用电压的形式表示的，称为电压源；另一种是用电流的形式表示的，称为电流源。

一、电压源

如图 1—15a 所示为一个电压源。U_{ab} 是它的端电压，如发电机、电池等。任何一个电源都由电动势 E 和内阻 R_0 组成。在分析和计算电路时，往往把它们分开，组成一个电动势 E 和内阻 R_0 串联的电源模型，如图 1—15b 所示。根据图 1—15b 可以得出：

$$U_{ab} = E - R_0 I$$

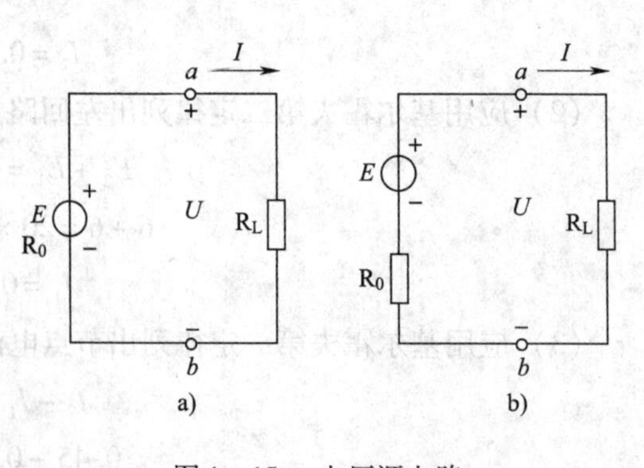

图 1—15　电压源电路

a）电压源　b）电压源模型

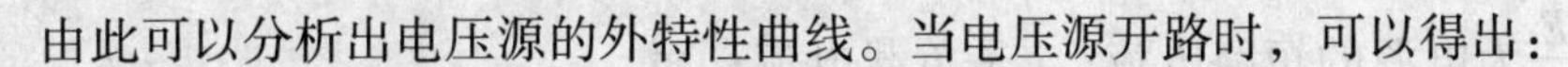

由此可以分析出电压源的外特性曲线。当电压源开路时，可以得出：

$$I = 0$$

$$U_{ab} = E$$

当电压源短路时，可以得出：

$$U_{ab} = 0$$

$$I = \frac{E}{R_0} = I_S$$

当电流增大时，电压源内阻 R_0 上的电压降也增大，而电压源的端电压 U_{ab} 随之减小。

从以上电压源外特性曲线的分析可以得出，内阻 R_0 越小，则直线越平。如果 $R_0 = 0$，则端电压 U_{ab} 恒等于电动势 E，这时端电压 U_{ab} 与通过它的电流大小无关，这样的电源称为理想电压源或恒压源。恒压源的符号和外特性曲线分别如图 1—16a 和图 1—16b 所示。

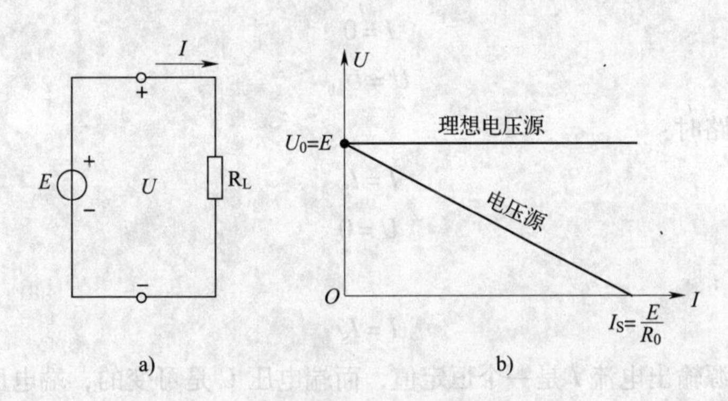

图 1—16　恒压源符号及外特性曲线

a）恒压源符号　b）外特性曲线

由此可知，电源的内阻 R_0 越小，那么它的端电压 U 受电流大小变化影响也就越小。通常稳压电源可认为是一个理想的电压源。

二、电流源

电源除了用电动势 E 和内阻 R_0 串联的电路模式来表示外，还可以用另一种电路模式来表示。如将电压源的基本公式 $U = E - R_0 I$ 两边除以 R_0，则可得到：

$$\frac{U}{R_0} = \frac{E}{R_0} - I = I_S - I$$

即：

$$I_S = \frac{U}{R_0} + I$$

式中的 $I_S = \frac{E}{R_0}$ 为电源的短路电流；I 是负载电流；而公式中的 $\frac{U}{R_0}$ 是引出的另一个电流，即内阻 R_0 上的分流电流，如图 1—17 所示。

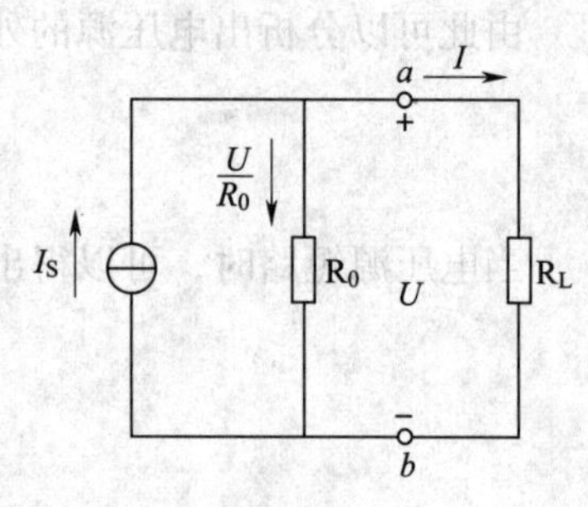

图 1—17　电流源电路

经过公式的等价变换后，就得到电源的另一种电路模式。这种模式是用电流来表示的，所以称为电流源。从电流源电路可以看出，电流源流出的电流 I_S 由 $\frac{U}{R_0}$ 和 I 组成，即：

$$I = I_S - \frac{U}{R_0}$$

当电流源开路时：

$$I = 0$$

$$U = U_{ab}$$

当电流源短路时：

$$I = I_S$$

$$U = 0$$

当 $R_0 = \infty$ 时：

$$I = I_S$$

这时的电流源输出电流 I 是一个恒定值，而端电压 U 是可变的，端电压 U 的大小由负载 R_L 本身的大小来决定。这样的电源称为理想电流源或恒流源。恒流源的符号和它的外特性曲线如图 1—18 所示。

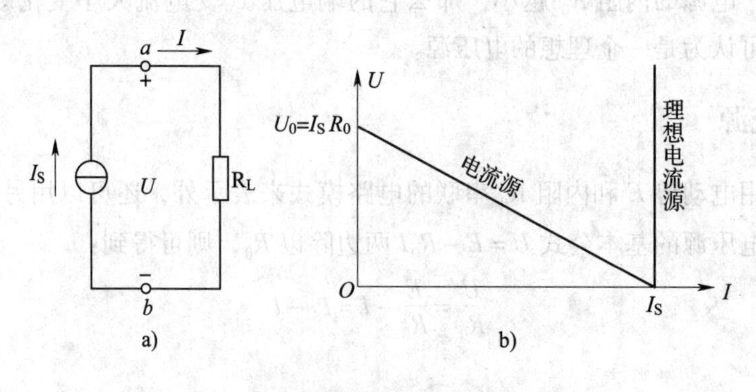

图 1—18　恒流源符号及外特性曲线

a）恒流源符号　b）外特性曲线

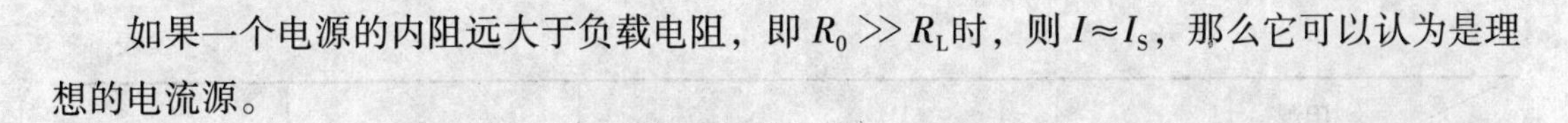

如果一个电源的内阻远大于负载电阻，即 $R_0 \gg R_L$时，则 $I \approx I_S$，那么它可以认为是理想的电流源。

三、电压源和电流源及其等效变换

由于电压源和电流源的外特性基本相同，因此，电压源和电流源这两种电源的电路模型是可以相互等效变换的。但是，这里特别要指出的是电压源和电流源的等效关系仅对外电路而言，而在电源内部是不等效的。

电压源和电流源两种电源模型的电路如图 1—19 所示。由于负载电阻 R_L的阻值相同，所以，流过负载电阻 R_L的电流 I 也相同，负载电阻 R_L上的电压降也相同。此时，电压源和电流源这两种电源对外电路而言是等效的。

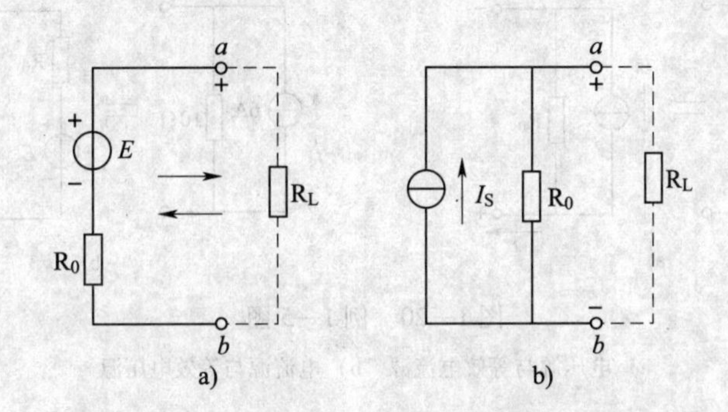

图 1—19　电压源和电流源等效变换

a）电压源　b）电流源

由电压源电路得：

$$U_{ab} = E - IR_0$$

$$I = \frac{E}{R_0} - \frac{U_{ab}}{R_0}$$

由电流源电路得：

$$I = I_S - \frac{U_{ab}}{R_0}$$

$$U_{ab} = I_S R_0 - IR_0$$

电压源和电流源等效变换对照见表 1—1。

表 1—1　　**电压源和电流源等效变换对照**

状态 \ 电源		电压源	电流源	理想电压源	理想电流源
开路	U_{ab}	E	$R_0 I_S$	E	×
	I	0	0	0	×

续表

状态 \ 电源		电压源	电流源	理想电压源	理想电流源
短路	U_{ab}	0	0	×	0
	I	$\dfrac{E}{R_0}$	I_S	×	I_S
等效条件		$\dfrac{E}{R_0}=I_S$，即 $E=R_0I_S$	$\dfrac{E}{R_0}=I_S$，即 $E=R_0I_S$	不等效	不等效

【例1—5】 如图1—20a所示为一个电压源的电路，求它的等效电流源；如图1—20b所示为一个电流源的电路，求它的等效电压源。

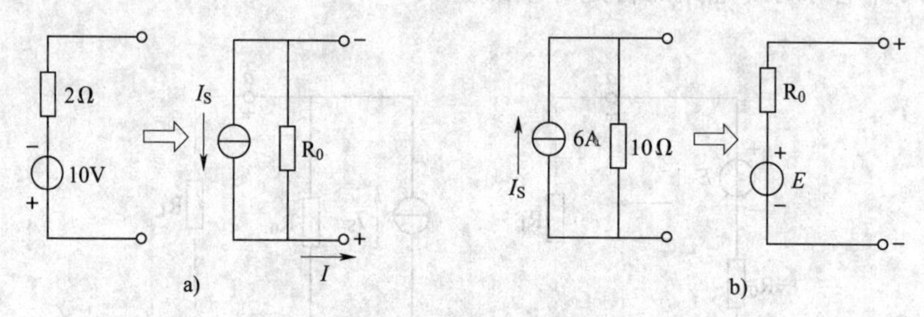

图1—20 例1—5图

a）电压源与等效电流源 b）电流源与等效电压源

解：根据图1—20a电压源的电路，求其等效电流源，即需求出 I_S 和 R_0。

$$I_S=\frac{E}{R_0}=\frac{10}{2}=5\ \text{A}，R_0=2\ \Omega$$

根据图1—20b电流源的电路，求其等效电压源，即需求出 E 和 R_0。

$$E=I_SR_0=6\times10=60\ \text{V}，R_0=10\ \Omega$$

【例1—6】 如图1—21a所示，其中 $E_1=120$ V、$E_2=240$ V、$R_{01}=2$ Ω、$R_{02}=2$ Ω、$R=9$ Ω，求通过R支路电流 I 的大小。

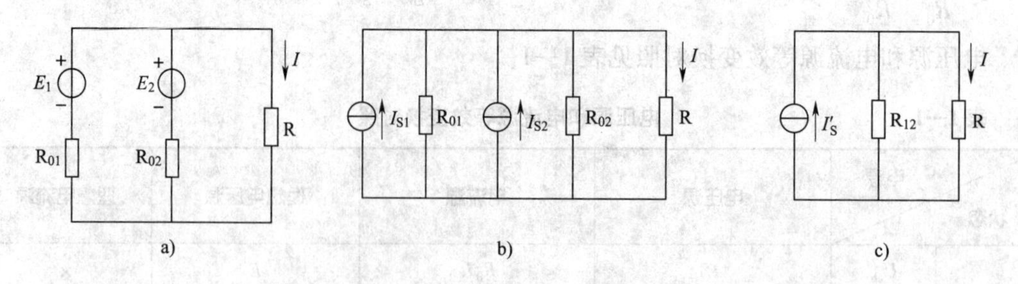

图1—21 例1—6图

a）例题图 b）将电压源等效成电流源 c）将两个电流源合并成一个电流源

解：(1) 将图 1—21a 中的两个电压源分别变换为等效电流源：

$$I_{S1}=\frac{E_1}{R_{01}}=\frac{120}{2}=60\ \text{A}$$

$$I_{S2}=\frac{E_2}{R_{02}}=\frac{240}{2}=120\ \text{A}$$

变换后的等效电流源如图 1—21b 所示。

(2) 将两个电流源合并成一个电流源：

$$I'_S=I_{S1}+I_{S2}=120+60=180\ \text{A}$$

$$R_{12}=\frac{R_{01}R_{02}}{R_{01}+R_{02}}=\frac{2\times 2}{2+2}=1\ \Omega$$

(3) 两个电流源合并成一个电流源的电路如图 1—21c 所示，再用分流公式求出 I：

$$I=\frac{R_{12}}{R_{12}+R}\times I_S=\frac{1}{1+9}\times 180=18\ \text{A}$$

第 4 节　复杂电路的分析与计算

复杂直流电路的求解方法很多，可利用电阻的串联和并联以及电源的等效变换，将电路有效化简后再计算求解。但是，有些电路用电阻串联、并联以及电源的等效变换化简后，还不能用简单的方法来计算，这种电路称为复杂直流电路。求解复杂直流电路的方法通常有支路电流法、回路电流法、节点电压法等。其中支路电流法最为常用。

一、支路电流法

所谓支路电流法，是指以各支路电流为未知数，根据基尔霍夫第一、第二定律列出方程组，然后解联立方程，求得各支路电流。

支路电流法解题步骤如下：

1. 先标出各支路的电流参考方向和独立回路（即网孔）的循环方向。支路电流参考方向和独立回路循环方向可以任意假设，一般与电动势方向一致；对具有两个以上电动势的回路，一般取电动势大的方向为循环方向。

2. 用基尔霍夫第一、第二定律列出节点电流方程式和回路电压方程式。由于一个具

有 n 条支路、m 个节点（$n>m$）的复杂直流电路需要列出 n 个方程式来联立求解，而 m 个节点只能列出（$m-1$）个节点独立方程式，这样还缺［$n-(m-1)$］个方程式。不足的方程式可由回路电压方程式补足。一般回路电压方程可在独立回路中列出。

3. 代入已知数，解联立方程式，求出各支路电流的大小，并确定各支路电流的实际方向。计算结果为正值时，实际方向与参考方向相同；计算结果为负值时，实际方向与参考方向相反。

【例1—7】 图1—22所示为两个电源并联对负载供电的电路。已知 $E_1=18$ V，$E_2=9$ V，$R_1=1$ Ω，$R_2=1$ Ω，$R_3=4$ Ω，求各支路电流。

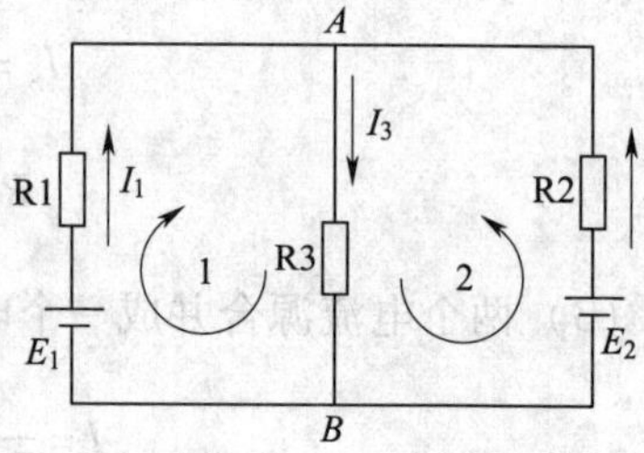

A
I_3
R1 I_1
R2 I_2
1
R3
2
E_1
E_2
B

图1—22 例1—7图

解：（1）假设各支路电流方向和回路循环方向。

（2）电路中只有两个节点，所以只能列出一个独立的节点电流方程。对于节点 A 有：

$$I_1+I_2=I_3 \qquad ①$$

电路中有三条支路，需列出三个方程式，另外两个方程式由基尔霍夫第二定律列出。

对于回路1有：

$$E_1=I_1R_1+I_3R_3 \qquad ②$$

对于回路2有：

$$E_2=I_2R_2+I_3R_3 \qquad ③$$

（3）代入已知数，解联立方程式：

$$\begin{cases} I_1+I_2-I_3=0 & ④ \\ I_1+4I_3=18 & ⑤ \\ I_2+4I_3=9 & ⑥ \end{cases}$$

将 $I_3=I_1+I_2$ 代入式⑤、式⑥，得：

$$5I_1+4I_2=18 \qquad ⑦$$

$$4I_1+5I_2=9 \qquad ⑧$$

将式⑦×5－式⑧×4，得：

$$9I_1=54$$

则：　$I_1=6$ A　（实际方向与假设方向相同）

将 I_1 的值代入式⑦，得：

$I_2=-3$A　（实际方向与假设方向相反）

将 I_1、I_2 的值代入式①，得：

$I_3=3$ A　　　　　（实际方向与假设方向相同）

二、回路电流法

用支路电流法来计算较复杂直流电路具有简便、直接等优点。但是，当支路数目较多时，就要有较多的方程联立，计算比较麻烦。而回路电流法可以减少联立方程的数目，弥补了支路电流法的缺点。

现以图 1—23 所示的电路为例，来说明用回路电流法求解电路的步骤和注意事项：

1. 选定回路电流

选定一网孔画出回路电流，如图 1—23 中的 I_{I}、I_{II}。回路电流的方向可以任意选定，通常取顺时针方向。

注意：为了使所列方程都是独立的，应选独立的回路（一般选网孔）作为回路电流的环流路径。

2. 列出回路电压方程

在列回路电压方程时，电动势的方向若与回路电流方向一致，电动势取正值；反之取负值，回路中电阻上的电压降分以下两种情况：

（1）本网孔回路中所有电阻上的电压永远为正。

（2）相邻回路上的公共电阻，其电压降正负方向分为两种情况，当两个回路电流方向一致时取正，反之取负。

注意：其他回路电流在公共电阻上引起的电压降也要反映在本回路的电压方程中。

3. 解回路电压方程，求出各回路电流（如 I_{I}、I_{II}）。

4. 标出各支路电流的方向，支路电流为有关回路电流的代数和。

【例 1—8】 在如图 1—24 所示的电路中，$E_1=18$ V，$E_2=9$ V，$R_1=R_2=1\ \Omega$，$R_3=4\ \Omega$。用回路电流法求各支路电流。

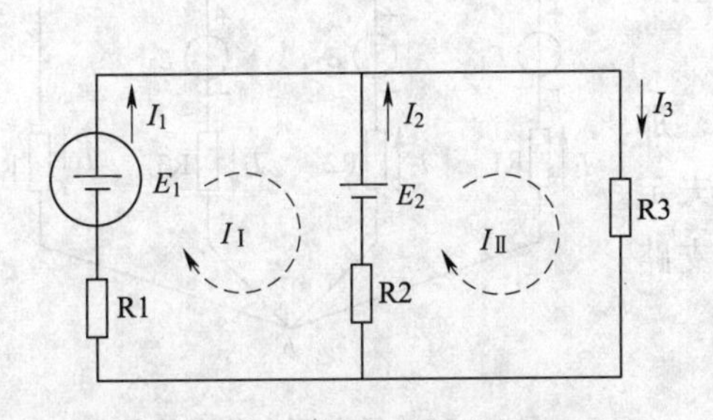

图 1—23　用回路电流法求解电路

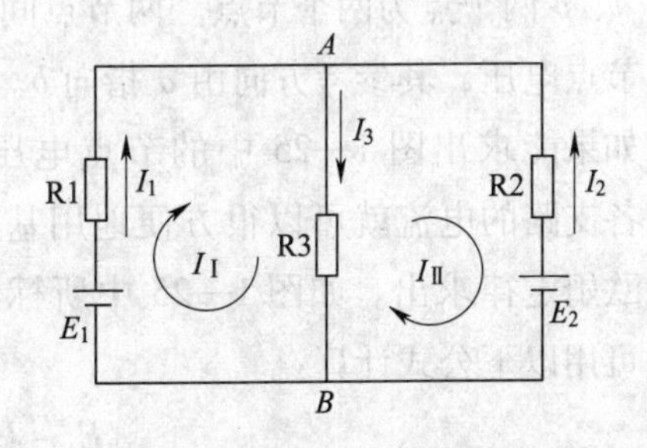

图 1—24　例 1—8 图

解：（1）设定回路电流，如图1—24中的$I_{Ⅰ}$、$I_{Ⅱ}$所示，然而根据回路电流的方向列出回路电压方程：

$$I_{Ⅰ}(R_1+R_3)-I_{Ⅱ}R_3=E_1$$
$$I_{Ⅱ}(R_2+R_3)-I_{Ⅰ}R_3=-E_2$$

将已知数值代入：

$$\begin{cases}(1+4)I_{Ⅰ}-4I_{Ⅱ}=18\\(1+4)I_{Ⅱ}-4I_{Ⅰ}=-9\end{cases}$$

$$\begin{cases}5I_{Ⅰ}-4I_{Ⅱ}=18\\5I_{Ⅱ}-4I_{Ⅰ}=-9\end{cases}$$

解方程组得：$I_{Ⅰ}=6$ A，$I_{Ⅱ}=3$ A。

由于计算后的回路电流均为正值，则可根据回路电流的方向标出各支路的电流方向（如果计算后的回路电流为负值，那么与回路电流对应的那条支路电流的实际方向相反）。图1—24所示电路中的I_1、I_2、I_3为标注的各支路电流。其值可根据已求得的回路电流值求出：

$I_1=I_{Ⅰ}=6$ A（回路电流的方向与标注支路的电流方向相同，取正值。）

$I_2=-I_{Ⅱ}=-3$ A（回路电流的方向与标注支路的电流方向相反，取负值。）

$I_3=I_{Ⅰ}-I_{Ⅱ}=6-3=3$ A

本例与例1—7完全相同，现以不同的方法求解，其结果是一样的。用回路电流法求解电路，可使方程数目减少，计算方便些。显然，回路电流法适用于求解多网孔的复杂直流电路。

三、节点电压法

有些电路看似复杂，但是它们都有一个特点，就是电路中只有两个节点。如图1—25所示，图中的a、b两个点为两个节点。两节点间的电压U称为节点电压，其参考方向由a指向b。

如果能求出图1—25中的节点电压U_{ab}，那么，各支路的电流就可以很方便地用基尔霍夫定律或欧姆定律求出。如图1—25中所标的各支路电流可用以下公式计算：

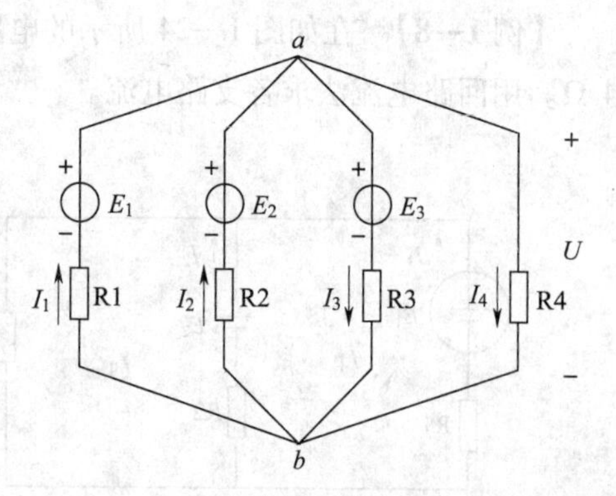

图1—25　具有两个节点的复杂电路

$$U_{ab}=E_1-I_1R_1,\qquad I_1=\frac{E_1-U_{ab}}{R_1}$$

$$U_{ab}=E_2-I_2R_2,\qquad I_2=\frac{E_2-U_{ab}}{R_2}$$

$$U_{ab}=E_3-I_3R_3,\qquad I_3=\frac{E_3-U_{ab}}{R_3}$$

$$U_{ab}=I_4R_4,\qquad I_4=\frac{U_{ab}}{R_4}$$

由此可见，只要先求得节点电压 U_{ab}，就可以计算出各支路电流。节点电压 U_{ab} 的计算公式可用基尔霍夫电流定律求得。

由图 1—25 中的节点 a 得：

$$I_1+I_2+I_3-I_4=0$$

将上述推导出的 I_1、I_2、I_3、I_4 代入 $I_1+I_2+I_3-I_4=0$ 得：

$$\frac{E_1-U_{ab}}{R_1}+\frac{E_2-U_{ab}}{R_2}+\frac{E_3-U_{ab}}{R_3}-\frac{U_{ab}}{R_4}=0$$

整理后即得出节点电压 U_{ab} 的计算公式：

$$U_{ab}=\frac{\frac{E_1}{R_1}+\frac{E_2}{R_2}+\frac{E_3}{R_3}+\frac{E_4}{R_4}}{\frac{1}{R_1}+\frac{1}{R_2}+\frac{1}{R_3}+\frac{1}{R_4}}=\frac{\sum\frac{E}{R}}{\sum\frac{1}{R}}$$

注意：

(1) 在上式中，分母的各项总为正；而分子的各项可以为正，也可以为负。

(2) 当电动势与节点电压的参考方向相反时取正；相同时取负。

(3) 用基尔霍夫定律列方程时，只考虑电动势和节点电压的参考方向，而与各支路电流的参考方向无关。

用节点电压法计算电路时，先按公式求出节点电压，再根据各支路电流的公式求各支路电流。

【例 1—9】 在如图 1—26a 所示的电路中，$E_1=18$ V，$E_2=9$ V，$R_1=R_2=1$ Ω，$R_3=4$ Ω。用节点电压法求各支路电流。

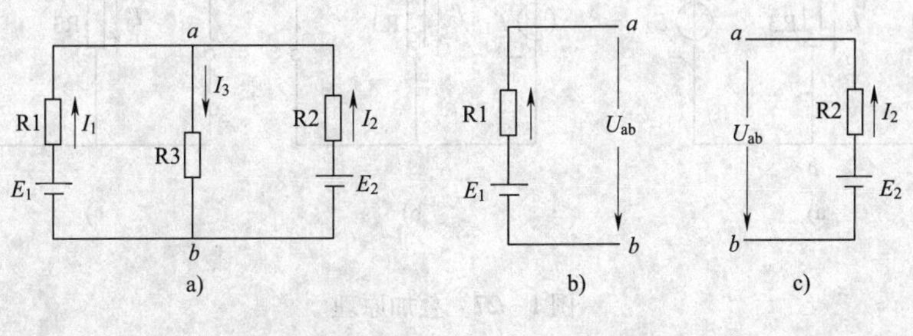

图 1—26 例 1—9 图

解：（1）设节点电压为 U_{ab}，则：

$$U_{ab}=\frac{\frac{E_1}{R_1}+\frac{E_2}{R_2}}{\frac{1}{R_1}+\frac{1}{R_2}+\frac{1}{R_3}}=\frac{\frac{18}{1}+\frac{9}{1}}{\frac{1}{1}+\frac{1}{1}+\frac{1}{4}}=12\ \text{V}$$

（2）求各支路的电流：

$$I_1=\frac{E_1-U_{ab}}{R_1}=\frac{18-12}{1}=6\ \text{A}\quad（相当于图 1—26b 所示的电路）$$

$$I_2=\frac{E_2-U_{ab}}{R_2}=\frac{9-12}{1}=-3\ \text{A}\quad（相当于图 1—26c 所示的电路）$$

$$I_3=\frac{U_{ab}}{R_3}=\frac{12}{4}=3\ \text{A}$$

本例与例 1—7 相同，现以节点电压法求解，其结果是一样的。用节点电压法求解电路，不需要假设回路电流或支路电流，计算时比较方便。显然，节点电压法适用于求解支路较多、节点较集中的复杂直流电路。

四、叠加原理

在上述各例题中均有两个电源，如图 1—27a 所示，图中的各支路电流也均由这两个电源共同作用产生。所谓叠加原理，是指在线性电路中，各支路电流（或电压）等于各电源分别单独作用在该支路所产生的电流（或电压）的代数和，如图 1—27b、图 1—27c 所示。所谓电源分别单独作用，是指对某电路中一个电源起作用，而其他电源不起作用。若是电压源作短路处理；若是电流源作开路处理。

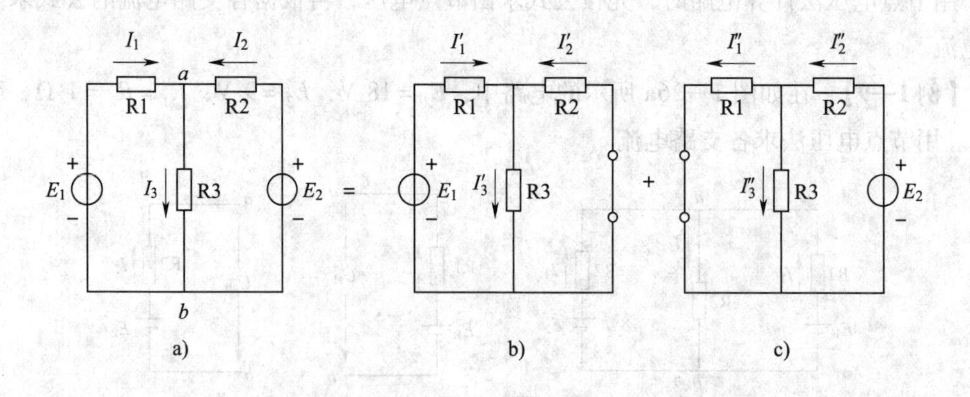

图 1—27　叠加原理

a）两电源共同作用　b）E_1 单独作用　c）E_2 单独作用

从图 1—27a、b、c 可以看出，E_1、E_2 两电源共同作用时，电路中产生的各支路电流为 I_1、I_2 和 I_3；当 E_1 单独作用时，电路中产生的各支路电流为 I_1'、I_2'和 I_3'；当 E_2 单独作用时，电路中产生的各支路电流为 I_1''、I_2''和 I_3''。而 I_1、I_2 和 I_3 的数值大小应为相对应的 I_1'、I_2'、I_3'和 I_1''、I_2''、I_3''的代数和。由图 1—27 可得：

$$I_1 = I_1' - I_1''$$

$$I_2 = -I_2' + I_2''$$

$$I_3 = I_3' + I_3''$$

注意：由电源单独作用时所产生的电流与原定电路的电流参考方向相同时，取正；反之取负。

【例 1—10】 在如图 1—28 所示的电路中，$E_1 = 18$ V，$E_2 = 9$ V，$R_1 = R_2 = 1\ \Omega$，$R_3 = 4\ \Omega$。用叠加原理求各支路电流。

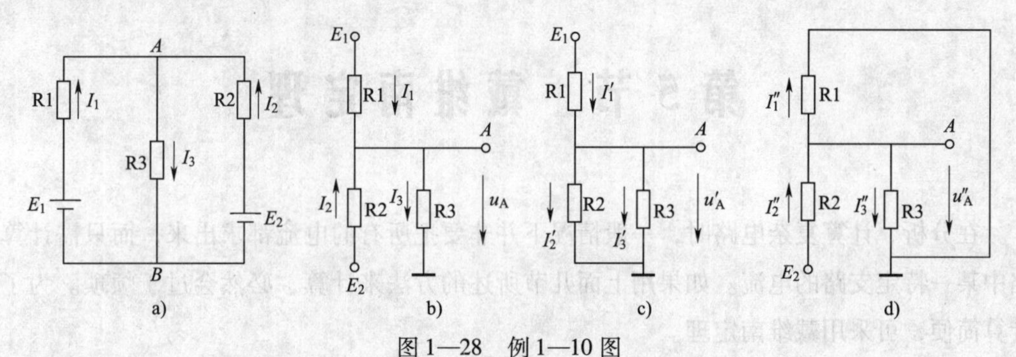

图 1—28 例 1—10 图

a）例题图 b）等效变换 c）E_1 单独作用 d）E_2 单独作用

解：（1）求 E_1 作用、E_2 短路时的 I_1'、I_2'和 I_3'。

$$I_1' = \frac{E_1}{R_1 + \dfrac{R_2 \times R_3}{R_2 + R_3}} = \frac{18}{1 + \dfrac{1 \times 4}{1 + 4}} = 10\ \text{A}$$

$$I_2' = I_1' \times \frac{R_3}{R_2 + R_3} = 10 \times \frac{4}{1 + 4} = 8\ \text{A}$$

$$I_3' = I_1' \times \frac{R_2}{R_2 + R_3} = 10 \times \frac{1}{1 + 4} = 2\ \text{A}$$

（2）求 E_2 作用、E_1 短路时的 I_1''、I_2''和 I_3''。

$$I_2'' = \frac{E_2}{R_2 + \dfrac{R_1 \times R_3}{R_1 + R_3}} = \frac{9}{1 + \dfrac{1 \times 4}{1 + 4}} = 5\ \text{A}$$

$$I_1'' = I_2'' \times \frac{R_3}{R_1 + R_3} = 5 \times \frac{4}{1 + 4} = 4\ \text{A}$$

$$I_3'' = I_2'' \times \frac{R_1}{R_1 + R_3} = 5 \times \frac{1}{1+4} = 1 \text{ A}$$

（3）求电路中实际的 I_1、I_2 和 I_3。

$$I_1 = I_1' - I_1'' = 10 - 4 = 6 \text{ A}$$

$$I_2 = -I_2' + I_2'' = -8 + 5 = -3 \text{ A}$$

$$I_3 = I_3' + I_3'' = 2 + 1 = 3 \text{ A}$$

本例与例1—7、例1—8、例1—9完全相同，现以叠加原理求解，其结果是一样的。用叠加原理求解电路，就是把一个多电源的复杂电路化成几个单电源的简单电路来进行计算。不需假设回路电流或支路电流，计算显得方便些。显然，叠加原理适用于分析、求解多个电源组成的复杂直流电路。

第5节　戴维南定理

在分析、计算复杂电路时，一般情况下并非要把所有的电流都求出来，而只需计算电路中某一特定支路的电流。如果用上面几节所述的方法来计算，必然会过于烦琐。为了使计算简便，可采用戴维南定理。

一、二端网络

在讲述戴维南定理前，先介绍一下二端网络的概念。在分析电路时，凡是具有两个引出端的部分电路，无论其内部结构如何都可称为二端网络，如图1—29a和图1—29b所示。图1—29a所示的内部电路不含电源，称为无源二端网络，它的符号如图1—30a所示；图1—29b所示的内部电路含有电源，则称为有源二端网络，它的符号如图1—30b所示。

有源二端网络可以是任意复杂的，也可以是任意简单的，但是，无论它的繁简如何，它对所要计算的这条支路而言，仅相当于一个电源，这个电源对这条支路提供电能。因此，一个有源二端网络就一定可以化简成一个等效电源。一个无源二端网络通过电阻的串联、并联可以等效成一个电阻，好似电源的内阻。如果按前面电压源、电流源的内容所述，那么，一个电源可以用两种电路模型表示：一种是电动势为 E 的理想电压源和内阻 R_0 串联的电路；另一种是电流为 I_S 的理想电流源和内阻 R_0 并联的电路。因而，得出两种等效电源。

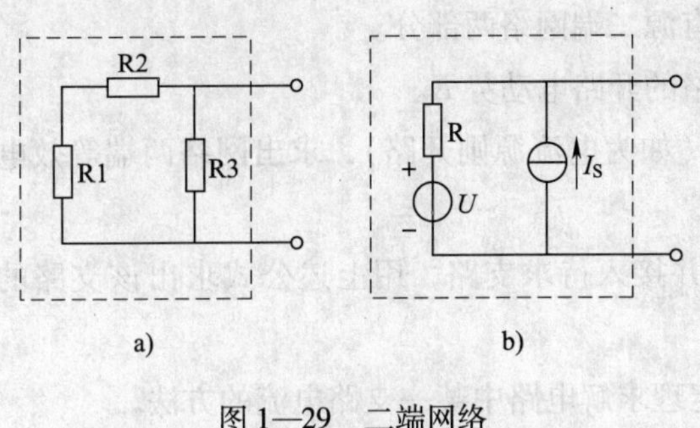

图 1—29　二端网络

a）无源二端网络　b）有源二端网络

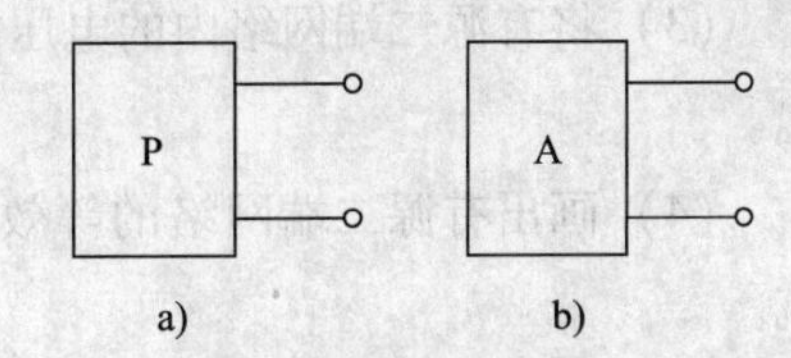

图 1—30　二端网络符号

a）无源二端网络　b）有源二端网络

二、戴维南定理

任意一个复杂的有源二端网络，对外部电路来讲，都可以简化成一个由电动势 E_0 和内阻 R_0 组成的等效电源，其中 E_0 等于原来网络的开路电压 U_0，而 R_0 等于原来网络中所有电动势等于零时其两端点间的等效电阻。这就是有源二端网络定理，也叫戴维南定理。将有源二端网络等效成电流源的方法叫做诺顿定理。本节只介绍戴维南定理。

图 1—31a 所示为一个有源二端网络与一个负载电阻 R_L 相连接的电路图，而图 1—31b 所示为将有源二端网络等效为电动势 E 和内阻 R_0 的等效电源并与负载电阻 R_L 相串联的电路。

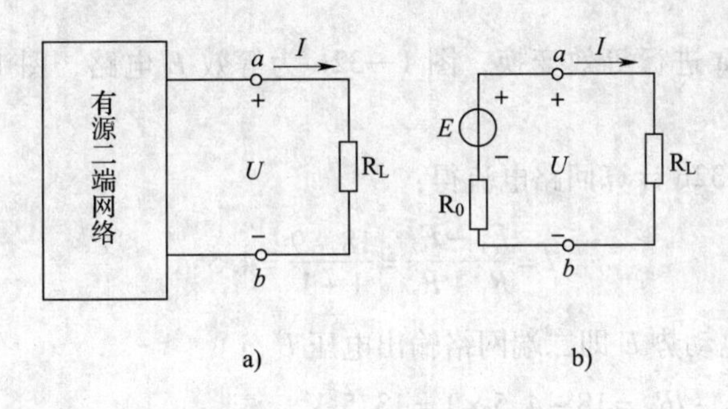

图 1—31　等效电源

a）有源二端网络　b）电源与负载电阻串联电路

通过等效变换后的电路是一个简单电路，如需求流过负载电阻 R_L 的电流，可用下式计算：

$$I = \frac{E}{R_0 + R_L}$$

用戴维南定理计算某一支路电流的步骤如下：

（1）把电路分解为待求支路和等效的有源二端网络两部分。

（2）断开待求支路，求出有源二端网络的开路电动势 E。

（3）将有源二端网络内的电压源短路（如为电流源则开路），求出网络两端等效电阻 R_0。

（4）画出有源二端网络的等效电路，并接入待求支路，用上述公式求出该支路的电流。

下面将通过例题来具体说明用戴维南定理求解电路中某一支路电流的方法。

【例1—11】 在如图1—32a 所示的电路中，$E_1 = 18$ V，$E_2 = 9$ V，$R_1 = R_2 = 1$ Ω，$R_3 = 4$ Ω。用戴维南定理求 I_3。

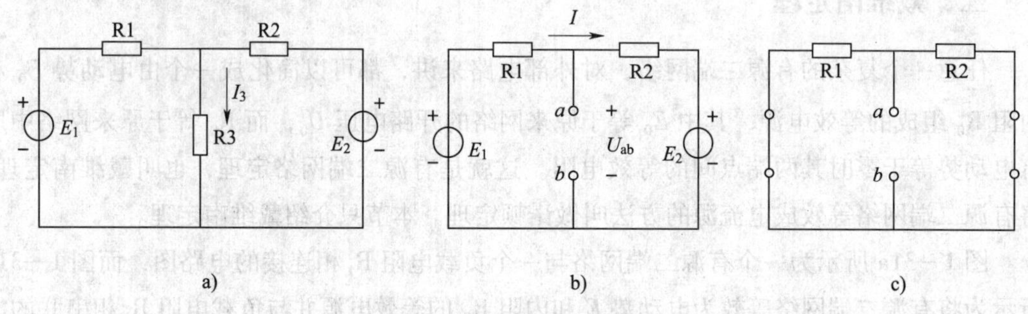

图1—32　例1—11 图

a）例题图　b）等效 E 电路　c）等效 R_0 电路

解：将图1—32a 进行等效变换，图1—32b 为等效 E 电路，图1—32c 为等效 R_0 电路。

（1）根据图1—32b 计算回路电流得：

$$I = \frac{E_1 - E_2}{R_1 + R_2} = \frac{18 - 9}{1 + 1} = 4.5 \text{ A}$$

（2）计算等效电动势 E 即二端网络输出电压 U_{ab}：

$$U_{ab} = E_1 - IR_1 = 18 - 4.5 \times 1 = 13.5 \text{ V}$$

（3）根据图1—32c 计算等效电阻 R_0：

$$R_0 = \frac{R_1 \times R_2}{R_1 + R_2} = \frac{1 \times 1}{1 + 1} = 0.5 \ \Omega$$

（4）计算流过负载电阻 R_3 的电流 I_3：

可将电路等效成如图1—33 所示。

$$I_3 = \frac{U_{ab}}{R_0 + R_3} = \frac{13.5}{0.5 + 4} = 3 \text{ A}$$

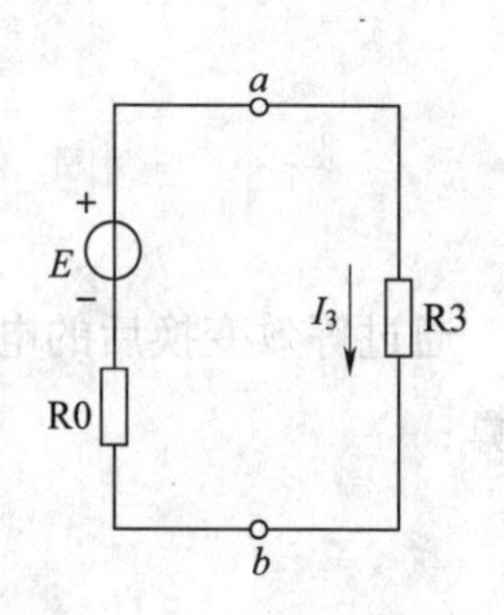

图1—33　求 I_3 的等效图

【例1—12】 图1—34所示为一个电桥电路，已知$E=6\ \text{V}$，$R_1=4\ \Omega$，$R_2=6\ \Omega$，$R_3=12\ \Omega$，$R_4=8\ \Omega$，$R_G=16.8\ \Omega$，求检流计中的电流I_G。

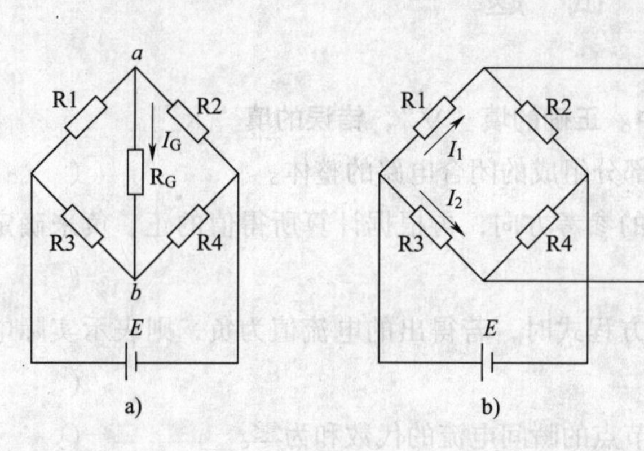

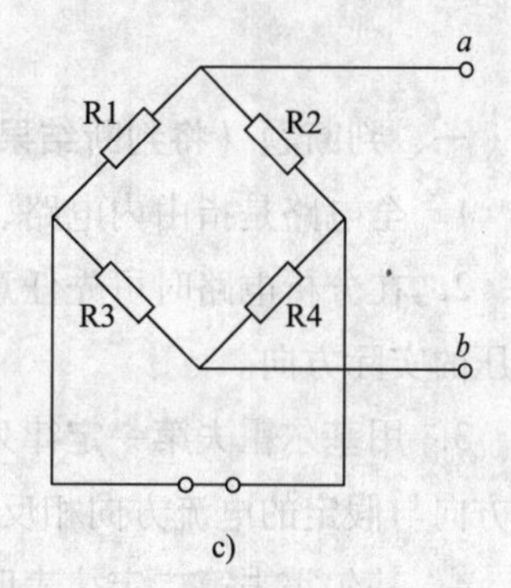

图1—34 例1—12图

a）例题图 b）开路电压U_{ab}的等效图 c）内阻R_0的等效图

解：图1—34a所示的电路看似简单，其实它仍属于一个复杂电路。它既不能用电阻的串联、并联来化简电路，也不能用叠加原理、电源等效变换等方法来求解电路；若用支路电流法，则需列出六个联立方程来求解。显然，用戴维南定理求解该电路最为方便。

（1）根据图1—34所示电路做出它相应的计算开路电压U_{ab}和内阻R_0的等效图，分别如图1—34b和图1—34c所示。

（2）求有源二端网络的开路电压U_{ab}：

$$I_1=\frac{E}{R_1+R_2}=\frac{6}{4+6}=0.6\ \text{A}$$

$$I_2=\frac{E}{R_3+R_4}=\frac{6}{12+8}=0.3\ \text{A}$$

$$U_{ab}=I_1R_2-I_2R_4=0.6\times6-0.3\times8=1.2\ \text{V}$$

$$\text{或}\ U_{ab}=-I_1R_1+I_2R_3=-0.6\times4+0.3\times12=1.2\ \text{V}$$

（3）求有源二端网络的等效内阻R_0：

$$R_0=R_{ab}=\frac{R_1R_2}{R_1+R_2}+\frac{R_3R_4}{R_3+R_4}=\frac{4\times6}{4+6}+\frac{12\times8}{12+8}=7.2\ \Omega$$

（4）如图1—35所示为根据戴维南定理将图1—34变换后的等效电路图，即可计算检流计中的电流I_G：

$$I_G=\frac{U_{ab}}{R_0+R_G}=\frac{1.2}{7.2+16.8}=0.05\ \text{A}$$

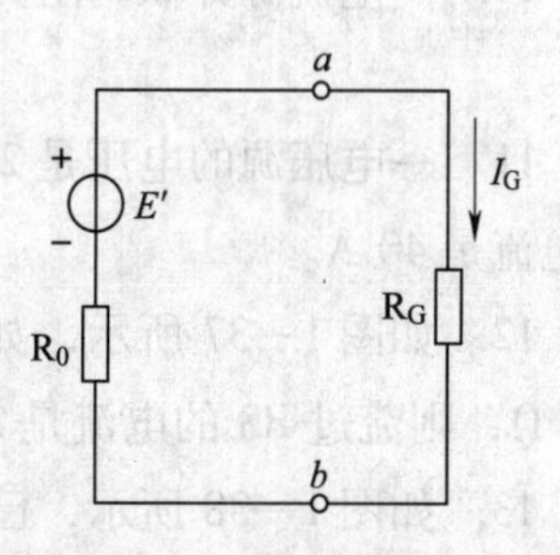

图1—35 计算I_G等效电路图

测 试 题

一、判断题（将判断结果填入括号中。正确的填“√”，错误的填“×”）

1. 全电路是指由内电路、外电路两部分组成的闭合电路的整体。（ ）

2. 在分析电路时可先任意设定电压的参考方向，再根据计算所得值的正、负来确定电压的实际方向。（ ）

3. 用基尔霍夫第一定律列节点电流方程式时，若得出的电流值为负，则表示实际电流方向与假定的电流方向相反。（ ）

4. 基尔霍夫第二定律表明流过任一节点的瞬间电流的代数和为零。（ ）

5. 基尔霍夫电流定律的数学表达式为$\sum I_{入} - \sum I_{出} = 0$。（ ）

6. 如图1—36所示的直流电路中，已知$E_1 = 15$ V，$E_2 = 70$ V，$E_3 = 5$ V，$R_1 = 6$ Ω，$R_2 = 5$ Ω，$R_3 = 10$ Ω，$R_4 = 2.5$ Ω，$R_5 = 15$ Ω，则支路电流I_5为2 A。（ ）

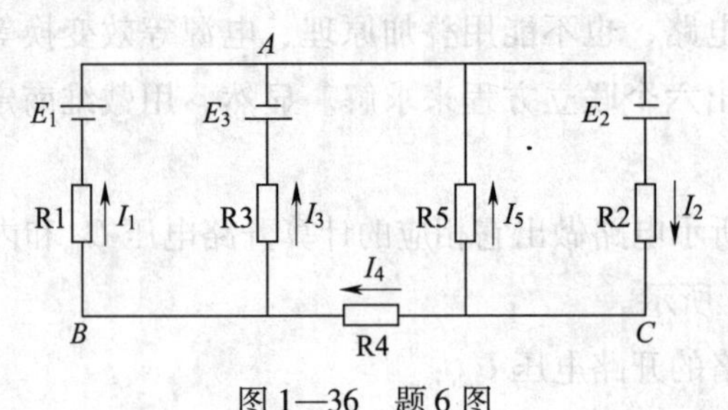

图1—36 题6图

7. 应用戴维南定理分析有源二端网络时，可用等效电阻代替二端网络。（ ）

8. 戴维南定理最适用于求复杂电路中某一条支路的电流。（ ）

9. 一有源二端网络测得短路电流为4 A，开路电压为10 V，则它的等效内阻为40 Ω。（ ）

10. 一电流源并联内阻为2 Ω，当把它等效变换成10 V的电压源时，电流源的电流是5 A。（ ）

11. 一电压源的电压是20 V，串联内阻为2 Ω，当把它等效变换成电流源时，电流源的电流是40 A。（ ）

12. 如图1—37所示，如果$R_1 = 0.2$ Ω，$R_2 = 0.2$ Ω，$E_1 = 7$ V，$E_2 = 6.2$ V，$R_3 = 3.2$ Ω，则流过R3的电流是2 A。（ ）

13. 如图1—38所示，已知$E = 30$ V，$R_1 = 1$ Ω，$R_2 = 9$ Ω，$R_3 = 5$ Ω，则开路电压U_o为10 V。（ ）

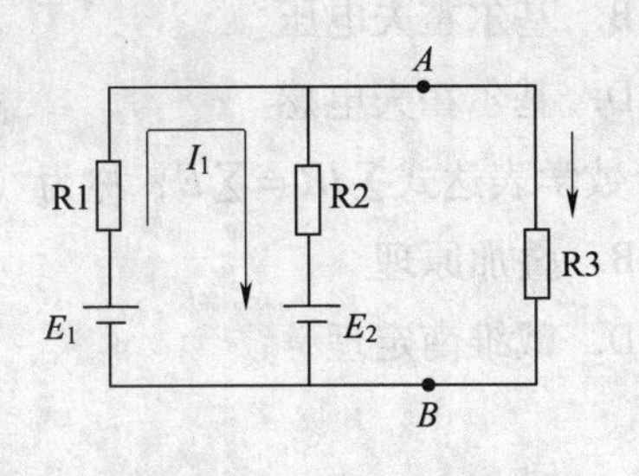

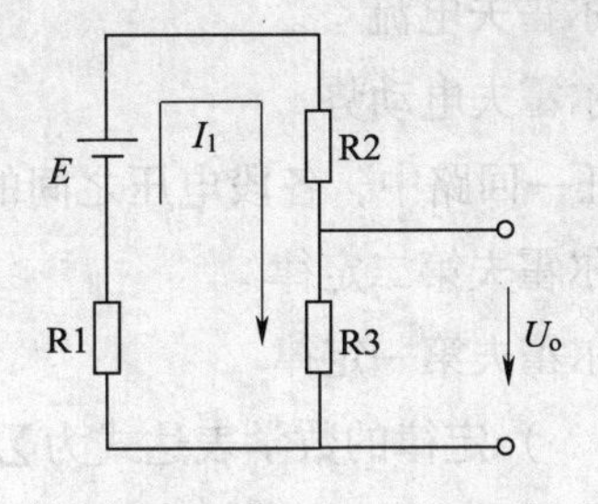

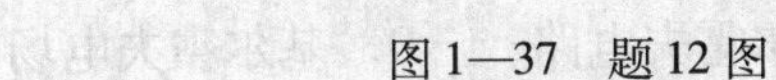
图 1—37 题 12 图　　　　图 1—38 题 13 图

14. 复杂直流电路是指含有多个电源的电路。（　　）

15. 叠加原理是分析复杂电路的一个重要原理。（　　）

16. 节点电压法是以支路电流为未知量，根据基尔霍夫电流定律列出节点电压方程，从而求解。（　　）

17. 回路电流法是以回路电流为未知量，根据基尔霍夫电流定律列出回路电压方程，从而求解。（　　）

18. 通过叠加原理可知，一个多电源复杂电路的计算可以考虑将各电源单独作用，然后再叠加起来。（　　）

19. 复杂电路是指无法用电阻串联、并联化简的多回路电路。（　　）

二、单项选择题（选择一个正确的答案，将相应的字母填入题内的括号中）

1. 用电源、（　　）和负载可构成一个最简单的电路。

A. 电感　　B. 导线　　C. 电阻　　D. 电容

2. 全电路是指由内电路、（　　）两部分组成的闭合电路的整体。

A. 负载　　B. 外电路　　C. 附加电路　　D. 电源

3. 电压的方向（　　）。

A. 与电动势的方向一致　　B. 与电位高低无关

C. 由高电位指向低电位　　D. 由低电位指向高电位

4. 全电路欧姆定律是指在全电路中电流与电源的电动势成正比，与整个电路的内、外电阻之和（　　）。

A. 成正比　　B. 成反比　　C. 成累加关系　　D. 无关

5. 基尔霍夫第一定律表明（　　）为零。

A. 流过任何处的电流　　B. 流过任一节点的电流平均值

C. 流过任一节点的瞬间电流的代数和　　D. 流过任一支路的电流

6. （　　）定律的数学表达式是 $\sum IR = \sum E$。

A. 基尔霍夫电流　　B. 基尔霍夫电压
C. 基尔霍夫电动势　　D. 基尔霍夫电感

7. 在任一回路中，各段电压之间的关系符合数学表达式$\sum IR=\sum E$，称为（　　）。

A. 基尔霍夫第二定律　　B. 叠加原理
C. 基尔霍夫第一定律　　D. 戴维南定理

8. （　　）定律的数学表达式为$\sum I_{入}=\sum I_{出}$。

A. 基尔霍夫电流　B. 基尔霍夫电压　C. 基尔霍夫电路　D. 基尔霍夫电场

9. 如图1—39所示的节点a上符合基尔霍夫第一定律的公式是（　　）。

A. $I_5+I_6-I_4=0$　B. $I_1-I_2-I_6=0$　C. $I_1-I_2+I_6=0$　D. $I_2-I_3+I_4=0$

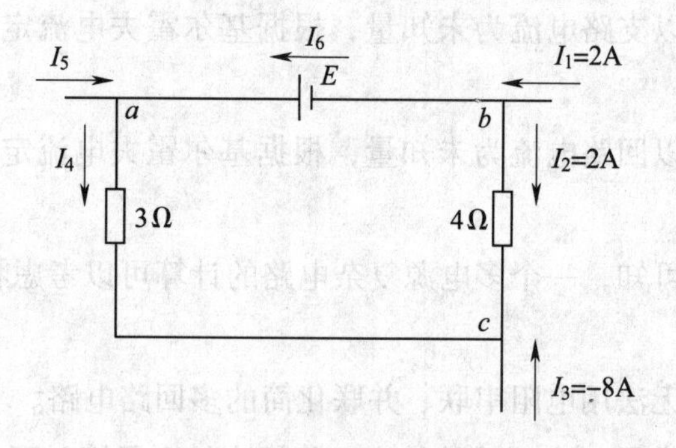

图1—39　题9、题10图

10. 如图1—39所示的节点c上符合基尔霍夫第一定律的公式是（　　）。

A. $I_5+I_6=I_4$　B. $I_1=I_2+I_6$　C. $I_1+I_6=I_2$　D. $I_2+I_4=-I_3$

11. 如图1—40所示的直流电路中，已知$E_1=15$ V，$E_2=70$ V，$E_3=5$ V，$R_1=6$ Ω，$R_2=5$ Ω，$R_3=10$ Ω，$R_4=2.5$ Ω，$R_5=15$ Ω，则支路电流I_4为（　　）A。

A. 5　B. 2　C. 6　D. 8

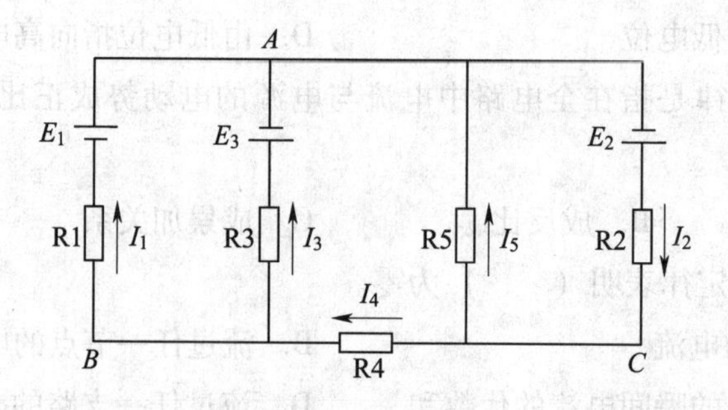

图1—40　题11图

12. 应用戴维南定理分析（　　），可用等效电源代替此网络。

A. 二端网络　　B. 四端网络

C. 有源二端网络　　D. 有源四端网络

13. 戴维南定理最适用于求（　　）中某一条支路的电流。

A. 复杂电路　　B. 闭合电路　　C. 单电源电路　　D. 简单电路

14. 一有源二端网络测得短路电流为 4 A，等效内阻为 2.5 Ω，则它的开路电压为（　　）V。

A. 4　　B. 2.5　　C. 10　　D. 0.4

15. 一电流源并联内阻为 2 Ω，电流源的电流是 5 A，可把它等效变换成（　　）V 的电压源。

A. 5　　B. 0.4　　C. 10　　D. 2.5

16. 电流源的电流是 6 A，可等效变换成 12 V 的电压源，与电流源并联的内阻为（　　）Ω。

A. 1　　B. 2　　C. 2.5　　D. 12

17. 一电压源的电压是 10 V，可把它等效变换成电流是 5 A 的电流源，则电压源的内阻是（　　）Ω。

A. 1　　B. 2　　C. 2.5　　D. 12

18. 一电压源的串联内阻为 5 Ω，当电压是（　　）V 时，可把它等效变换成电流为 5 A 的电流源。

A. 12.5　　B. 10　　C. 20　　D. 25

19. 如图 1—41 所示，如果 $R_1 = 0.2\ \Omega$，$R_2 = 0.2\ \Omega$，$E_1 = 7\ V$，$E_2 = 6.2\ V$，$R_3 = 1\ \Omega$，则流过 R3 的电流是（　　）A。

A. 5　　B. 10　　C. 2　　D. 6

20. 如图 1—41 所示，如果 $R_1 = 0.2\ \Omega$，$R_2 = 0.2\ \Omega$，$E_1 = 7\ V$，$E_2 = 6.2\ V$，$R_3 = 2.1\ \Omega$，则流过 R3 的电流是（　　）A。

A. 3　　B. 10　　C. 2　　D. 6

21. 如图 1—42 所示，已知 $E = 15\ V$，$R_1 = 1\ \Omega$，$R_2 = 9\ \Omega$，$R_3 = 5\ \Omega$，则开路电压 U_o 为（　　）V。

A. 5　　B. 10　　C. 3　　D. 1

22. 如图 1—42 所示，已知 $E = 30\ V$，$R_1 = 1\ \Omega$，$R_2 = 9\ \Omega$，$R_3 = 20\ \Omega$，则开路电压 U_o 为（　　）V。

A. 5　　B. 10　　C. 3　　D. 20

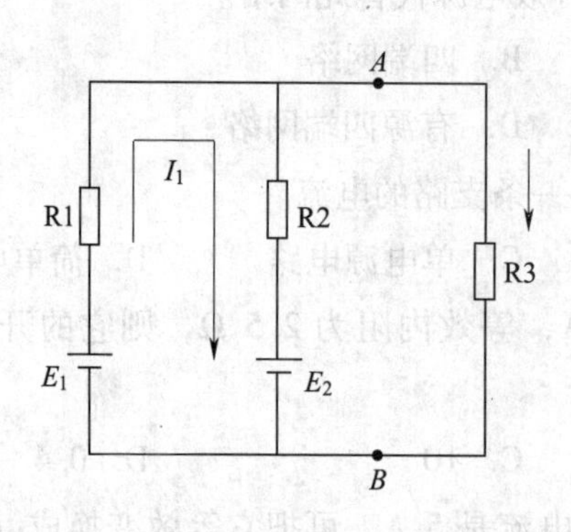

图1—41　题19、题20图

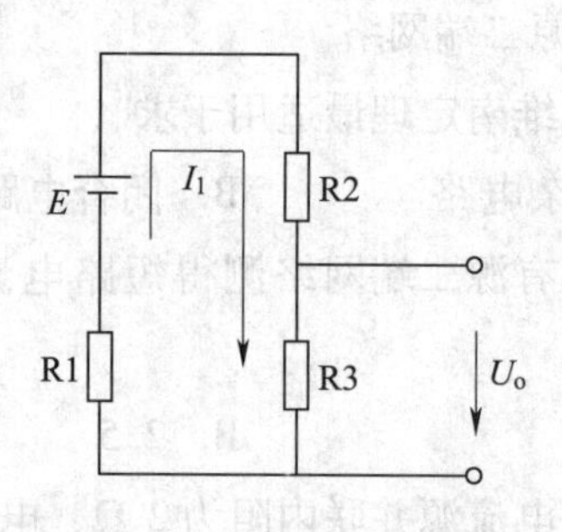

图1—42　题21、题22图

23. 复杂直流电路是指含有（　　）的直流电路。

A. 多个电源　　B. 多个电阻不能用串联、并联关系化简

C. 多个节点　　D. 多个网孔

24. 叠加原理不能用于分析（　　）。

A. 简单电路　　B. 复杂电路　　C. 线性电路　　D. 非线性电路

25. 节点电压法是以节点电压为未知量，根据（　　）列出节点电流方程，从而求解。

A. 基尔霍夫电流定律　　B. 回路电压定律

C. 叠加原理　　D. 基尔霍夫电压定律

26. 回路电流法是以回路电流为未知量，根据（　　）列出回路电压方程，从而求解。

A. 基尔霍夫电流定律　　B. 回路电流定律

C. 叠加原理　　D. 基尔霍夫电压定律

27. 如图1—43所示的电路中，设 $E_1=10$ V，$R_1=20$ Ω，$E_2=2$ V，$R_2=40$ Ω，$R_3=60$ Ω，用支路电流法求得各支路电流为（　　）。

A. $I_1=0.2$ A，$I_2=0.1$ A，$I_3=0.3$ A

B. $I_1=0.2$ A，$I_2=-0.1$ A，$I_3=0.1$ A

C. $I_1=0.3$ A，$I_2=-0.2$ A，$I_3=0.1$ A

D. $I_1=-0.1$ A，$I_2=-0.2$ A，$I_3=-0.1$ A

28. 如图1—43所示的电路中，设 $E_1=15$ V，$R_1=30$ Ω，$E_2=3$ V，$R_2=60$ Ω，$R_3=90$ Ω，用支路

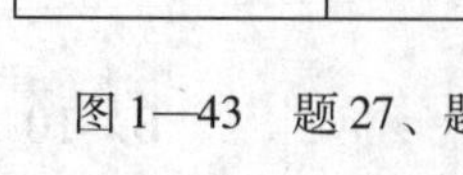
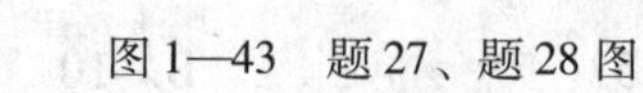
图1—43　题27、题28图

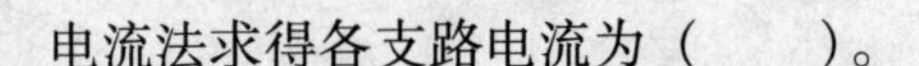

电流法求得各支路电流为（　　）。

A. $I_1=2$ A，$I_2=1$ A，$I_3=3$ A　　B. $I_1=0.2$ A，$I_2=-0.1$ A，$I_3=0.1$ A

C. $I_1=3$ A，$I_2=-2$ A，$I_3=1$ A　　D. $I_1=-0.1$ A，$I_2=0.2$ A，$I_3=0.1$ A

29. 应用戴维南定理分析有源二端网络的目的是（　　）。

A. 求电压　　B. 求电流

C. 求电动势　　D. 用等效电源代替二端网络

测试题答案

一、判断题

1. √　2. √　3. √　4. ×　5. √　6. √　7. ×　8. √

9. ×　10. √　11. ×　12. √　13. √　14. ×　15. ×　16. ×

17. ×　18. √　19. √

二、单项选择题

1. B　2. B　3. C　4. B　5. C　6. B　7. A　8. A　9. A

10. D　11. C　12. C　13. A　14. C　15. C　16. B　17. B　18. D

19. D　20. A　21. A　22. D　23. B　24. D　25. A　26. D　27. B

28. B　29. D

第 2 章

正弦交流电路

交流电在日常的生产和生活中应用极为广泛，即使在某些需要直流电的场合，也往往是将交流电通过整流设备变换为直流电而使用。大多数的电气设备，如电动机、照明器具、家用电器等也使用交流电。

直流电和交流电的根本区别是：直流电路中电压、电流的大小不随时间的变化而变化，而交流电路中电压、电流的大小随着时间按正弦规律变化，正弦波波形如图2—1a所示，图2—1b所示为正弦交流电路。

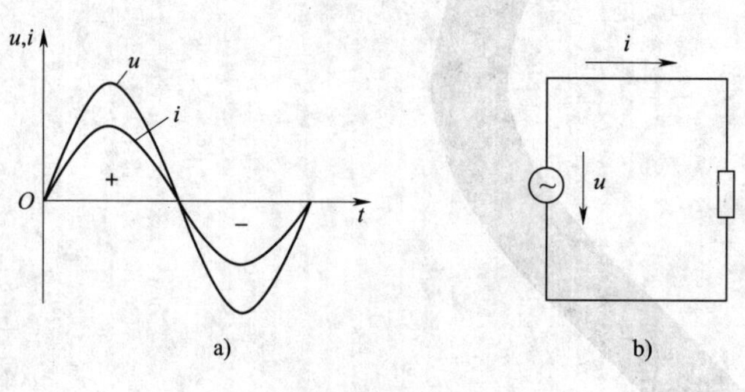

图2—1　交流电

a）正弦波波形　b）正弦交流电路

第1节　正弦交流电的表示法

一、正弦交流电的三要素

正弦交流电的特征具体表现在变化的快慢、幅值的大小及初始相位三个方面，这三个量称为正弦交流电的“三要素”，它们分别用频率（周期）、最大值（或有效值）和初相位来确定。

1. 频率、周期、角频率

正弦量一秒内变化的次数称为频率，用f表示，它的单位是赫［兹］（Hz）；正弦量变化一次所需的时间称为周期，用T表示，它的单位是秒（s），根据定义可知，频率与周期互为倒数，即：

$$T=\frac{1}{f}\qquad 或\qquad f=\frac{1}{T}$$

在我国工农业及生活中使用的交流电频率为50 Hz，其周期为0.02 s，习惯上称为工频，有些国家（如美国、日本等）采用60 Hz。

在电工技术中，它们除了用周期和频率外，还常用角频率来反映正弦量变化的快慢。

角频率表示一个周期内经历了2π弧度，用ω表示，在数值上等于正弦量的电角度在单位时间内的增长值，它与周期有关，单位是弧度每秒（rad/s）。

角频率与周期、频率的关系如下：

$$\omega=\frac{2\pi}{T} \quad 或 \quad \omega=2\pi f$$

上式表示了T、f、ω三者之间的关系，知道其中之一，其余均可求得。

2. 瞬时值、最大值、有效值

（1）瞬时值。正弦量在任一瞬时的值称为瞬时值，用小写字母表示，如u、i分别表示电压及电流的瞬时值。

（2）最大值。正弦量在交变过程中的最大瞬时值称为最大值，又称振幅（峰值），用带有下标“m”的大写字母表示，如电压幅值U_m、电流幅值I_m等。

（3）有效值。在电工技术中，由于电流主要表现热效应，因此，工程上常采用有效值来衡量交流电能量转换的实际效果。根据交流电流和直流电流热效应相等的原则：设一个交流电流i和一个直流电流I分别通过同一电阻R，如果在相同时间T（交流电流的周期）内它们产生相同的热效应，则这个交流电流的有效值就等于直流电流I的大小。并且用大写字母来表示有效值的大小，与直流电流的表示方法一致。

经数学推算，可以得出正弦交流电的有效值与最大值之间的关系：

$$I_m=\sqrt{2}I \text{ 或 } I=\frac{I_m}{\sqrt{2}}=0.707I_m$$

同理，可以推导出正弦电压、正弦电动势等，并用大写字母表示它们的有效值：

$$U_m=\sqrt{2}U \text{ 或 } U=\frac{U_m}{\sqrt{2}}=0.707U_m$$

$$E_m=\sqrt{2}E \text{ 或 } E=\frac{E_m}{\sqrt{2}}=0.707E_m$$

今后，如无特别说明，所说的交流电流、电压的大小均指有效值。

3. 初相位

对于正弦量来说，可用频率反映它变化的快慢，用振幅反映它变化的范围。但是正弦量的波形是随时间t变化的。因此，要确定一个正弦量，必须确定它的计时起点。选取不同的计时起点，正弦量的起始值（$t=0$时的值）就不同，到达最大值或某一特定值所需的时间也不同，如图2—2所示。电流的表达式为：

$$i = I_m \sin(\omega t + \varphi_i)$$

上式中的电角度（$\omega t + \varphi_i$）称为正弦量的相位角或相角，简称相位。相位反映了正弦量变化的进程，对于确定的时刻，都有相应的相位与之对应，它反映了正弦量的状态。

$t=0$ 时的相位叫做初相位或初相角，简称初相。式中电流 I 的初相为 φ_i，可以从波形图上看出 $t=0$ 的位置并不影响正弦量的变化规律，所以可按需要任意选择计时起点。也就是说，初相是任意的。

习惯上初相的取值范围在 $-\pi$ 到 π 之间，即：

$$-\pi \leqslant \varphi \leqslant \pi$$

相位与初相的单位一般用弧度表示，也可用度表示。

一个正弦交流电路中，电压和电流的频率是相同的，但它们的初相位有可能不同，进行加减运算时，常常要考察它们之间的相位关系。相位差是一个关键参数。两个同频率正弦量的相位角之差称为相位差，用 φ 表示。

如图 2—3 所示，电压 u 与电流 i 的频率相同，u 和 i 的波形可用下式表示：

$$u = U_m \sin(\omega t + \varphi_1)$$

$$i = I_m \sin(\omega t + \varphi_2)$$

它们的初相分别为 φ_1 和 φ_2，则 u 和 i 的相位差为：

$$\varphi = (\omega t + \varphi_1) - (\omega t + \varphi_2) = \varphi_1 - \varphi_2$$

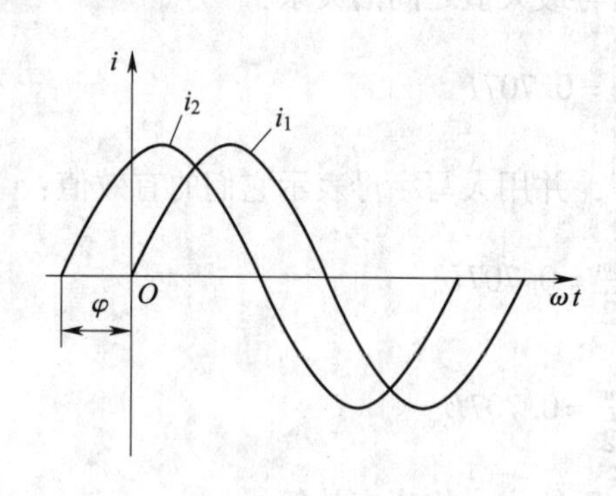

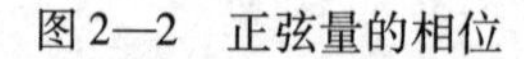
图 2—2　正弦量的相位

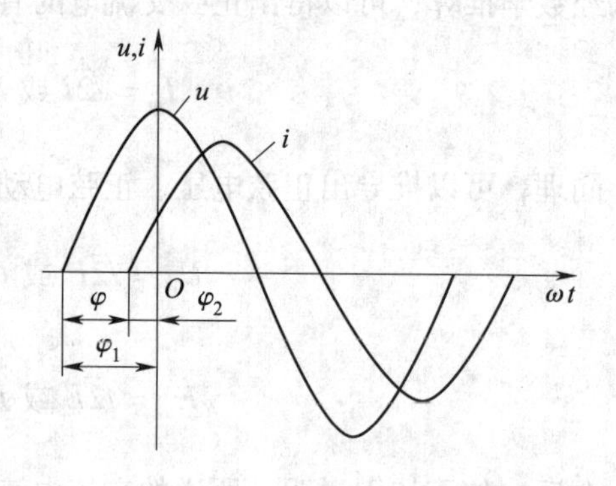

图 2—3　u 和 i 同频率的波形图

即：对两个同频率的正弦量来说，相对差就等于初相位之差，这是一个与计时起点选择无关的定值。

根据两个同频率正弦量的相位差，可以确定它们之间变化进程的关系。图 2—4 所示为两个正弦量的同相、反相与正交。

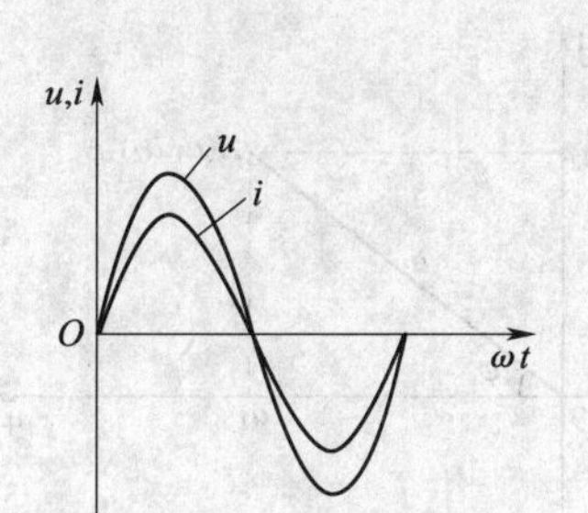

a)

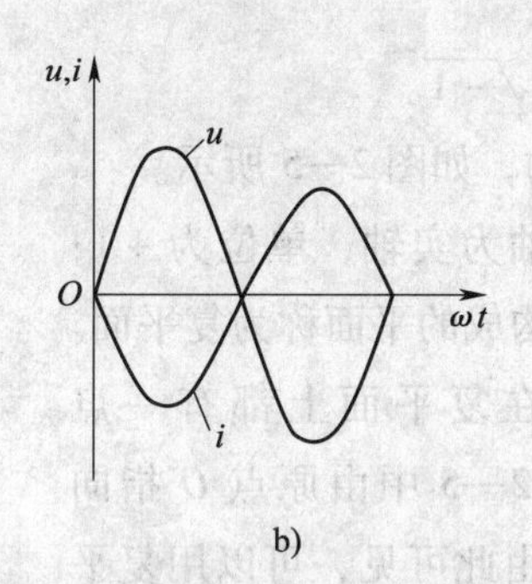

b)

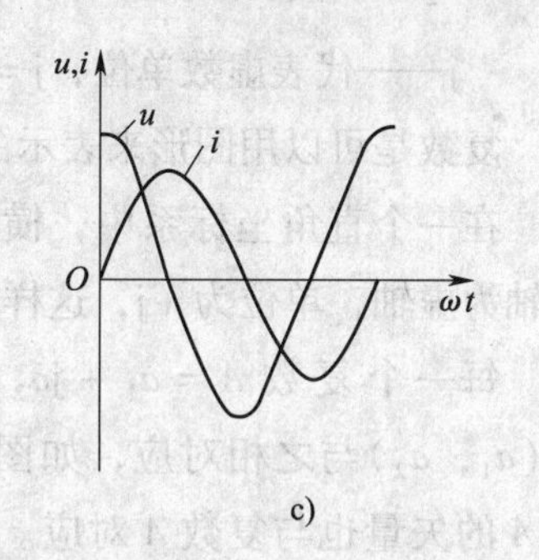

c)

图 2—4　正弦量的同相、反相与正交

a）同相　b）反相　c）正交

当 $\varphi=\varphi_1-\varphi_2=0$ 时，表示两个正弦量的变化进程相同，称为电压 u 与电流 i 同相，如图 2—4a 所示。

当 $\varphi=\varphi_1-\varphi_2>0$ 时，表示电压 u 比电流 i 先到达零值或正的最大值，称为电压 u 比电流 i 在相位上超前 φ 角；反过来也可以称电流 i 比电压 u 滞后 φ 角。

当 $\varphi=\varphi_1-\varphi_2=\pi$ 时，表示两个正弦量的变化进程刚好相反，称它们为反相，如图 2—4b所示。

当 $\varphi=\varphi_1-\varphi_2=\dfrac{\pi}{2}$时，表示两个正弦量的变化进程相差 90°，称它们为正交。如图 2—4c 所示。

交流电的相位差实际上反映了两个交流电在时间上谁先到达最大值的问题。

二、正弦量的相量表示法

用正弦量的解析式和波形图来分析及计算正弦交流电路，这在实际工程中是十分有用的。但是，对于有些正弦电路，特别是复杂的正弦电路，用正弦量的解析式和波形图来分析、计算正弦交流电路将会非常烦琐和困难。为了简化正弦交流电路的分析、计算过程，本节将引入正弦量的相量表示法，从而把对正弦量的各种运算转换成复数的代数运算。

1. 复数的基础知识

相量法的数学基础是复数和复数运算，现在先对复数的有关内容进行必要的复习。

在数学中已经学习了复数的基本知识：由实部和虚部的代数和组成的数称为复数。

复数的一般形式为：

$$A=a_1+\mathrm{j}a_2$$

式中　a_1——代表 A 的实部；

a_2——代表 A 的虚部；

j——代表虚数单位，$j=\sqrt{-1}$。

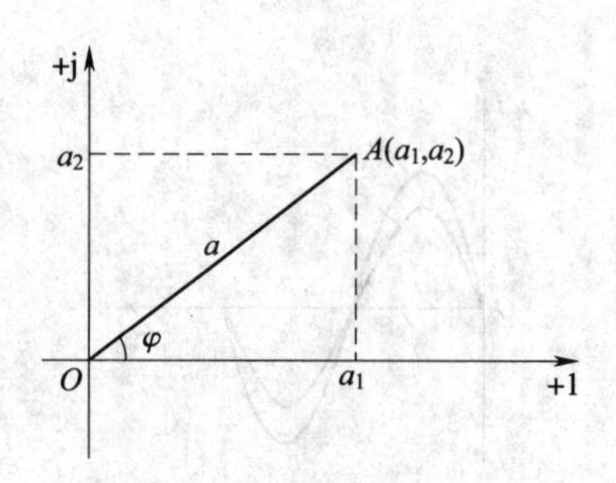

图2—5 复平面上的矢量

复数是可以用图形来表示的，如图2—5所示。

在一个直角坐标系中，横轴为实轴，单位为+1；纵轴为虚轴，单位为+j，这样构成的平面称为复平面。

每一个复数 $A=a_1+ja_2$ 在复平面上都有一点 $A(a_1, a_2)$ 与之相对应，如图2—5中由原点 O 指向点 A 的矢量也与复数 A 对应。由此可见，可以用复平面上的矢量来表示复数。

图2—5中矢量 OA 的长度 a 称为复数 A 的模，它与实轴正向之间的夹角 φ 称为幅角。则复数 A 的实部 a_1、虚部 a_2、模 a 与幅角 φ 的关系为：

$$a_1=a\cos\varphi$$

$$a_2=a\sin\varphi$$

$$a=\sqrt{a_1^2+a_2^2}$$

$$\varphi=\arctan\frac{a_2}{a_1}$$

在工程上，复数 A 的运算简写成：

$$A=a\angle\varphi \quad \text{（极坐标形式）}$$

$$\text{或 } A=ae^{j\varphi} \quad \text{（指数形式）}$$

因此，一个复数有直角坐标式、指数式和极坐标式三种表示形式，在今后计算交流电路时，常常需要在这三种形式之间进行转换。

【例2—1】 已知 $A=40+j30$，试将 A 转换成指数式和极坐标式。

解：根据题意得：

$$A=40+j30$$

$$a_1=40,\ a_2=30$$

$$a=\sqrt{a_1^2+a_2^2}=\sqrt{30^2+40^2}=50$$

$$\varphi=\arctan\frac{a_2}{a_1}=\arctan\frac{30}{40}\approx37°$$

极坐标式：$A=50\angle37°$

指数式：$A=50e^{j37°}$

2. 复数的四则运算

复数与复数之间可以进行加法、减法、乘法、除法的运算。

设 $A=a_1+\mathrm{j}a_2=A\angle\varphi_1$，$B=b_1+\mathrm{j}b_2=B\angle\varphi_2$

则：(1) 加法　$A+B=(a_1+b_1)+\mathrm{j}(a_2+b_2)$

(2) 减法　$A-B=(a_1-b_1)+\mathrm{j}(a_2-b_2)$

(3) 乘法　$AB=(a\angle\varphi_1)\cdot(b\angle\varphi_2)=ab\angle(\varphi_1+\varphi_2)$

(4) 除法　$\dfrac{A}{B}=\dfrac{a\angle\varphi_1}{b\angle\varphi_2}=\dfrac{a}{b}\angle(\varphi_1-\varphi_2)$

【例2—2】 已知：$A=10+\mathrm{j}\,30$，$B=80+\mathrm{j}\,60$

试计算 $A+B$，$A-B$，$A\cdot B$，$\dfrac{A}{B}$ 的值。

解：$A+B=(10+80)+\mathrm{j}(30+60)=90+\mathrm{j}90$

$A-B=(10-80)+\mathrm{j}(30-60)=-70+\mathrm{j}(-30)=-70-\mathrm{j}30$

$a=\sqrt{a_1^2+a_2^2}=\sqrt{10^2+30^2}\approx 32$

$\varphi_1=\arctan\dfrac{a_2}{a_1}=\arctan\dfrac{30}{10}\approx 72°$

$b=\sqrt{b_1^2+b_2^2}=\sqrt{80^2+60^2}=100$

$\varphi_2=\arctan\dfrac{b_2}{b_1}=\arctan\dfrac{60}{80}\approx 37°$

$A=a\angle\varphi_1=32\angle 72°$

$B=b\angle\varphi_2=100\angle 37°$

$A\cdot B=32\angle 72°\times 100\angle 37°=3200\angle 109°$

$\dfrac{A}{B}=\dfrac{32}{100}\angle(72°-37°)=0.32\angle 35°$

3. 正弦量的相量表示法

在掌握了复数概念及其运算法则的基础上，现进一步讨论如何用复数来表示正弦量。经过数学分析和证明，正弦量和复数之间存在着对应关系，用复数反映正弦量的方法称为相量法。

正弦量有三个要素，即频率、最大值和初相。正弦交流电路中的电压、电流是与电源同频率的正弦量。一般情况下，可不必考虑，计算时只要兼顾有效值和初相这两个要素即可。而复数正好有两个要素，即模与幅角（指极坐标形式）。如果用它的模代表正弦量的最大值或有效值，用幅角代表正弦量的初相，那么就可以用一个复数表示正弦量了。

为了与一般的复数有所区别，规定正弦量的相量用大写字母上方加“·”来表示。应当强调指出的是，正弦量是时间的函数，而相量仅是用复数来表示这个时间函数的两个特征的一个符号，相量与正弦量之间不是相等关系。

【例2—3】 如图2—6所示，设两个正弦交流电流 $i_1=100\sin\omega t$，$i_2=50\sin(\omega t+60°)$，试用相量的极坐标形式来表示。

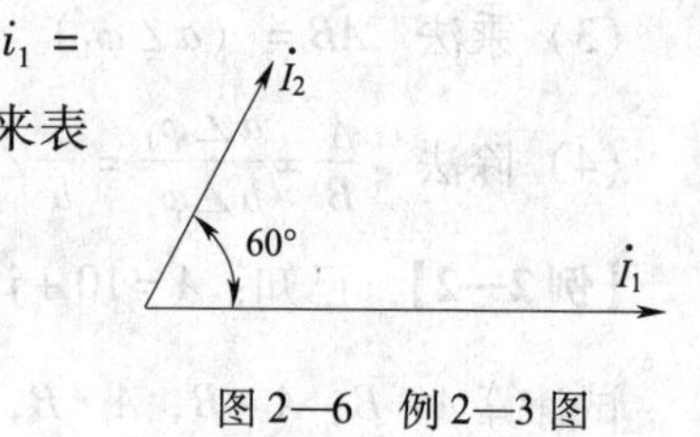

图2—6 例2—3图

解：$i_1=100\sin\omega t$

$I_{1m}=100$，$\varphi_1=0°$

$\dot{I}_{1m}=100\angle 0°$

$i_2=50\sin(\omega t+60°)$

$I_{2m}=50$，$\varphi_2=60°$

$\dot{I}_{2m}=50\angle 60°$

4. 相量图

正弦量用相量反映所绘制的图形称为相量图。图2—6画出了 $\dot{I}_2$ 和 $\dot{I}_1$ 的相量图，需要指出的是：只有表示相同频率正弦量的相量才可以画在同一相量图上，而且在相量图中还可以直观、清晰地看出各正弦量的相位关系。图2—6中的 $\dot{I}_2$ 和 $\dot{I}_1$ 一定是表示同频率的正弦电流的相量，同时，可以方便、直观地看出 $\dot{I}_2$ 比 $\dot{I}_1$ 超前的相位角是 $(\varphi_2-\varphi_1)$。

一般情况下不画出复平面的坐标轴，但习惯上以实轴正方向为幅角基准，即逆时针方向的幅角为正，顺时针方向的幅角为负。

【例2—4】 已知三个正弦交流电流的解析式为：$i_1=5\sqrt{2}\sin(\omega t+60°)$ A，$i_2=10\sqrt{2}\cos(\omega t+60°)$ A，$i_3=-4\sqrt{2}\sin(\omega t+60°)$ A。

试写出代表这些正弦交流电流的有效值相量，并绘制相量图。

解：代表 i_1 的有效值相量为：

$$\dot{I}_1=5\angle 60°\text{ A}$$

先把 i_2 写成正弦函数，然后再写出相量。

$$i_2=10\sqrt{2}\sin(\omega t+60°+90°)\text{ A}$$
$$=10\sqrt{2}\sin(\omega t+150°)\text{ A}$$

代表 i_2 的有效值相量为：

$$\dot{I}_2=10\angle 150°\text{ A}$$

先把 i_3 改写为：

$$i_3 = 4\sqrt{2}\sin(\omega t + 60° - 180°)\ \text{A}$$
$$= 4\sqrt{2}\sin(\omega t - 120°)\ \text{A}$$

代表 i_3 的有效值相量为：

$$\dot{I}_3 = 4\angle -120°\ \text{A}$$

相量图如图 2—7 所示。

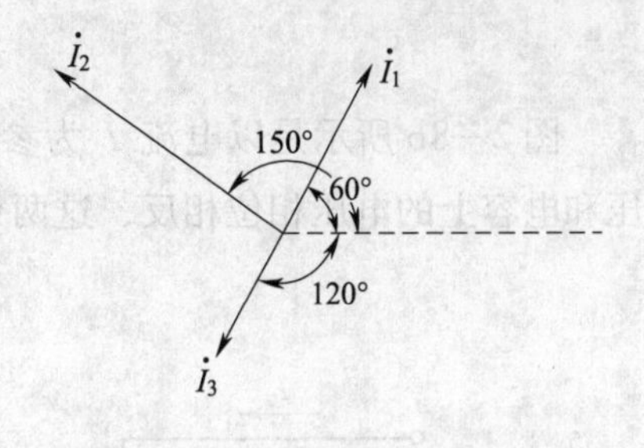

图 2—7　例 2—4 图

第 2 节　交流串联电路

一、阻抗的串联

在交流电路中，两个以上的阻抗相串联的电路称为阻抗的串联。如电感和电阻，电容和电阻，电感、电容和电阻等串联在交流回路中的电路都称为交流串联电路。本节将讨论交流串联电路中的电压、电流相量以及它们之间的关系。

R—L—C 串联电路就是电阻 R、电感 L 和电容 C 串联在交流回路中的电路，如图 2—8a 所示。设在此电路中通过的交流电流为：

$$i = I_m \sin\omega t$$

则电阻、电感、电容上的电压都是与电流同频率的正弦量，它们的电压分别为：

$$u_R = I_m R \sin\omega t$$

$$u_L = I_m X_L \sin\left(\omega t + \frac{\pi}{2}\right)$$

$$u_C = I_m X_C \sin\left(\omega t - \frac{\pi}{2}\right)$$

电路总电压的瞬时值为：

$$u = u_R + u_L + u_C$$

总电压 u 也是与电流 I 同频率的正弦量。

对应的相量关系为：

$$\dot{U}_R = U_R \angle 0° = \dot{I} R$$

$$\dot{U}_L = U_L \angle 90° = \text{j}\dot{I} X_L$$

$$\dot{U}_C = U_C \angle -90° = -j\dot{I}X_C$$

图 2—8b 所示是以电流 $\dot{I}$ 为参考相量的电压相量图。从相量图可以看出，电感上的电压和电容上的电压相位相反，这两个相反的电压之和称为电抗电压，用 u_X 表示：

$$u_X = u_L + u_C$$

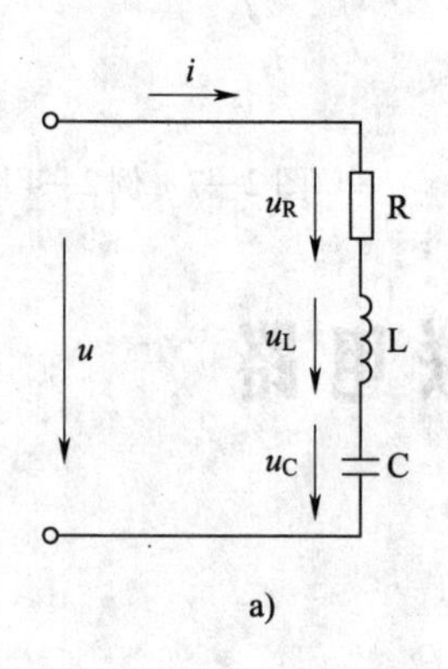

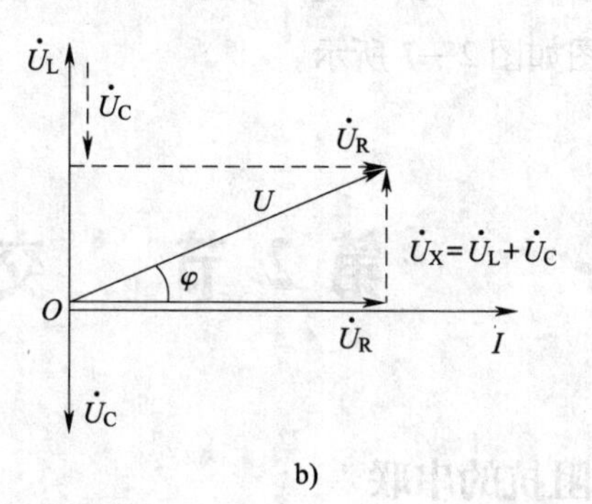

图 2—8　R—L—C 串联电路和相量图

a）电路　b）相量图

以相量形式表示则为：　$\dot{U}_X = \dot{U}_L + \dot{U}_C$

根据相量图求总电压：$\dot{U} = \dot{U}_R + \dot{U}_X$

在图 2—8b 所示的 $\dot{U}_R$、$\dot{U}_X$ 和 $\dot{U}$ 组成电压三角形，可通过此电压三角形求出总电压的有效值：

$$U = \sqrt{U_R^2 + (U_L - U_C)^2}$$

$$U = \sqrt{(IR)^2 + (IX_L - IX_C)^2}$$

$$U = I\sqrt{R^2 + (X_L - X_C)^2}$$

从图 2—8b 所示的相量图还可以求出端电压超前于电流的相位差，即电路的阻抗角：

$$\varphi = \arctan\frac{U_L - U_C}{U_R}$$

$$= \arctan\frac{X_L - X_C}{R}$$

$$= \arctan\frac{X}{R}$$

用相量式来表示 R、L 和 C 串联电路的各电压时，可根据基尔霍夫电压定律得：

$$\dot{U} = \dot{U}_R + \dot{U}_L + \dot{U}_C$$

$$= \dot{I}R + \mathrm{j}\dot{I}X_L - \mathrm{j}\dot{I}X_C$$

$$= \dot{I}\ [R + \mathrm{j}\ (X_L - X_C)]$$

$$= \dot{I}\ (R + \mathrm{j}X)$$

$$= \dot{I}Z$$

R、L 和 C 串联电路的复阻抗为：

$$Z = \frac{\dot{U}}{\dot{I}} = R + \mathrm{j}X = R + \mathrm{j}\ (X_L - X_C)$$

式中 X_L 为感抗：$X_L = \omega L = 2\pi fL$

式中 X_C 为容抗：$X_C = \frac{1}{\omega C} = \frac{1}{2\pi fC}$

当电路中 $X_L > X_C$ 时，$U_L > U_C$，电压超前电流，该电路称为感性电路，如图2—9a 所示；当电路中 $X_L < X_C$ 时，$U_L < U_C$，电压滞后电流，该电路称为容性电路，如图 2—9b 所示；当电路中 $X_L = X_C$ 时，$U_L = U_C$，$\omega = 0$，电压和电流同相位，如图 2—9c 所示。

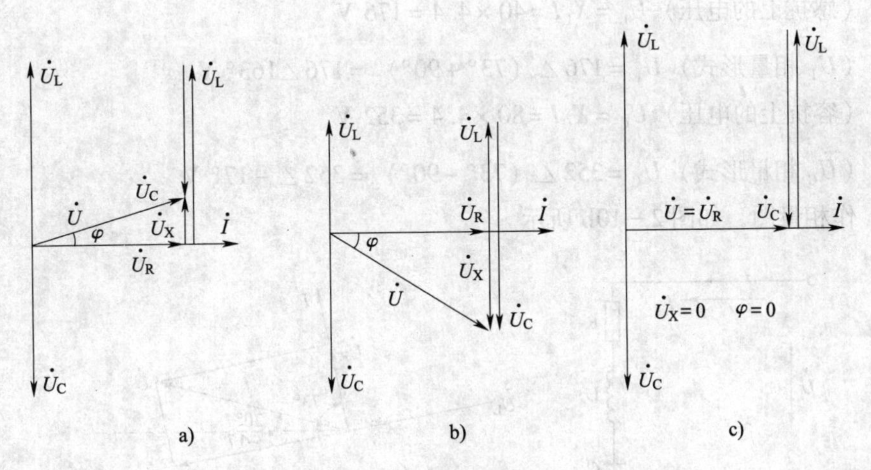

图 2—9　R、L 和 C 串联电路三种特性的相量图

a) $X_L > X_C$　b) $X_L < X_C$　c) $X_L = X_C$

【例 2—5】 如图 2—10a 所示的 R、L 和 C 串联电路，已知 $R = 30\ \Omega$，$L = 127\ \mathrm{mH}$，$C = 40\ \mu\mathrm{F}$，电源电压 $u = 220\sqrt{2}\sin\ (314t + 20°)\ \mathrm{V}$，求：

（1）感抗、容抗和阻抗；

（2）电流的有效值 I 和电流的相量形式 i；

（3）感抗、容抗和电阻上电压有效值 U 与瞬时值 u；

（4）画出相量图。

解：（1）（感抗）$X_L = \omega L = 2\pi fL$

$$= 314 \times 127 \times 10^{-3} \approx 40\ \Omega$$

（容抗）$X_C = \dfrac{1}{\omega C} = \dfrac{1}{2\pi fC}$

$$= \frac{1}{314 \times (40 \times 10^{-6})} \approx 80\ \Omega$$

（阻抗）$Z = R + j(X_L - X_C) = 30 + j(40 - 80) = 50\ \Omega$

（2）（电流的有效值）$I = \dfrac{U}{Z} = \dfrac{220}{50} = 4.4\ A$

$$\varphi = \arctan\frac{X_L - X_C}{R} = \arctan\frac{40 - 80}{30} \approx -53°$$

（电阻上的电压）$U_R = RI = 30 \times 4.4 = 132\ V$

（3）（电流相量形式）$\dot{I} = 4.4\angle[20° - (-53°)] = 4.4\angle 73°\ A$

$$\dot{U}_R = 132\angle 73°\ V$$

（感抗上的电压）$U_L = X_L I = 40 \times 4.4 = 176\ V$

（$\dot{U}_L$ 相量形式）$\dot{U}_L = 176\angle(73° + 90°) = 176\angle 163°\ V$

（容抗上的电压）$U_C = X_C I = 80 \times 4.4 = 352\ V$

（$\dot{U}_C$ 相量形式）$\dot{U}_C = 352\angle(73° - 90°) = 352\angle -17°\ V$

（4）作相量图，如图2—10b所示。

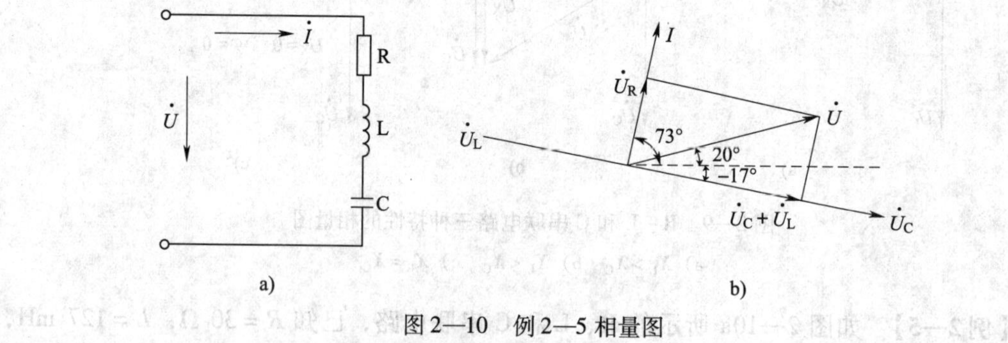

图2—10　例2—5相量图

a）电路图　b）相量图

二、串联谐振

在R、L和C串联电路中，电路中的电流为：

$$\dot{I}=\frac{\dot{U}}{Z}$$

电路中的复阻抗为:

$$\begin{aligned}Z&=R+\mathrm{j}\left(\omega L-\frac{1}{\omega C}\right)\\&=R+\mathrm{j}\ (X_{\mathrm{L}}-X_{\mathrm{C}})\\&=R+\mathrm{j}X\end{aligned}$$

如果电路中的感抗正好等于容抗，即 $X_{\mathrm{L}}=X_{\mathrm{C}}$，则电抗等于零，$X=0$。这时的电压与电流同相位，电路中阻抗最小，在电压源供电时电流最大，这种现象称为串联谐振。

串联谐振的条件是:

$$X_{\mathrm{L}}=X_{\mathrm{C}}$$

即 $$2\pi fL=\frac{1}{2\pi fC}$$

上式说明当交流电的频率满足感抗与容抗相等时，电路发生谐振。因此，电路中 f、L、C 中改变任意一个参数都可以使电路谐振。

当电路参数 L、C 一定时，如电源的频率正好使电路发生谐振，那么，这个频率称为该电路的谐振频率，又称电路的固有频率，用符号 f_0 表示:

$$f_0=\frac{1}{2\pi\ \sqrt{LC}}$$

串联谐振时电路有以下特点:

1. 电路中阻抗最小（纯电阻），电流最大。
2. 电路中的电压与电流同相位。
3. 电路中电感及电容上的电压可能超过总电压。

第 3 节　交流并联电路

一、阻抗的并联

图 2—11 所示为电阻和电感串联后再与电容并联的电路。设在电路两端加一正弦交流电压 u，那么在两并联支路中就会有同频率的交流电流 i_1、i_2，其方向如图 2—11 所示。

根据前面学过的知识和分析方法即可列出下面的方程。

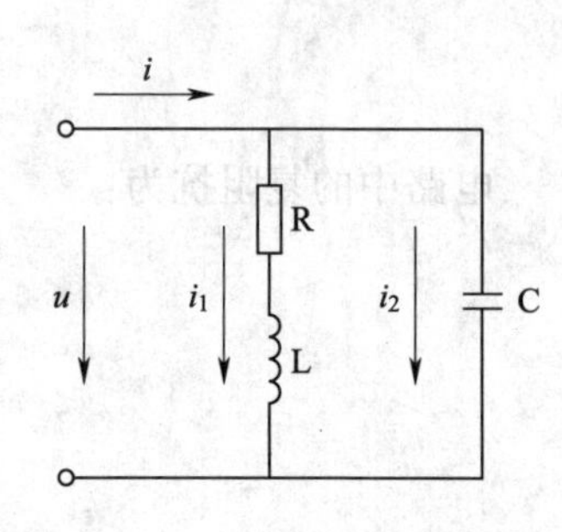

图2—11　R、L串联后再与C并联电路

支路1的电流 i_1 的有效值为：$I_1=\dfrac{U}{Z_1}=\dfrac{U}{\sqrt{R^2+X_L^2}}$

电流 i_1 滞后电压 u 的相位角为：$\varphi_1=\arctan\dfrac{X_L}{R}$

支路2的电流 i_2 的有效值为：$I_2=\dfrac{U}{Z_2}=\dfrac{U}{X_C}$

电流 i_2 超前电压 u 的相位角为：$\varphi_c=90°$

下面用相量来分析该并联电路，电路的总电流瞬时值 i 与两分支电流 i_1、i_2 的关系为：

$$i=i_1+i_2$$

电流的相量关系：$\dot{I}=\dot{I}_1+\dot{I}_2$

其中，$\dot{I}=\dfrac{\dot{U}}{Z}$，$\dot{I}_1=\dfrac{\dot{U}}{Z_1}$，$\dot{I}_2=\dfrac{\dot{U}}{Z_2}$。

并联电路的阻抗 Z 显然是两并联电路的等效复阻抗，Z 与 Z_1、Z_2 的关系是：

$$Z=\frac{Z_1Z_2}{Z_1+Z_2}$$

上式说明并联电路的等效复阻抗的计算在形式上与电阻并联的等效电阻计算是一样的。仅仅是用复阻抗代替了电阻。

通过上面的分析可以得到R、L串联支路的无功分量为 $I\sin\varphi_1$，C支路的无功分量为 I_2，把（$I\sin\varphi_1-I_2$）称为总电流的无功分量。RL和C并联电路可根据无功分量（$I\sin\varphi_1-I_2$）的变化情况分为下列三种性质的电路：

1. 当 $I\sin\varphi_1>I_2$ 时，总电压超前总电流，其相量图如图2—12a所示。φ、Q 均为正值，电路呈感性。

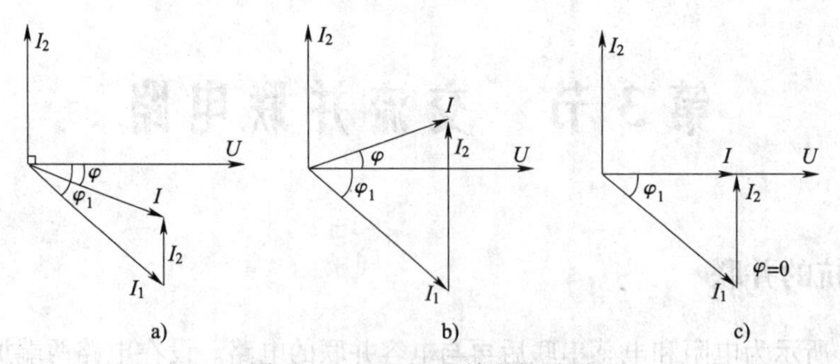

图2—12　RL和C并联相量图

a）感性电路　b）容性电路　c）阻性（谐振）电路

2. 当 $I\sin\varphi_1 < I_2$ 时，总电压滞后总电流，其相量图如图 2—12b 所示。φ、Q 均为负值，电路呈容性。

3. 当 $I\sin\varphi_1 = I_2$ 时，总电压和总电流同相位，其相量图如图 2—12c 所示。φ、Q 均为零，电路呈阻性，并发生谐振。关于谐振将在后文进行分析。

并联电路的功率关系如下：

有功功率 $P = S\cos\varphi$；

无功功率 $Q = S\sin\varphi$；

视在功率 $S = UI$。

【例 2—6】 如图 2—13 所示的电路电源电压 $\dot{U} = 200\angle 3.8°$，求电路的等效阻抗以及电流 $\dot{I}$、$\dot{I}_1$、$\dot{I}_2$。

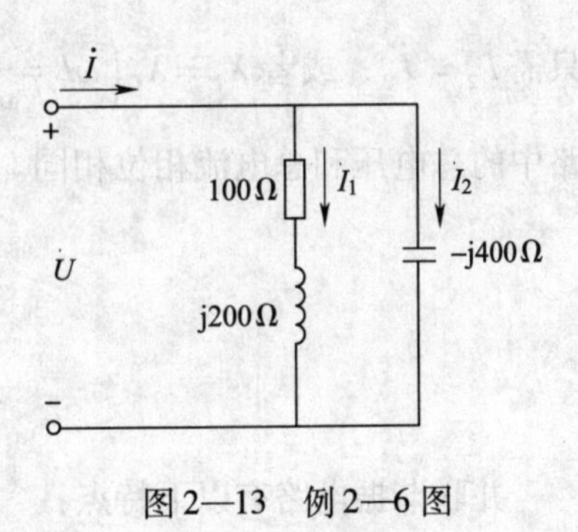

图 2—13 例 2—6 图

解：(1) 等效阻抗

$$Z = \frac{(100 + j200)(-j400)}{100 + j200 - j400}$$
$$= 320 + j240$$
$$= 400\angle 36.87°\ \Omega$$

$$Z_1 = 100 + j200$$
$$= 223.6\angle 63.4°$$

$$Z_2 = 400\angle -90°$$

(2) 电流

$$\dot{I} = \frac{\dot{U}}{Z} = \frac{200\angle 3.8°}{400\angle 36.87°} \approx 0.5\angle -33°\ \text{A}$$

$$\dot{I}_1 = \frac{\dot{U}}{Z_1} = \frac{200\angle 3.8°}{223.6\angle 63.4°}$$
$$= 0.89\angle -59.6°\ \text{A}$$

$$\dot{I}_2 = \frac{\dot{U}}{Z_2} = \frac{200\angle 3.8°}{400\angle -90°}$$
$$= 0.5\angle 93.8°\ \text{A}$$

二、并联谐振

图 2—14 所示为 RLC 并联电路，图中流过电阻的电流为 $\dot{I}_1$、流过电感线圈的电流为 $\dot{I}_2$、流过电容的电流为 $\dot{I}_3$。当感性支路的无功电流和容性支路的无功电流相互抵消时，电路呈阻性。电路中的电流分配为：

$$\dot{I}=\dot{I}_1+\dot{I}_2+\dot{I}_3=\frac{\dot{U}}{R}+\frac{\dot{U}}{\mathrm{j}X_L}+\frac{\dot{U}}{-\mathrm{j}X_C}$$

$$=\dot{U}\left(\frac{1}{R}+\frac{1}{\mathrm{j}X_L}+\frac{1}{-\mathrm{j}X_C}\right)$$

$$=\dot{U}\frac{1}{Z}$$

式中，$\left(\frac{1}{R}+\frac{1}{\mathrm{j}X_L}+\frac{1}{-\mathrm{j}X_C}\right)=\frac{1}{Z}$

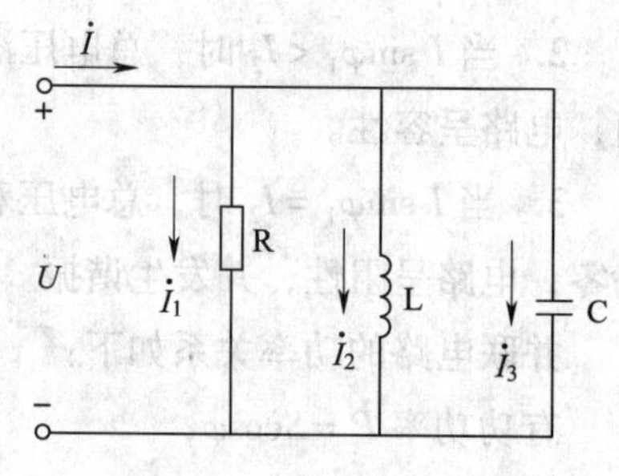

图 2—14　RLC 并联电路

根据上述电流分配情况，要使感性支路的无功电流和容性支路的无功电流相互抵消，只需 $\dot{I}_2=\dot{I}_3$，或者 $X_L=X_C\left(\omega L=\frac{1}{\omega C}\right)$，电路就呈阻性，即电路的总阻抗为 $Z=R$。这时电路中的总电压和总电流相位相同。并联电路出现这种现象时称为并联谐振。

$$\omega_0=\frac{1}{\sqrt{LC}}$$

$$f_0=\frac{1}{2\pi\sqrt{LC}}$$

并联谐振电路有以下特点：

1. 并联电路谐振时，总阻抗最大，总电流最小。

谐振总电流为：

$$I_0=I_1=\frac{\dot{U}}{R}$$

谐振总阻抗为：

$$Z_0=\frac{\dot{U}}{I_0}=R$$

2. 并联电路谐振时，电路的总电流与电源电压同相位。

3. 并联电路谐振时，电感及电容支路的电流可能超过总电流。

第 4 节　功率因数及提高的方法

在交流电路中，有功功率为：

$$P=UI\cos\varphi$$

式中 $\cos\varphi$ 就是电路的功率因数，功率因数是用电设备的一个重要技术指标。电路的功率因数是由负载中的电阻、电感和电容的相对大小来决定的，也可以由电路中的有功功率与无功功率的相对大小来决定。如果电路中的负载为纯电阻，则功率因数为1；如果电路中的负载为感性，则功率因数为0～1。生产机械中的电气设备多为感性负载，如各类交流电动机、变压器、电焊机、交流电磁铁等，在照明电路中一些带整流器的日光灯、高压汞灯、金卤灯等，它们的功率因数都比较低。由于功率因数低，会引起以下两个问题。

一、电源设备的容量不能充分利用

通常交流电源设备（如变压器等）的容量用视在功率 S 表示。当容量为一定的电源设备向外供电时，负载能得到的是有功功率 P，而有功功率 $P=UI\cos\varphi=S\cos\varphi$，显然，功率因数 $\cos\varphi$ 越大，变压器输出的有功功率就越大，无功功率就越小；反之，变压器输出的有功功率就越小，无功功率就越大。如一台视在功率 S 为100 kV·A的电力变压器，供给某一负载，当该负载的功率因数为1时，此变压器就能输出100 kW的有功功率；若该负载的功率因数为0.5时，则此时的变压器只能输出50 kW的有功功率，说明变压器的容量得不到充分的利用。

二、输电线路功率损耗增大

在一定的电源电压和一定的有功功率情况下，输电线路的电流为：

$$I=\frac{P}{U\cos\varphi}$$

可知电流和功率因数成反比，即功率因数越高，输电线路电流就越小；反之电流就越大。由于输电线路本身具有一定的阻抗，因此，电流越大，则线路上的电压降及功率损失也就越大，影响负载的正常工作。为了减少电能损耗，改善供电质量，各用电单位提高电路负载的功率因数，对提高电网运行的效率和节约用电具有重要的意义。

提高电路负载的功率因数最常用的方法就是在感性负载上并接补偿电容器，如图2—15a所示。从图2—15b可以看出感性负载和电容器并接后，线路上的总电流比未补偿时小，总电流和电源电压之间的相位角 φ 也减小了。I_L 为感性负载未并接补偿电容器时的总电流，$\cos\varphi_L$ 为未并接补偿电容器时的功率因数。当感性负载上并接补偿电容器后，总电流 $\dot{I}=\dot{I}_L+\dot{I}_C$。

从图中可以看出，这时的总电流 I 比未并接补偿电容器时的总电流 I_L 要小，总电流滞后电压的相位差 $\varphi<\varphi_L$，所以 $\cos\varphi>\cos\varphi_L$。

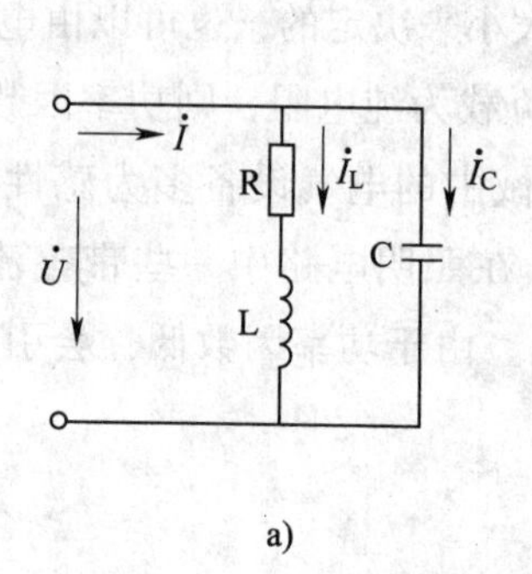

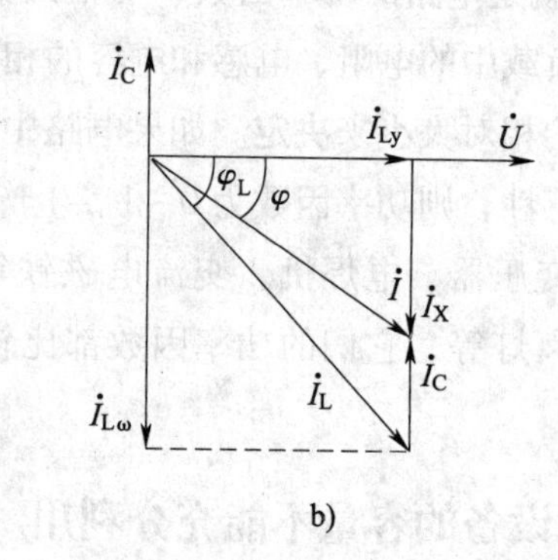

图2—15　感性负载上并接电容器

a）感性负载上并接电容器　b）相量图

【例2—7】　某一感性负载供电为交流电压220 V，吸收的有功功率 P 为10 kW，功率因数为0.7。求：

（1）线路总电流；

（2）当功率因数提高到0.9时，线路总电流为多少？

解：（1）功率因数为0.7时的线路总电流：

$$I=\frac{P}{U\cos\varphi_1}=\frac{10\,000}{220\times0.7}\approx64.94\ \text{A}$$

（2）功率因数为0.9时的线路总电流：

$$I=\frac{P}{U\cos\varphi_2}=\frac{10\,000}{220\times0.9}\approx50.51\ \text{A}$$

通过例题可以看出功率因数高，线路电流就小。

第5节　交流铁心线圈电路及非正弦电路简介

一、交流铁心线圈电路

铁心线圈分为两种，即直流铁心线圈和交流铁心线圈，本节主要讲述交流铁心线圈。所谓交流铁心线圈，是指在铁心线圈中通入交流电，产生的磁路为交流磁路，如变压器、交流电动机、交流接触器等。分析交流铁心线圈内部的电磁关系时要用到交流电磁的理论。

1. 电磁各物理量之间的关系

图2—16所示为交流铁心线圈电路，当交流电压 u 作用于线圈时，线圈中便产生交变电流 i，在磁动势 iN 作用下产生交变磁通，绝大部分磁通通过铁心而闭合，这部分磁通称为主磁通，用 Φ 表示；还有很少一部分经过线圈周围的空气或其他非磁物质而闭合，称为漏磁通 Φ_L。

主磁通和漏磁通都会在线圈中产生感应电动势，分别称为主电动势 e 和漏电动势 e_L。电磁关系可用下面的形式表示：

$$u \rightarrow i(iN) \rightarrow \begin{cases} \Phi \rightarrow e = -N\dfrac{d\Phi}{dt} \\ \Phi_L \rightarrow e_L = -N\dfrac{d\Phi_L}{dt} = -L_L\dfrac{di}{dt} \end{cases}$$

如果铁心中的磁通量按正弦变化，如 $\Phi = \Phi_m \sin\omega t$。经过推导可得到：

$$e = E_m \sin\left(\omega t - \frac{\pi}{2}\right)$$

式中 $E_m = 2\pi f N \Phi_m$　（N 是线圈的匝数）

将上式用相量形式表示则为：

$$\dot{E} = -jE = E\angle -90°$$

又因为式中的 E 可以用下式来表示：

$$\dot{E} = \frac{E_m}{\sqrt{2}} = \frac{2\pi f N \Phi_m}{\sqrt{2}} = 4.44 f N \Phi_m$$

也可以写成：
$$\dot{E} = -j4.44 f N \Phi_m$$

在忽略线圈电阻和漏磁通的条件下，可以认为 $\dot{U} = -\dot{E}$。

由上式可知，当铁心线圈通入正弦交流电压时，铁心中的磁通量也按正弦变化。在相位上电压超前磁通量90°，而感应电动势滞后磁通量90°。$\dot{U}$、$\dot{E}$、$\dot{\Phi}$ 三者的关系如图2—17所示。同时，也可以看出当频率 f、线圈的匝数 N 为一定时，电压 U 与磁通量 Φ 成正比关系。当外加电压的有效值不变时，主磁通的最大值几乎不变。这些都是分析变压器和交流电动机的重要概念。

2. 铁心中的能量损耗

当交流铁心线圈通入交流电后，其功率损耗有两部分，铁心线圈的电阻引起的损耗称为铜损，用 P_{Cu} 来表示；交变磁通在铁心中也会引起损耗，称为铁损，用 P_{Fe} 来表示。铁损是由磁滞现象和涡流现象引起的。交流铁心线圈总的损耗为：

$$P = P_{Cu} + P_{Fe}$$

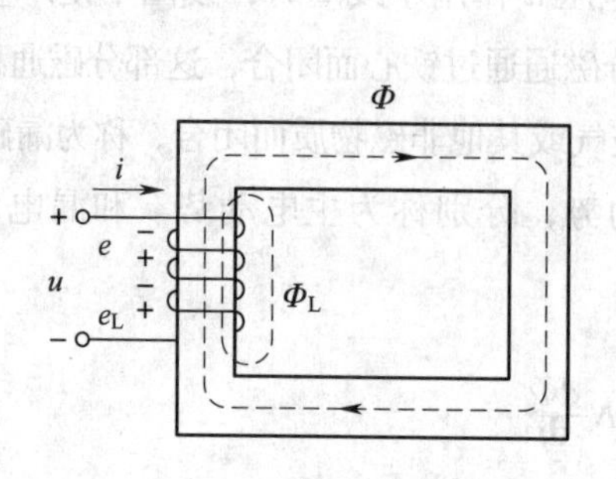

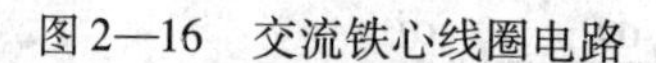
图2—16　交流铁心线圈电路

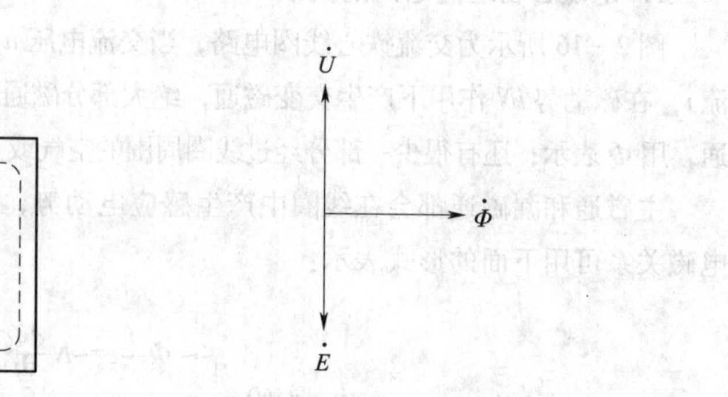

图2—17　$\dot{U}$、$\dot{E}$、$\dot{Φ}$三者的关系

（1）磁滞损耗。铁磁材料经过反复磁化会产生磁滞现象，由此而引起的功率损耗称为磁滞损耗。磁滞损耗的大小与铁磁物质的磁滞回线所包围的面积成正比，磁滞损耗会引起铁心发热。为了减少磁滞损耗，通常选用的铁心为磁滞回线面积小的软磁材料，如变压器、交流电动机的铁心就选用磁滞回线面积小的硅钢片。

（2）涡流损耗。交流电通入铁心线圈后，不仅在线圈中产生感应电动势，而且在铁心中也会产生感应电动势，因为铁心也是导体。由于铁心中的感应电流呈涡流状，所以称为涡流，如图2—18a所示。

由涡流产生的能量损耗称为涡流损耗。涡流不仅消耗了电能，而且会使铁心发热。为了减少铁心中的涡流损耗，通常采取的方法是：铁心由相互绝缘且磁阻较大的硅钢片叠成，这样可使涡流限制在较小的面积内流动，从而降低涡流损耗，减少铁心发热的状况，如图2—18b所示。

涡流使铁心发热，能量损耗。但是，在有些场合则需要利用涡流的热效应。例如，用来提炼金属的感应炉就是利用了涡流的热效应。

3. 气隙大小对电流的影响

实际应用的交流线圈铁心往往不是闭合的，而是留有一段间隙 l，如图2—19所示。这段间隙在线圈铁心电路中称为气隙。气隙会使线圈中的电流增大。如果铁心线圈的匝数 N 不变，输入的电压和频率不变，那么气隙越大，线圈中的电流也就越大。

例如，交流电焊机就是利用调节铁心气隙长度来改变输出电流的大小，以适应不同规格的焊条和不同的焊件。所以，每台交流电动机都有一个交流铁心线圈，称为铁心电抗器，其气隙长度是可以调节的。气隙增大，电抗器的电感和感抗减小，输出电流相应增大。又例如，交流接触器、电磁铁也都是铁心线圈电路。为了减小铁心中产生的涡流和磁滞损耗，避免铁心发热，交流接触器的铁心和衔铁都采用E形硅钢片叠压铆成。衔铁的吸

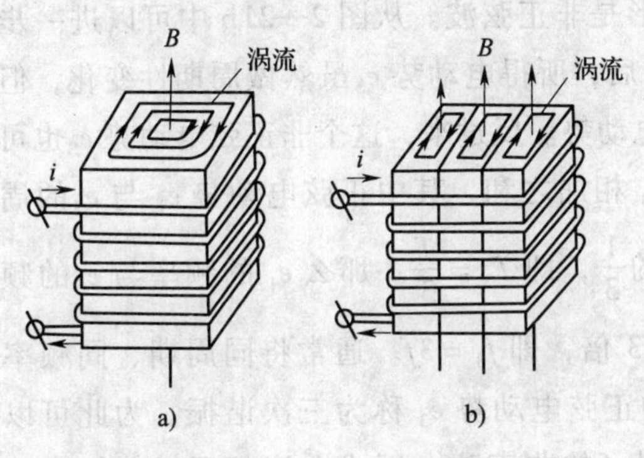

图 2—18　铁心中的涡流

a）整块铁心中的涡流　b）钢片叠成铁心中的涡流

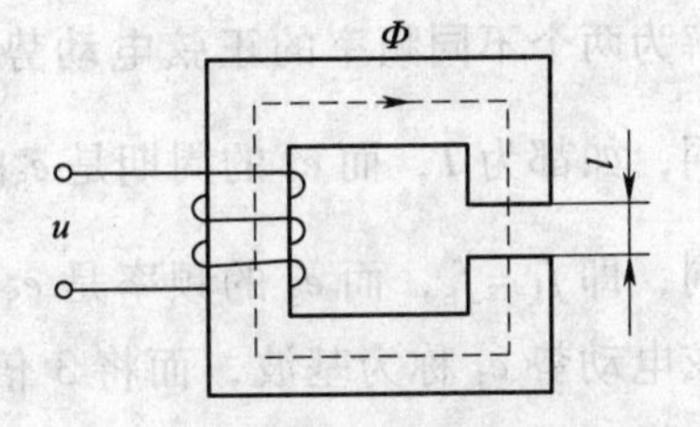

图 2—19　线圈铁心中的气隙

合过程是气隙由大到小，则线圈的电感和感抗是由小到大，因而线圈的电流逐渐减小。因此，当线圈通电后衔铁被卡住而吸不上时，线圈往往因电流过大而损坏。同时，为了减少剩磁的影响，避免线圈断电后衔铁不易释放，通常在 E 形铁心的中柱端面留有 0.1 ~ 0.2 mm 的气隙。

以上讲的多是交流线圈铁心电路，而在直流铁心线圈中，线圈中电流的大小只与线圈电阻有关，而与气隙的大小无关。

二、非正弦电路简介

在正弦交流电路中，其电压和电流都是正弦量。其实，在电工电子技术中，除了正弦量外，还有许多非正弦量。所谓非正弦量，是指它们的波形随时间按周期性变化，但不按正弦变化的量，如图 2—20 所示。

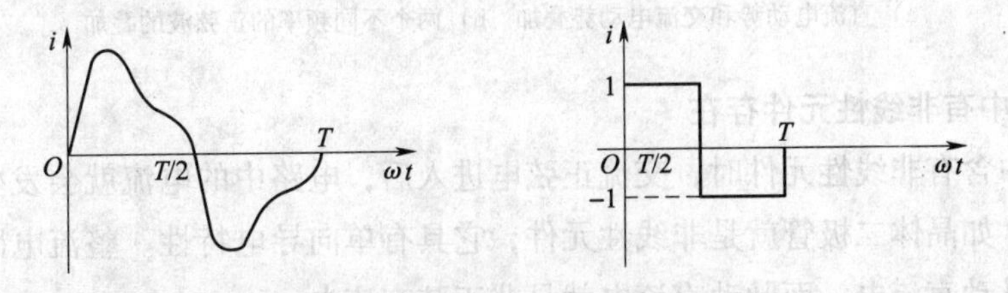

图 2—20　非正弦交流电波形

电路中出现非正弦交流电流的原因通常有以下三种情况：

1. 电路中有两个以上不同频率的正弦电动势同时作用

虽然电动势是正弦的，但由于它们的频率不同，因此电路中的总电动势将不再是正弦波。图2—21a所示为一个直流电动势和一个交流电动势叠加；图2—21b所示为两个不同频率的正弦波的叠加，叠加后的波形是非正弦波。从图2—21b中可以进一步看出两个不同频率的正弦电动势 e_1 和 e_3 相加后，所得电动势 e_S 虽然做周期性变化，但却不再是一个正弦电动势，而是一个非正弦电动势。反过来，这个非正弦电动势 e_S 也可以分解为两个不同频率的正弦电动势 e_1 和 e_3 相加之和，其中正弦电动势 e_1 与 e_S 的周期相同，如都为 T，而 e_3 的周期是 e_S 的周期的$\frac{1}{3}$，即 $T_3=\frac{T}{3}$。那么 e_1 的频率与 e_S 的频率相同，即 $f_1=f_S$，而 e_3 的频率是 e_S 频率的3倍，即 $f_3=3f$。通常将同周期、同频率的正弦电动势 e_1 称为基波，而将3倍频率的正弦电动势 e_3 称为三次谐振。为此可以得出这样的结论：任何一个周期为 T、频率为 f 的非正弦电压或电流都可以分解为一个直流分量和一个交流分量的叠加，而交流分量为各种不同频率的谐波之和。其中频率等于 f 的那个谐波为基波，其余的 $2f$、$3f$、$4f$ 等为谐波，分别为二次谐波、三次谐波、四次谐波等。

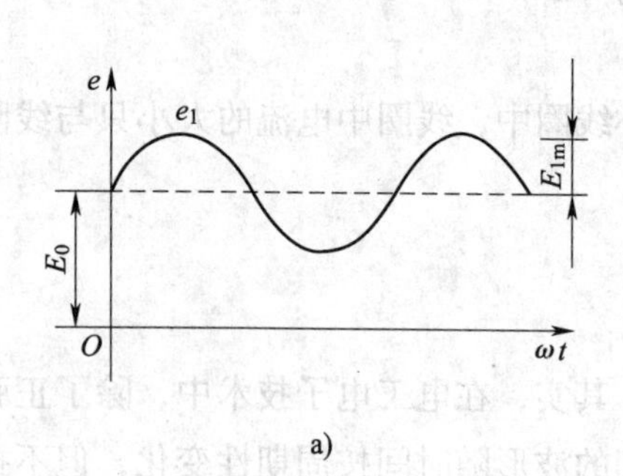

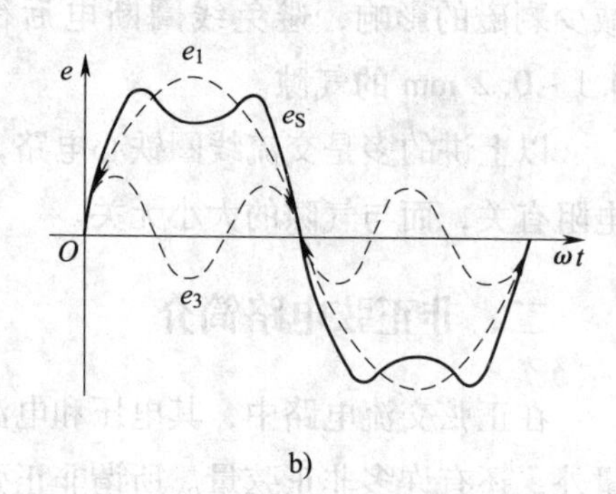

图2—21　波形叠加

a）直流电动势和交流电动势叠加　b）两个不同频率的正弦波的叠加

2. 电路中有非线性元件存在

当电路中含有非线性元件时，交流正弦电进入后，电路中的电流就会发生变化，产生非正弦电流。如晶体二极管就是非线性元件，它具有单向导电特性。整流电路就是将正弦交流电变成脉动直流电，而脉动直流电就是非正弦交流电。

3. 电路中本身中就有非正弦波

如音频放大器中的信号电流，各种信号发生器输出的方波、三角波等都是非正弦交流电。

常见的非正弦波形见表2—1，这些波形今后在电子技术中会用到。

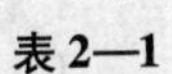

表 2—1　　常见的非正弦波形

名称	波形	谐波分量表示
方波		$u=\frac{4U_{\mathrm{m}}}{\pi}\left(\sin\omega t+\frac{1}{3}\sin3\omega t+\frac{1}{5}\sin5\omega t+\cdots\right)$
三角波		$u=\frac{8U_{\mathrm{m}}}{\pi^2}\left(\sin\omega t-\frac{1}{9}\sin3\omega t+\frac{1}{25}\sin5\omega t-\cdots\right)$
锯齿波		$u=\frac{U_{\mathrm{m}}}{2}-\frac{U_{\mathrm{m}}}{\pi}\left(\sin2\omega t+\frac{1}{2}\sin4\omega t+\frac{1}{3}\sin6\omega t+\cdots\right)$
正弦全波整流波		$u=\frac{4U_{\mathrm{m}}}{\pi}\left(\frac{1}{2}-\frac{1}{3}\cos2\omega t-\frac{1}{15}\cos4\omega t-\frac{1}{35}\cos6\omega t-\cdots\right)$
正弦半波整流波		$u=\frac{2U_{\mathrm{m}}}{\pi}\left(\frac{1}{2}+\frac{\pi}{4}\sin\omega t-\frac{1}{3}\cos2\omega t-\frac{1}{15}\cos4\omega t-\cdots\right)$

测　试　题

一、判断题（将判断结果填入括号中。正确的填“√”，错误的填“×”）

1．正弦交流电压 $u=100\sin(628t+60°)$ V，它的频率为 100 Hz。（　　）

2．关于正弦交流电相量的叙述中“幅角表示正弦量的相位”的说法不正确。（　　）

3. 正弦量中用相量形式表示在计算时要求幅角相同。（ ）

4. 如图2—22所示，正弦交流电的有效值为14.1 mV。（ ）

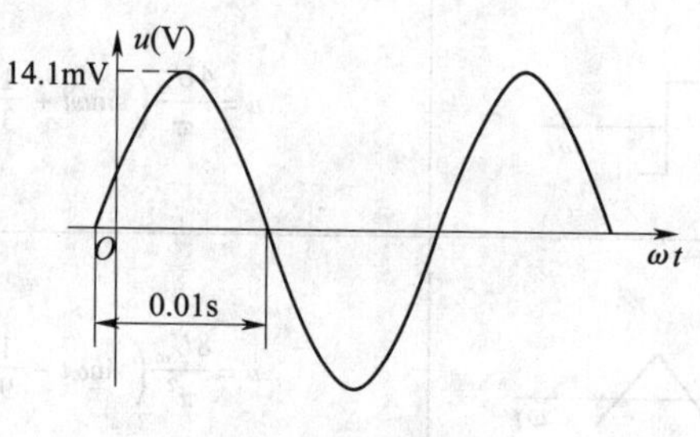

图2—22 题4图

5. 串联电路或并联电路的等效复阻抗的计算在形式上与电阻串联或电阻并联的等效电阻的计算是一样的，仅仅是用复阻抗代替了电阻。（ ）

6. 串联谐振时电路中阻抗最小，电流最大。（ ）

7. 并联谐振时电路中总阻抗最小，总电流最大。（ ）

8. 某元件两端的交流电压超前于流过它的交流电流，则该元件为容性负载。（ ）

9. 在R—C串联电路中总电压与电流的相位差既与电路元件R、C的参数及电源频率有关，也与电压、电流的大小和相位有关。（ ）

10. R—C串联电路的电路总阻抗为$R+j\omega C$。（ ）

11. R—L串联电路的电路总阻抗为$R+j\omega L$。（ ）

12. 图2—23中各线圈的电阻和电感、电源端电压、电灯的电阻及交流电的频率均相同，最亮的电灯是a灯。（ ）

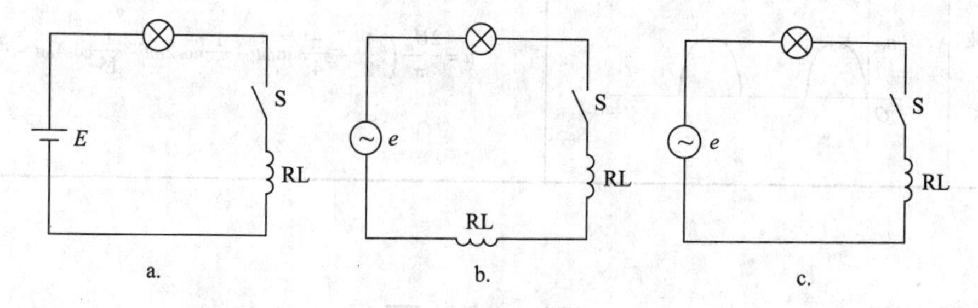

图2—23 题12图

13. 两个阻抗并联的电路，它的总阻抗$Z=1/Z_1+1/Z_2$。（ ）

14. RLC并联电路的谐振条件是$\omega L=1/\omega C$。（ ）

15. 一正弦交流电的电流有效值为10 A，频率为100 Hz，初相位为$-30°$，则它的解析式为$I=10\sqrt{2}\sin(314t-30°)$ A。（ ）

二、单项选择题（选择一个正确的答案，将相应的字母填入题内的括号中）

1. 正弦交流电压 $u=100\sin(628t+60°)$ V，它的有效值为（　）V。

A. 100　　B. 70.7　　C. 50　　D. 141

2. 正弦交流电压 $u=100\sin(628t+60°)$ V，它的初相角为（　）。

A. 100°　　B. 50°　　C. 60°　　D. 628°

3. 关于正弦交流电相量的叙述，以下说法不正确的是（　）。

A. 模表示正弦量的有效值

B. 幅角表示正弦量的初相

C. 幅角表示正弦量的相位

D. 相量只表示正弦量与复数间的对应关系

4. 关于正弦交流电相量的叙述，以下说法正确的是（　）。

A. 模表示正弦量的最大值　　B. 模表示正弦量的瞬时值

C. 幅角表示正弦量的相位　　D. 幅角表示正弦量的初相

5. 正弦量用相量形式表示时，只有在（　）时可进行计算。

A. 幅值相同　　B. 相位相同　　C. 频率相同　　D. 无要求

6. 如图 2—24 所示，正弦交流电的最大值为（　）mV。

A. 14.1　　B. 10　　C. 0.01　　D. 100

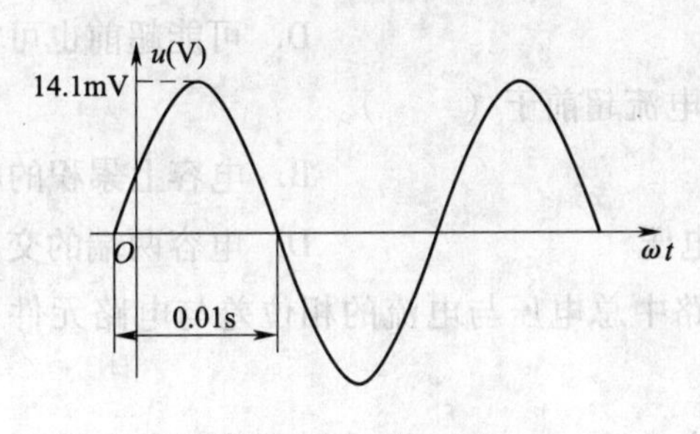

图 2—24　题 6 图

7. 两个阻抗 Z_1、Z_2 串联时的总阻抗是（　）。

A. Z_1+Z_2　　B. Z_1-Z_2

C. $Z_1Z_2/(Z_1+Z_2)$　　D. $1/Z_1+1/Z_2$

8. 两个阻抗 Z_1、Z_2 并联然后与 Z_3 串联时的总阻抗是（　）。

A. $Z_1+Z_2+Z_3$　　B. $Z_1Z_2Z_3$

C. $Z_3+Z_1Z_2/(Z_1+Z_2)$　　D. $(1/Z_1+1/Z_2)Z_3$

9. 串联谐振时，电路中（　）。

A. 电感及电容上的电压总是小于总电压　B. 电感及电容上的电压可能超过总电压

C. 阻抗最大、电流最小　D. 电压的相位超前于电流

10. 串联谐振时，电路中（　　）。

A. 阻抗最小、电流最大　B. 电感及电容上的电压总是小于总电压

C. 电抗值等于电阻值　D. 电压的相位超前于电流

11. 并联谐振时，电路中（　　）。

A. 电感及电容支路的电流总是小于总电流

B. 电感及电容支路的电流可能超过总电流

C. 总阻抗最小、总电流最大

D. 电源电压的相位超前于总电流

12. 并联谐振时，电路中（　　）。

A. 总阻抗最大、总电流最小

B. 电感及电容支路的电流总是小于总电流

C. 电抗值等于电阻值

D. 电源电压的相位超前于总电流

13. 若某元件两端的交流电压（　　）流过它的交流电流，则该元件为容性负载。

A. 超前于　B. 相位等同于

C. 滞后于　D. 可能超前也可能滞后于

14. 流过电容的交流电流超前于（　　）。

A. 电容中的漏电流　B. 电容上累积的电荷

C. 电容上的充放电电压　D. 电容两端的交流电压

15. 在R—C串联电路中总电压与电流的相位差与电路元件R、C的参数及（　　）有关。

A. 电压、电流的大小　B. 电压、电流的相位

C. 电压、电流的方向　D. 电源频率

16. R—C串联电路的电路复阻抗为（　　）。

A. $1+\mathrm{j}\omega R$　B. $1+\mathrm{j}\omega RC$　C. $R+\mathrm{j}\dfrac{1}{\omega C}$　D. $R-\mathrm{j}\dfrac{1}{\omega C}$

17. R—L串联电路的电路复阻抗为（　　）。

A. $L+\mathrm{j}\omega R$　B. $1+\mathrm{j}\omega RL$　C. $R+\mathrm{j}\omega L$　D. $R-\mathrm{j}\omega L$

18. R—L串联电路中总电压与电流相位关系是（　　）。

A. 电压落后电流 ϕ 角　B. 电压超前电流 ϕ 角

C. 电压超前电流90°　　　　D. 电压落后电流90°

19. 在图2—25所示的电路中，各线圈的电阻和电感、电源电压、电灯的电阻及交流电的频率均相同，最暗的电灯是（　　）。

A. a灯　　B. b灯　　C. c灯　　D. a灯和c灯

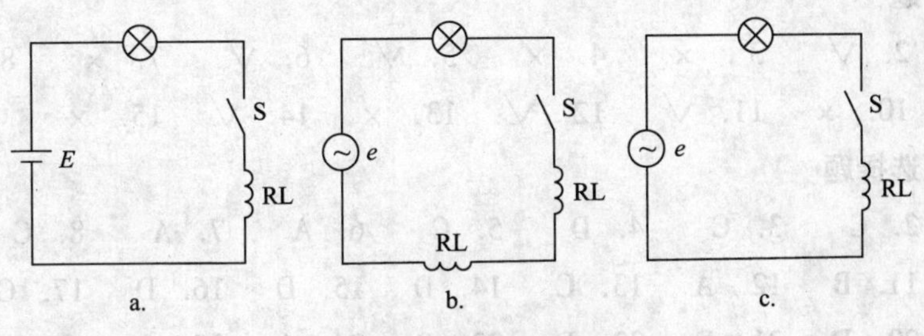

图2—25　题19图

20. 两个阻抗并联的电路，它的总阻抗的计算形式（　　）。

A. 为两个阻抗之和

B. 为两个阻抗之差

C. 与并联电阻计算方法一样

D. 与并联电阻计算方法相同，但要以复阻抗代替电阻

21. 两个阻抗并联的电路，它的总阻抗的幅角为（　　）。

A. 两个阻抗的幅角之和

B. 两个阻抗的幅角之积

C. 总阻抗实部与虚部之比的反正切

D. 总阻抗虚部与实部之比的反正切

22. 在正弦交流电 $u=200\sin(314+90°)$ 中，周期为（　　）s。

A. 314　　B. 50　　C. 0.01　　D. 0.02

23. RLC并联电路的谐振条件是（　　）。

A. $\omega L+\omega C=0$　　B. $\omega L-\dfrac{1}{\omega C}=0$　　C. $\dfrac{1}{\omega L}-\omega C=R$　　D. $X_L+X_C=0$

24. 铁心线圈匝数和输入电压、频率不变，那么铁心气隙越大，线圈中电流（　　）。

A. 越大　　B. 越小　　C. 不变　　D. 为零

25. 铁心线圈的铁损是由（　　）引起的。

A. 磁滞现象和涡流现象　　B. 导线发热

C. 电流太大　　D. 输入电压太高

测试题答案

一、判断题

1. √　2. √　3. ×　4. ×　5. √　6. √　7. ×　8. ×
9. ×　10. ×　11. √　12. √　13. ×　14. √　15. ×

二、单项选择题

1. B　2. C　3. C　4. D　5. C　6. A　7. A　8. C　9. B
10. A　11. B　12. A　13. C　14. D　15. D　16. D　17. C　18. B
19. B　20. D　21. D　22. D　23. B　24. A　25. A

第3章

三相交流电路

自1888年世界上首次出现三相制以来，它一直占据着电力系统的重要领域。三相交流电的优点在五级教材中已有叙述，本教材不再重复。

第1节　三　相　电　压

图3—1所示为三相交流发电机示意图，它主要由定子和转子组成。转子是电磁铁，其磁极表面的磁场按正弦规律分布。定子铁心中嵌放三个相同的对称线圈。这里所说的相同线圈是指三个在尺寸、匝数和绕法上完全相同的线圈绕组，三相绕组始端分别用U_1、V_1、W_1表示，末端用U_2、V_2、W_2表示，分别称为U相、V相、W相，颜色一般用黄色、绿色、红色表示。这里所说的对称安放是指三个绕组的所有对应导线都在空间相隔120°。

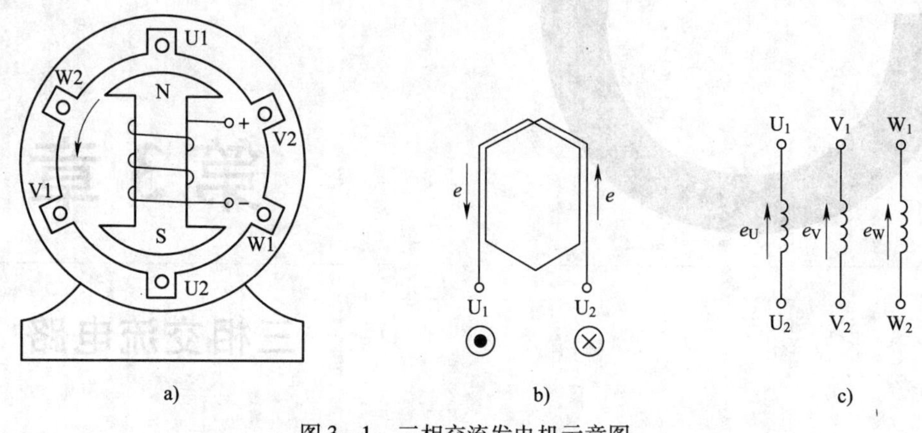

图3—1　三相交流发电机示意图

a）三相交流发电机　b）电枢绕组　c）三相绕组及电动势

一般把三个大小相等、频率相同、相位彼此相差120°的三个电动势称为对称三相电动势；在没有特别指明的情况下，所谓三相交流电，就是指对称的三相交流电，而且规定每相电动势的正方向是从线圈的末端指向始端，即电流从始端流出时为正，反之为负。

若以U相电压u_U为参考正弦量，则对称三相正弦电压可以表示为：

$$\begin{cases} u_U = \sqrt{2}U\sin\omega t \\ u_V = \sqrt{2}U\sin(\omega t - 120°) \\ u_W = \sqrt{2}U\sin(\omega t + 120°) \end{cases}$$

用相量表示为：

$$\begin{cases}\dot{U}_U = \dot{U}\angle 0° \\ \dot{U}_V = \dot{U}\angle(-120°) \\ \dot{U}_W = \dot{U}\angle 120°\end{cases}$$

对称三相正弦电压的特点如下：

1. 它们的瞬时值或相量之和恒为零，即：

$$\begin{cases}u_U + u_V + u_W = 0 \\ \dot{U}_U + \dot{U}_V + \dot{U}_W = 0\end{cases}$$

2. 对称三相正弦电压的频率相同，振幅相等。

3. 对称三相正弦电压相位不同，互差120°。相位不同，意味着各相电压达到正峰值（或零值）的时刻不同，对称三相正弦电压每相电压依次达到正峰值（或零值）的先后次序称为三相电源的相序。

U→V→W→U…的相序称为正序；与此相反，U→W→V→U…的相序称为负序。一般来说，三相电源都是针对正序而言的。

工业上通常在交流发电机引出线及配电装置的三相母线上涂以黄、绿、红三色以区分U、V、W三相。

当三相电源的三个负极性端联结在一起时，形成一个节点N，称为中性点。再由三个正极性端U、V、W分别引出三根输出线，称为端线（俗称火线）。这样就构成了三相电源的星形联结，如图3—2所示。中性点也可引出一根线，这根线称为中性线，如图3—2a所示。有中性线的三相电路叫做三相四线制电路，无中性线的三相电路叫做三相三线制电路，如图3—2b所示。

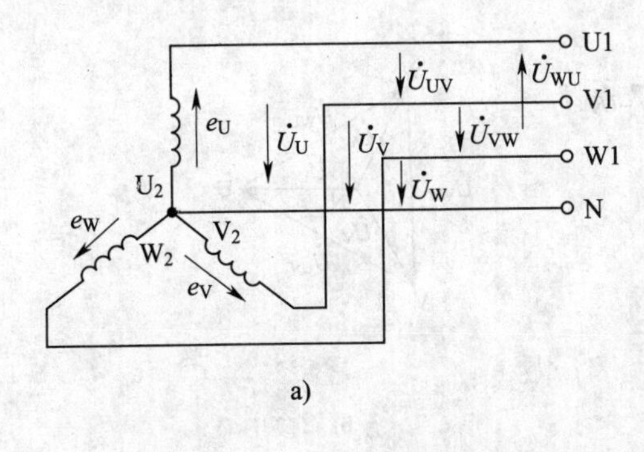

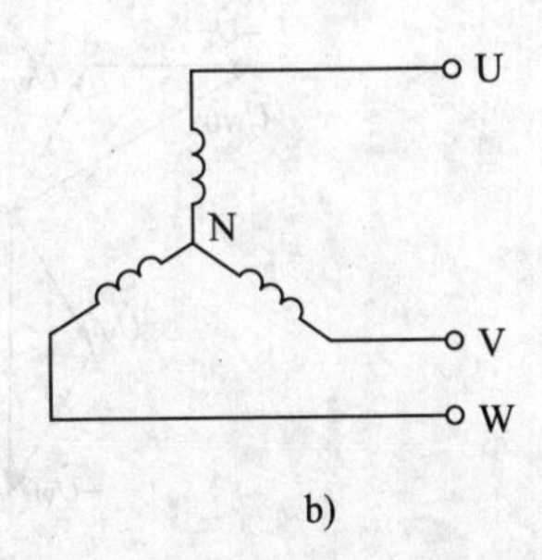

图3—2 三相电源的星形联结

a）三相四线制电路 b）三相三线制电路

端线与中性线之间的电压称为相电压，分别用$\dot{U}_{UN}$、$\dot{U}_{VN}$、$\dot{U}_{WN}$表示 U、V、W 三相相电压，双下标表示了它们的参考方向，即从端线指向中性点。每两根端线之间的电压称为线电压，方向也用双下标表示，如线电压$\dot{U}_{UV}$表示其参考方向从端线 U 指向端线 V。由图 3—3 所示可得：

$$\begin{cases} \dot{U}_{UN} = \dot{U}_{U} \\ \dot{U}_{VN} = \dot{U}_{V} \\ \dot{U}_{WN} = \dot{U}_{W} \end{cases}$$

而且线电压与相电压的关系为：

$$\begin{cases} \dot{U}_{UV} = \dot{U}_{U} - \dot{U}_{V} \\ \dot{U}_{VW} = \dot{U}_{V} - \dot{U}_{W} \\ \dot{U}_{WU} = \dot{U}_{W} - \dot{U}_{U} \end{cases}$$

若三相电源的相电压是对称的，并设$\dot{U}_{U} = \dot{U}_{相}\angle 0°$，则$\dot{U}_{V} = \dot{U}_{相}\angle(-120°)$，$\dot{U}_{W} = \dot{U}_{相}\angle 120°$，如图 3—3 所示是两种不同的相量图画法。由相量图可得：

$$\begin{cases} \dot{U}_{UV} = U_{相}\angle 0° - U_{相}\angle(-120°) = \sqrt{3}U_{相}\angle 30° \\ \dot{U}_{VW} = U_{相}\angle(-120°) - U_{相}\angle 120° = \sqrt{3}U_{相}\angle(-90°) \\ \dot{U}_{WU} = U_{相}\angle 120° - U_{相}\angle 0° = \sqrt{3}U_{相}\angle 150° \end{cases}$$

上式也可表示为：

$$\begin{cases} \dot{U}_{UV} = \sqrt{3}\dot{U}_{U}\angle 30° \\ \dot{U}_{VW} = \sqrt{3}\dot{U}_{V}\angle 30° \\ \dot{U}_{WU} = \sqrt{3}\dot{U}_{W}\angle 30° \end{cases}$$

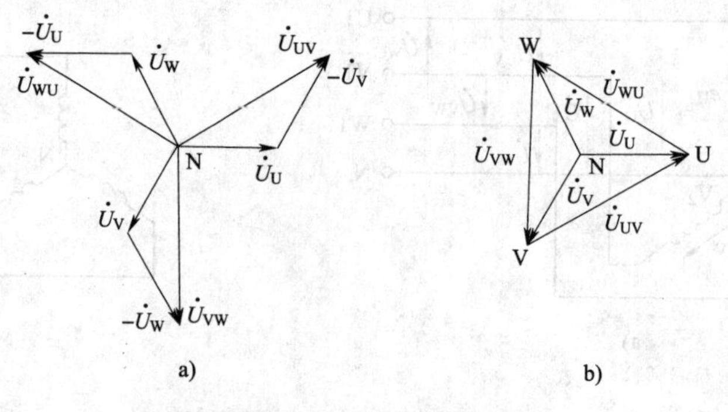

图 3—3　两种不同的相量图画法

a）画法一　b）画法二

可得出以下结论：三相电源做星形联结时，若相电压是对称的，那么线电压也一定是对称的，并且线电压有效值（幅值）是相电压有效值（幅值）的$\sqrt{3}$倍，$U_{线}=\sqrt{3}U_{相}$；在相位上线电压超前于相应两个相电压中的先行相30°，如：U_{UV}超前U_U30°。

第2节　负载星形联结的三相电路

三相负载的联结方式有星形和三角形两种。

如图3—4所示，三相负载Z_U、Z_V、Z_W的联结方式为星形联结（Y形）。图中N′与电源中性点N相连的线称为中性线。

三相负载星形联结时，流经各相负载的电流称为相电流，分别用$\dot{I}_{UN}$、$\dot{I}_{VN}$、$\dot{I}_{WN}$表示。而流经端线的电流称为线电流，分别用$\dot{I}_U$、$\dot{I}_V$、$\dot{I}_W$表示。显然，三相负载星形联结时，线电流$\dot{I}_{线}$与相应相电流$\dot{I}_{相}$相等，即$\dot{I}_U=\dot{I}_{UN'}$、$I_V=I_{VN'}$、$\dot{I}_W=\dot{I}_{WN'}$。

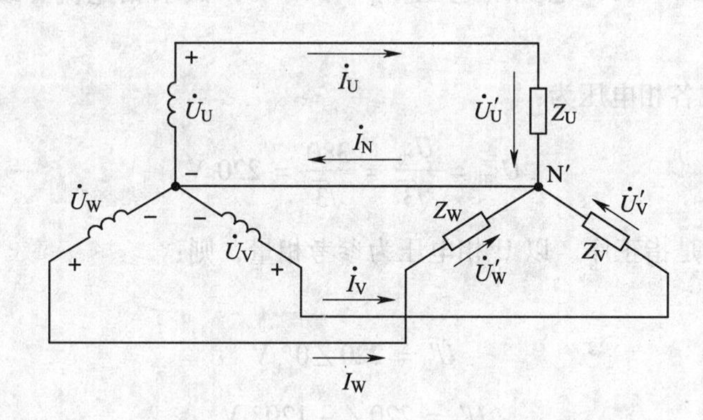

图3—4　三相负载星形联结

流过中性线的电流称为中性线电流，用$\dot{I}_N$表示。在图3—4所示的电流方向下，中性线电流$\dot{I}_N$为：

$$\dot{I}_N=\dot{I}_U+\dot{I}_V+\dot{I}_W$$

当负载对称时，即$Z_U=Z_V=Z_W=Z$，则线电流$\dot{I}_U$、$\dot{I}_V$、$\dot{I}_W$为一组对称三相正弦交流电，而中性线电流$\dot{I}_N$为零，即：

$$\dot{I}_N=0$$

此时若将中性线去掉，对电路没有任何影响。

各相负载的相电压为：

$$\begin{cases}\dot{U}_{U'}=\dot{I}_U Z\\ \dot{U}_{V'}=\dot{I}_V Z\\ \dot{U}_{W'}=\dot{I}_W Z\end{cases}$$

综上所述，可得出以下重要结论：

1. 对称三相电路的特点是中性点电压为零。

2. 在有中性线时，若电源与负载为星形联结，各相电流仅取决于该相电源电压和负载的大小，与另外两相无关，也就是说，各相具有“独立性”。例如，在计算 $\dot{I}_U$ 时，它只与U相的电源和负载有关。

3. 负载对称时，各组电压、电流是与电源同相序的一组对称正弦量。例如，$\dot{I}_U$、$\dot{I}_V$、$\dot{I}_W$ 是对称的，相序与电源相同。

4. 负载对称时，中性线上没有电流，因而不起作用。故中性线可以省去。

【例3—1】 一组星形联结的对称三相负载接于对称三相电源上，如图3—4所示，已知 $Z=10\angle 60°\ \Omega$，电源线电压 $U_{线}=380$ V，试求相电流、线电流和中性线电流。

解：(1) 负载各相电压为：

$$U_{相}=\frac{U_{线}}{\sqrt{3}}=\frac{380}{\sqrt{3}}=220\ \text{V}$$

电源相序一般是指正序。以U相电压为参考相量，则：

$$\dot{U}'_U=220\angle 0°\ \text{V}$$

$$\dot{U}'_V=220\angle -120°\ \text{V}$$

$$\dot{U}'_W=220\angle 120°\ \text{V}$$

(2) 各相电流为：

$$\dot{I}_U=\frac{\dot{U}'_U}{Z}=\frac{220\angle 0°}{10\angle 60°}=22\angle(-60°)\ \text{A}$$

$$\dot{I}_V=\frac{\dot{U}'_V}{Z}=\frac{220\angle -120°}{10\angle 60°}=22\angle(-180°)\ \text{A}$$

$$\dot{I}_W=\frac{\dot{U}'_W}{Z}=\frac{220\angle 120°}{10\angle 60°}=22\angle 60°\ \text{A}$$

可见，三个相电流是对称的，其有效值 $I_{相}=22$ A。

(3) 负载星形联结时，线电流就是相电流，线电流的有效值为：

$$I_{线} = I_{相} = 22\ \text{A}$$

(4) 中性线电流为：

$$\dot{I}_N = \dot{I}_U + \dot{I}_V + \dot{I}_W = 22\angle(-60°) + 22\angle(-180°) + 22\angle60° = 0$$

三相四线制中，由于负载对称，中性线上没有电流。

第 3 节　负载三角形联结的三相电路

把三相负载分别接在三相电源每两根相线之间的接法称为三角形联结，如图 3—5a 所示。在三角形联结中，由于各相负载接在两根相线之间，因此负载的相电压就是电源的线电压，即 $U_{\triangle 线} = U_{\triangle 相}$。

三角形负载接通电源后，就会产生线电流和相电流，图 3—5a 中所标的 $\dot{I}_U$、$\dot{I}_V$、$\dot{I}_W$ 为线电流，$\dot{I}_{UV}$、$\dot{I}_{VW}$、$\dot{I}_{WU}$ 为相电流。

线电流和相电流的关系可根据基尔霍夫第一定律求得。因 $\dot{I}_U = \dot{I}_{UV} - \dot{I}_{WU}$，则对应的相量式为：$\dot{I}_U = \dot{I}_{UV} - \dot{I}_{WU} = \dot{I}_{UV} + (-\dot{I}_{WU})$，图 3—5b 是以 I_U 的初相为零作出的电流相量图。因此在负载对称的情况下可得：

$$I_{\triangle 线} = \sqrt{3} I_{\triangle 相}$$

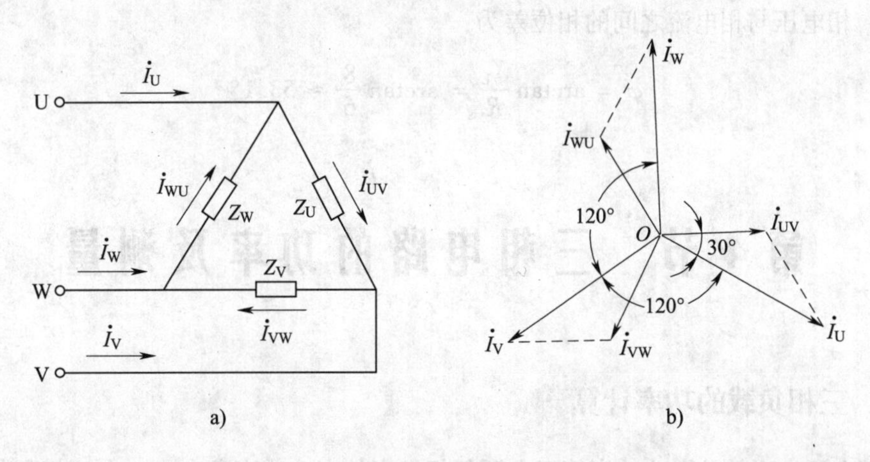

图 3—5　三相负载三角形联结及电流相量图

a）三相负载三角形联结　b）电流相量图

由以上讨论可知，三相对称负载做三角形联结时的相电压比做星形联结时的相电压高$\sqrt{3}$倍。因此，三相负载接到电源中，应作三角形联结还是星形联结，要根据负载的额定电压而定。负载为三角形联结时，若三相负载对称，则各相的电流也是对称的，各相电流的数值也均相等。计算时可用欧姆定律，各相的电流等于各相的电压除以各相的阻抗，即：

$$I_{\triangle相} = \frac{U_{\triangle相}}{Z_{\triangle相}}$$

各相负载电压与该相电流之间的相位差为：

$$\varphi = \arctan\frac{X}{R}$$

【例 3—2】 一台三角形联结的异步电动机，接在线电压为 380 V 的三相电源上。若每相的电阻为 6 Ω，感抗为 8 Ω。求：

（1）流入电动机每相绕组的相电流、线电流；

（2）相电压与相电流之间的相位差。

解：每相阻抗为：

$$Z = \sqrt{R^2 + X^2} = \sqrt{6^2 + 8^2} = 10\ \Omega$$

（1）负载三角形联结，线电压等于相电压，则相电流为：

$$I_{\triangle相} = \frac{U_{\triangle相}}{Z} = \frac{U_{\triangle线}}{Z} = \frac{380}{10} = 38\ \text{A}$$

$$I_{\triangle线} = \sqrt{3}I_{\triangle相} = \sqrt{3} \times 38 \approx 66\ \text{A}$$

（2）相电压与相电流之间的相位差为：

$$\varphi = \arctan\frac{X_{\text{L}}}{R} = \arctan\frac{8}{6} \approx 53.1°$$

第 4 节　三相电路的功率及测量

一、三相负载的功率计算

三相电源发出的总有功功率等于电源每相发出的有功功率之和；一个三相负载接受或消耗的总有功功率等于每相负载消耗的有功功率之和，即：

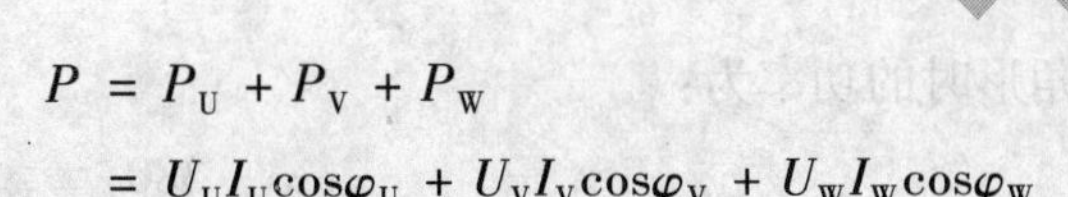

$$P = P_U + P_V + P_W$$
$$= U_U I_U \cos\varphi_U + U_V I_V \cos\varphi_V + U_W I_W \cos\varphi_W$$

在三相负载对称的情况下，各相有功功率相同，即：

$$P = 3P_U = 3P_V = 3P_W$$
$$= 3U_{相} I_{相} \cos\varphi$$

在实际工作中，当负载三角形联结时，测量线电流比较方便；当负载星形联结时，测量线电压比较方便。所以，三相功率常用线电流和线电压来计算。

星形联结的负载（线电流等于相电流）计算公式为：

$$P_{\curlyvee} = 3U_{\curlyvee相} I_{\curlyvee相} \cos\varphi$$
$$= 3\frac{U_{线}}{\sqrt{3}} \times I_{\curlyvee相} \times \cos\varphi = \sqrt{3}U_{\curlyvee线} I_{\curlyvee线} \cos\varphi$$

三角形联结的负载（线电压等于相电压）计算公式为：

$$P_{\triangle} = 3U_{\triangle相} I_{\triangle相} \cos\varphi$$
$$= 3U_{\triangle线} \times \frac{I_{线}}{\sqrt{3}} \times \cos\varphi = \sqrt{3}U_{\triangle线} I_{\triangle线} \cos\varphi$$

由此可见，在负载对称的情况下，无论采用哪种连接方法，总功率的计算公式是相同的，即：

$$P = 3U_{相} I_{相} \cos\varphi = \sqrt{3}U_{线} I_{线} \cos\varphi$$

在用功率公式计算功率时，应注意公式中的 φ 是负载相电压与相电流之间的相位差，也是负载的阻抗角。

同样，对称三相负载的总无功功率为三相无功功率之和，即：

$$Q = 3U_{相} I_{相} \sin\varphi = \sqrt{3}U_{线} I_{线} \sin\varphi$$

同样，对称三相负载的总视在功率为三相视在功率之和，即：

$$S = \sqrt{3}U_{线} I_{线} = 3U_{相} I_{相} = \sqrt{P^2 + Q^2}$$

【例 3—3】 工业电炉通常采用改变电阻丝的接法来控制功率的大小，从而调节炉温。某三相工业电炉，每相电阻值为 6 Ω，接入线电压为 380 V。将电阻丝分别接成星形和三角形。它们从电源获取的功率各为多少？

解：接成星形时的功率（电炉为纯电阻负载，所以功率因数为 1）为：

$$I_{\curlyvee线} = I_{\curlyvee相} = \frac{380}{\sqrt{3} \times 6} \approx 36.6\ \text{A}$$

$$P_{\curlyvee} = \sqrt{3}U_{线} I_{线} \cos\varphi = \sqrt{3} \times 380 \times 36.6 \times 1 = 24.089\ \text{kW}$$

接成三角形时的功率为：

$$I_{\triangle线} = \sqrt{3} I_{\triangle相} = \sqrt{3} \times \frac{380}{6} \approx 109.7\ \text{A}$$

$$P_{\triangle} = \sqrt{3} \times U_{线} I_{线} \cos\varphi = \sqrt{3} \times 380 \times 109.7 \times 1 \approx 72.202\ \text{kW}$$

【例3—4】 某三相对称负载，每相负载为 $Z = 6 + j8\ \Omega$，接在线电压为 380 V 的三相电源上。当采用星形联结与三角形联结时，功率各为多少？

解：根据负载阻抗求功率因数：

$$\cos\varphi = \frac{R}{Z} = \frac{6}{\sqrt{6^2 + 8^2}} = \frac{6}{10} = 0.6$$

星形联结时线电流等于相电流，即：

$$I_{\text{Y}线} = I_{\text{Y}相} = \frac{380}{\sqrt{3} \times 10} \approx 22\ \text{A}$$

星形联结时的功率为：

$$P_{\text{Y}} = \sqrt{3} U_{线} I_{线} \cos\varphi = \sqrt{3} \times 380 \times 22 \times 0.6 \approx 8.7\ \text{kW}$$

三角形联结时的功率为：

$$I_{\triangle线} = \sqrt{3} I_{\triangle相} = \sqrt{3} \times \frac{380}{10} \approx 66\ \text{A}$$

$$P_{\triangle} = \sqrt{3} U_{线} I_{线} \cos\varphi = \sqrt{3} \times 380 \times 66 \times 0.6 \approx 26.064\ \text{kW}$$

二、三相负载的功率测量

用功率表可直接测量三相负载上的有功功率，根据线路、负载等的情况不同，通常可采用一表法、两表法和三表法三种方法。

1. 一表法

用一个单相功率表来测量三相对称负载有功功率的方法称为一表法。测量时，将功率表的电流线圈与三相负载中的任意一相负载串联，电压线圈必须并接在该相的相电压上，如图3—6所示。

功率表上的读数乘以3倍即为该三相对称负载的有功功率。

2. 两表法

在三相三线制电路中，不论负载是星形联结还是三角形联结，也不论负载是否对称，测量有功功率时，通常采用两表法，即用两个单相功率表按图3—7所示的接法来测量三相电路的总功率。用两个单相功率表来测量三相电路的总功率的原理分析如下：

$$P = P_{\text{U}} + P_{\text{V}} + P_{\text{W}} = u_{\text{U}} i_{\text{U}} + u_{\text{V}} i_{\text{V}} + u_{\text{W}} i_{\text{W}}$$

又因为：

$$i_U + i_V + i_W = 0$$

$$-i_U - i_V = i_W$$

所以：

$$\begin{aligned} P &= u_U i_U + u_V i_V + u_W(-i_U - i_V) \\ &= u_U i_U + u_V i_V - u_W i_U - u_W i_V \\ &= i_U(u_U - u_W) + i_V(u_V - u_W) \\ &= u_{UW} i_U + u_{VW} i_V \\ &= P_1 + P_2 \end{aligned}$$

根据原理分析可知，P_1、P_2的瞬间功率就是图 3—7 中的单相功率表 W1、W2 测得的有功功率，将 W1、W2 两个单相功率表的数值相加就是三相电路的总功率。

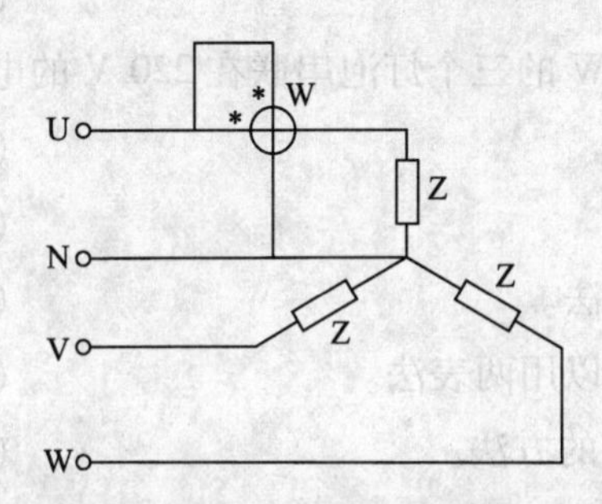

图 3—6　三相对称负载电路一表法测量功率

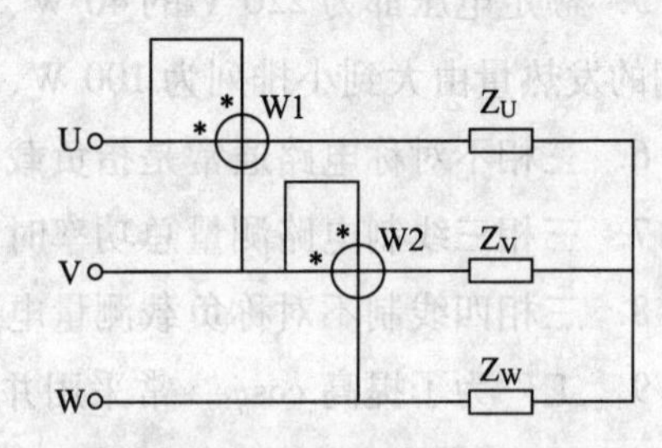

图 3—7　三相三线制电路两表法测量功率

这里要强调的是：两表法仅适用于三相三线制电路，对负载不对称（中性线电流不等于零）的三相四线制电路不适用。

3. 三表法

用三个单相功率表同时对三相四线制电路中的负载功率进行测量，这种方法称为三表法。其线路接法如图 3—8 所示，图中每一个功率表的数值表示该相的负载功率，三个单相功率表的数值相加就是三相电路的总功率。

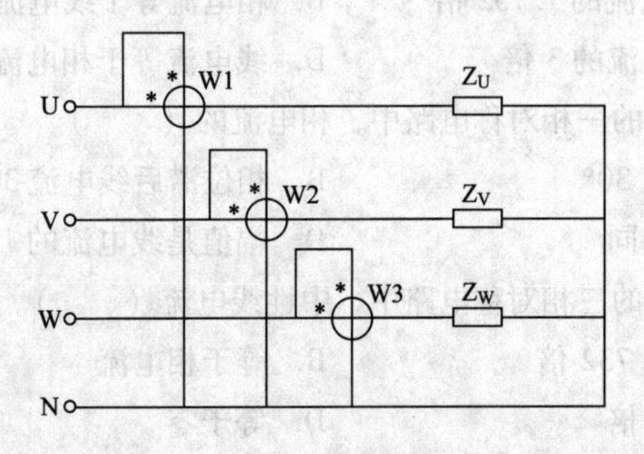

图 3—8　三相四线制电路三表法测量功率

测 试 题

一、判断题（将判断结果填入括号中。正确的填“√”，错误的填“×”）

1. 对称三相负载三角形联结时，相电压等于线电压，且三相电流相等。 （ ）

2. 在负载星形联结的三相对称电路中，相电流的相位滞后线电压30°。 （ ）

3. 在三相四线制中性点接地供电系统中，线电压是指相线之间的电压。 （ ）

4. 三相对称负载三角形联结时，若每相负载的阻抗为38 Ω，接在线电压为380 V的三相交流电路中，则电路的线电流为17.3 A。 （ ）

5. 额定电压都为220 V的40 W、60 W和100 W的三个灯泡串联在220 V的电源中，它们的发热量由大到小排列为100 W、60 W、40 W。 （ ）

6. 三相不对称电路通常是指负载不对称。 （ ）

7. 三相三线制电路测量总功率时只可以用两表法。 （ ）

8. 三相四线制不对称负载测量电路总功率时可以用两表法。 （ ）

9. 工厂为了提高 $\cos\varphi$，常采用并联适当的电容的方法。 （ ）

10. 为了提高电网的功率因数，可采用的措施是降低供电设备消耗的无功功率。 （ ）

二、单项选择题（选择一个正确的答案，将相应的字母填入题内的括号中）

1. （ ）时，三相相电压等于线电压且三相电流相等。

A. 三相负载三角形联结　　B. 对称三相负载三角形联结

C. 三相负载星形联结　　D. 对称三相负载星形联结

2. 对称三相负载三角形联结时，相电压等于线电压且（ ）。

A. 相电流等于线电流的1.732倍　　B. 相电流等于线电流

C. 线电流等于相电流的3倍　　D. 线电流等于相电流的1.732倍

3. 在负载星形联结的三相对称电路中，相电流的（ ）。

A. 相位超前线电流30°　　B. 相位滞后线电流30°

C. 幅值与线电流相同　　D. 幅值是线电流的1.732倍

4. 在负载星形联结的三相对称电路中，中性线电流（ ）。

A. 等于相电流的1.732倍　　B. 等于相电流

C. 等于相电流的3倍　　D. 等于零

5. 三相对称负载做三角形联结，若每相负载的阻抗为（ ）Ω，接在线电压为

380 V 的三相交流电路中，则电路的线电流为 17.3 A。

A. 22　　B. 38　　C. 17.3　　D. 5.79

6. 额定电压都为 220 V 的 40 W、60 W 和 100 W 的三个灯泡串联在 220 V 的电源中，它们的发热量由小到大排列为（　　）。

A. 100 W、60 W、40 W　　B. 40 W、60 W、100 W

C. 100 W、40 W、60 W　　D. 60 W、100 W、40 W

7. 额定电压都为 220 V 的 40 W、60 W 和 100 W 的三个灯泡并联在 220 V 的电源中，它们的发热量由大到小排列为（　　）。

A. 100 W、60 W、40 W　　B. 40 W、60 W、100 W

C. 100 W、40 W、60 W　　D. 60 W、100 W、40 W

8. 带中性线的三相不对称电路中的（　　）。

A. 相电压不对称　　B. 线电压不对称

C. 中性点产生位移　　D. 中性线电流不为零

9. 三相不对称电路中的中性线（　　）。

A. 可以不接　　B. 不可接熔断器

C. 电流不为零　　D. 使中性点产生位移

10. 三相三线制电路测量总功率时可以用三表法或（　　）。

A. 一表法　　B. 两表法　　C. 五表法　　D. 四表法

11. 测量（　　）电路总功率时可以用两表法。

A. 三相三线制　　B. 三相四线制

C. 三相五线制　　D. 单相

12. 三相三线制对称负载测量电路总功率时可以用（　　）。

A. 一表法　　B. 两表法

C. 三表法　　D. 两表法或三表法

13. 测量三相三线制电路的总功率时，两表法（　　）。

A. 适用于不对称负载　　B. 适用于对称负载

C. 适用于不对称负载或对称负载　　D. 对于不对称负载或对称负载都不适用

14. 工厂为了提高 $\cos\varphi$，在电路上并联的电容（　　）。

A. 只能很小　　B. 大小可调

C. 越大越好　　D. 小些好

15. 为了提高电网的功率因数，可采用的措施是（　　）供电设备消耗的无功功率。

A. 增加　　B. 降低　　C. 消除　　D. 无视

测试题答案

一、判断题

1. √　2. ×　3. √　4. √　5. ×　6. √　7. ×　8. ×
9. √　10. √

二、单项选择题

1. B　2. D　3. C　4. D　5. B　6. A　7. A　8. D　9. B
10. B　11. A　12. A　13. B　14. B　15. B

第 4 章

电路中的过渡过程

第 1 节　过渡过程的基本概念

一、电路的过渡过程

在一定的条件下，事物的运动会处于一定的稳定状态。当条件改变时，其状态就会发生变化，过渡到另一种新的稳定状态。例如，电动机由旋转状态到静止状态，转速不是立刻停止的，而是慢慢地降为零。可见，事物从一种稳定状态到另一种新的稳定状态，往往不能跃变，而是要经过一个过程，这两个稳定状态之间的物理过程称为过渡过程。

前面各章所研究的电路，无论是直流电路，还是周期性交流电路，所有的激励（输入）和响应（输出）在一定的时间内都是恒定不变或按周期规律变化的，这种工作状态称为稳定状态，简称稳态。然而，在实际电路中，经常可能发生开关的通断、元件参数的变化、连接方式的改变等情况，这些情况统称为换路。电路发生换路时，通常要引起电路稳定状态的改变，要从一个稳态进入另一个稳态。

下面将通过演示来说明电路中的过渡过程。在图 4—1a 中，开关 S 闭合前电容两端电压 $u_C=0$，电路处于一种稳定状态。在 $t=0$ 瞬间将开关 S 闭合，结果发现微安计的指针先摆动到某个刻度，随后便逐渐回到零值。若用示波器观察电容电压 u_C，其波形则按指数规律渐增到外加电压 U_S，这时电路过渡到另一种新的稳定状态，其间电压、电流的变化规律如图 4—1b 所示。

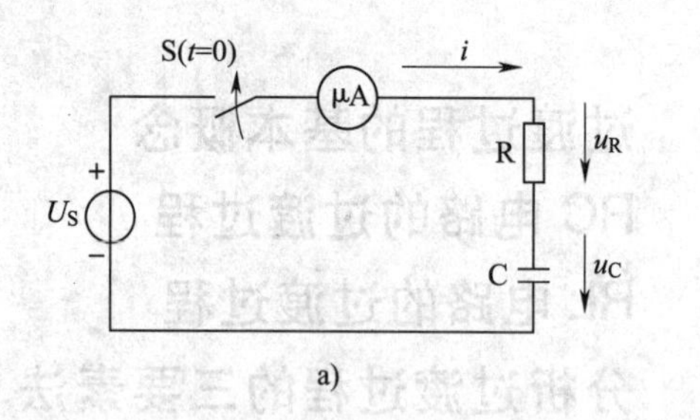

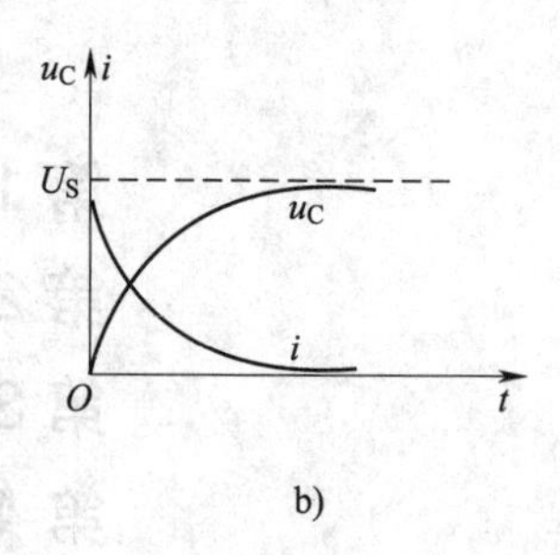

图 4—1　过渡过程演示

a）演示电路　b）波形图

由于换路引起的稳定状态的改变必然伴随着能量的改变。在含有电容、电感储能元件的电路中，这些元件上能量的积累和释放需要一定的时间。如果储能的变化是即时完成

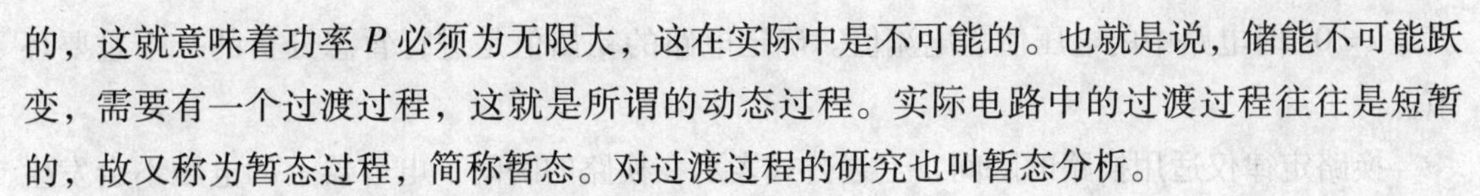

的，这就意味着功率 P 必须为无限大，这在实际中是不可能的。也就是说，储能不可能跃变，需要有一个过渡过程，这就是所谓的动态过程。实际电路中的过渡过程往往是短暂的，故又称为暂态过程，简称暂态。对过渡过程的研究也叫暂态分析。

如果电路的换路不引起元件储能的变化，电路也就不会有暂态过程。例如，不含储能元件的纯电阻电路不存在能量的积累和释放现象，电路中的电压和电流都可以是跃变的，所以就不存在过渡过程。

电路的暂态过程虽然比较短暂，但对它的研究却具有重要的实际意义，因为电路的暂态特性在很多技术领域中得到了应用。例如，一方面，在控制设备中常利用这些特性来提高控制速度和精度；在脉冲技术中利用这些特性来变换和获得各种脉冲波形等。另一方面，由于有些电路在暂态中会出现过电流或过电压，认识它们的规律有利于采取措施加以防范。

二、换路定律

引起电路过渡过程，并使电路发生变化可统称为换路。换路前后的瞬间体现出能量不能突变的电路规律称为换路定律。换路时，由于储能元件的能量不会发生跃变，故形成了电路的过渡过程。在电容元件上，储能形式是电场能量，其大小为 $W_C=\frac{1}{2}Cu_C^2$，换路时，能量不能跃变，则电容上的电压 u_C 也就不能跃变。从另一角度来看，电容电压 u_C 的跃变将会导致电容电流 $i_C=C\frac{\Delta u_C}{\Delta t}$无限大，这是不可能的。在电感元件上，储能形式是磁场能量，其大小为 $W_L=\frac{1}{2}Li_L^2$，换路时能量不能跃变，则电感上的电流 i_L 也不能跃变。电感电流 i_L 的跃变将导致电感电压 $u_L=L\frac{\Delta i_L}{\Delta t}$无限大，这也是不可能的。

简而言之，在动态电路的换路瞬间，若电容电流和电感电压为有限值时，电容电压不能跃变，电感电流不能跃变，这就是换路定律的结论。

假如换路发生在 $t=0$ 的瞬间，以 $t=0_+$ 表示换路瞬间前的这一初始时刻，而以 $t=0_-$ 表示换路瞬间后的这一时刻，并用 u_C（0_-）和 i_L（0_-）分别表示换路瞬间后这一时刻的电容电压和电感电流；用 u_C（0_+）和 i_L（0_+）分别表示换路瞬间前这一时刻的电容电压和电感电流。那么换路定律可以表示为：

$$\begin{cases}u_C(0_+)=u_C(0_-)\\i_L(0_+)=i_L(0_-)\end{cases}$$

式中，u_C（0_+）和 i_L（0_+）分别称为电容电压和电感电流的初始值。电路变量的初始值

就是 $t=0_+$ 时电路中的电压值、电流值。确定电路的初始值是进行暂态分析的一个重要环节。

换路定律仅适用换路的瞬间，上述公式表示在换路的瞬间，电容器上的电压不会发生变化，流过电感的电流也不会发生变化。

第2节　RC电路的过渡过程

一、电容的充电过程

图4—2所示为RC串联电路。设开关S原处于位置2，并且电路处于稳定状态。在 $t=0$ 时，开关S由位置2扳向位置1，电路进入换路。

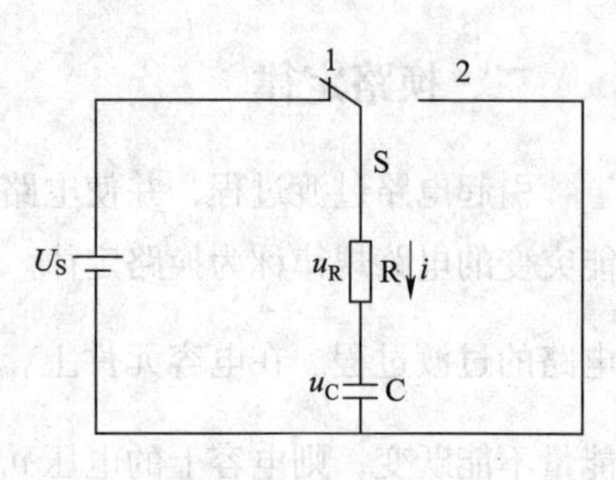

图4—2　RC串联电路

在开关S由位置2扳向位置1的瞬间，电容两端的电压为零，即电路的初始状态为零，这种响应称为零状态响应。$u_C(0_+)=u_C(0_-)=0$ V。当开关S扳向位置1后，电源 U_S 经电阻R给电容C充电。开关闭合初始瞬间，由于电容电压不能跃变，$u_C(0_+)=u_C(0_-)$，此时电阻电压 u_R 必然由零跃变到 U_S，电流 i 也由零跃变到 $\frac{U_S}{R}$。以后，电容极板上的电荷越积越多，电容电压也逐渐增大；与此同时，电阻电压 u_R 逐渐减小，电流 i 也随着逐渐减小。随着时间的推移，电容电压 u_C 最终增加到 U_S，电阻电压 u_R 和电流 i 则衰减到零，充电过程结束，电路进入新的稳态。

在这个过渡过程中，电阻电压 u_R、电容电压 u_C 和电路电流 i 存在一个变化的过程。其表达式为：

$$u_C(t)=U_S(1-e^{-\frac{t}{\tau}})$$

$$u_R(t)=iR=U_Se^{-\frac{t}{\tau}}$$

$$i(t)=\frac{U_S}{R}e^{-\frac{t}{\tau}}$$

从表达式中可以看出 u_C、u_R、i 将随时间而变化，图4—3所示为 u_C、i 的变化曲线。

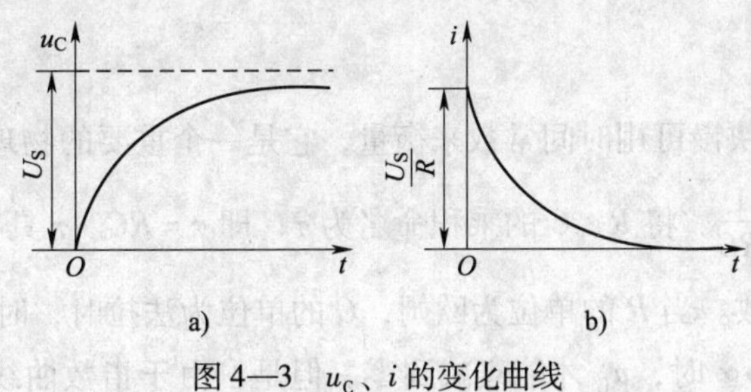

图 4—3　u_C、i 的变化曲线

a）u_C 的变化曲线　b）i 的变化曲线

二、电容的放电过程

上述当开关 S 扳向位置 1 并进入稳态后，再将开关 S 由位置 1 扳向位置 2，独立电源 U_S 不再作用于电路，此时根据换路定律，有 $u_C(0_+)=u_C(0_-)=U_S$，电容 C 两端电压将通过电阻 R 放电，电路中的响应完全由电容电压的初始值引起，故属于零输入响应。这时电路中的电容两端电压 u_C、电阻两端电压 u_R 以及电路电流 i 的表达式为：

$$u_C(t)=U_S e^{-\frac{t}{\tau}}$$

$$u_R(t)=iR=-U_S e^{-\frac{t}{\tau}}$$

$$i(t)=-\frac{U_S}{R}e^{-\frac{t}{\tau}}$$

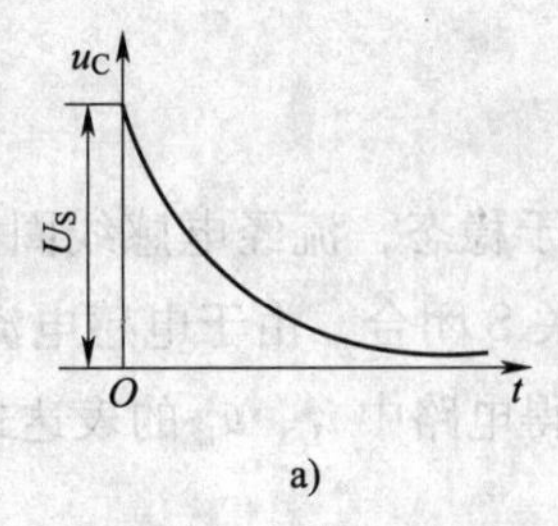

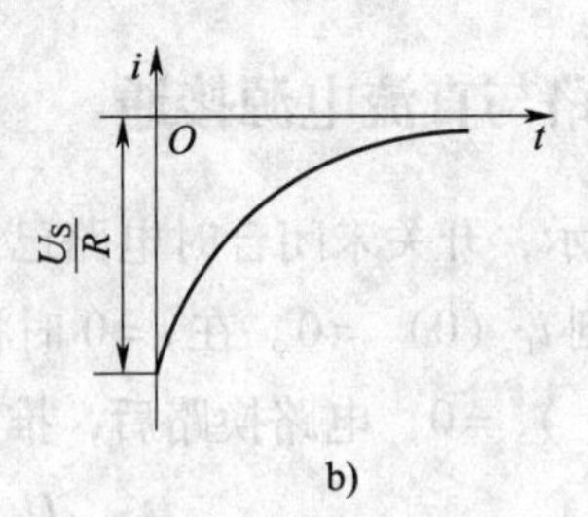

图 4—4　u_C、i 放电曲线

a）u_C 的放电曲线　b）i 的放电曲线

从表达式中可以看出 u_C、u_R、i 将随时间而变化，图 4—4 所示为 u_C、i 的放电曲线。

电压 u_C、u_R 和电流 i 都是按同样的指数规律变化的。由于指数 $-\frac{1}{\tau}$ 是负值，电压和电流均随着时间的推移而衰减，最终均趋于零。换路后电容电压 u_C 从初始值 U_S 开始衰减到零，而 u_R 和 i 则由零跃变到最大值 U_S 和 $\frac{U_S}{R}$ 之后按指数规律随时间逐渐衰减到零。

三、时间常数

电路过渡过程的快慢可用时间常数来衡量，它是一个重要的物理量。电容电压的衰减快慢取决于衰减系数$\frac{1}{RC}$。将R、C的乘积命名为τ，即$\tau=RC$。τ具有时间的量纲，故称τ为RC电路的时间常数。当R的单位为欧姆，C的单位为法拉时，时间常数的单位为秒。

理论上讲，当$t\to\infty$时，u_C才能衰减到零。但是，由于指数曲线开始衰减较快，经过$t=5\tau$以后，u_C已衰减到其初始值的0.7%以下，工程中认为这时电路已经达到新的稳态，过渡过程已基本结束。

在RC电路中，τ是R和C的乘积，说明τ仅决定于电路参数，与电路的初始状态及电源无关。R和C越大，则τ越大，过渡过程越长。因为电容C越大，电容的电场储能越多；而电阻R越大，则充、放电电流越小。这些都使得充、放电过程缓慢，充、放电时间加长。反之，充、放电过程加快，充、放电时间也就缩短。所以，改变电路的R、C参数，就能改变电容充、放电的快慢。

第3节　RL电路的过渡过程

一、RL电路与直流电源接通

如图4—5所示，开关未闭合时电路已经处于稳态，流经电感线圈的电流为零，电感线圈没有能量。则$i_L(0)=0$。在$t=0$时将开关S闭合，由于电感电流不能突变，所以，$i_L(0_+)=i_L(0_-)=0$，电路换路后，推导可得电路中i_L、u_L的表达式。

电路中的电流为：
$$i_L=\frac{U_S}{R}(1-e^{-\frac{t}{\tau}})$$

电感L两端的电压为：
$$u_L=U_Se^{-\frac{t}{\tau}}$$

式中，$\tau=\frac{L}{R}$是电路的时间常数，单位为s。

根据表达式可知：电流i由零开始按指数规律逐渐增长到稳定值$\frac{U_S}{R}$；电感电压u_L则由零跃变到U_S后按同一指数规律逐渐衰减至零。暂态过程进行的快慢取决于时间常数。τ越大，暂态过程越长。这是因为τ越大，则L越大或R越小，而L越大，电感储存的磁场能量越大，供给电阻消耗的时间越长；R 越小，电阻的功率也越小，消耗电磁储能所花费的时间就长。

二、RL 电路的短接

图 4—6 所示为 RL 电路的能量释放回路。开关 S 断开前电路已进入稳定状态，电路的电流也已达到稳定值。电源供给线圈的能量已储存到磁场中。当开关 S 断开时，电流将变成零，磁场能量也将变成零。但是，线圈磁场原来就具有的能量必须释放出来。如果开关断开时，电路中的电阻和电感没有形成其他回路，那么，在开关断开的瞬间，能量释放，放出的能量在开关断开处出现火花。如果开关断开时电路中的电阻和电感形成回路，这时电感元件储存的能量将随时间的推移逐渐消失。因为，电阻 R 不断地消耗电感中的储能，电感中的磁场储能越来越少，电流也逐渐衰减，当电路到达新的稳态时，电感中原有的储能全部被电阻转换成热能而消耗完。此时，电路中的电流、电压均为零。

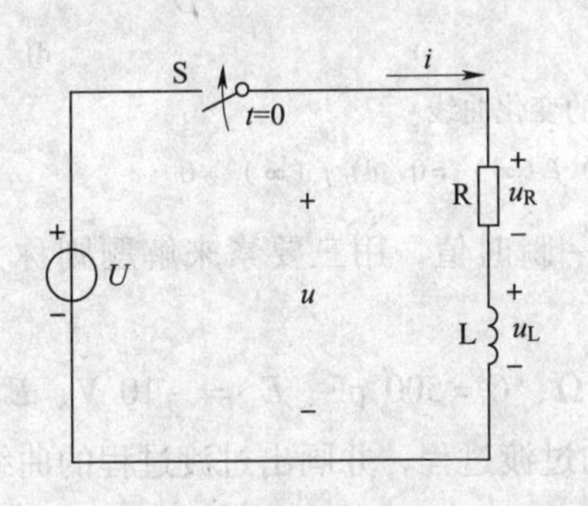

图 4—5　电感电路

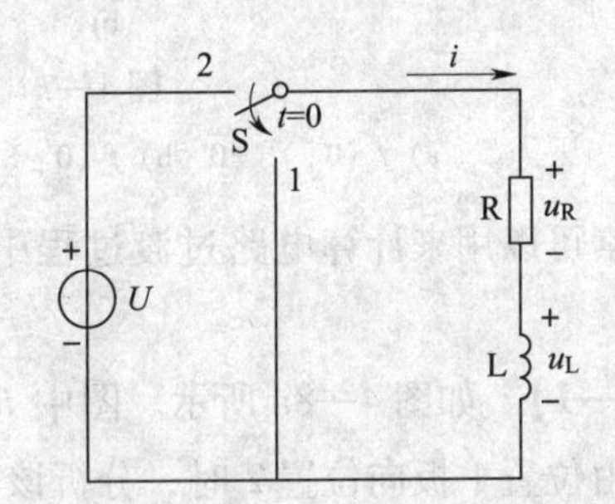

图 4—6　RL 电路的能量释放回路

第 4 节　分析过渡过程的三要素法

在分析一个具有储能元件的电路，如上述 RC、RL 电路时，主要分析换路后的电容电压 u_C 和电感电流 i_L 的变化状况，看其按指数规律的变化状况。看其过渡过程变化规律，通常它的解由两部分组成，一部分为稳态值，另一部分为暂态分量。它的一般表现形式为：

$$f(t)=f(\infty)+[f(0_+)-f(\infty)]e^{-\frac{t}{\tau}}$$

式中　$f(t)$ ——电路中的电压或电流；

$f(\infty)$ ——过渡过程结束后的稳定值（稳态值）；

$f(0_+)$ ——换路后瞬间的初始值；

$[f(0_+)-f(\infty)]e^{-\frac{t}{\tau}}$——暂态分量；

τ——时间常数。

其中，由 $f(0_+)$、$f(\infty)$、τ 三个参数组成三要素。三要素可以用来分析电路的过渡过程，由此可以画出电路响应的变化曲线，图 4—7 所示为常见的 $f(t)$ 变化曲线。图中的曲线都是按指数规律变化的，但变化的快慢则由时间常数来决定。

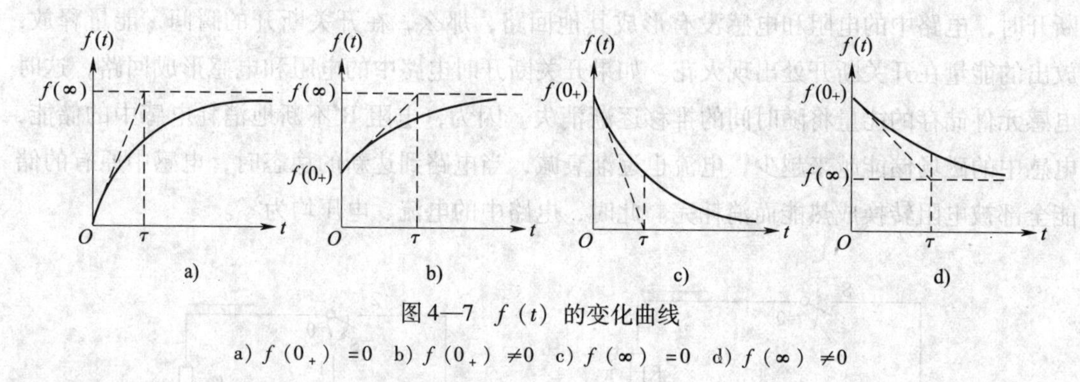

图 4—7 $f(t)$ 的变化曲线

a) $f(0_+)=0$ b) $f(0_+)\neq 0$ c) $f(\infty)=0$ d) $f(\infty)\neq 0$

三要素可以用来计算电路过渡过程中的某一瞬时值，用三要素来解题则称为三要素法。

【例 4—1】 如图 4—8a 所示。图中 $R=2\ \text{k}\Omega$、$C=500\ \text{pF}$、$E_1=-10\ \text{V}$、$E_2=10\ \text{V}$，当开关 S 由位置 1 扳向位置 2 时，分析该电路的过渡过程，并画出过渡过程的曲线图。

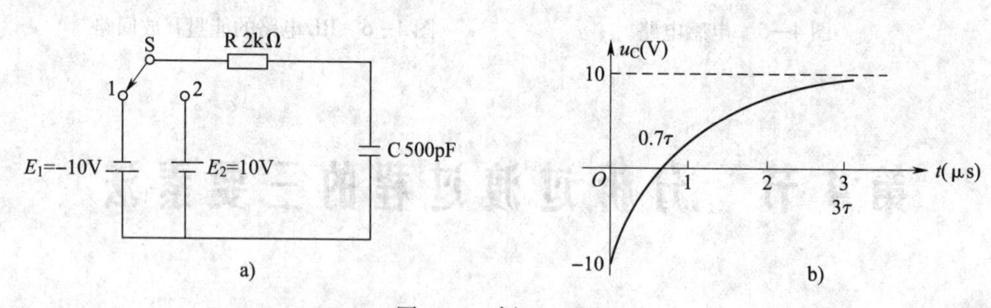

图 4—8 例 4—1 图

a）例题图 b）过渡过程的曲线图

解：（1）当开关由位置 1 扳向位置 2 时三要素值为：

$$u_C(0_+)=u_C(0_-)=-10\ \text{V}$$

$$u_C(\infty)=+10\ \text{V}$$

$$\tau=RC=2\ \text{k}\Omega\times 500\ \text{pF}=1\ 000\ \text{ns}=1\ \mu\text{s}$$

（2）将三要素值代入过渡过程一般表达式，得：

$$u_C(t) = u_C(\infty_+) + [u_C(0_+) - u_C(\infty)]e^{-\frac{t}{\tau}}$$
$$= 10 + (-20)e^{-\frac{t}{\tau}}$$
$$= 10 - 20e^{-\frac{t}{\tau}} \text{ V}$$

（3）当电容电压等于零时，所需的时间 t 可用下式求得：

$$u_C(t) = 10 - 20e^{-\frac{t}{\tau}} = 0$$

$$t = \tau\ln\frac{20}{10} \approx 0.7\tau = 0.7 \times 1\ \mu s = 0.7\ \mu s$$

图 4—8b 所示为过渡过程的曲线图。

测 试 题

一、判断题（将判断结果填入括号中。正确的填“√”，错误的填“×”）

1. 当电路的状态或参数发生变化时，电路从原稳定状态立即进入新的稳定状态。（ ）

2. 电感元件在过渡过程中，流过它的电流不能突变。（ ）

3. 电路产生过渡过程的原因是电路存在储能元件，且电路发生变化。（ ）

4. 电容元件换路定律的应用条件是电容的电流 i_C 有限。（ ）

5. RL 电路过渡过程的时间常数 $\tau = R/L$。（ ）

6. RC 电路过渡过程的时间常数 $\tau = RC$。（ ）

7. 分析过渡过程的三要素法中的三要素为 $f(0_+)$、$f(\infty)$ 和 τ。（ ）

8. 换路定律的结论是若电容电流和电感电压为有限值时，电容电压不能跃变，电感电流不能跃变。（ ）

9. 引起电路过渡过程，并使电路发生变化可统称为换路。（ ）

二、单项选择题（选择一个正确的答案，将相应的字母填入题内的括号中）

1. 当电路的状态、参数或连接方式发生变化时，电路从原稳定状态经过渡过程后（ ）。

A. 停止工作　　B. 进入调整状态

C. 回到原来的稳定状态　　D. 进入新的稳定状态

2. 电感元件在过渡过程中，流过它的电流（ ）。

A. 逐渐增加　　B. 突然变化

C. 保持不变　　　　　　　　　　　　　　D. 不会跃变

3. 由于（　　），因此电路产生过渡过程。

A. 电路中的储能元件参数变化　　　　　　B. 电路中元件的储能发生变化

C. 电路发生变化　　　　　　　　　　　　D. 电路发生变化时元件的储能发生变化

4. 电容在过渡过程中，电容两端电压（　　）。

A. 逐渐增加　　B. 逐渐降低　　C. 不变　　D. 逐渐变化

5. 电容器在过渡启动的瞬间，电容两端电压（　　）。

A. 逐渐增加　　B. 逐渐降低　　C. 不能突变　　D. 不变

6. 电容元件换路定律的应用条件是电容的（　　）。

A. 电流 i_C 逐渐增大　　　　　　　　　B. 电流 i_C 有限

C. 电流 i_C 不能突变　　　　　　　　　D. 电压 u_C 不能突变

7. 电感元件换路定律的应用条件是电感的（　　）。

A. 电流 i_L 逐渐增大　　　　　　　　　B. 电压 u_L 有限

C. 电流 i_L 不能突变　　　　　　　　　D. 电压 u_L 不能突变

8. RL 电路过渡过程的时间常数 $\tau=$（　　）。

A. $-R/L$　　B. L/R　　C. $-Rt/L$　　D. R/Lt

9. $\tau=L/R$ 是（　　）电路过渡过程的时间常数。

A. RL　　B. RC　　C. RLC 串联　　D. RLC 混联

10. $f(0_+)$、$f(\infty)$ 和 τ 称为求解电路过渡过程的（　　）。

A. 时间常数　　B. 稳态值　　C. 暂态分量　　D. 三要素

测试题答案

一、判断题

1. ×　2. √　3. √　4. √　5. ×　6. √　7. √　8. √
9. √

二、单项选择题

1. D　2. D　3. D　4. D　5. C　6. B　7. B　8. B　9. A
10. D

第 2 篇　电子技术与测量

第 5 章

放大电路

放大电路是电子技术中应用最多的一种基本电路，其种类繁多。放大电路按照输入、输出公共端的不同，可以分为共发射极放大电路、共集电极放大电路以及共基极放大电路；按照前、后级之间耦合方式的不同，可以分为阻容耦合放大电路、直接耦合放大电路以及变压器耦合放大电路等；按照信号种类可以分为直流放大电路、交流放大电路，交流放大电路又可以分为低频信号放大电路与高频信号放大电路；按照输出功率的大小可以分为电压放大电路和功率放大电路。本章介绍由分立元件组成的几种常用放大电路。

第1节　共发射极放大电路

一、基本放大电路的组成及其静态工作点

1. 基本放大电路的组成

共发射极基本放大电路如图5—1所示。下面对电路中各元件的作用做简单介绍。

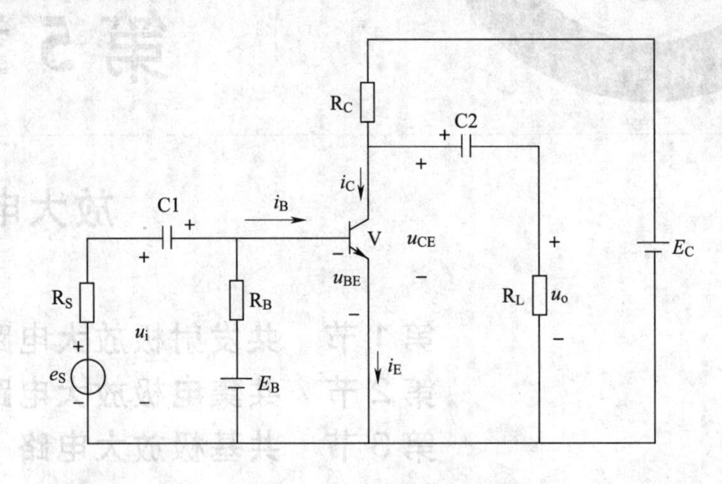

图5—1　基本放大电路

（1）三极管V。三极管是放大电路中的放大元件，输入信号电压 u_i 在基极回路中产生基极信号电流 i_B，利用三极管的电流放大作用，在集电极电路获得放大的电流 i_C。电流 i_C 受输入信号 u_i 的控制。

（2）集电极负载电阻 R_C。集电极负载电阻简称集电极电阻。在电压放大电路中为

了在三极管的输出端取出被放大的电压 u_o，需要在三极管的集电极串接一个电阻 R_C，集电极信号电流 i_C 通过 R_C 时，在 R_C 上产生电压降 $i_C R_C$。集电极电阻 R_C 的作用是将集电极电流的变化转化为电压的变化，以实现电压放大。R_C 的阻值一般为几千欧到几十千欧。

（3）集电极电源 E_C。电源 E_C 的作用一方面是保证三极管的集电结处于反向偏置，以使三极管起到放大作用；另一方面是为放大电路提供能源。放大电路把较小的输入信号变为能量较大的输出信号，能量的来源并不是三极管本身，而是直流电源 E_C。三极管在电路中只是一个控制元件。E_C 一般为几伏到几十伏。

（4）基极电源 E_B 和基极偏流电阻 R_B。基极电源 E_B 的作用就是使发射结处于正向偏置电压，并配合适当的基极电阻 R_B，提供大小适当的基极电流 I_B，以使放大电路获得合适的工作点。在 E_B 的大小已经确定的情况下，改变 R_B 就可以改变三极管的静态基极电流 I_B。在实际的放大电路中基极电源 E_B 往往省略，改由集电极电源 E_C 供电，其基本放大电路如图 5—2 所示。

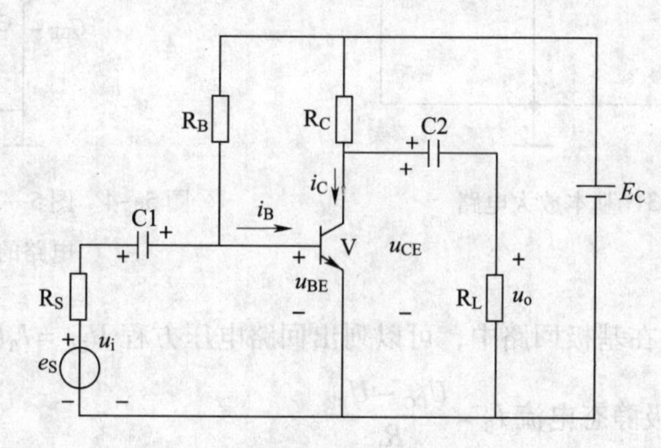

图 5—2　集电极电源 E_C 供电的基本放大电路

（5）耦合电容 C1 和 C2。电容 C1 和 C2 分别接在放大电路的输入端和输出端。它们一方面起交流耦合作用，C1 和 C2 对交流信号可视为短路，保证交流输入信号通过放大电路，沟通输入信号源、放大电路和负载之间的交流通路；另一方面又起直流隔直作用，其中 C1 用来隔断放大电路与输入信号源之间的直流通路，而 C2 用来隔断放大电路与负载之间的直流通路。C1 和 C2 的电容值一般为几微法到几十微法。

在放大电路中，通常把输入电压、输出电压与电源的公共端称为“接地端”（简称为“地”），并以接地端为零电位，作为电路中其余各点电位的参考点。电路中各点的电位（如 U_B、U_E、U_{CC}等）都是指该点与接地端之间的电位差。同时，为了简化电路的画法，在电路图上常常不单独画出电源 E_C 的符号，而只在连接其正极的一端标出它对“地”的

电压值 U_{CC} 和极性（“+”或“-”），如图 5—3 所示。如忽略电源 E_C 的内阻，则 $U_{CC}=E_C$。

2. 放大电路的静态工作点及其计算

放大电路的静态工作点是指没有输入信号时三极管各极的直流电流和电压。静态工作点是直流值，可采用放大电路的直流通路来分析计算。在静态时，由于耦合电容 C1 和 C2 不能通过直流电，所以画直流通路时耦合电容 C1 和 C2 可视为开路。图 5—4 所示为图 5—3 所示的基本放大电路的直流通路。

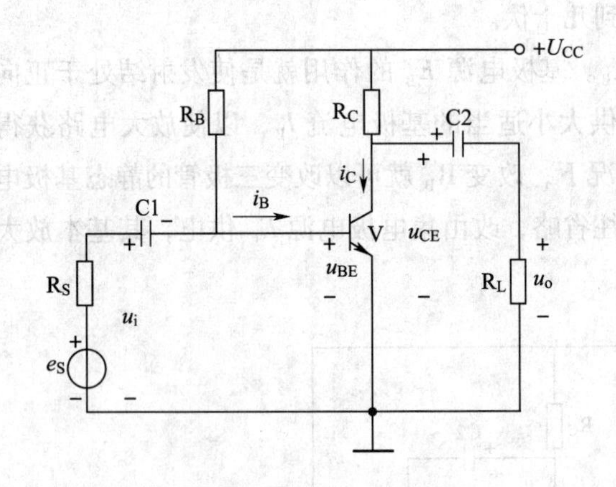

图 5—3　基本放大电路

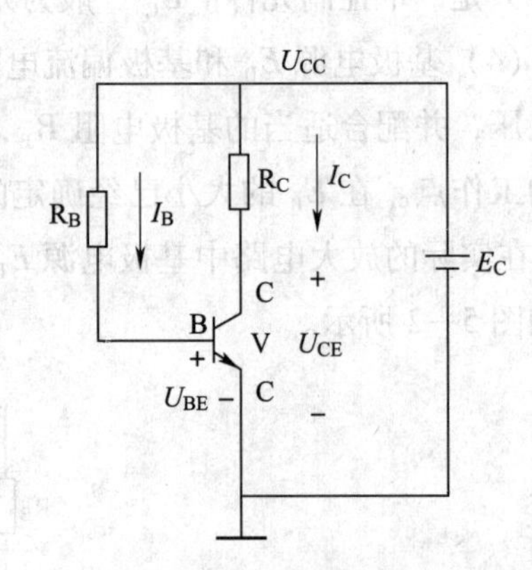

图 5—4　图 5—3 所示的基本放大电路的直流通路

由图 5—4 可知，在基极回路中，可以列出回路电压方程 $U_{CC}=I_BR_B+U_{BE}$。

由此可得出，基极静态电流 $I_B=\dfrac{U_{CC}-U_{BE}}{R_B}$。

式中 U_{BE} 的值，硅管约为 0.7 V，锗管约为 0.2 V。如果 $U_{CC}\gg U_{BE}$，则可将 U_{BE} 忽略，上式可近似简化为 $I_B\approx\dfrac{U_{CC}}{R_B}$，根据三极管的电流分配关系，由 I_B 可求出静态时的集电极电流 I_C，即 $I_C=\beta I_B+I_{CEO}\approx\beta I_B$。

在集电极回路中，可以列出回路电压方程 $U_{CC}=U_{CE}+I_CR_C$。

由此可得出，静态时的集—射极电压 $U_{CE}=U_{CC}-I_CR_C$。

由以上分析可知，放大电路的静态工作点由基极静态电流 I_B 决定，这个电流通常称为偏置电流，简称偏流。用以产生偏流的电路称为偏置电路。基极电阻 R_B 称为偏置电阻，改变偏置电阻 R_B 的大小可以调整偏流 I_B 的大小，从而调整放大电路的静态工作点。图 5—3 所示的基本放大电路的偏流 I_B 是由电源 E_C（$E_C=U_{CC}$）通过偏流电阻 R_B 提供的，R_B

一经选定，I_B 也就固定不变，所以称为固定偏置电路。

【例 5—1】 在如图 5—3 所示的放大电路中，已知 $U_{CC}=12\ V$，$R_C=3\ k\Omega$，$R_B=600\ k\Omega, \beta=100$，试求放大电路的静态工作点。

解：根据图 5—4 所示的直流通路可得出：

$$I_B \approx \frac{U_{CC}}{R_B} = \frac{12}{600\times10^3} = 0.02\times10^{-3}\ A = 0.02\ mA = 20\ \mu A$$

$$I_C \approx \beta I_B = 100\times0.02 = 2\ mA$$

$$U_{CE} = U_{CC} - I_C R_C = 12 - [(2\times10^{-3})\times(3\times10^3)] = 6\ V$$

二、电压放大电路的主要性能指标

电压放大电路的主要性能指标有电压放大倍数、输入电阻、输出电阻、通频带等。

1. 电压放大倍数 A_U

放大电路的电压放大倍数 A_U 是指输出电压变动量 Δu_o 与输入电压变动量 Δu_i 之比，对于交流放大电路来说，通常用正弦交流电压作为测试信号，则电压放大倍数就是输出的正弦交流电压 $\dot{U}_o$ 与输入的正弦交流电压 $\dot{U}_i$ 之比，即 $\dot{A}_U=\frac{\Delta u_o}{\Delta u_i}=\frac{\dot{U}_o}{\dot{U}_i}$。

2. 输入电阻 r_i

放大电路的输入端是一个二端网络，端口上总存在一定的内阻，该内阻称为输入电阻。放大电路在工作时需要输入信号，提供输入信号的设备称为信号源。信号源也总是存在一定的内阻。放大电路的输入端总是与信号源（或前级放大电路）连接，在图 5—5 所示的放大电路中信号源的电压用 $\dot{U}_S$ 表示，信号源的内阻用 R_S 表示，在信号源与放大电路输入电阻所组成的回路中就有电流流过，在信号源的内阻上就会产生电压降，使得输入放大电路端口上的信号电压 $\dot{U}_i$ 小于 $\dot{U}_S$，减小了放大电路的有效输入。为了减小放大电路向信号源索取的电流，减小信号源内阻上的电压损失，通常希望放大电路的输入电阻 r_i 能高一些。

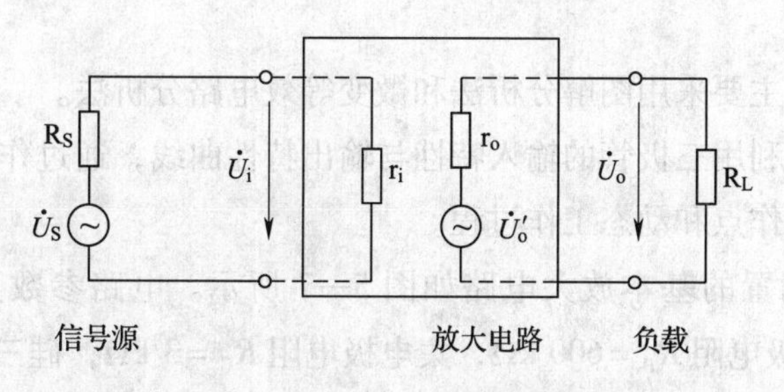

图 5—5 放大电路的方框图

3. 输出电阻 r_o

放大电路对负载（或后级放大电路）来说，如果把放大电路连同信号源看成是一个有源二端网络，存在一定内阻，该内阻称为输出电阻。假设放大电路在输出端不接负载时的输出电压为$\dot{U}_o'$，那么在输出端接负载 R_L 时，由于放大电路输出电阻与负载电阻的分压，将使输出电压$\dot{U}_o'$减小，即$\dot{U}_o < \dot{U}_o'$。由此可见，为了提高输出电压，提高放大倍数，放大电路的输出电阻越小越好。放大电路电压放大倍数的大小与放大电路是否带有负载以及负载的大小都是有着密切关系的，负载越大（R_L 电阻越小），则电压放大倍数就越小。

4. 通频带

任何一个放大电路，它所能放大的信号频率都是有一定限制的，频率过高或过低都会使放大倍数减小。放大电路的电压放大倍数与信号频率的关系曲线称为放大电路的频率特性，一般交流放大电路的频率特性如图5—6所示。由图可知，在中频段信号时，放大电路的放大倍数最大，即 $A_U = A_{Um}$，随着信号频率的下降或升高超过一定的范围时，放大倍数很快减小。当放大倍数 A_U 下降为 $A_{Um}/\sqrt{2}$时，所对应的两个频率分别称为放大电路的下限频率f_L 与上限频率f_H。在下限频率f_L 与上限频率f_H 之间的频率范围称为放大电路的通频带，即：

$$\text{通频带} = f_H - f_L$$

三、放大电路的图解分析法

放大电路是一种交流和直流共存的电路。对放大电路的分析可以分成静态和动态两种情况。静态是当放大电路没有输入信号时的工作状态，动态则是当放大电路有输入信号时的工作状态。静态分析是指在没有输入信号的情况下根据放大电路的直流通路分析与计算放大电路的静态工作点。动态分析则是指在静态工作点已确定的情况下，根据放大电路的交流通路分析与计算放大电路的电压放大倍数 A_U、输入电阻 r_i 和输出电阻 r_o 等。

分析放大电路时主要采用图解分析法和微变等效电路分析法。

图解分析法就是利用三极管的输入特性与输出特性曲线，通过作图的方法来分析并确定放大电路的静态工作点和动态工作过程。

设有一个固定偏置的基本放大电路如图5—7所示。电路参数为：直流电源的电压 $U_{CC} = E_C = 12$ V，基极电阻 $R_B = 600$ kΩ，集电极电阻 $R_C = 3$ kΩ，硅三极管的电流放大系数 $\beta = 100$，三极管的输入特性与输出特性如图5—8所示。

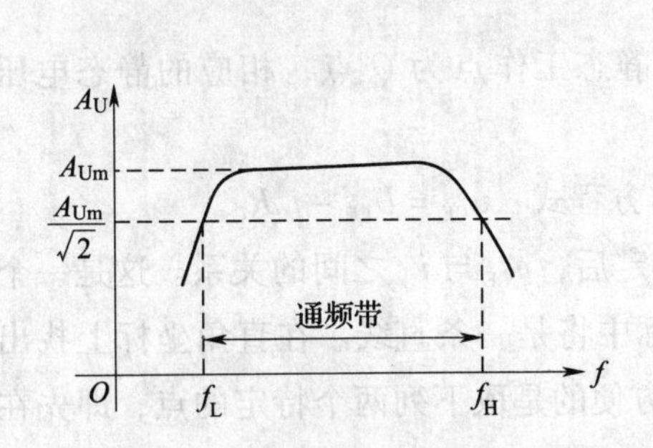

图 5—6　交流放大电路的频率特性

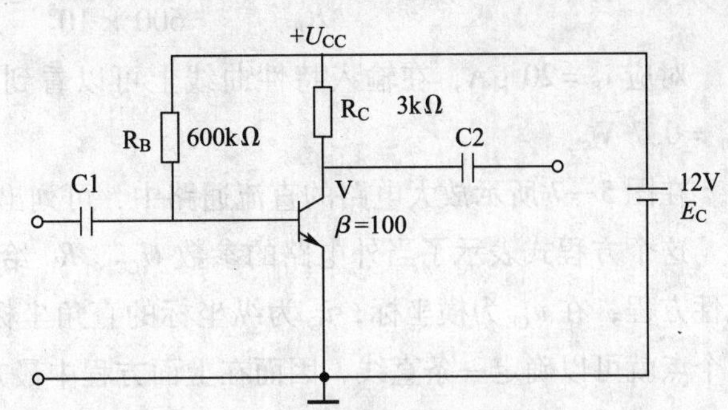

图 5—7　固定偏置的基本放大电路

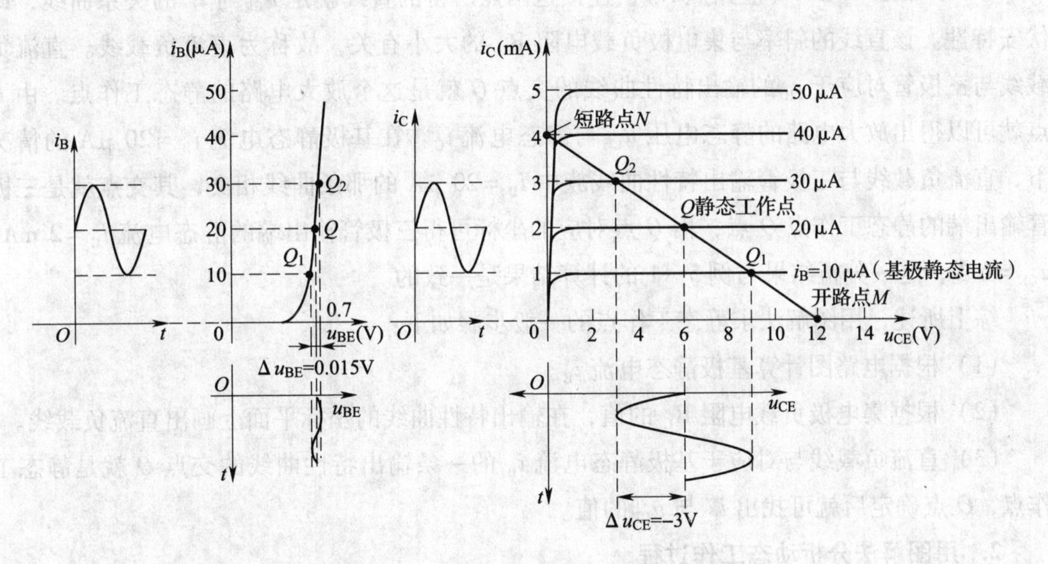

图 5—8　三极管的输入特性与输出特性

1. 静态工作点与直流负载线

三极管是一种非线性元件，即其集电极电流 i_C 与集射极电压 u_{CE}之间不是线性关系，它的伏安特性曲线即输出特性曲线如图 5—8 所示。如果给定基极电流 i_B，就可以从输出特性曲线族中找出一条对应于 i_B 的输出特性曲线。这时，i_C 与 u_{CE}之间的变量关系也就确定了，这种关系是由三极管内部特性决定的，与外电路的参数无关。放大电路的静态工作点也可用图解法来求出。放大电路的工作点由负载与非线性元件的伏安特性曲线的交点确定，它既符合三极管非线性元件上的电压与电流关系，同时也符合电路中电压与电流的关系。

在图 5—7 所示的放大电路中，根据电路的参数，可以求得基极静态电流为：

$$i_B = \frac{U_{CC} - 0.7}{R_B} \approx \frac{12}{600 \times 10^3} = 0.02\ \text{mA} = 20\ \mu\text{A}$$

对应 $i_B = 20\ \mu A$，在输入特性曲线上可以看到静态工作点为 Q 点，相应的静态电压 $u_{BE} = 0.7\ V$。

在图5—7所示放大电路的直流通路中，可列出方程式：$u_{CE} = U_{CC} - i_C R_C$。

这个方程式表示了当外电路的参数 U_{CC}、R_C 给定后，u_{CE} 与 i_C 之间的关系。这是一个线性方程，在 u_{CE} 为横坐标，i_C 为纵坐标的直角坐标中将是一条直线。在直角坐标上找出两个点就可以确定一条直线，因而在上面方程中最方便的是取下列两个特定的点，即先在横轴 u_{CE} 上取 $i_C = 0$ 时，$u_{CE} = E_C = 12\ V$（开路点 M），再在纵轴 i_C 上取 $u_{CE} = 0$ 时，$i_C = 12\ V/3\ k\Omega = 4\ mA$（短路点 N），连接这两点所得的直线就是 u_{CE} 与 i_C 的关系曲线，即伏安特性。该直线的斜率与集电极负载电阻 R_C 的大小有关，故称为直流负载线。直流负载线与三极管对应于 i_B 的输出特性曲线的交点 Q 就是这个放大电路的静态工作点。由 Q 点就可以得出放大电路的静态电压 u_{CE} 与静态电流 i_C。在基极静态电流 $i_B = 20\ \mu A$ 的情况下，直流负载线与三极管输出特性曲线族中 $i_B = 20\ \mu A$ 的那条曲线相交，其交点就是三极管输出端的静态工作点 Q 点，由 Q 点对应的坐标可得三极管输出端的静态电流 $i_C = 2\ mA$，$u_{CE} = 6\ V$，这一分析结果与例5—1的计算结果是一致的。

综上所述，用图解法求静态工作点的一般步骤如下：

（1）根据电路图计算基极静态电流 i_B。

（2）根据集电极负载电阻 R_C 的值，在输出特性曲线的坐标平面上画出直流负载线。

（3）直流负载线与对应于基极静态电流 i_B 的一条输出特性曲线的交点 Q 就是静态工作点，Q 点确定后就可找出 i_C 与 u_{CE} 的值。

2. 用图解法分析动态工作过程

放大电路加入交流信号后的工作状态称为动态。在图5—7所示的放大电路中，首先分析放大电路的输出端不带负载（输出开路）时的动态工作过程。当输入峰值为15 mV的正弦信号时，三极管输入特性曲线上工作点的变动范围在 Q_1 与 Q_2 之间，即对应的基极电压交直流叠加后的变动范围为（0.7 ± 0.015）V，如图5—8所示。由图可见，对应的基极电流变动范围是（20 ± 10）μA，即10～30 μA。在输入信号电压的正半周，工作点先是随着输入电压的升高逐渐从 Q 点移动到 Q_2 点，在峰值过后，又回到 Q 点；在输入信号电压的负半周，工作点先是随着输入电压绝对值的增大逐渐从 Q 点移动到 Q_1 点，在峰值过后，又回到 Q 点，如此周而复始地工作着。在放大电路的输出端，对应的工作点变动范围 Q_1 与 Q_2 也很容易找到，Q_1 就是对应 $I_B = 10\ \mu A$ 的曲线与负载线的交点；Q_2 就是对应 $I_B = 30\ \mu A$ 的曲线与负载线的交点，从输出特性曲线上可以看出，当输入信号变动一个周期时，工作点的移动过程是沿着负载线从 Q 点→Q_2 点→Q 点→Q_1 点→Q 点，对应的三极管集电极电流 i_C 变化波形以及集电极电压 U_{CE} 的变化波形如图 5—8 所示。由图 5—8 的图解分析可以看出，三极管上的电压、电流都是由直流静态值与交流信号叠加而成的。输出电压波形与输入电压的波形是反相的。如果输入特性曲线的 u_{BE} 坐标可以较为清晰地读出，从图上还可以估算出电压放大倍数，例如，本例中输入电压的峰值约为 0.015 V，输出电压的峰值为 3 V，则电压放大倍数约为 3/0.015 = 200。

3. 交流负载线

对放大电路进行动态分析时，首先应该画出交流通路，再根据交流通路进行动态分析。现在的问题是如何作出交流通路。首先，放大电路中的耦合电容 C1 和 C2 对交流信号来说阻抗很小，可以把它们近似地作为交流短路。其次，直流电源的内阻也很小，对交流信号也可以近似认为是短路。图 5—7 所示放大电路的交流通路如图 5—9 所示。

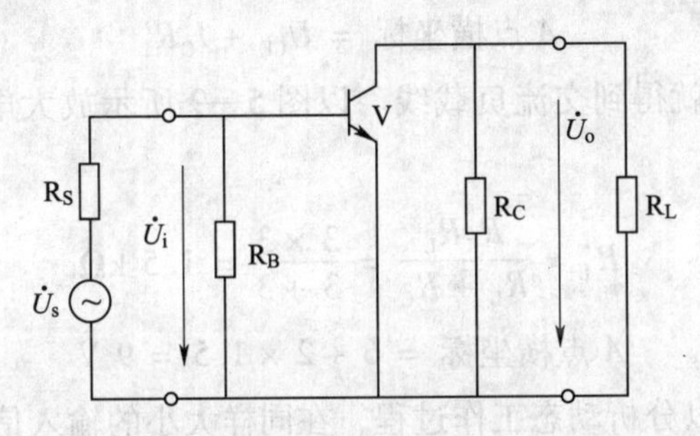

图 5—9　图 5—7 所示放大电路的交流通路

如前所述，对放大电路进行图解分析时，放大电路的输出端开路，不带负载，因而可用直流负载线进行分析。但是放大电路输出端总是要带负载电阻 R_L，由于 C2 的作用，外部负载电阻 R_L 不影响放大电路的静态工作点和直流负载线。但是放大电路的交流通路中的总负载电阻 R_L' 不仅仅是集电极电阻 R_C，还要考虑外部负载 R_L。总负载电阻 R_L'为集电极电阻 R_C 与外部负载 R_L 的并联，即 $R_L' = \dfrac{R_C R_L}{R_C + R_L}$，此时，放大电路的 i_C 与 u_{CE}的关系不再遵循由 R_C 所确定的直流负载线变化，而是按 R_L'所确定的交流负载线变化，即放大电路的工作点动态时不是在直流负载线上移动，而是在交流负载线上移动。交流负载线反映了动态时电流 i_C 和电压 u_{CE}的变化关系。因为 $R_L' < R_C$，所以画出的交流负载线比直流负载线要陡些。同时，电压放大倍数将会下降，也就是说在同样的输入电压作用下，输出电压将减小。交流负载线如图 5—10 所示，当输入交流信号为零时，放大电路的工作点就是静态工作点，因此，交流负载线应该经过静态工作点 Q，交流负载线与横轴的交点 A 的横坐标为：

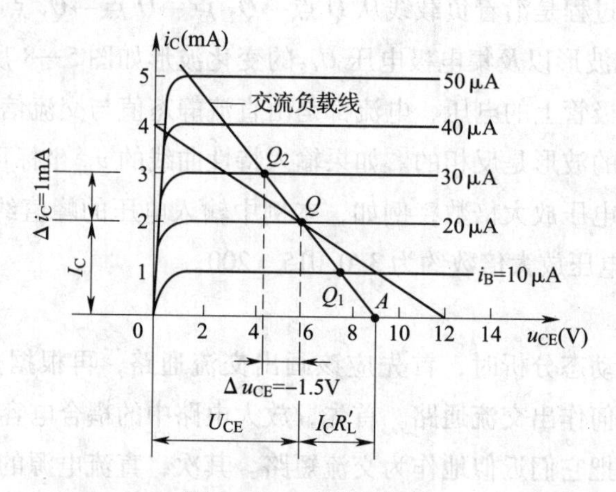

图 5—10　交流负载线

$$A\text{点横坐标}=U_{CE}+I_C R_L'$$

连接 Q 点与 A 点，就得到交流负载线。以图 5—9 所示放大电路带负载 $R_L=3\ k\Omega$ 为例，则有：

$$R_L'=\frac{R_C R_L}{R_L+R_C}=\frac{3\times3}{3+3}=1.5\ k\Omega$$

$$A\text{点横坐标}=6+2\times1.5=9\ V$$

现从交流负载线可以分析动态工作过程，在同样大小的输入信号作用下，如前面所述的那样输入峰值为 15 mV 的正弦电压，基极电流与集电极电流的变动情况并没有改变，但是输出电压减小了一半，由原来的 3 V 减小到了 1.5 V，如果把负载线作为直角三角形的斜边，电压变动量 Δu_{CE} 与电流变动量 Δi_C 作为直角三角形的直角边，可以看到，在不带负载时，沿直流负载线有：

$$\Delta u_{CE}=-\Delta i_C\times R_C=-1\times3=-3\ V$$

在带负载时，沿交流负载线有：

$$\Delta u_{CE}\doteq-\Delta i_C\times R_L'=-1\times1.5=-1.5\ V$$

上式中的负号表示电压的变动方向与电流的变动方向相反。不难看出，如果加大信号，取 $\Delta i_C=I_C=2$ mA，则 Δu_{CE} 的大小就是 $I_C R_L'$，这就是为什么交流负载线与横轴的交点 A 的横坐标要取 $u_{CE}+I_C R_L'$ 的道理。

4. 静态工作点对波形失真情况的影响

静态工作点的选择对于放大电路来说是十分重要的，不仅直接关系到放大电路放大倍数的大小，而且静态工作点过高或过低都将使放大电路的波形产生失真。失真主要有以下两种形式：

(1) 截止失真。如果放大电路的静态工作点过低，从输入特性来看，如图 5—11a 所示，输入的信号电压工作在负半周时，Q_1 工作点已经进入输入特性的死区，基极电流 i_B 的负半周波形底部被削去，使 i_B 的波形失真。从输出特性来看，如图 5—11b 所示，因为静态工作点过低，将会使集电极电流 i_C 的波形在负半周工作到截止区，同样会产生底部失真，而输出电压 u_{CE} 的波形因为反相的关系，将出现顶部失真，这是因为工作点在截止区时，三极管已经工作在接近开路的状态，输出电压受到电源电压的限幅所致。这种失真情况是由于三极管截止而引起的，故称为截止失真。这里需要说明的是，从特性曲线上看，静态工作点过低是指静态电流过小，但实际上在测量一个三极管放大电路时，用万用表测量静态工作点往往是测量三极管输出端 u_{CE} 的静态电压，因此，产生截止失真的原因应该是静态电压 u_{CE} 过高。此外，截止失真反映在输出波形上是波形的顶部失真，这是对 NPN 管组成的共发射极放大电路而言的，对于不同类型的三极管（PNP 管）或不同类型的放大电路（共集电极电路），其输出波形的失真情况正好相反。

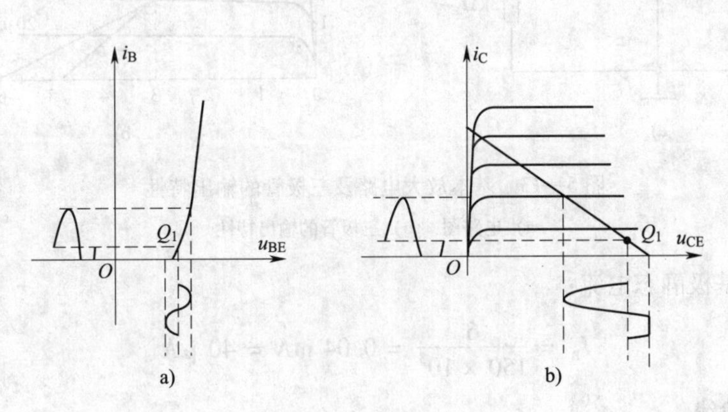

图 5—11 截止失真

a) i_B 底部失真 b) u_{CE} 顶部失真

(2) 饱和失真。如果放大电路的静态工作点过高，将会产生饱和失真，如图 5—12 所示。从输入特性来看，基极电流 i_B 的波形是不会产生削波失真的，但从输出特性看，因为静态工作点过高，将使集电极电流 i_C 的波形在正半周工作到三极管的饱和区，会使集电极电流波形产生顶部失真，而输出电压 u_{CE} 的波形因为反相的关系，将出现底部失真。这是因为工作点在饱和区时，三极管已经工作在接近短路的状态，

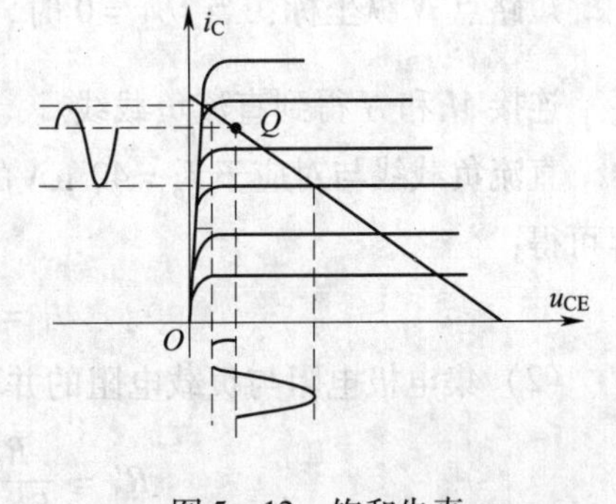

图 5—12 饱和失真

输出电压 u_{CE} 最低只能接近于 0 而不可能为负值，集电极电流也受到电流的限制（如在本例中不可能超过 4 mA）。这种失真情况是由于三极管的饱和而引起的，故称为饱和失真。

因此，要使放大电路不产生波形失真，必须有一个合适的静态工作点。静态工作点 Q 应大致选择在交流负载线的中点。

【例 5—2】 基本放大电路及三极管的输出特性如图 5—13 所示，已知电源电压 $U_{CC}=6$ V，基极电阻 $R_B=150$ kΩ，集电极电阻 $R_C=2$ kΩ，负载电阻 $R_L=3$ kΩ，试用图解法求静态工作点，并分析当电路增大输入信号时将首先产生哪种类型的失真？

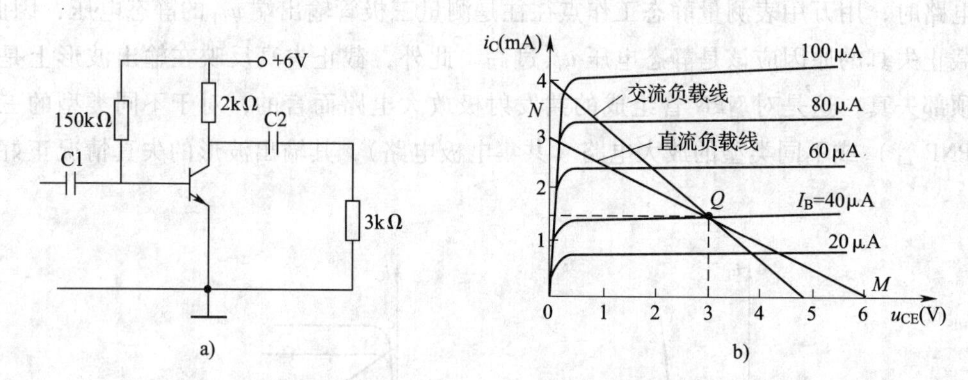

图 5—13　基本放大电路及三极管的输出特性

a）电路图　b）三极管的输出特性

解：（1）基极静态电流：

$$I_B=\frac{6}{150\times10^3}=0.04\text{ mA}=40\ \mu\text{A}$$

作直流负载线：

开路点 M 横坐标：当 $I_C=0$ 时，$U_{CE}=6$ V；

短路点 N 纵坐标：当 $U_{CE}=0$ 时，$I_C=\dfrac{U_{CC}}{R_C}=\dfrac{6}{2\times10^3}=3$ mA。

连接 M 和 N 得到直流负载线。

直流负载线与对应于 $I_B=40$ μA 的输出特性曲线的交点 Q 就是静态工作点，由 Q 点坐标可得：

$$I_C=1.5\text{ mA},\ U_{CE}=3\text{ V}$$

（2）集电极电阻与负载电阻的并联值为：

$$R'_L=\frac{R_CR_L}{R_L+R_C}=\frac{2\times3}{2+3}=1.2\text{ k}\Omega$$

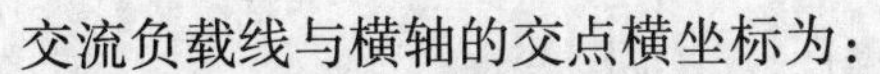

交流负载线与横轴的交点横坐标为：

$$u_{CE} + i_C R'_L = 3 + 1.5 \times 10^{-3} \times 1.2 \times 10^{-3} = 3 + 1.8 = 4.8\ \text{V}$$

连接该点与 Q 点就可得到交流负载线。由交流负载线可见，由于静态工作点 Q 点到饱和区的距离较大，而 Q 点到截止区的距离较小，对应的输出电压的波形幅度分别约为 2.5 V 与 1.8 V，故当增大输入信号时，电路将首先出现截止失真。

四、放大电路的微变等效电路分析法

图解分析法和微变等效电路法是进行放大电路动态分析的两种基本方法。利用图解法来分析放大电路的动态工作过程及失真情况比较直观形象，但是，如果用图解法来分析、计算放大电路的电压放大倍数等性能指标却并不方便，尤其是对于多级放大电路等较复杂电路将会更加困难。对放大电路的性能指标进行动态分析和计算时通常采用微变等效电路分析法。所谓放大电路的微变等效电路，就是把非线性元件三极管组成的放大电路等效为一个线性电路，也就是把三极管线性化，等效为一个线性元件。三极管在工作时，尤其是在信号变动的幅度比较微小时，工作点的变动范围并不大，可以用一段直线来近似代替三极管工作的那一段特性曲线，使得三极管的特性近似为线性的，三极管就可以近似用线性元件来等效代替（这就是“微变等效”一词的含义），从而使三极管放大电路成为线性电路。由于放大电路在工作时电路中同时存在直流分量与交流分量，那么，按照线性电路的叠加原理就可以对直流分量与交流分量分别进行计算，这样，分析三极管电路就变得方便多了。

1. 三极管的微变等效电路

图 5—14a 所示为三极管的输入特性曲线，对于交流分量（微变量）来说，三极管的输入端是一个电阻，在输入信号电压 Δu_{BE} 的作用下，三极管的输入端会产生基极电流 Δi_B，如图 5—14a 所示，把 Δu_{BE} 与 Δi_B 之比称为三极管的输入电阻 r_{BE}，即：

$$r_{BE} = \Delta u_{BE} / \Delta i_B$$

r_{BE} 实际上是由三极管的基区电阻以及发射结的结电阻等部分组成的，对于小功率三极管，这一电阻可由下式估算：

$$r_{BE} = 300 + (1 + \beta)\frac{26(\text{mV})}{I_E(\text{mA})}$$

这一电阻的大小与三极管静态电流的大小有关。静态电流越大，则 r_{BE} 越小。

图 5—14b 所示为三极管的输出特性曲线。三极管的输出端主要是考虑基极电流的变动 Δi_B 会产生输出电流的更大的变动 Δi_C，这一电流放大作用可以用一个电流控制的电流源来表示，即：

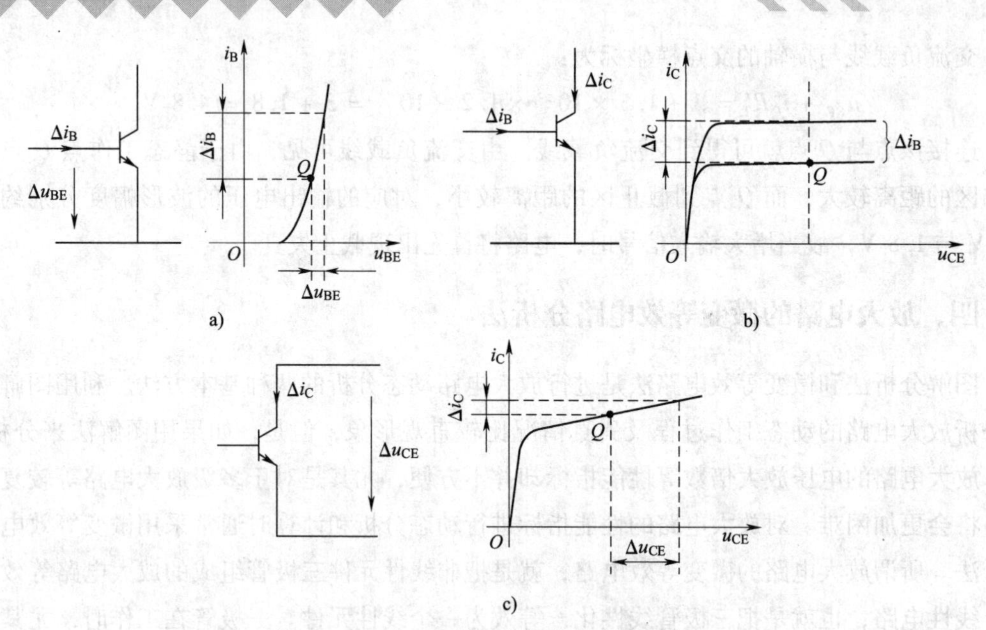

图5—14　从三极管的特性曲线求微变参数

a）输入特性曲线　b）输出特性曲线　c）三极管的输出电阻

$$\Delta i_C = \beta \Delta i_B$$

或用交流电的有效值相量来表示：

$$\dot{I}_C = \beta \dot{I}_B$$

但是，三极管的输出特性曲线不完全与横轴平行，有较为明显的上翘，也就是说，即使基极电流不变化，集电极电流在输出电压变动时也会产生一定的变动，如图5—14c所示，把 Δu_{CE} 与 Δi_C 之比称为三极管的输出电阻 r_{CE}，即 $r_{CE} = \Delta u_{CE}/\Delta i_C$。考虑到这一情况，三极管的输出端除了电流源以外还应该并联一个电阻，这一电阻称为三极管的输出电阻 r_{CE}。综上所述，三极管的微变等效电路如图5—15所示。由于 r_{CE} 的阻值很高，一般为几十千欧至几百千欧，所以，在后面的微变等效电路中可把 r_{CE} 忽略不计。

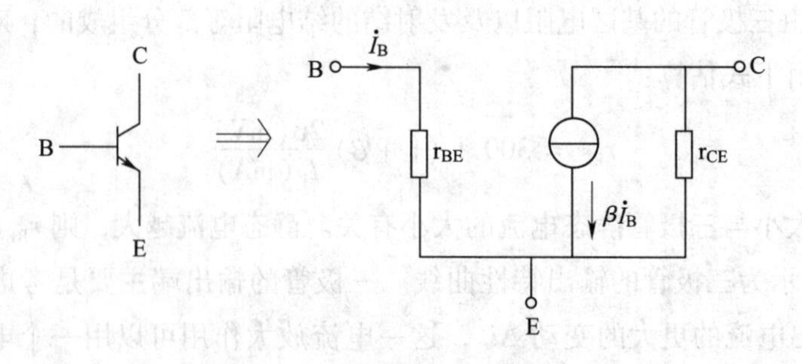

图5—15　三极管的微变等效电路

2. 放大电路的微变等效电路分析法

用三极管的微变等效电路去等效代替图 5—9 所示的放大电路的交流通路中的三极管，即可得到放大电路的微变等效电路，如图 5—16 所示。

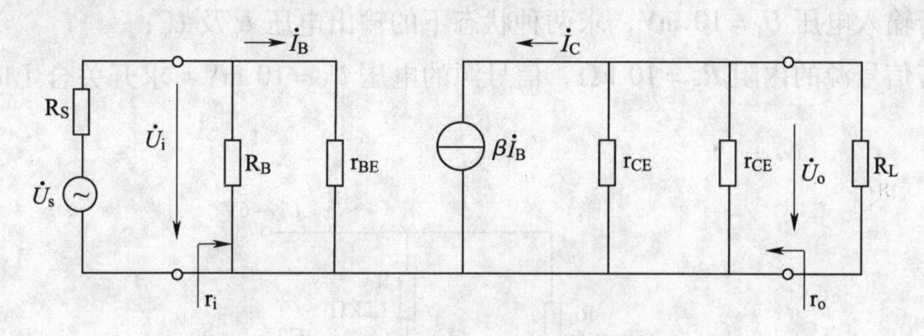

图 5—16　放大电路的微变等效电路

如上所述，放大电路的静态工作点可由直流通路计算，而交流分量由相应的交流通路来分析和计算。

（1）电压放大倍数 A_U 的计算：

$$\dot{U}_i = \dot{I}_B r_{BE}$$

$$\dot{U}_o = -R'_L\dot{I}_C = -\beta R'_L\dot{I}_B$$

式中 $R'_L=\dfrac{R_C R_L}{R_L+R_C}$，则有：

$$A_U = \frac{\dot{U}_o}{\dot{U}_i} = -\frac{\beta R'_L}{r_{BE}}$$

上式中的负号表示输出电压 $\dot{U}_o$ 与输入电压 $\dot{U}_i$ 的相位相反。

（2）放大电路输入电阻的计算。从放大电路的输入端看，电路的输入电阻 r_i 显然是基极电阻 R_B 与三极管的输入电阻 r_{BE} 的并联值，实际上通常电路中 $R_B \gg r_{BE}$，因此可以得到输入电阻 r_i 为：

$$r_i = \frac{R_B r_{BE}}{R_B + r_{BE}} \approx r_{BE}$$

（3）放大电路输出电阻的计算。放大电路的输出电阻是指在输入的交流信号电压为 0（$\dot{U}_i=0$）时，放大电路输出端开路的条件下端口电阻。由微变等效电路分析，在输入电压为 0（$\dot{U}_i=0$）时，电路的基极电流 I_B 为 0，则集电极电流 I_C 也为 0，电流源可以认为是开路的，放大电路输出端仅接了一个电阻 R_C，因此输出电阻为：

$$r_o \approx R_C$$

R_C 的阻值一般为几千欧，因此共发射极放大电路的输出电阻较高。

【例5—3】 基本放大电路如图5—17所示，图中电源电压 $U_{CC}=6$ V，基极电阻 $R_B=125$ kΩ，集电极电阻 $R_C=1.2$ kΩ，负载电阻 $R_L=600$ Ω，三极管的放大倍数 $\beta=50$。

（1）求开关S在断开、合上两种状态下的电压放大倍数 A'_U 及 A_U；

（2）若输入电压 $U_i=10$ mV，求两种状态下的输出电压 U'_o 及 U_o；

（3）若信号源的内阻 $R_S=10$ kΩ，信号源的电压 $U_S=10$ mV，求开关合上时的输出电压 U_o。

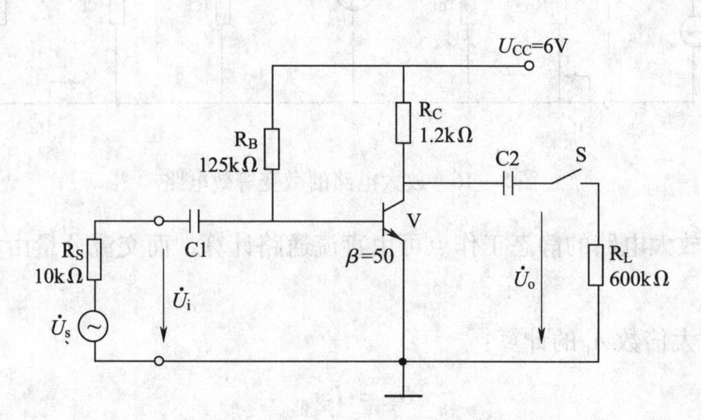

图5—17 例5—3的基本放大电路

解：先求静态工作点：

$$I_B=\frac{U_{CC}-0.7}{R_B}=\frac{6-0.7}{125\times10^3}\approx0.042\ \text{mA}$$

$$I_C=\beta I_B=50\times0.042=2.1\ \text{mA}$$

$$U_{CE}=U_{CC}-I_CR_C=6-2.1\times10^{-3}\times1.2\times10^3=3.48\ \text{V}$$

三极管的输入电阻：

$$r_{BE}=300+(1+\beta)\frac{26}{I_E}=300+(1+50)\times\frac{26}{2.1}\approx0.93\ \text{k}\Omega$$

（1）计算放大倍数

S断开时：

$$A'_U=-\beta\frac{R_C}{r_{BE}}=-50\times\frac{1.2}{0.93}\approx-64.5$$

S合上时：

$$R'_L=\frac{R_CR_L}{R_L+R_C}=\frac{1.2\times0.6}{1.2+0.6}=0.4\ \text{k}\Omega$$

$$A_U=-\beta\frac{R'_L}{r_{BE}}=-50\times\frac{0.4}{0.93}\approx-21.5$$

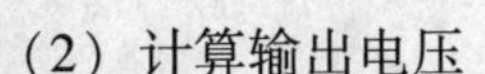

（2）计算输出电压

S 断开时：

$$U'_o = U_i \times A'_U = 10 \times 64.5 = 645 \text{ mV}$$

注：因为只要求计算 U_o 的大小，故计算时 A_U 只取绝对值。

S 合上时：

$$U_o = U_i \times A_U = 10 \times 21.5 = 215 \text{ mV}$$

也可以根据输出电阻的概念，开关合上时的输出电压应该是开关断开时的输出电压乘以输出电阻与负载电阻的分压系数，即：

$$U_o = 645 \times \frac{0.6}{1.2 + 0.6} = 215 \text{ mV}$$

（3）计算考虑信号源内阻时的输出电压。电路的输入电压是由信号源电压 U_S 分压而得的：

$$U_i = U_S \times \frac{r_i}{R_S + r_i} = 10 \times \frac{0.93}{10 + 0.93} \approx 0.85 \text{ mV}$$

由此可见，由于信号源的内阻比放大电路的输入电阻大得多，故信号电压基本上都损失在信号源的内阻 R_S 上，使得输入电压大大减小，输出电压当然也按同样的比例减小不少，此时输出电压为：

$$U_o = 0.85 \times 21.5 \approx 18.28 \text{ mV}$$

五、放大电路静态工作点的稳定

如前所述，静态工作点是否合适，对于放大电路来说是至关重要的。但是在实际工作中发现，采用固定偏置的基本放大电路的静态工作点是不稳定的，特别是随着温度的变化，静态工作点会有较大的变动，温度升高时，放大电路的静态电流会随之增大，使工作点向饱和区靠拢。

1. 三极管参数随温度变化对静态工作点的影响

放大电路的静态工作点之所以会随着温度的变动而变动，主要是因为三极管的主要参数与温度有关。

（1）反向电流 I_{CBO} 的温度漂移。三极管的反向电流 I_{CBO} 会随着温度的升高而按指数规律很快地增大，其中硅管温度每升高约 8℃时反向电流就增大 1 倍，锗管温度每升高约 10℃时反向电流就增大 1 倍。在室温下，锗管的 I_{CBO} 为几微安到几十微安，硅管的 I_{CBO} 在 1 μA以下。由于锗管的反向电流比硅管的反向电流大得多，所以这一问题对锗管来说就更为严重。此外，由于三极管在工作时发热，使其温度比周围的环境温度要高得多，情况就更为严重。

（2）电流放大系数β的温度漂移。三极管的电流放大系数β随着温度的升高而增大，通常温度每升高1℃，β就增大0.5%～1%。同时，由于三极管的穿透电流$I_{CEO}=(1+\beta)I_{CBO}$，所以三极管的穿透电流随温度升高的情况也更为严重。

（3）发射结正向压降U_{BE}的温度漂移。随着温度每升高1℃，发射结的正向压降就减小2～2.5 mV。

上述三个参数对放大电路静态工作点的影响是十分明显的，因为温度升高时，U_{BE}的减小将使基极静态电流I_B略有增加，而集电极静态电流I_C是由下式决定的：

$$I_C=\beta I_B+I_{CEO}$$

既然I_B、β和I_{CEO}都会随温度升高而增大，所以，集电极静态电流I_C也就随着温度的升高而增大，使静态工作点向饱和区靠拢。

图5—18所示为一锗管的输出特性随温度变动的情况，温度升高后图中曲线族底部的升高及曲线间距的拉开，反映了穿透电流及β值的增大，电路的工作点从原来正常的静态工作点Q移到Q'，就变得过于靠近饱和区了。

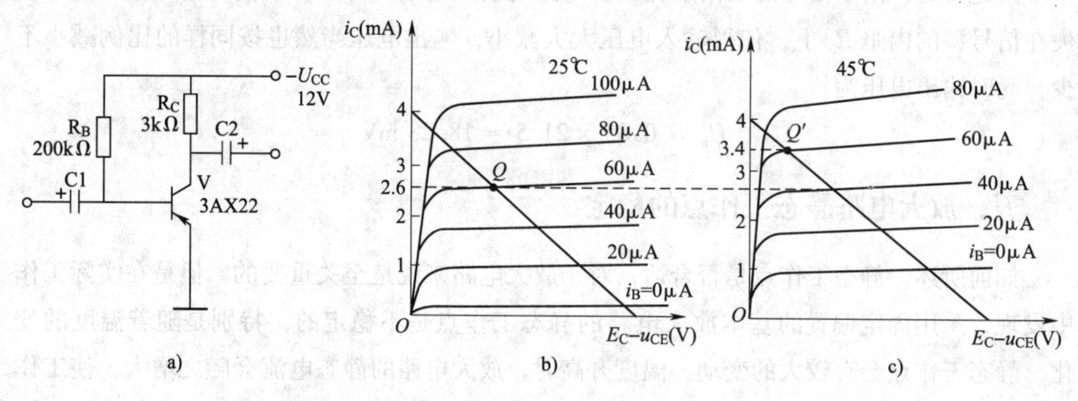

图5—18 锗管的输出特性及静态工作点随温度变化的情况

a）电路图 b）25℃时工作点正常 c）45℃时工作点移到饱和区

2. 分压式偏置放大电路

（1）电路的组成及稳定静态工作点的原理。分压式偏置放大电路如图5—19所示。它是目前比较流行的一种工作点较为稳定的共发射极放大电路。

从电路的结构看，与基本放大电路相比较，电路多了R_{B1}、R_{B2}、R_E三个电阻和一个电容C_E。图中R_{B1}和R_{B2}组成分压电路，流过R_{B1}的电流为I_1，流过R_{B2}的电流为I_2，$I_1=I_2+I_B$，如满足条件$I_1\gg I_B$，这样基极电流的变动对于基极电位的影响是很小的，计算时可以认为基极电位U_B是由R_{B1}与R_{B2}的分压决定的，即：

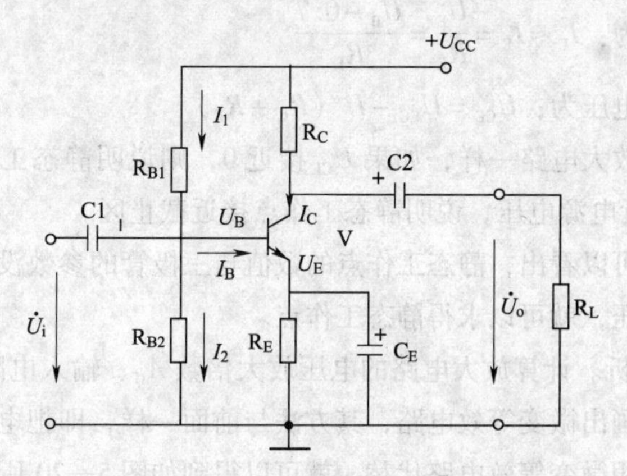

图 5—19　分压式偏置放大电路

$$U_B = \frac{R_{B2}}{R_{B1} + R_{B2}} U_{CC}$$

由图可知 $U_{BE} = U_B - U_E$，可以改写为 $U_E = U_B - U_{BE}$，如满足条件 $U_B \gg U_{BE}$，则 $U_B \approx U_E = I_E R_E \approx I_C R_E$，$I_E \approx I_C = \frac{U_B}{R_E}$。由此可知，$U_B$、$I_E$、$I_C$ 就与三极管的参数几乎无关，不受温度的影响，从而使静态工作点得到基本稳定。分压式偏置放大电路稳定工作点的原理是：如果集电极电流 I_C 因为温度的升高而增大，那么这一电流 I_C 流过发射极电阻 R_E 时产生的压降 $U_E = I_C R_E$ 也将增大，在基极电位 U_B 恒定的情况下，发射结的电压 $U_{BE} = U_B - U_E$ 将会减小，这就会使得基极电流 I_B 减小，I_C 减小，从而阻止了 I_C 的进一步增大，起到了稳定 I_C 的作用。这一过程可以简单地表示如下：

$$温度升高 \rightarrow I_C \uparrow \rightarrow U_E \uparrow \rightarrow U_{BE} \downarrow \rightarrow I_B \downarrow \rightarrow I_C \downarrow$$

由以上分析可知，该电路能稳定工作点的实质是由于发射极电阻 R_E 将输出电流 I_C 的变化反馈到输入电路来影响输入量 U_{BE} 的大小，从而使输出电流 I_C 保持稳定。上述过程称为“直流反馈”，有关反馈的概念将在以后叙述。由于电阻 R_E 的直流负反馈作用，使得静态工作点得到稳定，但是发射极电阻 R_E 对交流信号也是有负反馈作用的，这一交流负反馈将使电路的电压放大倍数大大减小。为了使发射极电阻 R_E 只对直流分量起作用而对交流分量不起作用，可以在发射极电阻 R_E 的两端并联一个电容量较大的电容器 C_E，只要电容 C_E 的容量足够大，对交流分量的容抗就很小，对交流信号相当于短路，发射极电阻 R_E 对交流分量的负反馈作用也就不存在，电容 C_E 通常称为“发射极旁路电容”。

（2）静态工作点的计算。在满足 $I_1 \gg I_B$ 条件时，基极电位为：

$$U_B = U_{CC} \times \frac{R_{B2}}{R_{B1} + R_{B2}}$$

静态集电极电流为：$I_C \approx I_E = \dfrac{U_E}{R_E} = \dfrac{U_B - 0.7}{R_E}$

三极管集—射极电压为：$U_{CE} = U_{CC} - I_C\ (R_C + R_E)$

与前面分析基本放大电路一样，如果 U_{CE} 接近 0，则说明静态工作点接近饱和区。如果求得的 U_{CE} 过于接近电源电压，说明静态工作点接近截止区。

从上面的计算中可以看出，静态工作点的数值与三极管的参数没有关系，只要知道了电阻的参数及电源电压，就可以求得静态工作点。

（3）动态性能分析。计算放大电路的电压放大倍数 A_U、输入电阻 r_i 及输出电阻 r_o 等性能指标时，首先要画出微变等效电路，其方法与前面一样，即把电容、直流电源都看成是短路的，把三极管用微变等效电路代替，就可以得到如图 5—20 所示的微变等效电路。

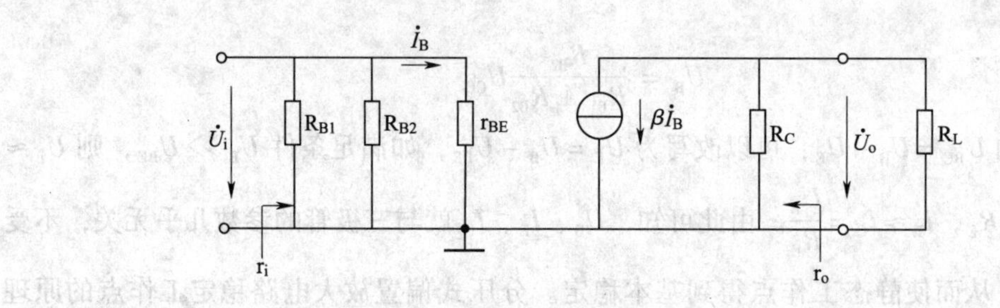

图 5—20　分压式偏置放大电路的微变等效电路

从图中可以看到，图 5—20 与前面基本放大电路图 5—15 的微变等效电路基本上是一致的，区别仅在于用两个电阻 R_{B1}、R_{B2} 的并联组合代替了原来的基极电阻 R_B，所以放大电路的放大倍数、输入电阻及输出电阻的计算公式与基本放大电路基本相同。

放大倍数 A_U 为：$A_U = \dfrac{-\beta R'_L}{r_{BE}}$

$$r_i = \frac{R_{B1}R_{B2}r_{BE}}{R_{B2}r_{BE} + R_{B1}r_{BE} + R_{B1}R_{B2}} \approx r_{BE}$$

$$r_o \approx R_C$$

【例 5—4】 在分压式偏置放大电路中，已知：$R_{B1} = 40\ \text{k}\Omega$、$R_{B2} = 20\ \text{k}\Omega$、$R_C = 2.5\ \text{k}\Omega$、$R_E = 2\ \text{k}\Omega$、$R_L = 5\ \text{k}\Omega$、三极管放大倍数 $\beta = 60$、电源电压 $U_{CC} = 12\ \text{V}$，试求：

（1）电路的静态工作点；

（2）带负载与不带负载两种情况下的电压放大倍数、电路的输入电阻、输出电阻。

解：（1）静态工作点的计算：

$$U_B = U_{CC} \times \frac{R_{B2}}{R_{B1} + R_{B2}} = 12 \times \frac{20}{40 + 20} = 4\ \text{V}$$

$$I_C \approx I_E = \frac{U_E}{R_E} = \frac{U_B - 0.7}{R_E} = \frac{4 - 0.7}{2} = 1.65\ \text{mA}$$

$$U_{CE} = U_{CC} - I_C(R_C + R_E) = 12 - 1.65 \times (2.5 + 2) \approx 4.58\ \text{V}$$

（2）放大倍数的计算：

$$r_{BE} = 300 + (1+\beta)\frac{26}{I_E} = 300 + (1+60) \times \frac{26}{1.65} \approx 1.26\ \text{k}\Omega$$

$$R'_L = R_C // R_L = \frac{2.5 \times 5}{2.5 + 5} \approx 1.67\ \text{k}\Omega$$

带负载时放大倍数为：

$$A_U = -\beta\frac{R'_L}{r_{BE}} = -60 \times \frac{1.67}{1.26} \approx -80$$

不带负载时放大倍数为：

$$A_U = -\beta\frac{R_C}{r_{BE}} = -60 \times \frac{2.5}{1.26} \approx -119$$

输入电阻为：

$$r_i = \frac{R_{B1}R_{B2}r_{BE}}{R_{B2}r_{BE} + R_{B1}r_{BE} + R_{B1}R_{B2}} = \frac{40 \times 20 \times 1.26}{20 \times 1.26 + 40 \times 1.26 + 40 \times 20} \approx 1.15\ \text{k}\Omega$$

输出电阻：

$$r_o \approx R_C = 2.5\ \text{k}\Omega$$

第 2 节　共集电极放大电路

前面所讲的放大电路都是共发射极放大电路。放大电路按照输入与输出公共端的不同，可分成三种组态，除了共发射极放大电路外，还有共集电极放大电路和共基极放大电路。共集电极放大电路与共发射极放大电路相比，性能上有很大的区别，共集电极放大电路具有电压放大倍数近似为 1 但恒小于 1，输出电压与输入电压同相，输入电阻高、输出电阻低的特点，经常被用做多级放大电路的输入级或输出级，以增大电路的输入电阻或降低输出电阻，用来增大电路的带负载能力，用途也十分广泛。

一、共集电极放大电路及其分析

共集电极放大电路如图 5—21a 所示，图 5—21b 为它的微变等效电路。由图 5—21a 可知，在发射极串接了负载电阻 R_E，集电极上没有接电阻，电路从发射极输出。偏置电阻 R_B 接到电源 U_{CC}上，提供基极偏置电流。从图 5—21b 的微变等效电路来看，集电极是输入与输出电路的公共端（因为电源 U_{CC}对交流信号相当于短路），所以电路称为“共集电极放大电路”。由于该电路的输出电压等于（跟随）输入电压，所以又称“射极输出器”或“射极跟随器”。

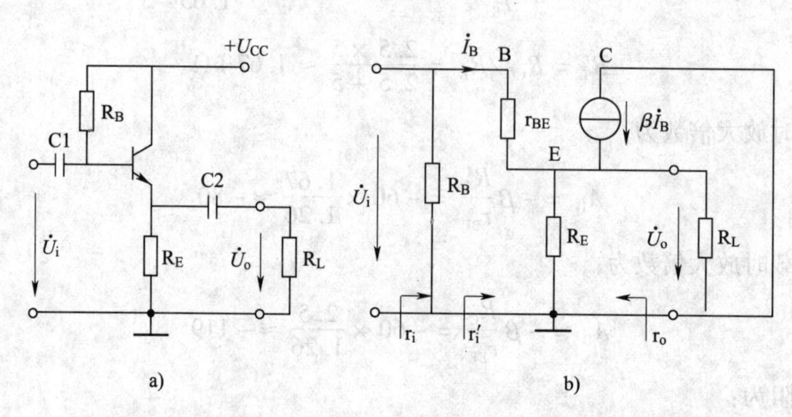

图 5—21　共集电极放大电路（射极跟随器）及微变等效电路

a）电路图　b）微变等效电路

1. 静态工作点的计算

射极跟随器的直流通路如图 5—22 所示。

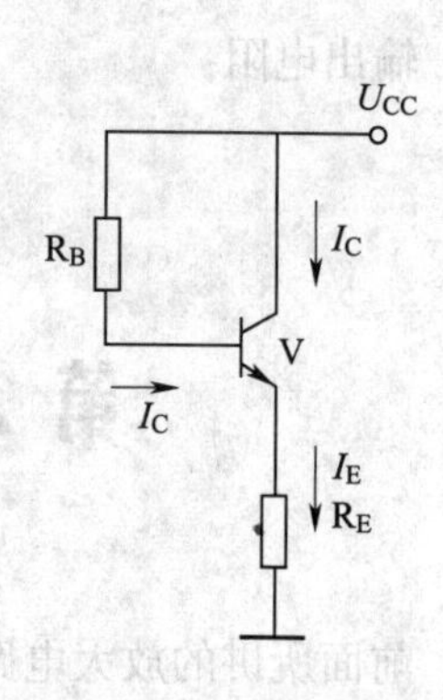

图 5—22　射极跟随器的直流通路

从 R_B 提供的直流基极通路 R_B→三极管→R_E 来看，可以列出以下方程：

$$\begin{aligned} U_{CC} &= I_B R_B + U_{BE} + I_E R_E \\ &= I_B R_B + 0.7 + (I_B + I_C) R_E \\ &= I_B R_B + 0.7 + I_B(1+\beta) R_E \end{aligned}$$

由此可得静态基极电流为：

$$I_B = \frac{U_{CC} - 0.7}{R_B + (1+\beta) R_E}$$

式中（$1+\beta$）R_E 可以理解为折算到基极电路的发射极电阻，也就是说计算基极电流时，可以把发射极电阻 R_E“折算”到基极支路上，即把 R_E 与 R_B 看成是串联的，折算的方法是把 R_E 乘以（$1+\beta$）倍。

发射极电流 I_E 可由 I_B 及 β 求得：

$$I_E = I_B + I_C = I_B + \beta I_B = (1+\beta) I_B$$

三极管输出端的静态电压可由下式求得：

$$U_{CE} = U_{CC} - I_E R_E$$

2. 动态分析计算

（1）电压放大倍数。由图 5—21b 所示的微变等效电路可得出：

$$R'_L = \frac{R_E R_L}{R_E + R_L}$$

$$\dot{U}_o = I_E R'_L = (1+\beta)\dot{I}_B R'_L$$

$$\dot{U}_i = \dot{I}_B r_{BE} + \dot{U}_o = \dot{I}_B r_{BE} + \dot{I}_E R'_L = \dot{I}_B r_{BE} + (1+\beta)\dot{I}_B R'_L$$

$$A_U = \frac{\dot{U}_o}{\dot{U}_i} = \frac{\dot{U}_o}{\dot{I}_B r_{BE} + \dot{U}_o} = \frac{(1+\beta)\dot{I}_B R'_L}{\dot{I}_B r_{BE} + (1+\beta)\dot{I}_B R'_L} = \frac{(1+\beta)R'_L}{r_{BE} + (1+\beta)R'_L}$$

由于 $r_{BE} \ll (1+\beta) R'_L$，可得：

$$A_U \approx +1$$

上式说明，射极跟随器的电压放大倍数近似为 +1（但恒小于 1），输出电压约等于（略微小于）输入电压，公式中“+”号是为了强调射极跟随器的输出电压与输入电压是同相的，或者说输出电压与输入电压的变动方向是一致的，输出电压始终“跟随”着输入电压的变化而变化。射极跟随器虽然没有电压放大作用，但因 $I_E = (1+\beta) I_B$，故仍具有电流放大和功率放大作用。

（2）输入电阻。输入电阻是从输入端之间看进去的等效电阻。从微变等效电路的输入端看，它是由基极电阻 R_B 以及并联在 R_B 两端的二端网络一起组成的，设该网络的等效电阻为 r'_i，则：

$$r_i = \frac{R_B r'_i}{R_B + r'_i}$$

$$r'_i = \frac{\dot{U}_i}{\dot{I}_B} = \frac{\dot{I}_B r_{BE} + \dot{I}_E R'_L}{\dot{I}_B} = \frac{\dot{I}_B r_{BE} + (1+\beta)\dot{I}_B R'_L}{\dot{I}_B} = r_{BE} + (1+\beta)R'_L$$

式中 $(1+\beta) R'_L$ 为折算到基极电路的发射极电阻。

在此还可以看到，在微变等效电路中，前面所讲的关于电阻折算的方法在这里也是可以使用的，微变等效电路中发射极所接的电阻为 R'_L，折算到基极就应该乘以 $(1+\beta)$，把它看成是与 r_{BE} 串联的。

将 r'_i 代入上式中，得出放大电路的输入电阻为：

$$r_i = \frac{R_B[r_{BE} + (1+\beta)R'_L]}{r_{BE} + (1+\beta)R'_L + R_B}$$

由此可见，射极跟随器的输入电阻等于偏置电阻 R_B 和 $[r_{BE} + (1+\beta) R'_L]$ 并联后的电阻。通常偏置电阻 R_B 的阻值很大，$[r_{BE} + (1+\beta) R'_L]$ 比共发射极电路的输入电阻

($r_i = r_{BE}$)大得多，因此射极跟随器的输入电阻很高。此外，射极跟随器的输入电阻大小不是像共发射极电路那样仅仅取决于电路输入端的情况，而且与电路输出端的负载电阻 R_L'也有很大的关系。

（3）输出电阻。输出电阻就从它的输出端看进去的等效电阻。计算 r_o 的等效电路如图 5—23 所示。

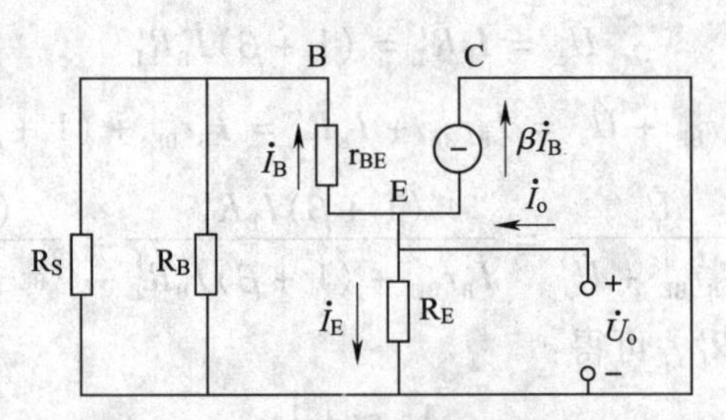

图 5—23　计算 r_o 的等效电路

通常计算 r_o 时可将信号源电路，保留信号源内电阻。R_B与 R_S并联后等效电阻为 R_B'。

$$R_B' = \frac{R_S R_B}{R_S + R_B}$$

在输出端将 R_L取去，加一交流电压 $\dot{U}_o$。由图 5—23 可知：

$$\dot{I}_o = \dot{I}_E + \dot{I}_B + \beta\dot{I}_B = \frac{\dot{U}_o}{R_E} + \frac{\dot{U}_o}{R_B' + r_{BE}} + \beta\frac{\dot{U}_o}{R_B' + r_{BE}}$$

$$r_o = \frac{\dot{U}_o}{\dot{I}_o} = \frac{R_E(r_{BE} + R_B')}{(1+\beta)R_E + (r_{BE} + R_B')}$$

对于大多数情况，$r_{BE} + R_B' \leqslant (1+\beta) R_E$ 且 $(1+\beta) \approx \beta$，所以上式可近似简化为$r_o \approx \frac{R_B' + r_{BE}}{\beta}$。

通常 r_{BE}的大小仅为数百至数千欧，因此射极跟随器的输出电阻很低，比共发射极放大电路的输出电阻低得多。

综上所述，射极跟随器的主要特点为：电压放大倍数近似为 1，输入电阻高，输出电阻低。

【例 5—5】 射极跟随器如图 5—21 所示，电路元件的参数如下：电源电压 U_{CC} = 12 V，基极电阻 R_B = 560 kΩ，发射极电阻 R_E = 5.6 kΩ，负载电阻 R_L = 1.15 kΩ，三极管 β = 100，信号源内阻 R_S = 2.5 kΩ。试求：

（1）静态工作点；

（2）电压放大倍数、输入电阻和输出电阻。

解：(1) 静态工作点的计算。

$$I_B=\frac{U_{CC}-0.7}{R_B+(1+\beta)R_E}=\frac{12-0.7}{560\times10^3+(1+100)\times5.6\times10^3}=0.01\ \mathrm{mA}$$

$$I_E=(1+\beta)I_B\approx1\ \mathrm{mA}$$

$$U_{CE}=U_{CC}-I_ER_E=12-1\times10^{-3}\times5.6\times10^3=6.4\ \mathrm{V}$$

(2) 电压放大倍数，输入电阻，输出电阻的计算。

电压放大倍数：

$$R'_L=\frac{R_LR_E}{R_L+R_E}=\frac{1.15\times5.6}{1.15+5.6}=0.95\ \mathrm{k\Omega}$$

$$r_{BE}=300+(1+\beta)\frac{26(\mathrm{mV})}{I_E(\mathrm{mA})}=\left[300+(1+100)\times\frac{26}{1}\right]\Omega=2.9\ \mathrm{k\Omega}$$

$$A_U=\frac{(1+\beta)R'_L}{r_{BE}+(1+\beta)R'_L}=\frac{101\times0.95}{2.9+101\times0.95}=0.97$$

输入电阻计算：

$$r'_i=r_{BE}+(1+\beta)R'_L=2.9+(1+100)\times0.95=98.9\ \mathrm{k\Omega}$$

$$r_i=\frac{R_Br'_i}{R_B+r'_i}=\frac{560\times98.9}{560+98.9}=84\ \mathrm{k\Omega}$$

输出电阻计算：

$$R'_B=\frac{R_SR_B}{R_S+R_B}=\frac{2.5\times560}{2.5+560}\approx2.49\ \mathrm{k\Omega}$$

$$r_o\approx\frac{r_{BE}+R'_B}{\beta}=\frac{2.49+2.9}{100}=0.054\ \mathrm{k\Omega}=54\ \Omega$$

通过计算可以看到，射极跟随器的放大倍数接近 1 且具有输入电阻高及输出电阻低的特点。

二、射极跟随器的应用

射极跟随器虽然没有电压放大作用，但是由于它具有输入电阻高、输出电阻低的特点，常用做多级放大电路的输入级、中间缓冲级和输出级，以增大多级放大电路的输入电阻或减小输出电阻，使得放大电路的工作不会因为信号源内阻或负载电阻的变动而使得放大倍数也产生很大的变化，使电路的工作更稳定。下面对常用两种电路做下介绍。

1. 作为多级放大电路的输入级

图 5—24 所示是一个两级放大电路，三极管 V1 组成的射极跟随器作为电路的前级（输入级），V2 组成的共发射极放大电路作为电路的后级，其电路参数分别与例 5—5、例

5—4 电路的参数相同。从例 5—4、例 5—5 电路的计算可知，V2 组成的共发射极放大电路的输入电阻 r_i'为 1.15 kΩ，三极管 V1 组成的射极跟随器的输入电阻 r_i 为 84 kΩ。由于电路中前级电路（射极跟随器）的电压放大倍数为 1，似乎对提高电路的总的放大倍数没有影响，但是在考虑到信号源存在内阻的情况下，有没有前级电路（射极跟随器）的放大效果是不同的。设信号源内阻 $R_S = 10$ kΩ，在没有前级电路（射极跟随器）时，后级电路（共发射极电路）直接接在信号源上，则信号源的电压被内阻 R_S 与输入电阻 r_i'分压，分到电路输入端的电压为：

$$U_i = U_S \times \frac{r_i'}{R_S + r_i'} = \frac{1.15}{10 + 1.15} \times U_S = 0.1U_S$$

但是，有了前级电路（射极跟随器），整个电路的输入电阻就提高到 84 kΩ，则信号源的电压被内阻 R_S 与输入电阻 r_i 分压，分到电路输入端的电压为：

$$U_i = U_S \times \frac{r_i}{R_S + r_i} = \frac{84}{10 + 84} \times U_S = 0.89U_S$$

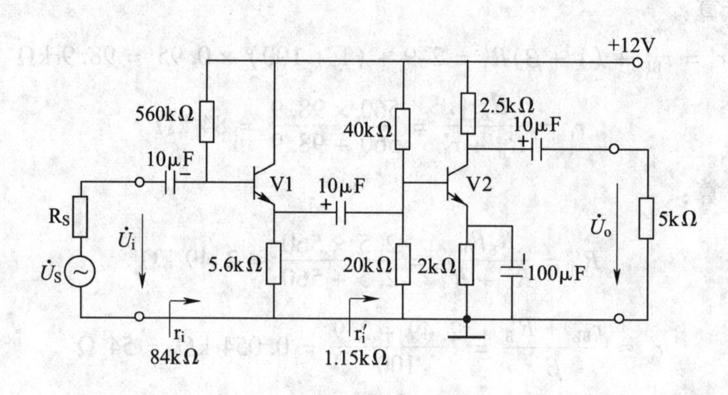

图 5—24　射极跟随器作为输入级

由以上分析可知，由于提高了电路的输入电阻，减小了向信号源索取的电流，信号源的电压绝大部分就可以送到电路的输入端，从整个电路（包括信号源内阻）的放大效果来看，放大倍数提高了。更重要的是，在提高了输入电阻之后，只要满足 $r_i \gg R_S$，信号源内阻在一定范围内变动时，电路都有相同的放大倍数，或者说，电路对于不同的信号源来说，放大效果基本上是稳定的。

2. 作为多级放大器的输出级

图 5—25 所示的两级放大电路正好与图 5—24 相反，将射极跟随器作为多级放大电路的输出级。由例 5—4、例 5—5 分析计算可知，前级电路（共发射极电路）的输出电阻较大，输出电阻 r_o'为 2.5 kΩ，后级电路（射极跟随器）的输出电阻较小，输出电阻 r_o 减少到 54 Ω。由于前级电路（共发射极电路）的输出电阻较大，带上负载以后，电路的输出

电压将会下降较多，或者说电路的电压放大倍数在带上负载之后将会减小较多。但是在电路的输出端加了射极跟随器之后，放大电路的输出电阻较小，带上负载之后，电路的输出电压将会下降较少。射极跟随器作为多级放大电路的输出级，减小了输出电阻，增大带负载的能力，从而减小了负载电阻对电路的影响。

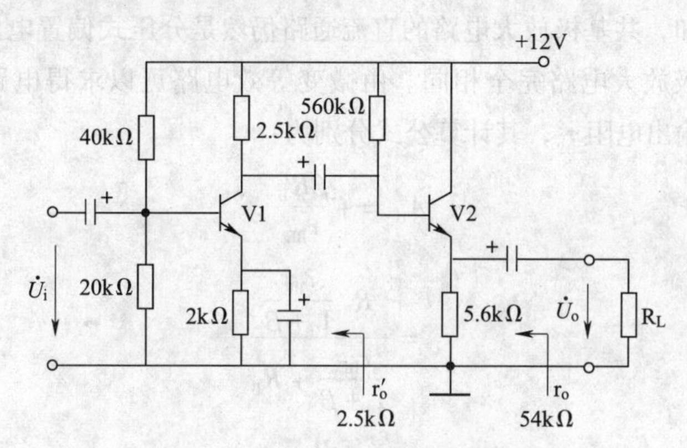

图 5—25　射极跟随器作为输出级

实际应用中，射极跟随器还经常接在两级共发射极放大电路之间作为中间隔离级或缓冲级。

第 3 节　共基极放大电路

图 5—26 所示为共基极放大电路的电路图与微变等效电路。从图 5—26b 的微变等效电路来看，基极是输入与输出之间的公共点，所以此电路称为“共基极放大电路”。共基

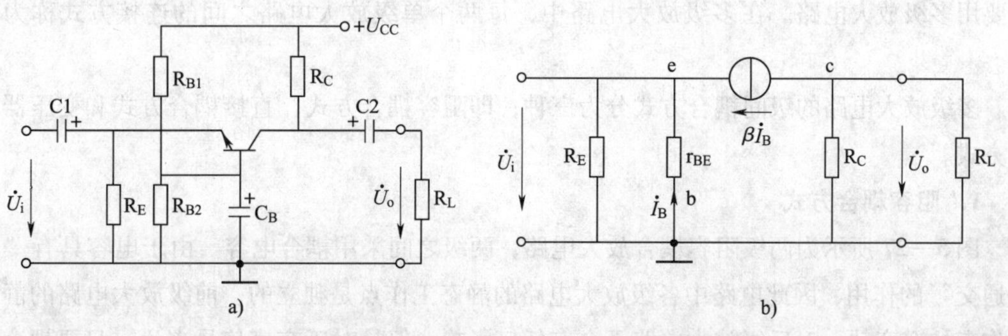

图 5—26　共基极放大电路及微变等效电路

a）电路图　b）微变等效电路

极放大电路的特点是高频性能好、输入电阻低、输出电阻高、电压放大倍数与共发射极电路相同以及输入输出同相。由于输入电阻低，因此一般放大器中很少采用共基极放大电路，通常用于高频振荡电路或宽频带放大电路中，下面对这种电路做简要分析。

由图5—26可知，共基极放大电路的直流通路仍然是分压式偏置电路，静态工作点的计算方法与共发射极放大电路完全相同。由微变等效电路可以求得电路的电压放大倍数A_U、输入电阻r_i、输出电阻r_o，其计算公式分别为：

$$A_U = +\frac{\beta R'_L}{r_{BE}}$$

$$r_i = \frac{R_B \dfrac{r_{BE}}{1+\beta}}{\dfrac{r_{BE}}{1+\beta} + R_B}$$

$$r_o = R_C$$

第4节　多级放大电路

一、多级放大电路及其级间耦合方式

在电子设备中，一个完整的放大电路，实际上总是由多级放大电路组成的，这是因为一级放大电路的电压放大倍数往往不能满足放大的要求。例如一个扩大机要把传声器输出的几毫伏的信号放大到扬声器上的几十伏的电压，放大倍数就要达到10 000倍以上，这就需要用多级放大电路。在多级放大电路中，每两个单级放大电路之间的连接方式称为耦合。

多级放大电路的级间耦合方式分为三种，即阻容耦合方式、直接耦合方式和变压器耦合方式。

1. 阻容耦合方式

图5—27所示为两级阻容耦合放大电路，两级之间采用耦合电容。由于电容具有“隔直通交”的作用，因此电路中各级放大电路的静态工作点是独立的，前级放大电路的静态工作点如有变动，对后级放大电路不会有任何影响。但是对于交流信号来说，只要耦合电容的容抗远远小于耦合回路的电阻（前级的输出电阻与后级的输入电阻），就可以认为耦

合电容对交流信号是短路的，交流信号可以从前级直接通到后级。阻容耦合方式的优点是各级的静态工作点互不影响，因此不会产生像直接耦合电路那样的静态工作点严重漂移的问题。缺点是由于电容的隔直作用，电路不能放大缓慢变化的直流信号以及频率很低的交流低频信号。阻容耦合在一般多级分立元件交流放大电路中得到广泛应用，但在集成电路中，由于难以制造容量较大的电容，因而不采用阻容耦合方式。

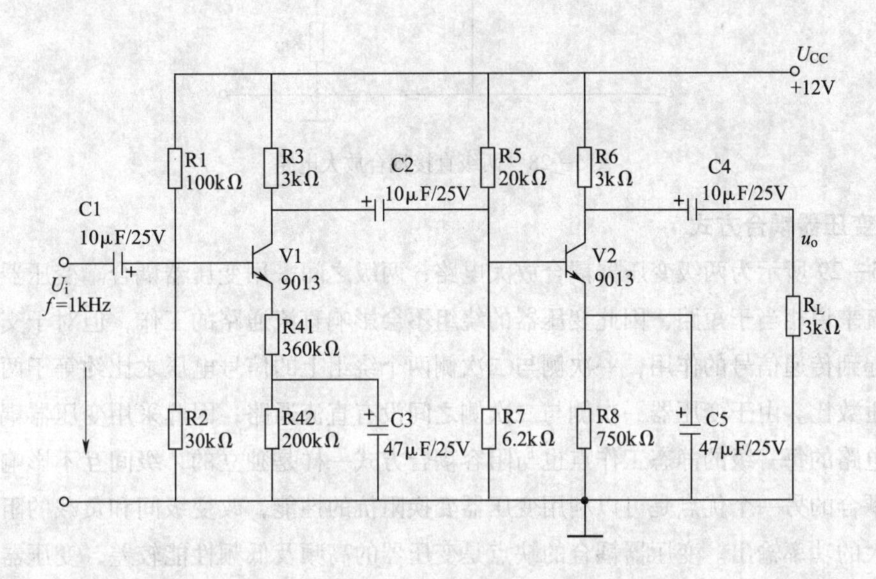

图 5—27 两级阻容耦合放大电路

2. 直接耦合方式

图 5—28 所示为两级直接耦合放大电路，两级之间采用直接耦合方式，就是把前级的输出端直接接到后级的输入端。直接耦合方式的电路可以放大缓慢变化的直流信号以及频率很低的交流低频信号，此外由于省去了耦合电容，电路变得更为简单，因此集成电路中的耦合方式都采用了直接耦合方式。但是直接耦合方式的电路存在严重的“零点漂移”问题，前、后级的静态工作点互相影响。这是因为采用直接耦合方式时，电路中后级的静态工作点是由前级的输出提供的，如果前级的静态工作点由于温度、漂移等原因产生微小的变动（即使采用了静态工作点稳定电路，这种变动还是难以完全避免的），耦合到后级之后，后级电路无法判定这一变动究竟是由于直流信号引起的还是由于静态工作点不稳定引起的，会把这一变动像信号一样加以放大，使得后级电路的静态工作点产生更大的变动，在放大电路级数多、放大倍数大的情况下，这种静态工作点的变动会严重影响电路无法正常工作。因此抑制零点漂移就成为制造直接耦合放大电路的一个主要问题。

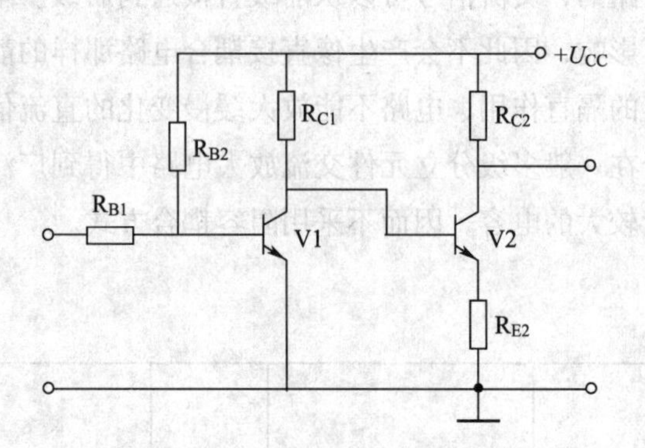

图5—28　两级直接耦合放大电路

3. 变压器耦合方式

图5—29所示为两级变压器耦合放大电路，两级之间采用变压器耦合。变压器的线圈对于直流来说相当于短路，因此变压器的绕组不会影响直流通路的工作，但对于交流来说则可以起到传递信号的作用，一次侧与二次侧两个绕组上的信号电压之比约等于两个绕组的线圈匝数比。由于变压器一次侧与二次侧之间没有直流通路，因此采用变压器耦合的多级放大电路的每一级的静态工作点也与阻容耦合方式一样是独立的，级间互不影响。采用变压器耦合的另一个优点是可以利用变压器变换阻抗的性能，改变级间和负载的阻抗，以获得较大的功率输出。变压器耦合的缺点是变压器的高频及低频性能较差，变压器本身比较笨重，所以变压器耦合的多级放大电路现在应用较少。

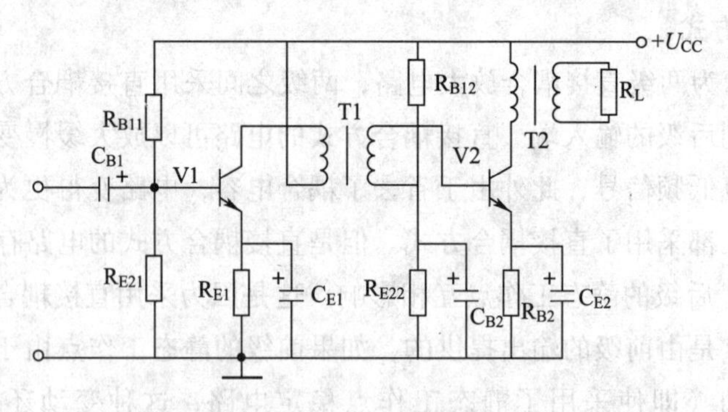

图5—29　两级变压器耦合放大电路

二、多级放大电路的分析方法

对于阻容耦合及变压器耦合的多级放大电路来说，静态分析十分简单，因为它们的静态工作点是独立的，每一级完全可以作为单级电路来计算。但是对于直接耦合的多级放大电路来说，静态工作点是互相牵制的，通常要用直流复杂电路的分析方法，通过解联立方程才能求得结果。

无论是哪一种耦合方式，动态分析的方法是相同的。对于多级放大电路来说，各级之间都存在相互联系和影响。前级放大电路相当于后级的信号源，后级放大电路相当于前级的负载电阻。对于多级放大电路来说，除了最后一级是直接带负载电阻外，其余各级的负载都是下一级的输入端，因此，其负载电阻就是下一级的输入电阻。多级放大电路总的电压放大倍数等于各级的电压放大倍数的乘积，即：

$$A_U = A_{U1} \times A_{U2} \times A_{U3} \times \cdots$$

式中 A_U——总的电压放大倍数；

A_{U1}、A_{U2}、A_{U3}——第一级、第二级、第三级放大电路的电压放大倍数，依此类推。

这里需要注意的是：在计算上一级放大电路的电压放大倍数时，应该把下一级放大电路的输入电阻作为上一级的负载电阻来考虑，因为在计算电压放大倍数时，带不带负载求得的电压放大倍数往往是不同的。如果输入级是射极跟随器，则在计算整个电路的输入电阻时，需要把它所带的负载电阻（即下一级的输入电阻）考虑在内；如果输出级是射极跟随器，则在计算整个电路的输出电阻时，需要把它的信号源内阻（即上一级的输出电阻）考虑在内。

三、放大电路的频率特性

前面分析放大电路时，输入交流信号是单一频率的正弦信号。实际上，放大电路的输入交流信号往往是非正弦量信号，该信号可以分解为基波和各种频率的谐波分量。放大电路对不同频率的信号其放大倍数有所不同。

放大电路的频率特性是指放大电路的电压放大倍数与信号频率之间的关系。放大电路的电压放大倍数是输出电压与输入电压正弦量之比，因此是一个复数，由大小和相角两部分组成，电压放大倍数的大小与频率的关系称为放大器的“幅频特性”，如图 5—30a 所示；电压放大倍数的相角与频率的关系称为放大器的“相频特性”，如图 5—30b 所示。

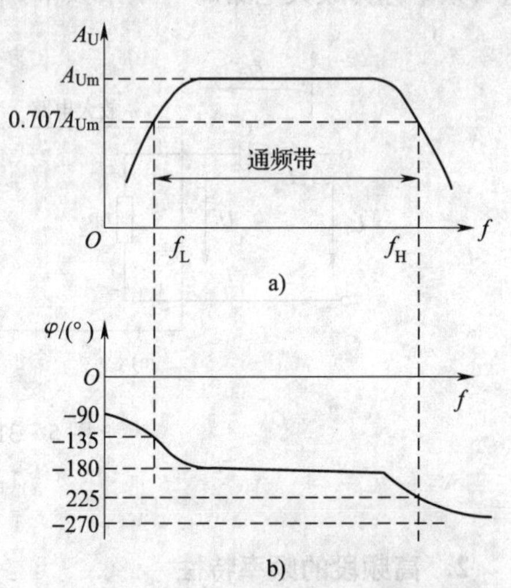

图 5—30 放大器的频率特性

a）幅频特性 b）相频特性

电压放大倍数之所以与信号的频率有关，是因为放大电路中总是存在许多电容，例如，耦合电容、旁路电容以及三极管的极间电容和分布电容等。在中频段，由于耦合电容和旁路电容的容量大，容抗很小，可以认为是交流短路；三极管的极间电容的容量小，容抗很大，相当于开路。所以，在中频段放大电路的放大倍数与信号频率无关。但是在信号频率很低或很高时，这些电容的容抗则必须考虑，由于这些容抗的影响，将使得低频信号及高频信号的放大倍数减小，输出电压产生相移，下面分别就低频段及高频段的频率特性分别加以简单的讨论。

1. 低频段的频率特性

在信号频率很低的时候，耦合电容与旁路电容的容抗增大，在微变等效电路中就不能再把它们看成是交流短路。以输入端的耦合电容为例，如图5—31所示，考虑到它的容抗为 $X_C=\dfrac{1}{\omega C}$，则输入电压 $\dot{U}_i$ 经过耦合电容C之后，到达三极管基极的电压为 $\dot{U}_i'$，由图可见，电压 $\dot{U}_i'$ 小于输入电压 $\dot{U}_i$，且在相位上超前 $\dot{U}_i$ 一定的角度 φ（称为"附加相移"）。放大电路放大的是输入到三极管基极的电压 $\dot{U}_i'$，因为 $\dot{U}_i'$ 的减小与相移，输出电压 $\dot{U}_o$ 的大小也会因此而减小，输出电压的相位也不是在原来与 $\dot{U}_i$ 反相的位置上，而是在与 $\dot{U}_i'$ 反相的位置上，也就是说与原来的相位相比，产生了一定的附加相移 φ。由此可以得出放大电路的电压放大倍数也会产生相应的变化，低频段的频率特性如图5—30a的左半部分所示。在频率低到某一数值 f_L 时，可以使得耦合电容的容抗等于放大器的输入电阻，电压 $\dot{U}_i'$ 减小为 $\dot{U}_i$ 的 $1/\sqrt{2}$ 倍，相应放大倍数减小为最大值的 $1/\sqrt{2}$ 倍。对应的附加相移 φ 为45°，把这一频率称为放大电路的"下限频率"。

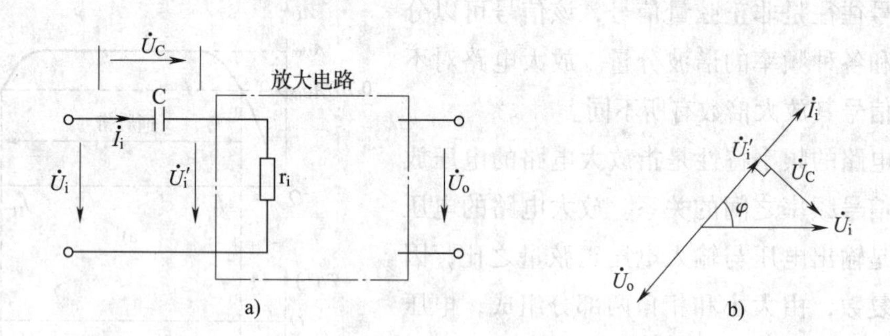

图5—31　低频端的输入电路

a）电路图　b）相量图

2. 高频段的频率特性

在信号频率很高时，由于三极管的极间电容的容抗减小，在微变等效电路中就不能认为是开路的。因而使得部分信号被极间电容旁路分流而没有进入三极管，降低了三极管的放大能力，也就减小了放大倍数。图 5—32a 是高频段考虑发射结有结电容的输入电路，图 5—32b 是相量图，从相量图中可以看到，在考虑到信号源有内阻 R_S 时，容性电流总是超前电压$\dot{U}_S$，由于 R_S 上的电压与电流同相，因此电压$\dot{U}_i$ 小于且滞后于电压 $\dot{U}_S$，$\dot{U}_i$ 的减小使得高频信号的电压放大倍数下降，$\dot{U}_i$ 的滞后又产生了附加相移 φ，当信号频率升高到某一数值f_H 时，可以使得电压 $\dot{U}_i$ 减小为 $\dot{U}_S$ 的$1/\sqrt{2}$倍，对应的附加相移 φ 为45°，把这一频率称为放大电路的“上限频率”。

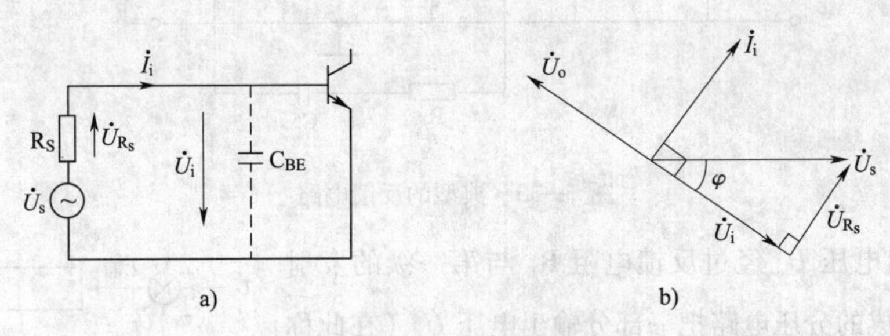

图 5—32　高频段的输入电路

a）电路图　b）相量图

放大器的上限频率与下限频率之间的范围称为放大器的“通频带”，即：

$$通频带 = f_H - f_L$$

第 5 节　放大电路的负反馈

一、反馈的基本概念

实际的放大电路除了采用多级放大电路外，还经常采用各种各样的负反馈来改善放大电路的性能。反馈就是把放大电路输出的信号（电压或电流）一部分或全部通过一定的电路（反馈电路）送回输入端。反馈电路按照反馈的极性可以分为“负反馈”与“正反馈”。如果送回的反馈信号有削弱输入信号的作用，即反馈信号与输入信号极性相反，使放大电路的放大倍数减小，这种反馈称为负反馈。反之，如果送回的反馈信号有增强输入信号的作用，即反馈信号与输入信号极性相同，使放大电路的放大倍数增大，这种反馈称为正反馈。本节只讨论放大电路的负反馈。图 5—33 所示就是一个典型的反馈电路。

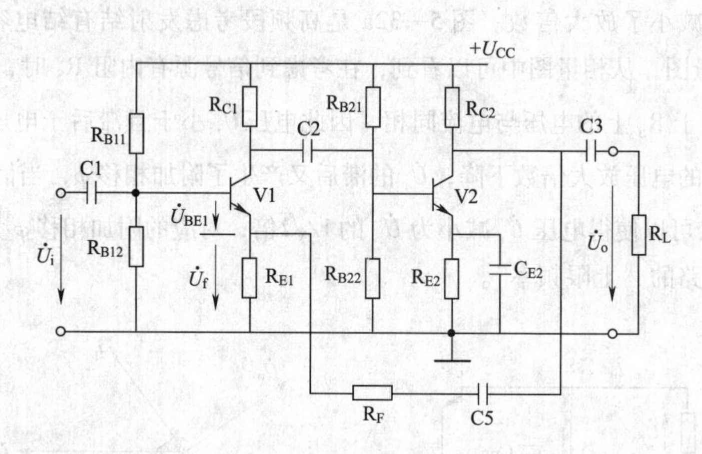

图5—33　典型的反馈电路

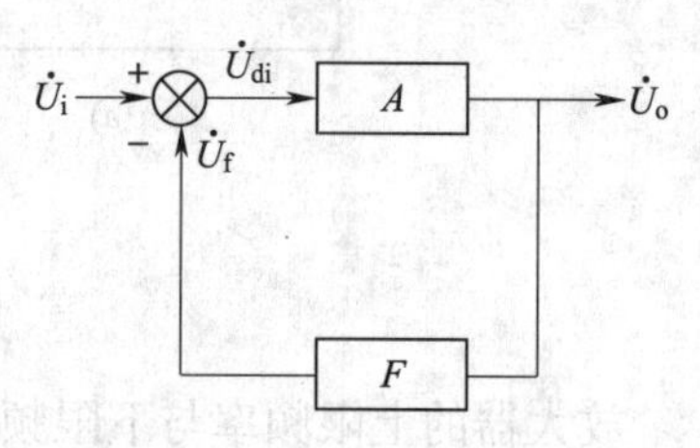

图5—34　带有负反馈的放大电路方框图

交流输出电压 $\dot{U}_o$ 经过反馈电阻 R_F 与第一级的发射极电阻 R_{E1} 组成的分压电路把一部分输出电压 $\dot{U}_f$（在此称为“反馈电压”）引回输入端，电路真正的输入电压 $\dot{U}_{BE1}$（反馈电路中称为“净输入”电压）就不再是输入电压 $\dot{U}_i$，而是输入电压 $\dot{U}_i$ 与反馈电压 $\dot{U}_f$ 之差，即 $\dot{U}_{BE1}=\dot{U}_i-\dot{U}_f$。图5—33所示电路中输入电压经过两级共发射电路放大之后，信号的极性倒相再倒相，因此 $\dot{U}_i$ 与 $\dot{U}_O$（$\dot{U}_f$）是同相的，净输入 $\dot{U}_{BE1}<\dot{U}_i$，也就是说，引入了反馈之后，电路的净输入减小了，输出电压也会相应减小，或者说引入了反馈之后，电路的放大倍数减小了，所以这种反馈是“负反馈”。由以上分析可知，一个具体的负反馈放大电路总包括两个部分：一个是基本放大电路；另一个是反馈电路，因此带有负反馈的放大电路通常可以用图5—34所示的方框图来表示。图中方框 A 表示基本放大电路，方框 F 表示反馈电路。设电路是电压串联负反馈电路，整个电路的输入量用 $\dot{U}_i$ 表示，输出量用 $\dot{U}_o$ 表示，输出量经反馈电路反馈回到输入端的反馈量用 $\dot{U}_f$ 表示，输入量与反馈量在输入端比较（⊗是比较环节的符号），根据图中“+”“−”极性相减可得到净输入量 $\dot{U}_{di}$。$\dot{U}_{di}=\dot{U}_i-\dot{U}_f$。当三者同相时，$\dot{U}_{di}=\dot{U}_i-\dot{U}_f$，$U_{di}<U_i$ 即反馈信号削弱了输入信号的作用，这种反馈是“负反馈”。

二、反馈极性的判别

反馈电路的反馈极性绝对不能搞错，例如对于放大电路来说，一般都采用负反馈来改善电路的性能，如果错接成正反馈，则电路的性能非但不能改善，反而还会恶化，甚至会使电路产生振荡，无法正常工作。所以判别一个反馈电路的反馈极性是十分重要的。

判别反馈的极性可以采用“瞬时极性法”，即先在电路的输入端标注一个“+”信号标记，表示假设电路输入了一个正弦信号的正半周（也可以认为是输入了一个增大的微变信号），则信号在通过放大电路时，可以按照每一级电路输入输出的相位关系来逐级标出每一级电路输出信号的极性。例如基极输入而集电极输出的，则输出与输入反相；基极输入而发射极输出的，则输出与输入同相。由此一直分析到电路的输出端，得出输出端的信号极性。反馈信号是通过反馈电路返回到输入端。在放大电路中，反馈电路通常由电阻组成，反馈信号的极性与输出信号的极性相同，不会产生极性的变化，根据反馈信号返回到输入端的连接方式，有以下两种情况。

1. 并联反馈

信号引回输入端的基极，此时如果反馈信号的极性为负，那么反馈信号削弱了原来的正信号，电路是负反馈；如果反馈信号的极性为正，那么反馈信号加强了原来的正信号，电路是正反馈。

2. 串联反馈

信号引回输入端的发射极，此时如果反馈信号的极性为正，那么反馈信号提高了发射极的电位，反而使得电路的净输入电压 U_{BE} 减小，电路是负反馈；如果反馈信号的极性为负，那么反馈信号降低了发射极的电位，反而使得电路的净输入电压 U_{BE} 增大，电路是正反馈。

【例 5—6】 试确定图 5—35 所示电路的反馈极性。

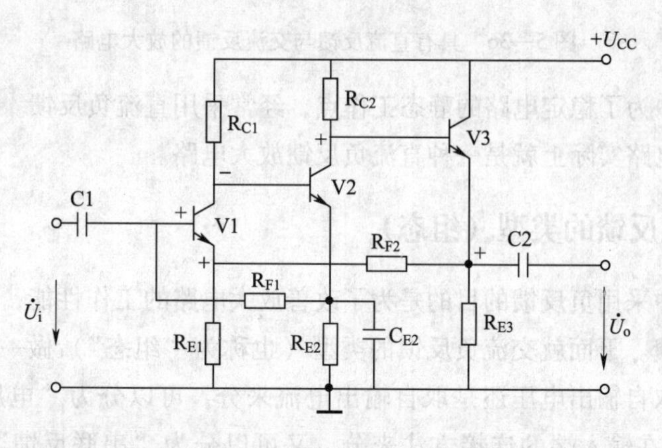

图 5—35 反馈极性的判别

解：在电路中逐级标上信号的瞬时极性，如图 5—35 所示。由图中瞬时极性可以判别电阻 R_{F2} 是起整体电路负反馈作用。电阻 R_{F1} 仅在 V1 与 V2 两级之间起直流负反馈作用。

三、直流反馈和交流反馈

放大电路是一种交流和直流共存的电路，在反馈电路中，按照反馈量是直流的还是交流的也可以分为直流反馈与交流反馈两种情况，在图5—33所示放大电路中，由于反馈量$\dot{U}_f$取自交流输出量$\dot{U}_0$（直流分量因为有耦合电容C5隔开无法输出），因此这种反馈是交流反馈。在图5—36所示电路中，由于反馈量$\dot{U}_f$从V2的集电极直接引出的，输出量与反馈量中同时存在着直流与交流两个分量，这种反馈就同时存在交流反馈与直流反馈。如果在V1的发射极电阻并上一个旁路电容C_{E1}（如虚线所示），那么交流分量就被短路了，反馈量中就只有直流分量，这种反馈就只是单一的直流反馈了。

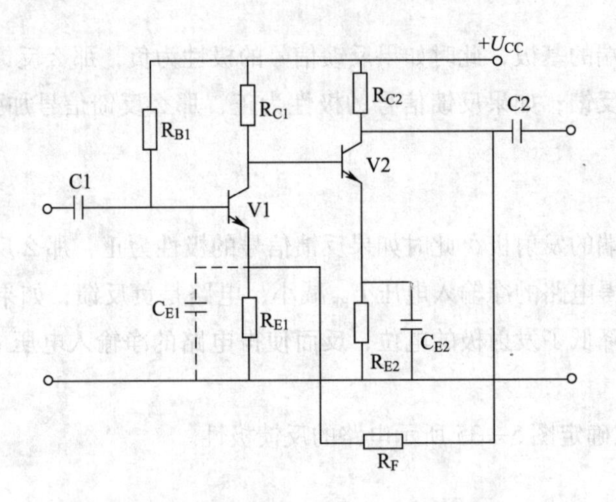

图5—36　具有直流反馈与交流反馈的放大电路

在放大电路中为了稳定电路的静态工作点，经常采用直流负反馈。例如以前所介绍的分压式偏置放大电路实际上就是一种直流负反馈放大电路。

四、交流负反馈的类型（组态）

在放大电路中采用负反馈的目的是为了改善放大电路的工作性能，放大电路中用得最多的是交流负反馈。下面就交流负反馈的类型（也称为“组态”）做一简单介绍。交流负反馈按反馈量是取自输出电压还是取自输出电流来分，可以分为“电压反馈”与“电流反馈”；按反馈量在输入端的连接方法来分，又可以分为“串联反馈”与“并联反馈”。所谓电压反馈是指反馈量是取自输出电压并且反馈量的大小与输出电压成正比；而电流反馈是指反馈量是取自输出电流，并且反馈量的大小与输出电流成正比。所谓串联反馈是指反馈量与电路的输入量是以电压加减的形式，也就是串联的形式相叠加的；而并联反馈是

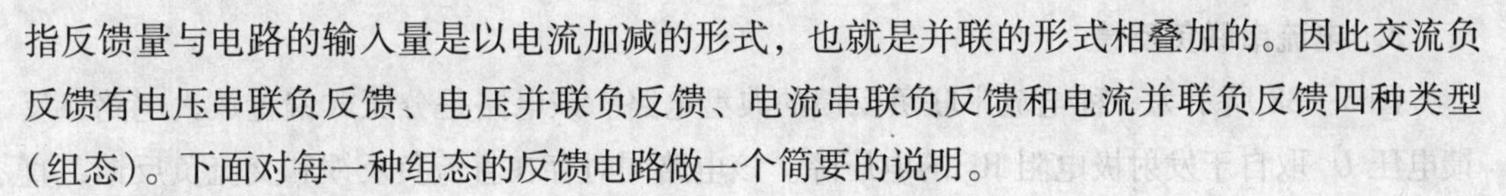

指反馈量与电路的输入量是以电流加减的形式，也就是并联的形式相叠加的。因此交流负反馈有电压串联负反馈、电压并联负反馈、电流串联负反馈和电流并联负反馈四种类型（组态）。下面对每一种组态的反馈电路做一个简要的说明。

1. 电压串联负反馈

前面介绍的图5—33所示电路就是电压串联负反馈的典型电路。由图可知，输出电压 $\dot{U}_o$ 经过由反馈电阻 R_F 和 R_{E1} 组成的反馈网络，在 R_{E1} 上取得反馈电压。反馈电压 $\dot{U}_f$ 是由该支路分压而得，即：

$$\dot{U}_f = \frac{R_{E1}}{R_F + R_{E1}}\dot{U}_o$$

由上式可知，反馈电压 $\dot{U}_f$ 取自输出电压并与输出电压 $\dot{U}_o$ 成正比，所以是电压反馈。

其次，从电路的输入端来看，反馈电压 $\dot{U}_f$ 与输入电压 $\dot{U}_i$ 串联，电路的净输入 $\dot{U}_{BE1}$ 是由输入电压 $\dot{U}_i$ 与反馈电压 $\dot{U}_f$ 相减得到，即：

$$\dot{U}_{BE1} = \dot{U}_i - \dot{U}_f$$

由于是电压相减，因此是串联负反馈。由以上分析可知图5—33所示电路就是电压串联负反馈电路。

前面所说的射极跟随器实际上就是一种电压串联负反馈放大电路，它是把输出的全部电压都反馈到输入端的一种反馈深度很强的负反馈放大电路。

2. 电压并联负反馈

图5—37所示的电路是一种电压并联负反馈的典型电路。这是一个一级放大电路，反馈电阻 R_F 在这里既起到提供直流偏置电流的作用，又起到交流负反馈的作用。

由图可知，输出电压 $\dot{U}_o$ 通过反馈电阻 R_F 反馈到输入端引起了反馈电流 $\dot{I}_f$。反馈电流 $\dot{I}_f$ 的大小可由下式决定：

$$\dot{I}_f = \frac{\dot{U}_i - \dot{U}_o}{R_F}$$

由于输入电压 $\dot{U}_i$ 与输出电压 $\dot{U}_o$ 相比可以略去不计，因此上式可以近似地表示为：

$$\dot{I}_f = \frac{-\dot{U}_o}{R_F}$$

这就说明了反馈电流的大小与输出电压成正比，故为电压反馈。其次，从放大电路的输入端来看，反馈信号与输入信号并联，电路的净输入电流——基极电流 $\dot{I}_B$ 是由输入电流 $\dot{I}_i$ 与反馈电流 $\dot{I}_f$ 相减而得，即 $\dot{I}_B = \dot{I}_i - \dot{I}_f$，故为并联负反馈。由此可见图5—37所示电路是电压并联负反馈。

3. 电流串联负反馈

图5—38所示为一种电流串联负反馈的典型电路。该电路是分压式偏置放大电路，反馈电压 $\dot{U}_f$ 取自于发射极电阻 R_E 的电压降。该电路同时存在直流负反馈和交流负反馈，直流负反馈作用是稳定静态工作点。

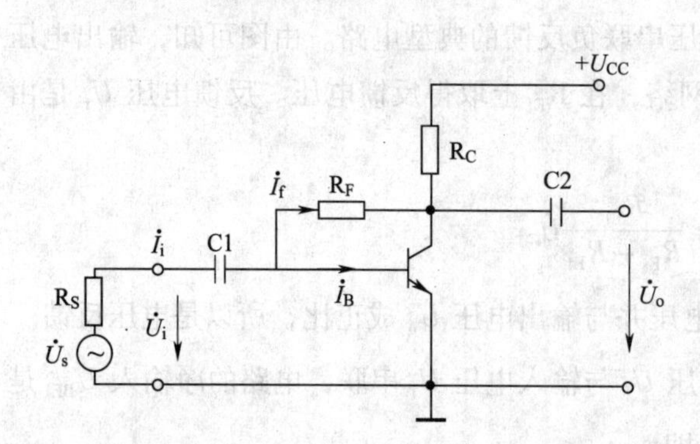

图5—37 电压并联负反馈电路

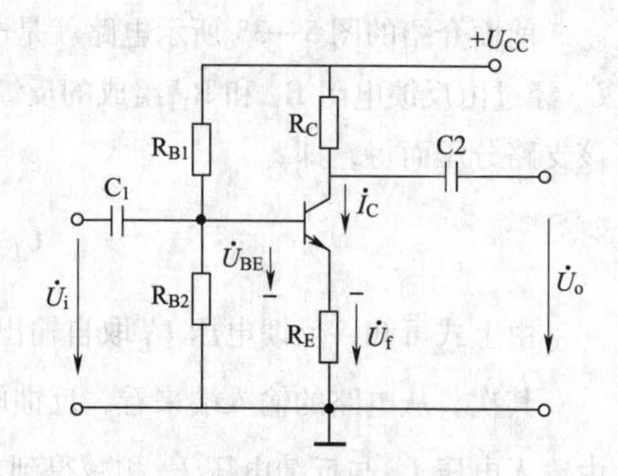

图5—38 电流串联负反馈电路

由于反馈电压 $\dot{U}_f$ 取自于发射极电阻 R_E 的电压降，即 $\dot{U}_f = \dot{I}_C R_E$，反馈电压 $\dot{U}_f$ 与输出电流（集电极电流 $\dot{I}_C$）成正比，故为电流反馈。

其次，从电路的输入端来看，反馈电压 $\dot{U}_f$ 与输入电压 $\dot{U}_i$ 串联，电路的净输入 $\dot{U}_{BE}$ 是由输入电压 $\dot{U}_i$ 与反馈电压 $\dot{U}_f$ 相减得到，即：

$$\dot{U}_{BE} = \dot{U}_i - \dot{U}_f$$

由于是电压相减，因此是串联负反馈。由上分析可知，图5—38电路是电流串联负反馈电路。

4. 电流并联负反馈

图5—39所示为一种典型的电流并联负反馈电路。由图可见，反馈信号取自V2的发射极电阻 R_{E2} 上的电压降 $\dot{U}_{RE2}$，而 $\dot{U}_{RE2} = \dot{I}_{E2} R_{E2}$，反馈电路是由反馈电阻 R_F 与输出级的发射极电阻 R_{E2} 组成的分流电路。

在略去第一级较为微小的输入电压时，反馈电流 $\dot{I}_f$ 为：

$$\dot{I}_f = -\frac{R_{E2}}{R_{E2} + R_F}\dot{I}_{C2}$$

由上式可知，反馈量与输出电流 $\dot{I}_{C2}$ 成正比，故是电流反馈。

其次，从放大电路的输入端来看，反馈信号与输入信号并联，电路的净输入电流——基极电流 $\dot{I}_B$ 是由输入电流 $\dot{I}_i$ 与反馈电流 $\dot{I}_f$ 相减而得，即 $\dot{I}_B = \dot{I}_i - \dot{I}_f$，故为并联负反馈。由此可见，图5—39所示电路是电流并联负反馈。

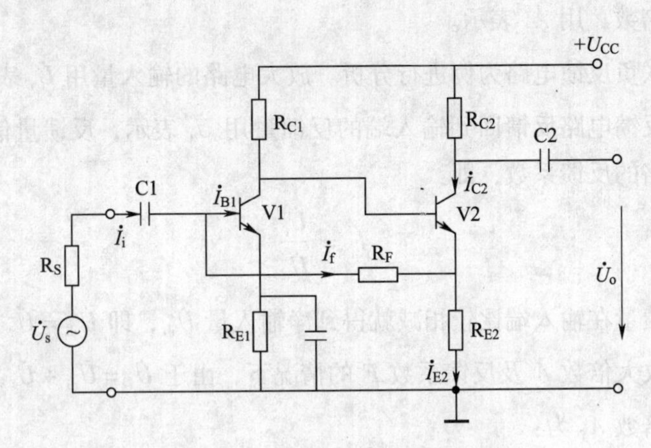

图 5—39 电流并联负反馈电路

5. 负反馈电路类型的判别

从以上四种负反馈电路的分析可以得到下面两条规律。

（1）根据反馈信号所取自输出信号的不同，可分成电压反馈和电流反馈。如反馈信号取自输出电压，其大小与输出电压成正比，则是电压反馈。如反馈信号取自输出电流，其大小与输出电流成正比，则是电流反馈。实际分析时，可采用以下方法：如果把放大电路输出端短路，反馈信号为零，则为电压反馈，否则为电流反馈。

（2）根据反馈信号与输入信号在放大电路输入端连接形式的不同，可分为串联反馈和并联反馈。其判别式为：

串联反馈 $\dot{U}'_i = \dot{U}_i - \dot{U}_f$

并联反馈 $\dot{I}_B = \dot{I}_i - \dot{I}_f$

由上述两个公式可知，串联反馈时，反馈信号与输入信号在放大电路的输入端总是以电压的形式做比较；并联反馈时，反馈信号与输入信号在放大电路的输入端总是以电流的形式做比较。

五、负反馈对放大电路性能的影响

1. 使放大电路放大倍数下降

在图 5—34 所示的带有负反馈的放大电路方框图中，未加负反馈时的基本放大电路的放大倍数称为开环放大倍数，用 $\dot{A}$ 表示，即：

$$\dot{A} = \frac{\dot{U}_o}{\dot{U}_{di}}$$

式中 $\dot{U}_{di}$是放大电路的输入电压，又称净输入电压。加有负反馈时放大电路的放大倍数称为闭环放大倍数，用 $\dot{A}_f$ 表示。

现以电压串联负反馈电路为例进行分析。放大电路的输入量用 $\dot{U}_i$ 表示，输出量用 $\dot{U}_o$ 表示，输出量经反馈电路反馈回到输入端的反馈量用 $\dot{U}_f$ 表示，反馈量信号与输出量信号之比称为反馈电路的反馈系数，即：

$$\dot{F}=\frac{\dot{U}_f}{\dot{U}_o}$$

输入量与反馈量在输入端比较相减就得到净输入量 $\dot{U}_{di}$，即 $\dot{U}_{di}=\dot{U}_i-\dot{U}_f$。

在已知开环放大倍数 $\dot{A}$ 及反馈系数 $\dot{F}$ 的情况下，由于 $\dot{U}_i=\dot{U}_{di}+\dot{U}_f$，则带负反馈之后电路的闭环放大倍数 $\dot{A}_f$ 为：

$$\dot{A}_f=\frac{\dot{U}_o}{\dot{U}_i}=\frac{\dot{A}\dot{U}_{di}}{\dot{U}_{di}+\dot{U}_f}=\frac{\dot{A}\dot{U}_{di}}{\dot{U}_{di}+\dot{F}\dot{U}_o}=\frac{\dot{A}\dot{U}_{di}}{\dot{U}_{di}+\dot{A}\dot{F}\dot{U}_{di}}=\frac{\dot{A}}{1+\dot{A}\dot{F}}$$

由上式可知，加入负反馈后，放大电路的放大倍数 $\dot{A}_f$ 减小到没有负反馈的 $\frac{1}{|1+\dot{A}\dot{F}|}$。$|1+\dot{A}\dot{F}|$ 越大，放大倍数减小得越多，通常把分母 $|1+\dot{A}\dot{F}|$ 称为是放大电路的“反馈深度”。当 $|1+\dot{A}\dot{F}|\gg 1$，$\dot{A}_f\approx\frac{1}{\dot{F}}$。

【例5—7】 试计算图5—33所示电路的闭环电压放大倍数 $\dot{A}_f$，设电路的开环电压放大倍数 $\dot{A}=1\,000$，反馈电路的参数为 $R_F=9\ \text{k}\Omega$，$R_{E1}=1\ \text{k}\Omega$。

解：已经分析过电路是电压串联负反馈电路，电路的反馈系数 $\dot{F}$ 为：

$$\dot{F}=\frac{\dot{U}_f}{\dot{U}_o}=\frac{R_{E1}}{R_F+R_{E1}}=\frac{1}{1+9}=0.1$$

$$\dot{A}_f=\frac{\dot{A}}{1+\dot{A}\dot{F}}=\frac{1\,000}{1+1\,000\times 0.1}=\frac{1\,000}{101}=9.9$$

因为本电路的反馈深度为 $1+\dot{A}\dot{F}=101$，满足深度负反馈条件，故：

$$\dot{A}_f\approx\frac{1}{\dot{F}}=\frac{R_F+R_{E1}}{R_{E1}}=1+\frac{R_F}{R_{E1}}=10$$

2. 提高放大倍数的稳定性

负反馈虽然减小了放大倍数，但是可以提高放大倍数的稳定性。放大电路的放大倍数会由于种种原因（例如三极管参数变化、负载电阻 R_L 变化以及温度变化等）发生变化，不带负反馈的放大电路的放大倍数 $\dot{A}$（开环放大倍数）是不稳定的，但是在加了负反馈之后，放大电路的闭环放大倍数 $\dot{A}_f$ 是较为稳定的。可以用例5—7为例来继续说明这一问

题，假设由于某一原因，电路的开环电压放大倍数 $\dot{A}$ 从1 000减小到900、800…直至100，在这一减小过程中，电路的反馈深度及闭环电压放大倍数的变动情况见表5—1。

表5—1　　开环放大倍数和闭环放大倍数的变动情况

$\dot{A}$	1 000	900	……	700	……	100
$1+\dot{A}\dot{F}$	101	91	……	71	……	11
$\dot{A}_f$	9.9	9.89	……	9.86	……	9.09

由表5—1可见，尽管开环放大倍数的变动很大，但是电路的闭环放大倍数变动很小，当 $\dot{A}$ 从1 000倍减小了10%时，$\dot{A}_f$ 仅减小了0.1%，或者说放大倍数的稳定性提高了约100倍（或者说 $1+\dot{A}\dot{F}$ 倍）。事实上，只要电路满足深度负反馈的条件，闭环放大倍数的大小就近似稳定为 $1/\dot{F}$，与开环放大倍数 $\dot{A}$ 的大小是基本无关的。

3. 改善了放大电路的频率特性，扩展了通频带

图5—40给出了负反馈放大电路在开环与闭环时的通频带，从图中可以看到，加了负反馈之后电路的放大倍数是下降了，但是电路的通频带变宽了。其道理与上面稳定放大倍数的道理完全相同，因为也可以认为上面所说的开环放大倍数的变动是由于频率的变化引起的，在频率变化时负反馈放大电路的闭环放大倍数也能保持基本不变，因此负反馈放大电路的通频带变宽了。进一步的分析可以证明，加了负反馈后，通频带扩展了（$1+\dot{A}\dot{F}$）倍。

4. 减小非线性失真，抑制放大电路内部的噪声与干扰

由于三极管本身特性的非线性，输出电压的波形往往与输入电压的波形不完全一致，这种因为三极管特性的非线性而产生的失真称为“非线性失真”。例如三极管的输入特性就是非线性的，对应输入电压 u_{BE} 的正半周，基极电流 i_B 的峰值较大，而对应输入电压 u_{BE} 的负半周，基极电流 i_B 的峰值就较小，如图5—41所示，由于基极电流 i_B 的失真，再加上输出特性的非线性，集电极电流 i_C 及输出电压 u_{CE} 当然也会产生更为严重的失真。

采用负反馈为什么会减小非线性失真？从图5—42中可以看出，如果在无反馈时，对应正常的正弦波输入信号电压经放大电路放大后产生了非线性失真，输出电压的波形是正半周大负半周小，那么在引入了负反馈之后，反馈电压的波形也是正半周大负半周小，由于输入电压与反馈电压相减，故净输入电压的波形就变成正半周小负半周大了，这样就会使输出波形的正半周有所减小而负半周有所增大，结果使输出波形的失真情况得到一定的改善。

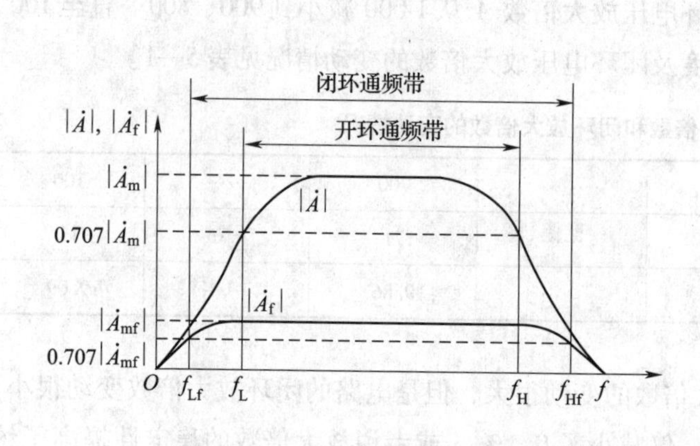

图5—40　负反馈电路的通频带

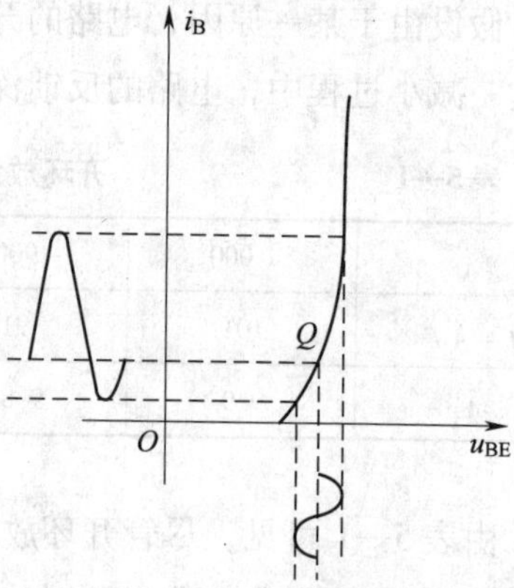

图5—41　基极电流的非线性失真

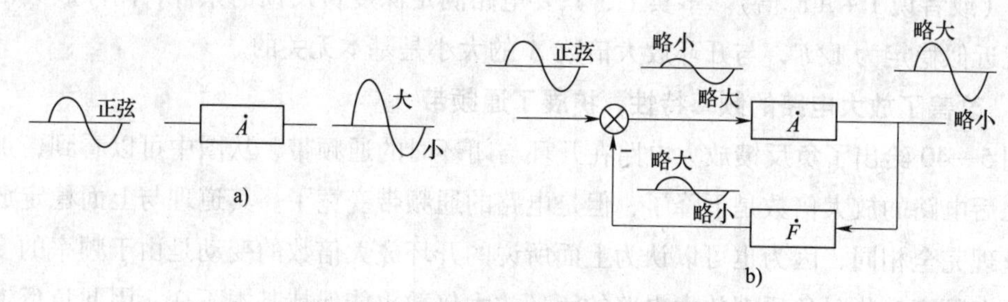

图5—42　利用负反馈改善波形失真

a）无负反馈时的信号波形　b）有负反馈时的信号波形

放大电路除放大有用的信号外，在放大的过程中还会产生无用信号，这里无用信号称为噪声。由于放大电路是一种灵敏度很高的弱电系统，因此即使放大电路在没有输入的情况下也会产生一些微小的不规则的噪声电压。噪声主要是由放大电路内的电阻、三极管等元件内部载流子不规则的热运动而引起的。此外，由于外界电磁场的干扰、电源电压的波动以及电路接地不妥等原因的影响，还会产生干扰电压，噪声与干扰严重时可能会淹没正常的有效信号，使得放大电路不能正常工作。由于采用了负反馈，放大倍数降低了$|1+\dot{A}\dot{F}|$倍，那么噪声与干扰电压的输出也会降低$|1+\dot{A}\dot{F}|$倍，如果此时增大输入的有效信号，就能提高输出电压的信噪比，从而起到了抑制干扰与噪声的作用。应该说明的是，如果干扰源或噪声源不在反馈环内，而是在电路外与有效信号一起混入了放大电路，那么负反馈再深，对此也是无能为力的。

5. 对放大电路的输入电阻的影响

负反馈对放大电路的输入电阻的影响与是串联负反馈还是并联负反馈有关，不同的反馈类型组态对输入电阻的影响也完全不同。

（1）串联负反馈能增大输入电阻。从图5—33所示串联负反馈放大电路的输入端看，串联负反馈产生的反馈电压 $\dot{U}_f$ 会使净输入电压 $\dot{U}_{di}$减小，从而也减小了流入输入端的基极电流，增大放大电路的输入电阻。射极跟随器作为一种串联负反馈电路能增大输入电阻。

（2）并联负反馈能减小输入电阻。从图 5—37 所示并联负反馈放大电路的输入端看，并联负反馈产生的反馈电流 $\dot{I}_f$ 会使输入端增加了一条并联的电流支路，从而增大了流入输入端的电流，减小放大电路的输入电阻。

6. 对放大电路的输出电阻的影响

负反馈对放大电路的输出电阻的影响与是电压反馈还是电流反馈有关。

（1）电压负反馈能减小输出电阻。图 5—33 所示电压负反馈放大电路具有稳定输出电压的作用，即具有恒压源的特性。当负载电阻 R_L 减小引起输出电压 $\dot{U}_o$ 下降时，反馈量 $\dot{U}_f$（或 $\dot{I}_f$）会随之减小，电路的净输入电压 $\dot{U}_{di}$（或 $\dot{I}_{di}$）会因此增大，从而引起输出电压 $\dot{U}_o$ 的回升，部分抵消了输出电压的下降，使得输出电压基本保持稳定，这一过程可简单地表示如下：

$$R_L\downarrow\rightarrow\dot{U}_o\downarrow\rightarrow\dot{U}_f(\dot{I}_f)\downarrow\rightarrow\dot{U}_{di}(\dot{I}_{di})\uparrow\rightarrow\dot{U}_o\uparrow$$

由于放大电路存在输出电阻，因此在负载变动时，将使输出电压也随之变动，放大电路输出电阻越小，输出电压变动越小，因而放大电路输出电阻的大小可以从负载变动时输出电压是否稳定来进行判断。由于电压负反馈放大电路具有恒压源的特性，故放大电路的输出电阻较小。如前面介绍的射极跟随器实际上就是一种典型的电压负反馈电路，其输出电阻很小。

（2）电流负反馈能增大输出电阻。电流负反馈放大电路具有稳定输出电流的作用，即具有恒流源的特性。当负载电阻增大引起输出电流减小时，反馈量 $\dot{U}_f$（或 $\dot{I}_f$）会随之减小，电路的净输入电压 $\dot{U}_{di}$（或 $\dot{I}_{di}$）会因此增大，从而引起输出电流的回升，部分抵消了输出电流的下降，使得输出电流基本保持稳定，这一过程可简单地表示如下：

$$R_L\uparrow\rightarrow\dot{I}_o\downarrow\rightarrow\dot{U}_f(\dot{I}_f)\downarrow\rightarrow\dot{U}_{di}(\dot{I}_{di})\uparrow\rightarrow\dot{I}_o\uparrow$$

由此可见，在负载电阻变动时，电流负反馈能稳定输出电流，使放大电路具有恒流源的特性，故放大电路的输出电阻较高。

第 6 节　差动放大电路

在第 4 节介绍多级放大器的级间耦合方式时，为了能够放大缓慢变化的直流信号，唯一的耦合方式是采用直接耦合方式，但是由于上述直接耦合方式所产生的零点漂移问题十分严重，不得不采取诸如温度补偿、加上直流负反馈等措施。差动放大器是一种利用电路结构上的对称性来补偿零点漂移的直接耦合放大电路，较好地解决了零漂问题，所以在直流放大电路及集成运算放大器中得到了广泛应用。

一、差动放大电路的工作原理

差动放大电路的基本电路如图5—43所示。它是由两个三极管组成的一种结构对称的共发射极放大电路。输入信号 ΔU_S 经过电阻 R_{S1} 和 R_{S2} 输入到两个三极管的基极，输出信号 ΔU_o 则是从两个三极管的集电极引出。在理想的状态下，两管的特性及对应电阻的参数完全相同，因而两个三极管的静态工作点相同。

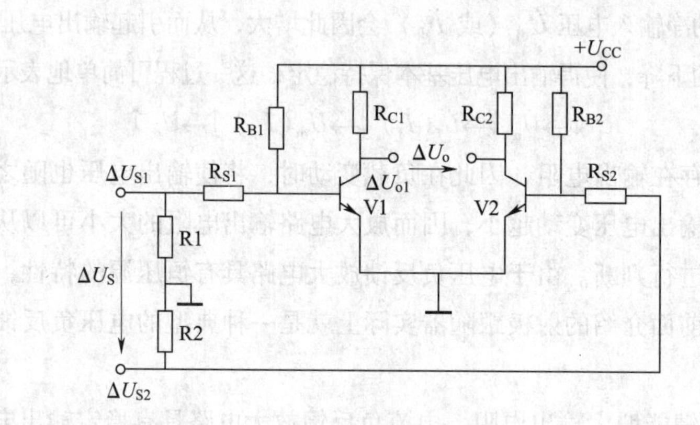

图5—43　差动放大电路的基本电路

1. 抑制零点漂移的工作原理

当输入电压 ΔU_S 为0时，电路由偏置电阻 R_{B1}、R_{B2} 提供基极电流，由于电路的对称性，两个三极管的集电极电流、集电极电位相等，即 $I_{C1}=I_{C2}$，$U_{C1}=U_{C2}$，因此输出电压 $\Delta U_o=U_{C1}-U_{C2}=0$。当温度变化如温度升高时，使得两个三极管的集电极电流都增大，相应的集电极电位都下降。由于电路是对称的，两个三极管的集电极电位 U_{C1} 与 U_{C2} 尽管都下降，产生了零点漂移，但两管的变化量相等，即 $\Delta I_{C1}=\Delta I_{C2}$，$\Delta U_{C1}=\Delta U_{C2}$，因此两管集电极电位相等，输出电压 ΔU_o 还是为0，零点漂移完全被抑制。由以上分析可知，差动放大电路抑制零点漂移的原理就是利用电路的对称性把两个三极管的零点漂移互相抵消了，或者说互相补偿了。

2. 放大差模输入信号的工作原理

对于差动放大电路来说，输入信号可分为差模输入信号和共模输入信号两种形式。所谓差模输入信号就是差动放大电路两个输入信号大小相等、极性相反的信号。所谓共模输入信号是两个输入信号大小相等、极性相同的信号。差动放大电路在共模输入信号作用下，三极管 V1 和 V2 的集电极电位变化相同，输出电压等于零，所以它对共模输入信号没有放大能力，即共模放大倍数为零。差动放大电路能放大差模输入信号。例如，在图 5—43 中，当输入端有信号 ΔU_S 时，由于两个电阻 R1、R2 串联分压，把输入信号 ΔU_S 一分为二，所以两个输入端的信号分别为 $\Delta U_{S1}=\frac{1}{2}\Delta U_S$ 及 $\Delta U_{S2}=-\frac{1}{2}\Delta U_S$，这是一对大小相等、极性相反的差模输入信号。在输入信号 ΔU_{S1} 的作用下，使得三极管 V1 的集电极电流增大 ΔI_{C1}，集电极电位 U_{C1} 下降了 ΔU_{C1}，而三极管 V2 在 ΔU_{S2} 的作用下，使得集电极电流减小 ΔI_{C2}，集电极电位 U_{C2} 升高了 ΔU_{C2}，两个输出端的电位不再相等，于是在输出端就产生了输出电压 ΔU_o，即 $\Delta U_o=\Delta U_{C1}-\Delta U_{C2}$，使输入的差模信号得到了放大。差模放大倍数 A_d 的公式为：

$$A_d=\frac{\Delta U_o}{\Delta U_S}$$

由图 5—43 可知，每个管子的输入电压 ΔU_{S1} 或 ΔU_{S2} 是总输入信号 ΔU_S 的一半，经过放大以后各自的输出电压分别为 $\Delta U_{o1}=A_{d1}\left(\frac{1}{2}\Delta U_S\right)$ 和 $\Delta U_{o2}=A_{d2}\left(\frac{1}{2}\Delta U_S\right)$。由此可推算出差动放大电路的输出电压为 $\Delta U_o=\frac{1}{2}(A_{d1}+A_{d2})\Delta U_S$，由于两管单管放大电路参数对称相等，因此 $A_{d1}=A_{d2}$，$A_d=\frac{\Delta U_o}{\Delta U_S}$。

由上式可知，差动放大器尽管比单管放大电路多用了一根管子，但是它的差模放大倍数 A_d 还是与单管放大电路相同。假设每个管子的电压放大倍数为 -100 倍，输入电压 $\Delta U_S=2$ mV，则有：

$$\Delta U_{S1}=\frac{1}{2}\Delta U_S=1\ \text{mV}$$

$$\Delta U_{S2}=-1\ \text{mV}$$

输出端 U_{C1} 与 U_{C2} 的电位变动量在放大了 -100 倍后，电位分别降低与升高了 100 mV，即：

$$\Delta U_{C1}=1\times -100=-100\ \text{mV}$$

$$\Delta U_{C2}=-1\times -100=+100\ \text{mV}$$

输出电压为：

$$\Delta U_o=\Delta U_{C1}-\Delta U_{C2}=-200\ \text{mV}$$

差模放大倍数为：

$$A_d = \frac{\Delta U_o}{\Delta U_S} = \frac{-200}{2} = -100$$

二、恒流源差动放大电路

上述差动放大电路的基本电路之所以能起到抑制零漂的作用，完全是由于电路对称性的缘故。实际上完全对称的理想情况并不存在。另外，上述差动放大电路的基本电路每个管子只是一个固定偏置的基本放大电路，每一个管子的静态工作点是很不稳定的，每个管子的零漂还是很严重的。一个好的差动放大电路应该在做到电路尽可能对称的同时，还要使每个管子的零漂都很小，为此常采用如图5—44所示的恒流源差动放大电路。

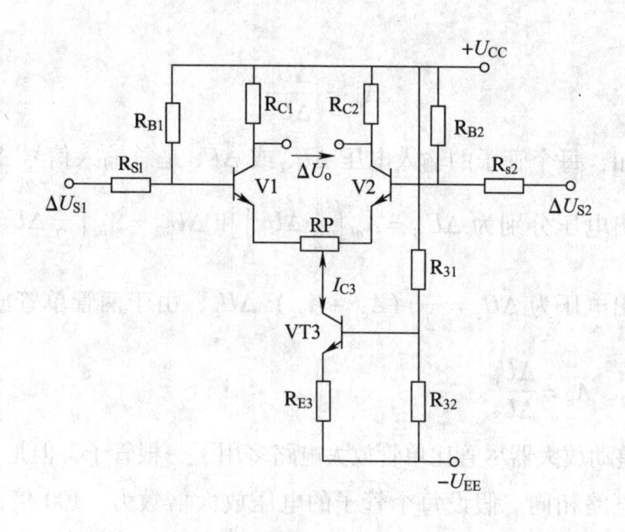

图5—44　恒流源差动放大电路

图中三极管V3就是起到了恒流源的作用。实际上恒流三极管V3与偏置电路R31、R32、R_{E3}组成了分压式偏置电路，R31和R32起分压作用，固定了V3的基极电位U_{B3}，使V3的集电极电流I_{C3}基本恒定。当温度升高使I_{C3}增加时，R_{E3}的电压也要增加，但因U_{B3}为固定值，U_{BE3}要比以前减小，I_{B3}也随之减小，因此抑制了I_{C3}的上升。在静态时因为电路对称，这一集电极电流I_{C3}被两个三极管V1与V2平分，即$I_{C1}=I_{C2}=\frac{1}{2}I_{C3}$，并使得这两个三极管的电流也基本恒定，这样就大大减小了每个三极管的零漂。电路中为了不减小三极管的动态范围，设置了负电源$-U_{EE}$作为恒流源的工作电源。电路中电位器RP称为“调零电位器”，因为放大电路不可能做到绝对对称，当输入电压为零时，输出电压不一定为零，这时可通过调节RP来改变两管的静态工作点，使输出电压为零。RP的阻值一般为几

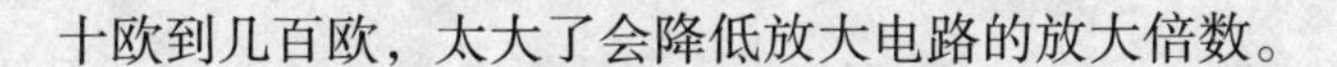

十欧到几百欧，太大了会降低放大电路的放大倍数。

三、差动放大电路的共模抑制比

由上面分析可知，差动放大电路在共模输入信号作用下，三极管 V1 和 V2 的集电极电位变化相同，输出电压等于零，所以它对共模输入信号没有放大能力，即共模放大倍数为零。实际上由于电路不可能完全对称，共模输入信号下的放大倍数（即共模放大倍数）也不为零。上面分析的差动放大电路对零点漂移的抑制就是实质上就是对共模输入信号的抑制，因为任何原因产生的零点漂移，其本质也可以说是一种共模信号，共模放大倍数小就说明放大电路的温度稳定性好，零点漂移小。

差动放大电路对于差模输入信号有放大作用。因而对于差动放大电路来说，对有用的差模输入信号要求有足够大的放大倍数，而对共模输入信号则需要抑制，对它的放大倍数（共模放大倍数）越小越好。为了表示放大电路放大差模信号和抑制共模信号的能力，引入了“共模抑制比”这样一个参数。共模抑制比是放大电路对差模信号的放大倍数 A_d 和对共模信号的放大倍数 A_C 之比，用 CMRR 表示，即 $CMRR=\frac{A_d}{A_c}$。

由上式可知，共模抑制比越大，差动放大电路受共模信号的影响越小，放大差模信号的能力越强。一般的差动放大电路共模抑制比可达 10^3，较好的可达 10^6 以上。

四、差动放大电路的输入输出方式

图 5—43 所示的差动放大电路是双端输入、双端输出的，也就是输入端和输出端都是不接地的，但是差动放大电路的输入与输出方式并不是仅有双端输入与双端输出这一种方式。差动放大器的输入方式可以是双端输入，也可以是单端输入；差动放大器的输出方式可以是双端输出，也可以是单端输出。

1. 输出方式

图 5—45 所示差动放大电路只从一个输出端引出输出电压 U_o，这种输出方式称为“单端输出”方式。

根据差动放大电路放大差模信号的工作原理可知，双端输出的差动放大电路的输出电压是由两个管子的集电极输出电压叠加而成的，其中每一个管子的输出电压的大小是全部输出电压的 1/2。因此单端输出的差动放大电路的输出电压是双端输出的差动放大电路的输出电压的 1/2，而且两个输出端的极性相反，一正一负。由此可见，单端输出时的差模放大倍数是双端输出的 1/2，而且两个输出端的极性相反，一正一负，即：

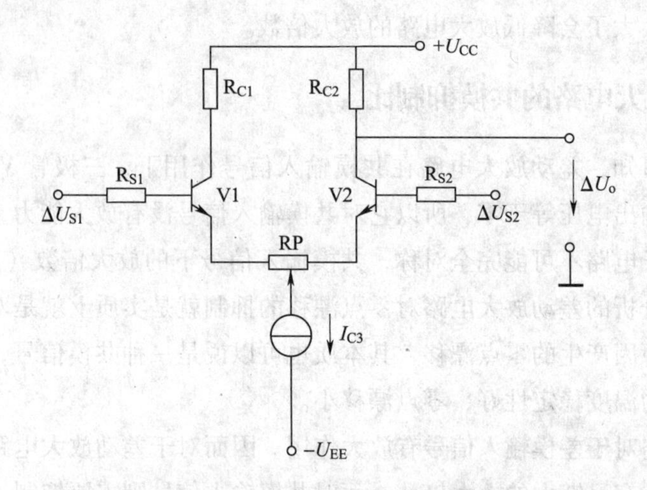

图5—45　双端输入、单端输出的差动放大电路

$$A_{d单} = \pm \frac{1}{2} |A_{d双}|$$

采用单端输出方式，可以使输出电压有一个接地点，而且放大倍数的正负极性可以选择，使用时比较方便。但是由于单端输出时对共模信号的抑制作用仅仅依靠恒流管的恒流作用，没有利用到双端输出时的共模信号的抵消作用，因此单端输出的共模放大倍数 A_C 较大，共模抑制比 CMRR 较小。

2. 输入方式

图5—43所示的差动放大电路为了得到差模信号，采用电阻分压把输入信号一分为二，分成大小相等、极性相反的两个输入信号，这种输入方式称为双端输入方式。其实对于一个共模抑制比很大的差动放大电路来讲，输入信号完全不必要拘泥于这种方式，差动放大电路能够放大的实际上是两个输入端输入信号的差值，例如，两个输入端分别输入 6 mV 与 4 mV 的信号，可以把输入信号看成是：

$$\Delta U_{S1} = 6\ \text{mV} = 5\ \text{mV} + 1\ \text{mV}$$

$$\Delta U_{S2} = 4\ \text{mV} = 5\ \text{mV} - 1\ \text{mV}$$

这就说明在两个输入信号中分别含有共模分量（5 mV）及差模分量（±1 mV，即合计2 mV），按照电路的叠加原理，可以把这两个分量分别进行计算。在电路的共模抑制比很大的时候，电路的共模分量的输出部分可以略去不计，因此电路只需要考虑差模分量的输出就可以了，而6 mV 与4 mV 的差模部分就是：

$$\Delta U_S = \Delta U_{S1} - \Delta U_{S2} = 6\ \text{mV} - 4\ \text{mV} = 2\ \text{mV}$$

由此可见，差动放大电路能够放大的信号主要就是两个输入信号之差，差动放大电路的名称就是由此而来的。不论输入的信号是大小相等、极性相反的差模信号，还是两个大小有一定差异的信号，电路的工作情况以及输出信号的大小基本上是一样的。作为一种特殊情况，如果把输入的一端接地，另一端接输入信号，这种情况就叫做“单端输入”，如图5—46所示。例如，设 $\Delta U_{S2}=0$，$\Delta U_{S1}=2\ \text{mV}$，此时电路的工作情况与双端输入 $\pm 1\ \text{mV}$ 的差模信号是相同的。换句话说，无论输入方式是双端输入还是单端输入，电路的工作情况基本上是相同的，仅仅是共模信号的大小有所不同而已。实际应用中，输入信号往往有一端是需要接地的，这时差动放大电路的输入方式就只能采用单端输入方式了。

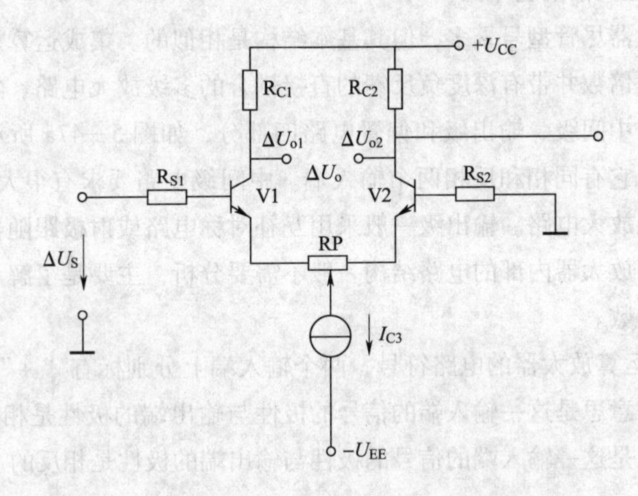

图5—46　单端输入、双端输出的差动放大电路

差动放大电路单端输入时，输出可以是单端的，也可以是双端的；双端输入时，输出可以是双端的，也可以是单端的。输入输出方式之间并没有什么必然的联系，采用何种输入输出方式是根据实际应用情况而定的。

第7节　集成运算放大器

集成电路是20世纪60年代发展起来的一种新型的电子器件，它是把三极管、电阻、电容等许多元件集成在一块半导体芯片上组成一个不可分割的整体。近年来集成电路正在逐步取代分立元件电路，在计算机技术、自动控制等各个领域中得到了广泛的应用。集成电路种类繁多，在模拟电子技术中用得最多的集成电路是集成运算放大器。

为了改善电路的性能，目前的集成运算放大器内部电路已经做得越来越复杂。作为集成运算放大器的应用者，重点应该是了解与掌握它的管脚的用途、主要参数以及应用方法。运算放大器的主要内容将在《维修电工（高级）》一书中介绍，考虑到实际工作的需要，本书对这一内容也做了简单介绍。

一、集成运算放大器的基本结构和主要技术参数

1. 集成运算放大器的基本结构

集成运算放大器尽管型号繁多，但其基本结构是相似的。集成运算放大器实际上是一种具有高开环放大倍数并带有深度负反馈的直接耦合的多级放大电路。集成运算放大器一般可分成输入级、中间级、输出级和偏置电路四部分，如图5—47a所示。输入级都是采用差动放大电路，它有同相和反相两个输入端。中间级电路要求有很大的电压放大倍数，一般采用共发射极放大电路。输出级一般采用互补对称电路或射极跟随器。在应用集成运算放大器时，运算放大器内部的电路结构一般不需要分析，主要是了解与掌握管脚的用途及放大器的主要参数。

图5—47b是运算放大器的电路符号，两个输入端上分别标有“+”“-”号，“+”表示同相输入端，意思是这一输入端的信号的极性与输出端的极性是相同的；“-”表示反相输入端，意思是这一输入端的信号的极性与输出端的极性是相反的。

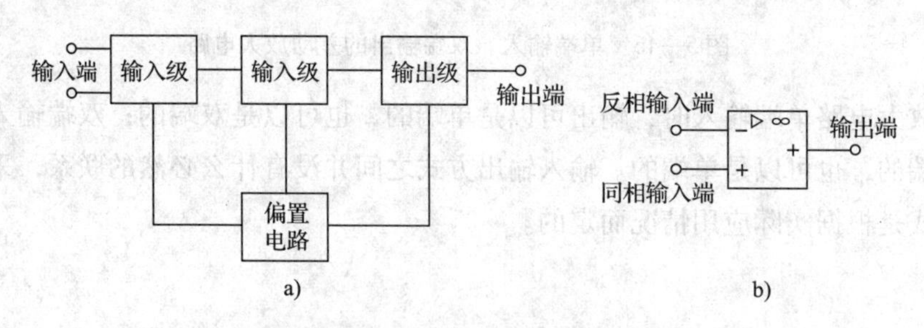

图5—47　运算放大器的电路符号
a）方框图　b）电路符号

2. 集成运算放大器的主要技术参数

（1）开环电压放大倍数A_{od}。是指运算放大器在没有外接反馈电路时的差模电压放大倍数。运算放大器的开环电压差模放大倍数都很高，A_{od}一般为$10^4 \sim 10^7$，即80～140 dB。A_{od}可用分贝数（dB）来表示，即$A_{od} = 20\lg\frac{U_o}{U_i}$（dB）。其换算公式为：分贝数（dB）=20 lg 倍

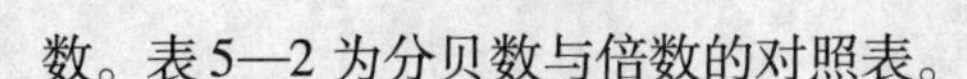

数。表5—2为分贝数与倍数的对照表。

表5—2　　分贝数与倍数的对照表

倍数	0.1	1	10	100	1 000	10 000
分贝数	-20 dB	0 dB	20 dB	40 dB	60 dB	80 dB

（2）最大输出电压 U_{oPP}。是指运算放大器输出电压和输入电压保持不失真关系的最大输出电压。

（3）输入失调电压 U_{Io}。对于理想的运算放大器。当输入电压 $U_i=0$ 时，输出电压 $U_o=0$，但在实际的运算放大器中，当输入电压为零时，输出电压 $U_o\neq0$。此时为了使输出电压为0，需要在输入端加入一个微小的电压，调整这一电压的大小可以使输出电压为0，这一电压就称为“输入失调电压”，以符号 U_{Io}表示。显然 U_{Io}越小就说明运算放大器的零漂越小。U_{Io}一般在1~10 mV，低零漂的运算放大器的 U_{Io}可达1 mV以下。

（4）输入偏置电流 I_{1B}。运算放大器的输入端是差动放大器的基极，静态时两个输入端有一定的偏置电流。输入偏置电流是指输入信号为零时，两个输入端静态基极电流的平均值即 $I_B=\frac{I_{B1}+I_{B2}}{2}$。$I_{B1}$一般为0.01~0.2 μA。

（5）输入失调电流 I_{Io}。是指输入信号为零时，两个输入端静态基极偏置电流之差即 $I_{Io}=|I_{B1}-I_{B2}|$，其值越小越好。输入失调电流 I_{Io}一般为0.05~0.1 μA。

（6）共模抑制比。是指运算放大器的差模放大倍数和共模放大倍数之比。通常用分贝数表示，该值越大越好，越大说明运算放大器抑制共模信号的能力越强。

（7）最大差模输入电压 U_{idm}。指运算放大器两个输入端之间所能承受的最大电压，超过这一电压将使运算放大器的性能显著恶化甚至损坏。

（8）最大共模输入电压 U_{icm}。指运算放大器所能承受的最大共模输入电压，超过这一电压将使运算放大器的共模抑制比显著下降甚至损坏。

二、运算放大器的典型应用

运算放大器的应用方式有线性应用与非线性应用两种。线性应用是指运算放大器工作在其特性的线性区，运算放大器的输入输出关系呈线性关系，这种应用方式的基本电路有反相比例、同相比例、加法、差动、积分、微分等各种运算电路；非线性应用是指运算放大器工作在其特性的非线性区，运算放大器的输入输出关系为非线性关系，这种应用方式的基本电路是比较器。用比较器可以组成电平比较、波形变换以及波形产生等各种应用电路。本节只简要介绍几种典型的应用电路。

1. 线性应用

（1）分析方法。由于运算放大器具有很大的开环电压放大倍数，为了使它能工作在线性区，电路必须具有很深的负反馈才能正常工作，因此电路是否具有负反馈可以作为判别运算放大器是线性应用还是非线性应用的依据。在分析线性应用的运算放大器电路时，可以遵循以下两个原则。

1）由于运算放大器的开环电压放大倍数 $A_{od}\to\infty$，而输出电压是有限的数值，输出电压除以放大倍数得出的净输入量是极其微小的，因此可以认为运算放大器两个输入端之间的净输入电压为0，或者说可以认为运算放大器的两个输入端的电位是相等的，如果以 U_- 表示反相端的电位，以 U_+ 表示同相端的电位，可以得出：$U_- = U_+$，这种情况称为“虚短”，意思是两个输入端犹如短路一样，其电位是相等的，但当然不是真正的短路，所以称为“虚短”。

如果反相端有输入时，同相端接“地”，即 $U_+ =0$，则 $U_- \approx 0$，也就是说，反相输入端的电位近似等于“地”电位，它是一个不接“地”的电位端，通常称为“虚地”。

2）由于运算放大器的输入电阻很大，即 $r_{id}\to\infty$，因此可以认为运算放大器两个输入端的输入电流为0，即 $I_i =0$。

（2）应用实例。运算放大器的线性应用广泛，下面介绍两种比例放大电路。

1）反相输入比例放大电路。图5—48是反相输入比例放大电路。输入信号 U_i 经过电阻R1输入到运算放大器的反相输入端，而同相输入端通过电阻R2接地，输出信号通过反馈电阻 R_f 反馈到反相输入端。按照上面的运算放大器工作在线性区两个分析原则可知：

$$U_- \approx U_+ = 0, I_1 \approx I_f, \text{由图可知} I_1 = \frac{U_i}{R_1}, I_f = -\frac{U_o}{R_f}。$$

由此可得电路的闭环放大倍数：

$$A_{uf} = \frac{U_o}{U_i} = \frac{-I_f R_f}{I_1 R_1} = -\frac{R_f}{R_1}$$

上式中负号表示输入电压 U_i 和输出电压 U_o 反相。

由上式可知，电路的放大倍数与运算放大器的参数无关，仅仅取决于外接反馈电路的元件参数，这一点与前面分析深度负反馈电路的放大倍数时，闭环放大倍数与放大电路的参数 A 无关，而是取决于反馈网络参数 F 的情况是完全一致的。由于运算放大器的放大倍数很大，在负反馈时完全可以满足 $|1+AF|\gg 1$ 的深度负反馈条件，运放的线性应用电路就是深度负反馈电路。在图5—48中，当 $Rf=R_1$ 时，$A_{uf}=-1$，电路就成为放大倍数为1

的反相器。反相输入比例放大电路从反馈类型来看，反馈电压取自输出电压并与之成正比，故为电压反馈。反馈信号与输入信号在输入端以电流形式做比较，两者并联，可以确定为并联反馈，合起来就是电压并联负反馈。

2）同相输入比例放大电路。图5—49是同相输入比例放大电路。输入信号 U_i 经过电阻R2输入到运算放大器的同相输入端，运算放大器的反相端通过电阻R1接地，输出信号通过反馈电阻 R_f 反馈到反相输入端。根据运算放大器工作线性区时的分析原则可得：

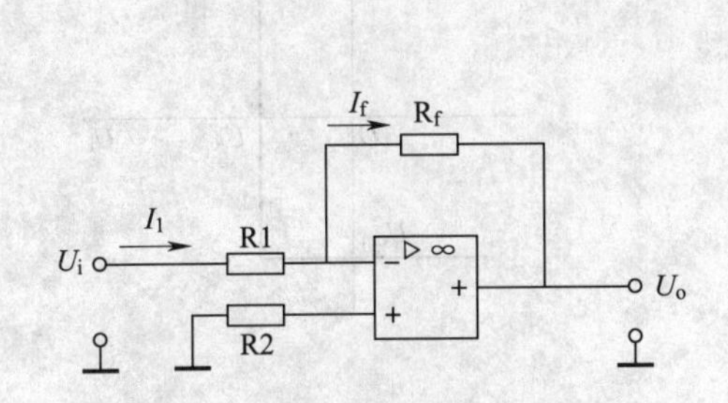

图5—48　反相输入比例放大电路

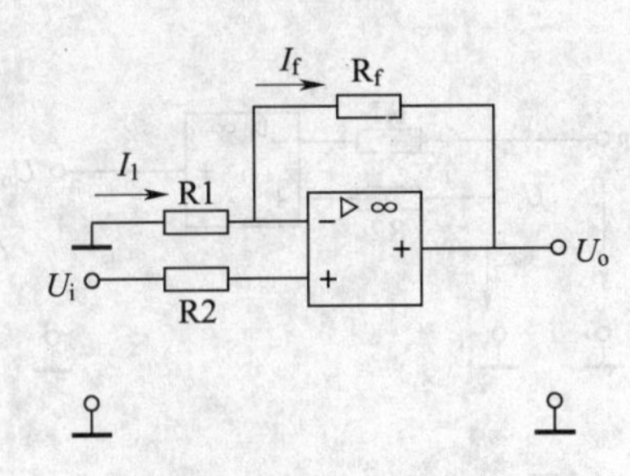

图5—49　同相输入比例放大电路

$$U_- \approx U_+ = U_i, I_1 \approx I_f,$$

由图可知，$I_1 = -\dfrac{U_-}{R_1} = -\dfrac{U_i}{R_1}$,

$$I_f = \frac{U_- U_o}{R_f} = \frac{U_i - U_o}{R_f}$$

$$U_o = \left(1 + \frac{R_f}{R_1}\right) U_i$$

由此可得电路的闭环放大倍数：

$$A_{uf} = \frac{U_o}{U_i} = \frac{R_1 + R_f}{R_1} = 1 + \frac{R_f}{R_1}$$

式中 A_{uf} 为正值表示输出电压与输入电压同相，A_{uf} 总是大于或等于1，同相输入比例放大电路从反馈类型来看，反馈电压取自输出电压并与之成正比，故为电压反馈。反馈信号与输入信号在输入端以电压形式做比较，两者串联，可以确定为串联反馈，合起来就是电压串联负反馈。

2. 非线性应用

运算放大器非线性应用的典型例子是电平比较器，电路十分简单，如图5—50所示。运算放大器工作在开环状态，输入电压 U_i 接在同相输入端，参考电平 U_R 接在反相输入端。由于运算放大器的开环电压放大倍数很大，因此输入电压 U_i 只要略大于参考电压

U_R，即 $U_i > U_R$，输出端就应该得到一个极大的正电压，输出电压 $U_o = +U_{om}$，但是由于受到运算放大器电源电压的限幅，因此输出电压 U_o 接近于正电源电压 $+U_{CC}$；反之，如果输入电压 U_i 略小于参考电压 U_R，即 $U_i < U_R$，那么输出电压 $U_o = -U_{om}$，输出电压 U_o 接近于负电源电压 $-U_{CC}$。运算放大器的输入电压与输出电压之间关系的特性曲线称为传输特性。电平比较器的传输特性如图5—51所示。

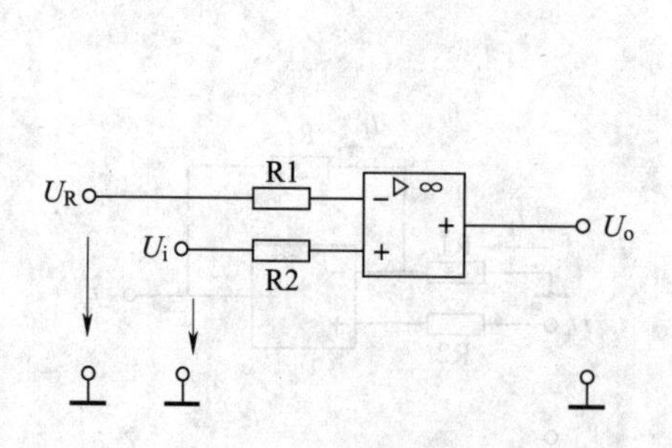

图5—50　电平比较器（一）

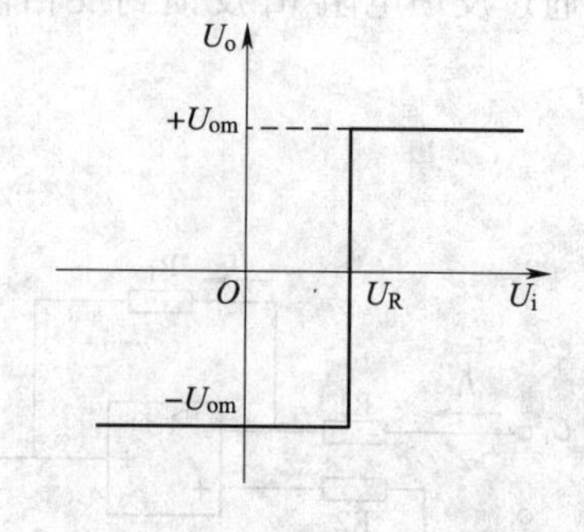

图5—51　电平比较器的传输特性

如果把输入信号 U_i 与参考电平 U_R 两者交换一下位置，即 U_i 接反相输入端，U_R 接同相输入端，其电路和传输特性如图5—52所示。在 $U_i > U_R$ 时输出电压 $U_o = -U_{om}$，而 $U_i < U_R$时输出电压 $U_o = +U_{om}$。

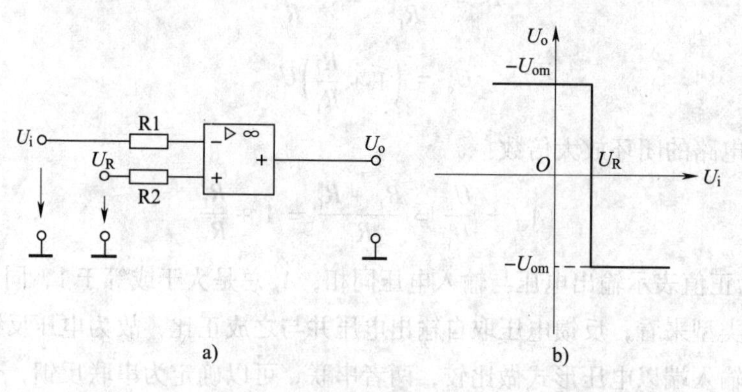

图5—52　电平比较器（二）

a）电路　b）传输特性

当比较器的参考电平 $U_R = 0$ 时，电平比较器又可以称为“过零比较器”，电路就只判别输入信号是大于零还是小于零，其电路和传输特性如图5—53所示。当 U_i 为正弦波电压时，则 U_o 为矩形波电压，如图5—53c所示。

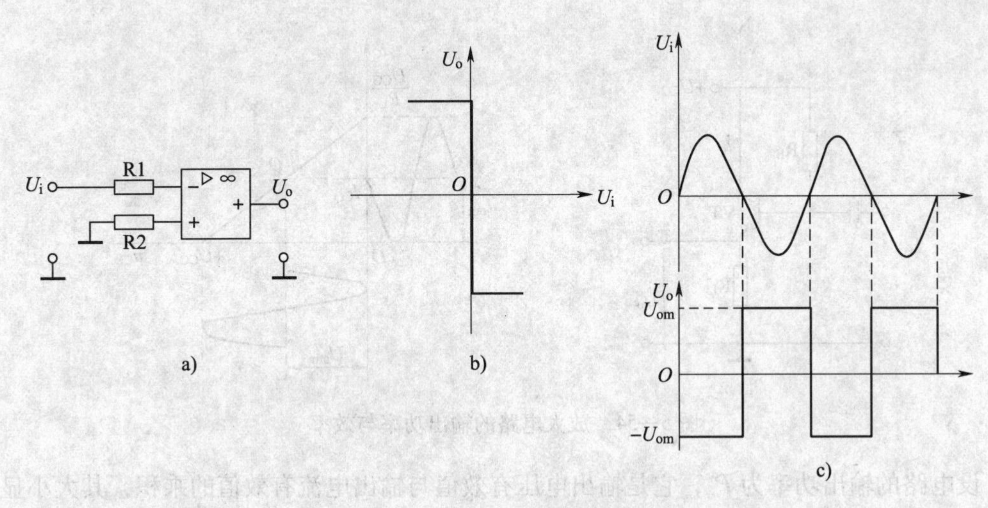

图 5—53　过零比较器

a）电路　b）传输特性　c）正弦波电压变换为矩形波电压

第 8 节　功率放大电路

在实际的多级放大电路中，往往要求最后一级为功率放大电路，以将前级电压放大电路的信号进行功率放大去驱动负载，如扬声器、继电器、伺服电动机、偏转线圈等。功率放大器与电压放大器并没有什么本质上的区别，都是利用三极管的放大作用将信号放大，不同之处是电压放大电路是在小信号的情况工作，主要是完成电压放大，输出足够大电压，对输出功率没有什么要求；功率放大电路则是在大信号的情况下工作，主要是要求输出最大的功率及提高电路的效率。

一、放大电路的输出功率和效率

由于射极跟随器输出电阻较小，并具有电流放大作用，能输出较大的功率。但是一般的射极跟随器直接用来作为功率放大器其效率是不高的，必须加以改进，下面先来分析一下射极跟随器的输出功率及效率。图 5—54 是射极跟随器及它的动态工作情况，负载电阻 R_L 就作为发射极电阻 R_E。为了得到最大的输出功率，设电路的静态工作点在负载线的中点，在不考虑三极管饱和压降的情况下，电路能够输出的最大的交流电压与交流电流幅度如图所示。下面分析一下该电路的最大不失真输出（交流）功率及效率。

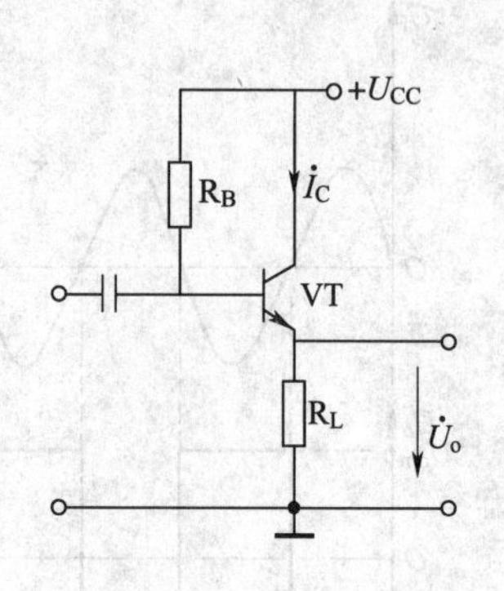

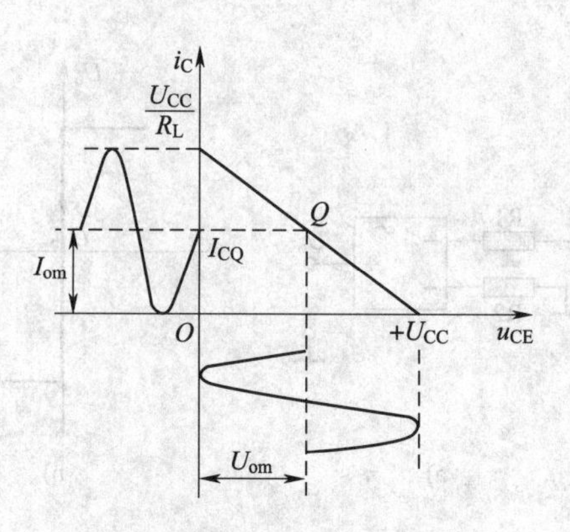

图5—54　放大电路的输出功率与效率

设电路的输出功率为 P_o，它是输出电压有效值与输出电流有效值的乘积，其大小显然是随信号的大小变动的。电路最大不失真输出功率 P_{om} 的大小显然就取决于电路能够输出的最大的信号电压与电流，由图可见，输出信号的最大幅度为：

$$U_{om} = \frac{U_{CC}}{2}$$

$$I_{om} = \frac{U_{CC}/R_L}{2}$$

由此可以得出最大不失真输出功率为：

$$P_{om} = \frac{U_{om}}{\sqrt{2}} \times \frac{I_{om}}{\sqrt{2}} = \frac{1}{8}\frac{U_{CC}^2}{R_L}$$

设放大电路的直流电源 U_{CC} 向电路供给的功率为 P_D，直流电源供给的功率是直流电压 U_{CC} 乘以电源输出的直流电流，在电源电流是脉动电流的情况下，应乘以电源电流的直流分量。这里电源输出的电流主要就是集电极电流，而集电极电流是直流（静态）电流 I_{CQ} 与交流（信号）电流两部分叠加得到的脉动电流，在这一电路中，其直流分量的大小始终是 I_{CQ}，与交流信号的大小无关，因此电源提供给的功率 P_D 可由下式求得：

$$P_D = U_{CC} \times I_{CQ} = U_{CC} \times \frac{U_{CC}}{2R_L} = \frac{1}{2}\frac{U_{CC}^2}{R_L}$$

由上式可知，电源供给的功率的大小与交流信号的大小是无关的，电源供给的功率是一个上式决定的恒定值，也就是说，无论电路是否输入信号，无论电路输入信号有多大，电源供给的功率始终是不变的。

放大电路的效率 η 为：

$$\eta = \frac{P_o}{P_D}$$

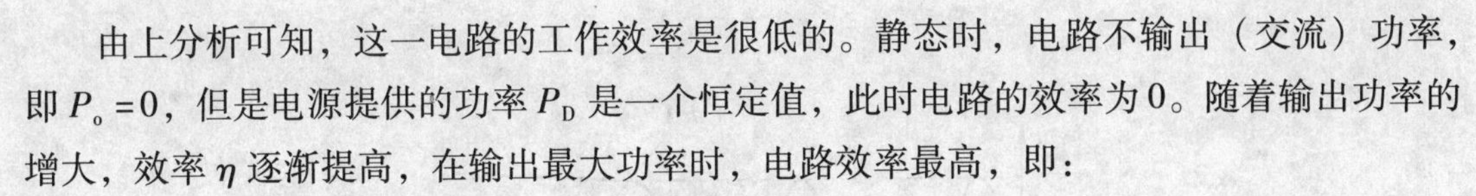

由上分析可知，这一电路的工作效率是很低的。静态时，电路不输出（交流）功率，即 $P_o=0$，但是电源提供的功率 P_D 是一个恒定值，此时电路的效率为0。随着输出功率的增大，效率 η 逐渐提高，在输出最大功率时，电路效率最高，即：

$$\eta_{max}=\frac{P_{om}}{P_D}=\frac{1}{4}=25\%$$

由此可见，射极跟随器如直接作为功率放大器使用，其效率是很低的，最高的效率也只有25%而已。

二、对功率放大器电路性能的基本要求

对功率放大电路性能的基本要求主要有以下三点。

1. 足够的输出功率

为了得到足够的输出功率，功率放大电路就要求有足够的输出电压与输出电流，因此功率放大电路一般都是工作在大信号情况下，动态范围是很大的，功率三极管往往工作在极限状态，因而在设计电路时必须考虑三极管的极限参数 I_{CM}、P_{CM} 和 U_{CEO}。

2. 较高的效率

所谓效率就是负载获得的交流输出功率与直流电源供给的直流功率之比值，即 $\eta=\frac{P_o}{P_D}$，式中 P_o 是负载上交流输出功率，P_D 是电源供给的功率。

从能量的角度来看，功率放大电路的输出功率是由直流电源 U_{CC} 提供的，输出功率大，直流电源提供的功率也大，为了减小电源消耗和功率三极管损耗，效率越高越好。如能提高功率放大器的效率，则不仅有利于节能，而且还能减小功率三极管的发热损耗，因为电源提供的功率除了输出之外主要就是由功率三极管发热损耗掉了。在输出功率相同的情况下，功率三极管发热小就意味着可以采用功耗较小的功率管来制造功率放大器，从而降低了功率放大器的制造成本。

3. 较小的非线性失真

功率放大电路是在大信号状态下工作，动态范围很大。由于三极管的非线性特性，不可避免地会产生非线性失真，非线性失真问题就变得比较突出。尤其诸如音响、测量等设备中的功放电路，非线性失真必须很小，对电路的要求就更高。

三、放大电路的三种工作状态

放大电路按照其静态工作点位置、工作状态可以分为“甲类”“乙类”及“甲乙类”三种，三种工作状态的静态工作点设置情况如图5—55所示。

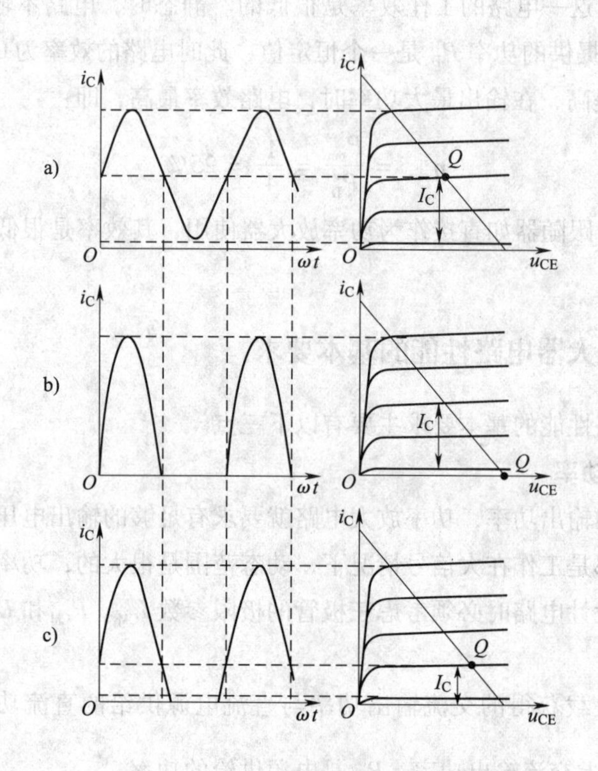

图5—55　放大电路的三种工作状态

a）甲类　b）乙类　c）甲乙类

1. 甲类放大工作状态

甲类放大工作状态如图5—55a所示。静态工作点 Q 大致在交流负载线的中点。放大电路的静态电流较大，其特点是在输入信号的整个周期中放大管中都有电流流过，前面所介绍的电压放大电路和图5—54中的射极跟随器就工作在甲类放大工作状态。在甲类放大工作状态无论有无输入信号，电源供给的功率 $P_D = U_{CC}I_C$ 总是不变。在没有信号输入时，这些功率几乎都消耗在功率管上，在有信号输入时才有一部分功率转换成输出功率，信号越大，输出功率也越大，它的效率是很低的。图5—54电路的最大效率是25%，对于用变压器耦合的甲类功率放大电路来说，在理想情况下其最大效率也仅仅是50%，所以在功率放大器中甲类功率放大电路器应用不多，但是由于甲类功率放大电路具有非线性失真小的优点，在对保真度要求较高的场合也常有应用。

2. 乙类放大工作状态

为了提高功率放大电路的效率，可以使电源供给的功率随输出功率大小而自动调整。在没有信号输入，不输出功率时，电源也不向放大电路供给直流功率；在信号增大，输出功率增大时，电源供给直流的功率也相应增大，这样放大电路的效率自然就提高了。为了达到这一目的，可将静态工作点 Q 选择在截止点即 $I_C \approx 0$ 处，即把静态工作电流调整到零，如图 5—55b 所示。这种工作状态称为乙类放大工作状态。乙类放大工作状态的特点就是功率放大管只是在信号的半个周期中有电流流过。显然，这种工作方式会使电路产生很大的失真，因为电路只能放大信号的半个周期，信号的另外半个周期被完全截去了。可是再仔细观察一下可以发现，就被放大的半个周期的信号而言，其波形却是基本正常的，因此在乙类功率放大电路中，电路总是采用两个功率管，一个放大信号的正半周，另一个放大信号的负半周，合起来就得到一个完整的输出波形，这样既解决了失真问题，又提高了功率放大电路的效率。

3. 甲乙类放大工作状态

由于三极管输入特性存在死区，乙类功率放大电路的两个功率管在正负半周交叉的一小段时间内，会因为两个功率管都工作在死区而使得两个管子都不工作，这样输出波形在交流过零时还是会产生严重的失真，这种失真称为“交越失真”。为了克服交越失真现象，可将放大电路的静态工作点 Q 上移，即选择在 I_C 大于零处，使放大电路功率管在工作时都略微加上一点静态电流，使功率管脱离死区，功率管在信号的半个多周期中都有电流流过，其工作情况如图 5—55c 所示，该工作状态称为甲乙类放大工作状态。由于甲乙类放大的两根管子分别工作半个多周期，在信号过零时一根管子电流逐渐减小退出工作，另一根管子电流逐渐加大接上工作，就不会产生交越失真了。

四、OCL 与 OTL 功率放大电路

功率放大电路按输出级与负载的耦合方式区分，通常有变压器耦合功率放大电路、无输出变压器功率放大电路（英文简称 OTL 电路，输出与负载通过电容耦合）及无输出电容功率放大电路（英文简称 OCL 电路，输出与负载直接耦合）等几种。其中 OCL 电路与 OTL 电路由于电路结构简单、频率特性好、效率高等特点，得到了广泛的应用。

1. OCL 电路的工作原理

图 5—56a 所示为 OCL 电路的原理图，由图可见，电路采用了两个极性不同的三极管作为放大管，其中 V1 是 NPN 型，V2 是 PNP 型，两个管子的基极接在一起作为电路的输入端，两个管子的发射极也接在一起作为电路的输出端，负载与电路的输出端是直接耦合的，管子的集电极则分别接在两个电源上，NPN 管集电极接正电源 $+U_{CC}$，PNP 管集电极接负电源 $-U_{CC}$。

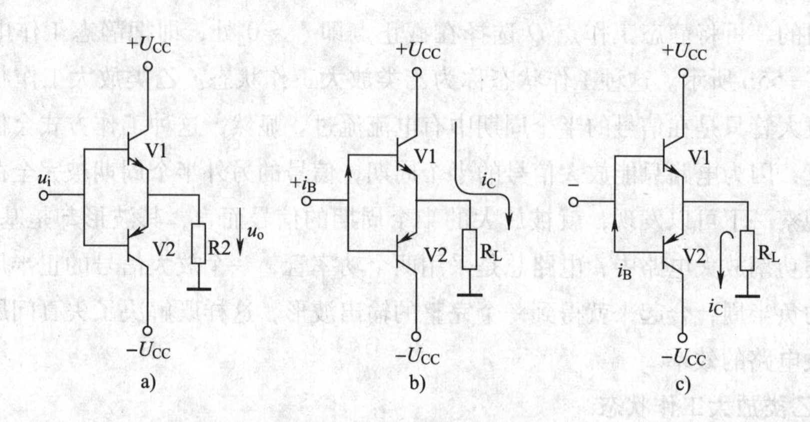

图5—56　OCL电路原理图

a）原理图　b）正半周工作情况　c）负半周工作情况

由于电路工作于乙类工作状态，静态时两个管子都没有偏置电流，都处于截止状态，因此电路不消耗功率。当有输入信号电压 u_i 时，在信号的正半周，V1管的发射结处于正向偏置，V1导通，集电极电流 i_C 就从正电源通到负载 R_L 上，使得负载上得到正半周的输出电压 u_o，此时V2管的发射结是反向偏置，所以处于截止状态，如图5—56b所示。信号的负半周工作情况正好相反，负的信号电压对于V1管来讲是反向偏置，所以V1管此时处于截止状态，而V2管因为是PNP型，此时得到了正向偏置工作在放大状态，V2管导通，集电极电流 i_C 由负载的接地端经过负载、V2管流向负电源，使负载上得到输出电压的负半周，如图5—56c所示。由此可见，OCL电路正是通过两个管子的交替工作，各自放大半个周期，从而使电路完成了功率放大作用，由于电路静态不消耗功率，因此也减小了功率损耗，提高了效率。这种电路在输出信号的一个周期内利用两管交替导通互为补偿，故称为互补对称放大电路。由图可知，OCL电路实际上是由两组射极跟随器组成的，因此它是由基极输入信号、发射极输出信号、集电极交流接地的放大电路。它的电压放大倍数为1，因此信号电压与输出电压的幅度是相同的，此时所谓的功率放大，也不过是电流放大而已。至于输入所需要的大幅度的信号电压，是由输出级的前级（通常称为“推动级”）的电压放大电路来完成的。

2. 静态工作点的调整

上述OCL电路是工作在乙类工作状态，静态工作点 Q 点设在 $U_{BE}=0$ V时，由于三极管输入特性存在死区，硅管约为0.5 V。当输入信号电压 u_i 小于0.5 V时，三极管基本截止，因此在这段区域内输出电压为0。从图5—57b的波形图上看，对应输入波形 u_i 在 ±0.5 V的范围内，输出波形都为0。可以看出，正弦波在过零点时，产生了严重的失真现象，这种失真就称为“交越失真”。乙类放大电路的这种失真，将严重影响电路的工作，例如，一个音响电路如果存在交越失真，声音就会变得十分刺耳难听。为了避免交越失真，可以使放大电路在静态时就流过一定的偏置电流，即把静态工作点从 $U_{BE}=0$ V 提高到 $U_{BE}>0.5$ V 的 Q'点，使得三极管脱离死区，这样一来，输入信号电压 u_i 刚从 0 V 开始上升时，三极管的工作点也就从 Q'点开始上升，电路也就不会产生交越失真了。此时放大电路就工作在甲乙类放大工作状态。

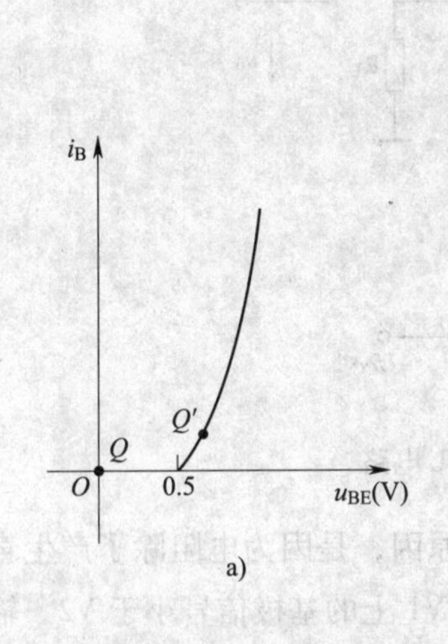

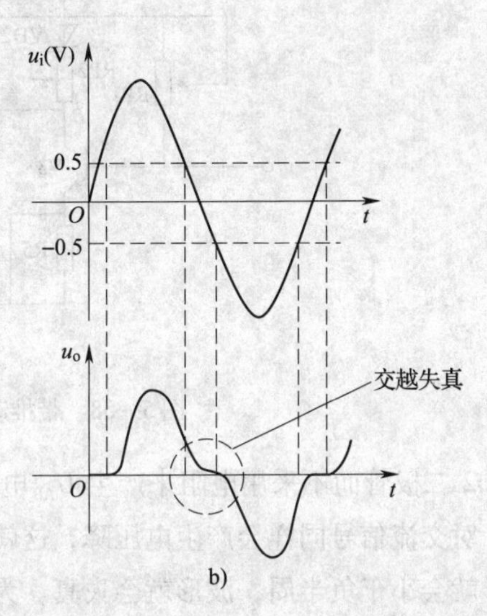

图 5—57 交越失真的产生

a）输入特性 b）输入与输出波形

3. 带推动级的 OCL 电路

图 5—58 所示为一个带有推动级 V3 的 OCL 电路。图中 V3 管是工作于甲类工作状态的推动管，除了起电压放大作用以外，还起到为输出级 V1、V2 设置基极静态电压的作用，这一静态电压是由 V3 管的集电极静态电流 I_{C3}流过二极管 VD1、VD2 和可变电阻 RP2 时产生的压降 U_{AB}，大小约为 1.4 V，这一电压作用于功率管 V1、V2 管的两个发射结，就使两个功率管产生了一定的基极和集电极静态电流，使 V1、V2 工作于甲乙类工作状态，避免产生交越失真。

V1、V2 的静态电流不必太大，其大小只要考虑能使静态工作点脱离死区就行，因为电流太大了会降低电路的效率。那么怎么来调节这一静态电流的大小呢？显然是应该调节 U_{AB}电压降。U_{AB}电压是由 I_{C3}流过二极管 VD1、VD2 和可变电阻 RP2 时产生的，调节可变电阻 RP2 的大小，就能调节功率管的静态工作电流大小。在调节时应该注意 VD1、VD2 二极管与 RP2 绝对不可以开路，否则会使得 V1、V2 因偏置电流过大而烧坏。这里采用

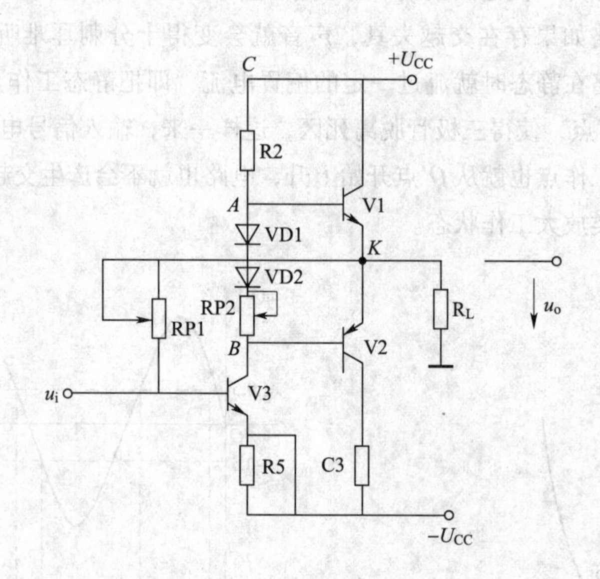

图5—58　带推动级的OCL电路

VD1、VD2二极管而不采用电阻来产生U_{AB}电压降的原因，是因为电阻除了产生直流电压降之外，对交流信号同样会产生电压降，这就会使得V1上的基极信号小于V2，输出的正半周波形就会小于负半周，波形就会失真。为了避免这一情况，使用二极管可以使得U_{AB}电压降接近恒定，在交流通路中可以把这一电压看成交流短路，或者说，利用二极管的动态电阻很小的特点，使得二极管上的交流信号压降很小，V1、V2的基极上就能得到同样大小的交流信号了。但是，为了使得U_{AB}上的静态电压可调，如图5—58电路那样在两个二极管上串联一个小阻值的可变电阻RP2。实际应用中还可采用在两个二极管上并上一个大阻值的可变电阻。

OCL电路静态工作点的调整除了要调整功率管的静态电流以外，还必须把输出端K点的静态电位U_o调节为0 V，这样既可以使得静态时负载上没有电流，还可以保证输出波形正、负半周的动态范围相同。由图可见，输出端的电位与V3管的集电极电位仅仅相差V2管的发射极压降0.7 V，而V3管的静态工作点显然是由它的基极偏置电阻RP1来调节的，因而可调节RP1使静态时K点的电位为0 V。为了稳定静态工作点，减小零漂，V3的偏置电阻RP1不是接到正电源+U_{CC}上，而是接到电路的输出端K点上，因为这样连接可以使电路产生直流电压负反馈，从而稳定了电路的静态工作点以保证K点的静态电位稳定在0 V。例如，当温度升高时，V3的集电极电流I_{C3}增加，使电阻R2上的压降增大，使A点电位U_A降低，V1的基极电位降低，K点电位U_K降低，使V3的基极电流减小，于是I_{C3}

减小，使 A 点电位 U_A 上升，U_K 上升，从而自动稳定了静态工作点。这一工作过程简单表示如下：

$$I_{C3}\uparrow\rightarrow U_{A\downarrow}\rightarrow U_K\downarrow\rightarrow U_{B3}\downarrow\rightarrow I_{C3}\downarrow\rightarrow U_A\uparrow\rightarrow U_K\uparrow$$

这里还需要说明的是，调节 RP1 也会影响到 V3 管的集电极电流，继而影响到 V1、V2 的静态电流，所以 RP1、RP2 常常需要反复调整才能使 V1、V2 的静态电流与电压都调整好。

4. 采用自举电路与复合管的 OCL 电路

图 5—59 就是采用了自举电路与复合管的 OCL 电路。图中 R3、C2 是自举电路，V2 和 V3 是一对复合管，复合极性为 NPN 型，V4 和 V5 为另一对复合管，复合极性为 PNP 型。下面对自举电路和复合管电路做一介绍说明。

（1）自举电路。在图 5—58 所示的放大电路中，由于输出级没有电压放大作用，因此输出波形 u_O 实际上就是推动级 V3 的输出波形，V3 是工作在甲类放大工作状态的电压放大电路，它的静态工作点接近在直流负载线的中点，即在 $\pm U_{CC}$ 的中点 0 V 上，根据上面所述有关交流负载线的知识可以知道，交流负载线将比直流负载线更加陡直，与横轴的交点比直流负载线更靠左侧，因此造成电路正向输出波形较早截止，使得波形正向输出幅度达不到 $+U_{CC}$。为了解决这一问题，可以采用自举电路。图 5—59 中电阻 R3 与电容 C2 组成自举电路，为了更好说明电阻 R3 与电容 C2 组成自举电路的作用，将图 5—59 所示电路简化成图 5—60 所示电路。

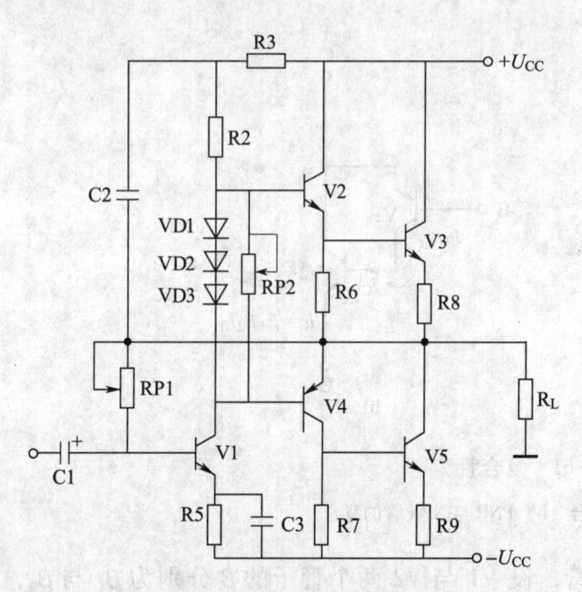

图 5—59 采用自举电路与复合管的 OCL 电路

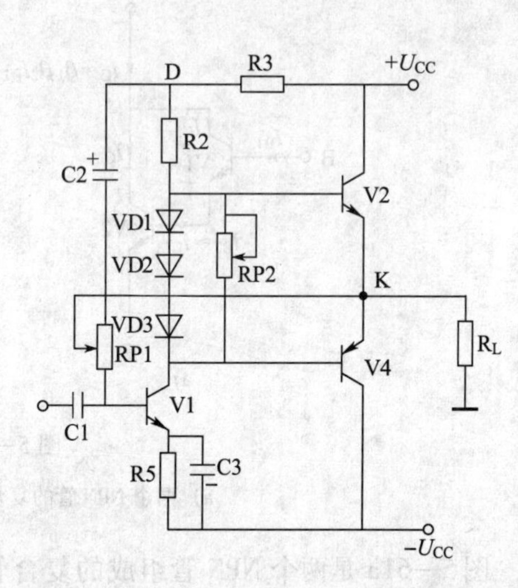

图 5—60 采用自举电路的 OCL 电路

在静态时，电容 C2 上的电压接近于电源电压 U_{CC}，只要选择电阻 R3 和电容 C2 的参数使得它们的乘积 R_3C_2（时间常数）远远大于信号的周期，就可以认为在动态时电容两端 D 点与 K 点之间的电压 U_{DK} 是基本维持不变的。这样，在输出波形的正半周 u_O 电位上升时，D 点的电位 U_D 就始终比输出端 K 点的电位 U_O 要高将近一个电源电压的幅度，随着输出电压 u_O 的升高，U_D 将会超过电源电压 U_{CC}，从而提高了正向输出幅度，保证功率放大电路获得最大的输出动态范围。由此可见“自举电路”名称的由来，正是由于使输出电压 u_O 通过电容的作用，自己提高了自己的缘故。电阻 R3 是用来把 D 点和电源隔离开来，为 D 点电位增加创造条件。为了使 C2 两端电压能保持，C2 的容量应足够大。

（2）复合管电路。由上分析可知，OCL 电路的功率管 V1 和 V2 需要用到一对特性相同的、极性不同的三极管，一个是 NPN 管而另一个是 PNP 管。这两个管子的输入、输出特性最好能完全一致，否则将会使输出波形产生严重的失真，而这一配对要求对于输出功率较大的功率放大电路来说是比较困难的。另外，由于一根管子的电流放大系数 β 不够大，因此推动级的负载还是比较重，比如一个电源电压为 ±12 V、负载为 8 Ω 的 OCL 电路，输出电压 u_O 的最大幅度可接近电压电压，此时功率管的集电极电流的幅度为 12/8 = 1.5 A，如果功率管的 $\beta = 50$，则功率管的基极电流将达到 1.5A/50 = 30 mA，推动级要提供这样大的电流给功率管是困难的。为了解决不同极性功率管配对困难以及管子 β 不够大的问题，V1 和 V2 一般采用复合管，如图 5—61 所示。

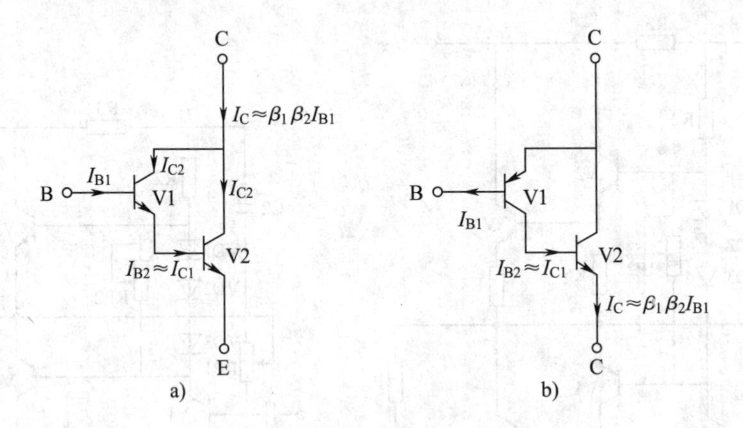

图 5—61　复合管

a）两个 NPN 管的复合　b）PNP 与 NPN 管的复合

图 5—61a 是两个 NPN 管组成的复合管，设 V1 与 V2 两个管子的 β 分别为 β_1 与 β_2，V1 的基极电流 I_{B1} 经 β_1 放大成为集电极电流 I_{C1}，I_{C1} 流入 V2 的基极作为 V2 的基极电流

I_{B2}，即 $I_{B2}=I_{C1}$，I_{C1} 经过 V2 得到 β_2 的再一次放大成为电流 I_{C2}，因此可得复合管输出的总电流 I_C 为：

$$\begin{aligned} I_C &= I_{C1}+I_{C2} = \beta_1 I_{B1}+\beta_2 I_{B2} = \beta_1 I_{B1}+\beta_2 I_{E1} = \beta_1 I_{B1}+\beta_2(1+\beta_1)I_{B1} \\ &= (\beta_1+\beta_2+\beta_1\beta_2)I_{B1} \approx \beta_1\beta_2 I_{B1} = \beta I_{B1} \end{aligned}$$

其中 $\beta=\beta_1\beta_2$ 为复合管的电流放大系数

由此可见复合管的电流放大系数近似为两个管子的电流放大系数的乘积。

图 5—61b 中的 V1 是一个 PNP 管，V2 是 NPN 管，但是两个管子的连接原则还是使第一个管子的集电极电流流入第二个管子的基极，使得 I_{B1} 得到 β_1 和 β_2 的两次放大。由于图 5—61b 复合管的基极电流是流出基极的，复合管可等效为一个 PNP 型管。由图 5—61 可知，复合管的类型与第一个三极管（V1）相同，而与后接的三极管（V2）无关。也就是说不同极性的三极管复合后，复合管的极性取决于前级的三极管，而不是取决于后级的三极管。

5. 最大不失真输出功率的计算

对于功率放大电路来说，最主要的技术指标是电路的最大不失真输出功率，而电路的最大不失真输出功率在负载电阻已知的情况下显然就取决于电路的最大不失真输出电压。如果设功率管的饱和压降为 U_{CES}，则 OCL 电路的最大不失真输出电压的幅度就是 $U_{CC}-U_{CES}$，考虑到正弦波的有效值是最大值相的 $1/\sqrt{2}$倍的关系，可以得出电路的最大不失真输出功率为：

$$P_o=\frac{(U_{CC}-U_{CES})^2}{2R_L}\approx\frac{U_{CC}^{\ 2}}{2R_L}$$

一般三极管的饱和压降仅为 0.3 V 左右，可以略去不计，但是为了减小失真，考虑到三极管在接近饱和区时输出特性已经十分弯曲，因此在要求较高的场合，计算最大不失真输出功率时应留有余量，U_{CES}应该取得大些。

【例 5—8】 在图 5—59 所示 OCL 电路中，电源电压为 ±24 V，负载电阻为 8 Ω，取复合管的饱和压降 U_{CES}为 2V，试计算 OCL 电路的最大不失真输出功率。

解：$P_o=\frac{(U_{CC}-U_{CES})^2}{2R_L}=\frac{(24-2)^2}{2\times 8}\approx 30\ W$

6. OTL 电路

上面 OCL 电路要用到正、负两个直流电源 $\pm U_{CC}$，而 OTL 电路只需一个电源。图 5—62就是一种只使用一个正电源带推动级的 OTL 电路。比较一下图 5—62 所示 OTL 电路与图 5—58 所示 OCL 电路，可以看到除了输出端与负载之间增加了一个输出耦合电容 C 以外，两个电路没有什么其他的区别。在静态时，K 点的电位 U_K 为$\frac{1}{2}U_{CC}$，输出耦合电容 C 上的电压即 K 点和“地”之间的电位差亦为$\frac{1}{2}U_{CC}$，极性如图 5—62 所示。由图 5—62 可知，调节偏置电阻 RP1，I_{C3}随之变化，输出端 K 电位 U_K 也随之改变。所以一般改变 RP1 大小来调整 U_K，使 U_K 为$\frac{1}{2}U_{CC}$。这一静态电压是不能输出到负载上的，因为负载上只需要交流信号。为了隔直流、通交流，输出端与负载之间就需要接一个输出耦合电容 C。由于负载电阻的阻值通常较小，为了通过低频信号，输出耦合电容的容抗必须做得更小，因此输出耦合电容 C 的容量一般都取得较大。在没有负电源的情况下，OTL 电路能输出负半周信号的道理可以这样来分析：输出耦合电容上的静态电压是$\frac{1}{2}U_{CC}$，当输入交流信号经推动级 V3 输出正半周信号时，输出级 V1 发射结处于正向偏置而导通工作，V2 的发射结处于反向偏置而截止，输出耦合电容 C 充电；V3 输出负半周时，V2 导通、V1 截止，输出耦合电容 C 放电，代替电源向 V2 供电，使 V2 得到工作电压并使负载得到负半周信号。此时，为了要使输出波形对称，必须要保持电容 C 上的电压为$\frac{1}{2}U_{CC}$，在放电过程中，其电压不能下降，电容 C 的容量应足够大。由上分析可知，一个电源电压为 U_{CC}的 OTL 电路，完全可以看成是一个等效的电源电压为 $\pm\frac{1}{2}U_{CC}$ 的 OCL 电路，比如一个电源电压为 24 V 的 OTL 电路，其功能与一个电源电压为 ±12 V 的 OCL 电路是完全一样的。计算 OTL 电路的最大不失真功率，也可以按 OCL 电路分析计算。

五、集成功率放大电路

集成功率放大电路由功率放大集成元件和一些外部阻容元件组成。它与一般分立元件组成功率放大电路相比较，具有结构简单、性能优越、工作可靠、调试方便等优点，已经成为在音频领域中应用广泛的功率放大电路。

功率放大集成元件的种类很多，如 LA4112、D4112、TDA2040、LM1875 等。功率放大集成元件 LA4112 是一种塑料封装十四脚的双列直插器件。它的外形如图 5—63 所示。LA4112 的内部电路由三级电压放大、一级功率放大以及偏置、恒流、反馈、退耦等电路组成。

由功率放大集成元件 LA4112 组成的集成功率放大电路如图 5—64 所示。

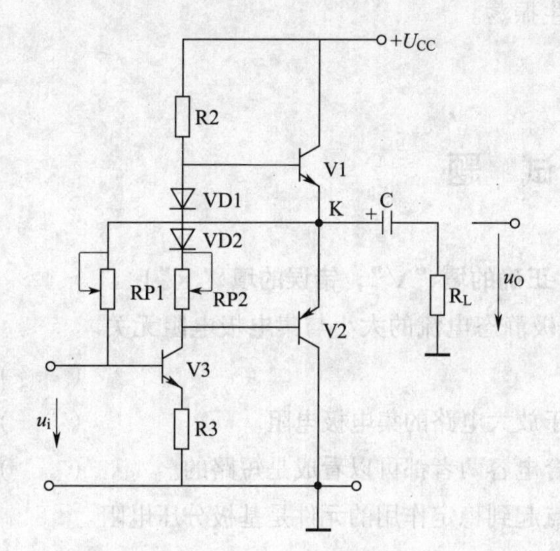

图 5—62　OTL 功率放大器

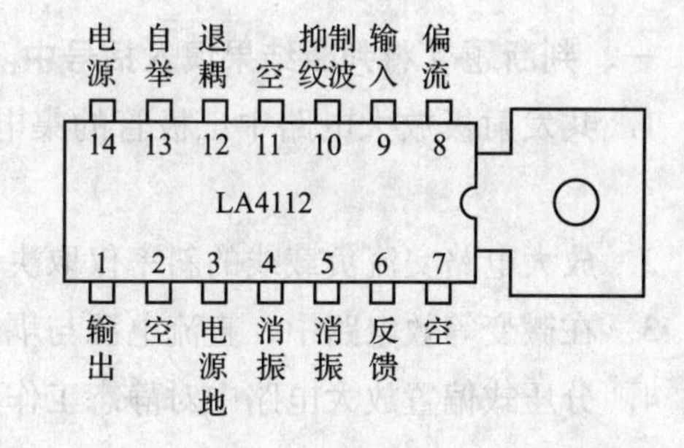

图 5—63　功率放大集成元件 LA4112 的外形图

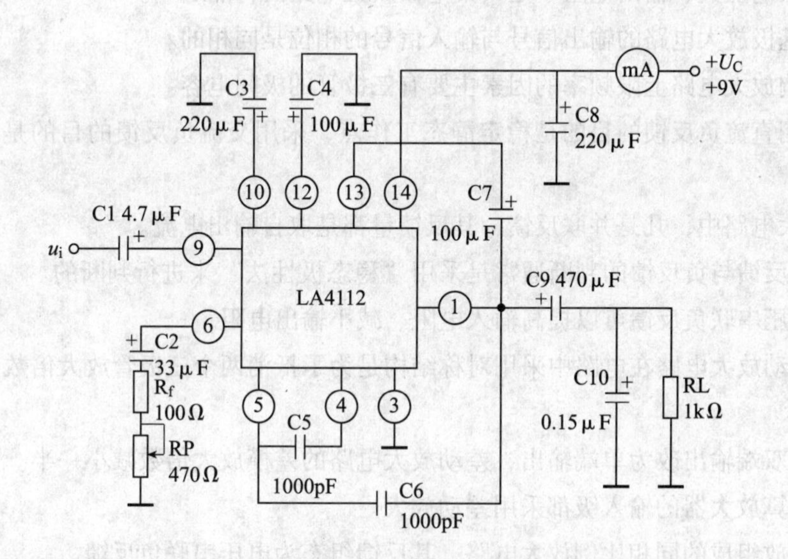

图 5—64　LA4112 组成的集成功率放大电路

由图 5—64 可知，该集成功率放大电路由功率放大集成元件 LA4112 和一些外部阻容元件组成。现对该电路中电容和电阻的作用做一简要说明。

1. C1、C9 为输入、输出耦合电容，起隔直作用。

2. C2 和 R_f、RP 为反馈元件，调节与决定电路的闭环增益。

3. C3、C4、C8 为滤波、退耦电容。

4. C5、C6、C10为消振电容，消除寄生振荡。

5. C7为自举电容。

测 试 题

一、判断题（将判断结果填入括号中。正确的填“√”，错误的填“×”）

1. 共发射极放大电路中三极管的集电极静态电流的大小与集电极电阻无关。（ ）

2. 放大电路交流负载线的斜率仅取决于放大电路的集电极电阻。（ ）

3. 在微变等效电路中，直流电源与耦合电容两者都可以看成是短路的。（ ）

4. 分压式偏置放大电路中对静态工作点起到稳定作用的元件是基极分压电阻。（ ）

5. 输入电阻大、输出电阻小是共集电极放大电路的特点之一。（ ）

6. 共基极放大电路的输出信号与输入信号的相位是同相的。（ ）

7. 影响放大电路上限频率的因素主要有三极管的极间电容。（ ）

8. 采用直流负反馈的目的是稳定静态工作点，采用交流负反馈的目的是改善放大电路的性能。（ ）

9. 放大电路中，凡是并联反馈，其反馈量都是取自输出电流。（ ）

10. 正反馈与负反馈的判断通常是采用“稳态极性法”来进行判断的。（ ）

11. 电压串联负反馈可以提高输入电阻、减小输出电阻。（ ）

12. 差动放大电路在电路中采用对称结构是为了抵消两个三极管放大倍数的差异。（ ）

13. 把双端输出改为单端输出，差动放大电路的差模放大倍数减小一半。（ ）

14. 运算放大器的输入级都采用差动放大。（ ）

15. 运放组成的同相比例放大电路，其反馈组态为电压串联负反馈。（ ）

16. 用运算放大器组成的电平比较器电路工作于线性状态。（ ）

17. 乙类功率放大器电源提供的功率与输出功率的大小无关。（ ）

18. 电源电压为±12 V的OCL电路，输出端的静态电压应该调整到6 V。（ ）

19. OTL功率放大器输出端的静态电压应调整为电源电压的一半。（ ）

二、单项选择题（选择一个正确的答案，将相应的字母填入题内的括号中）

1. 共发射极放大电路中三极管的集电极静态电流的大小与（ ）有关。

A. 集电极电阻　　　　　　　　　　　B. 基极电阻

C. 三极管的最大集电极电流　　　　　D. 负载电阻

2. 共发射极放大电路中（　）的大小与集电极电阻无关。

A. 三极管的集电极静态电流　　　　　B. 输出电流

C. 电压放大倍数　　　　　　　　　　D. 输出电阻

3. 若三极管静态工作点在交流负载线上位置定得太高，会造成输出信号的（　）。

A. 饱和失真　D. 截止失真　C. 交越失真　D. 线性失真

4. 在微变等效电路中，直流电源可以看成是（　）。

A. 短路的　B. 开路的　C. 一个电阻　D. 可调电阻

5. 在微变等效电路中，耦合电容可以看成是（　）。

A. 短路的　　　　　　　　　　　　B. 开路的

C. 一个电阻　　　　　　　　　　　D. 与电容量成比例的电阻

6. 分压式偏置放大电路中对静态工作点起到稳定作用的元件是（　）。

A. 集电极电阻　　　　　　　　　　B. 发射极旁路电容

C. 发射极电阻　　　　　　　　　　D. 基极偏置电阻

7. 输入电阻大、输出电阻小是（　）放大电路的特点之一。

A. 共发射极　B. 共基极　C. 共集电极　D. 共栅极

8. 射极输出器（　）放大能力。

A. 具有电压　B. 具有电流　C. 具有功率　D. 不具有任何

9. 共基极放大电路常用于（　）中。

A. 高频振荡电路　　　　　　　　　B. 低频振荡电路

C. 中频振荡电路　　　　　　　　　D. 窄频带放大电路

10. 多级放大电路中，前级放大电路的输出电阻就是后级放大电路的（　）。

A. 输出电阻　B. 信号源内阻　C. 负载电阻　D. 偏置电阻

11. 多级放大电路中，后级放大电路的（　）就是前级放大电路的负载电阻。

A. 输出电阻　B. 信号源内阻　C. 输入电阻　D. 偏置电阻

12. 影响放大电路下限频率的因素主要有（　）。

A. 三极管的极间电容　　　　　　　B. 耦合电容

C. 分布电容　　　　　　　　　　　D. 电源的滤波电容

13. 三极管的极间电容是影响放大电路（　）的主要因素。

A. 上限频率　　　　　　　　　　　B. 下限频率

C. 中频段特性　　　　　　　　　　D. 低频段附加相移

14．采用交流负反馈的目的是（　　）。

A．减小输入电阻　　B．稳定静态工作点

C．改善放大电路的性能　　D．提高输出电阻

15．反馈就是把放大电路（　　）通过一定的电路倒送回输入端的过程。

A．输出量的一部分　　B．输出量的一部分或全部

C．输出量的全部　　D．扰动量

16．放大电路中，凡是并联反馈，其反馈量在输入端的连接方法是（　　）。

A．与电路输入电压相加减　　B．与电路输入电流相加减

C．与电路输入电压或电流相加减　　D．与电路输入电阻并联

17．放大电路中，凡是串联反馈，其反馈量取自（　　）。

A．输出电压　　B．输出电流

C．输出电压或输出电流都可以　　D．输出电阻

18．反馈极性的判别是（　　）。

A．瞬时极性法　　B．极性法

C．输出电压短路法　　D．输出电流短路法

19．电压并联负反馈可以（　　）。

A．提高输入电阻与输出电阻　　B．减小输入电阻与输出电阻

C．提高输入电阻，减小输出电阻　　D．减小输入电阻，提高输出电阻

20．电流串联负反馈可以（　　）。

A．提高输入电阻与输出电阻　　B．减小输入电阻与输出电阻

C．提高输入电阻，减小输出电阻　　D．减小输入电阻，提高输出电阻

21．差动放大电路在电路中采用对称结构是为了（　　）。

A．抵消两个三极管的零漂　　B．提高电压放大倍数

C．稳定电源电压　　D．提高输入电阻

22．差动放大电路放大的是（　　）。

A．两个输入信号之和　　B．两个输入信号之差

C．直流信号　　D．交流信号

23．把双端输入改为单端输入，差动放大电路的差模放大倍数（　　）。

A．不确定　　B．不变　　C．增加1倍　　D．减小一半

24．设双端输入、双端输出的差动放大电路差模放大倍数为1 000倍，改为单端输入、单端输出的差模放大倍数为（　　）。

A．1 000　　B．500　　C．250　　D．2 000

25. 运算放大器的（　　）都采用差动放大。

A. 中间级　　B. 输入级　　C. 输出级　　D. 偏置电路

26. 下列运放参数中，（　　）数值越小越好。

A. 输入电阻　　B. 开环放大倍数

C. 共模放大倍数　　D. 差模放大倍数

27. 运放组成的反相比例放大电路，其反馈组态为（　　）负反馈。

A. 电压串联　　B. 电压并联　　C. 电流串联　　D. 电流并联

28. 用运算放大器组成的（　　）电路工作于非线性开关状态。

A. 比例放大器　　B. 电平比较器　　C. 加法器　　D. 跟随器

29. 用运算放大器组成的电平比较器电路工作于非线性开关状态，一定具有（　　）。

A. 正反馈　　B. 负反馈

C. 无反馈　　D. 无反馈或正反馈

30. 根据功率放大电路中三极管（　　）在交流负载线上的位置不同，功率放大电路可分为三种。

A. 静态工作点　　B. 基极电流

C. 集电极电压　　D. 集电极电流

31. 甲类功率放大器电源提供的功率（　　）。

A. 随输出功率增大而增大　　B. 随输出功率增大而减小

C. 与输入功率的大小有关　　D. 是一个设计者确定的恒定值

32. 甲乙类功率放大器电源提供的功率（　　）。

A. 随输出功率增大而增大　　B. 随输出功率增大而减小

C. 与输出功率的大小无关　　D. 是一个设计者确定的恒定值

33. 电源电压为 ±9 V 的 OCL 电路，输出端的静态电压应该调整到（　　）。

A. +9 V　　B. −9 V　　C. 4.5 V　　D. 0 V

34. 电源电压为 24 V 的 OTL 电路，输出端的静态电压应该调整到（　　）。

A. 24 V　　B. 12 V　　C. 6 V　　D. 0 V

测试题答案

一、判断题

1. √　2. ×　3. √　4. ×　5. √　6. √　7. √　8. √　9. ×

10. × 11. √ 12. × 13. √ 14. √ 15. √ 16. × 17. × 18. ×
19. √

二、单项选择题

1. B 2. A 3. A 4. A 5. A 6. C 7. C 8. B 9. A
10. B 11. C 12. B 13. A 14. C 15. B 16. B 17. C 18. A
19. B 20. A 21. A 22. B 23. B 24. B 25. B 26. C 27. B
28. B 29. D 30. A 31. D 32. A 33. D 34. B

第 6 章

正弦波振荡电路

正弦波振荡电路也是一种常用的基本电子电路，用来产生一定频率和幅度的正弦交流信号，其用途十分广泛。如实验室的正弦波信号发生器、工业中的高频感应加热、超声波探伤、半导体接近开关以及无线电信号的发送和接收等也都离不开各种振荡电路。正弦波振荡电路可分为RC振荡电路、LC振荡电路和石英晶体振荡电路。本章将对正弦波振荡电路的基本工作原理与电路结构做一介绍。

第1节 自激振荡

一、自激振荡条件

一个放大电路在输入端不外接信号的情况下，输出端仍有一定频率和幅值的信号输出，这种现象就是放大电路的自激振荡。

振荡电路实际上是一种正反馈放大电路，正反馈放大电路的方框图如图6—1a所示，它与负反馈放大电路不同之处在于，其净输入电压 $\dot{U}_{di} = \dot{U}_i + \dot{U}_f$。如果$\dot{U}_f = \dot{U}_{di}$即两者大小、相位相同，那么反馈电压$\dot{U}_f$就可以代替外加输入信号电压，在输入信号电压$\dot{U}_i = 0$的情况下，输出电压保持不变。这时，放大电路变成振荡电路，振荡电路的输入信号是从自己的输出端反馈回来的，振荡电路的方框图如图6—1b所示。

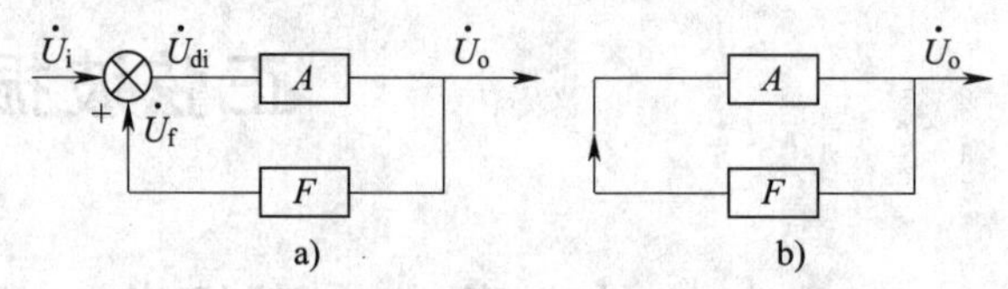

图6—1 正反馈放大电路和振荡电路的方框图

a）正反馈放大电路 b）振荡电路

放大电路的开环放大倍数为：

$$A = \frac{\dot{U}_o}{\dot{U}_{di}}$$

反馈电路的反馈系数为：

$$\dot{F} = \frac{\dot{U}_f}{\dot{U}_o}$$

当 $\dot{U}_f = \dot{U}_{di}$时，$\dot{A}\dot{F} = 1$。因此，振荡电路的自激振荡条件如下。

1．幅度条件

幅度条件为 $\dot{A}\dot{F}=1$，即从输出端反馈到输入端的反馈电压要等于所需输入电压，$\dot{U}_f=\dot{U}_{di}$。$\dot{A}\dot{F}=1$ 的含义是很容易理解的，例如设 $\dot{A}=1\ 000$，$\dot{F}=1/1\ 000$，满足 $\dot{A}\dot{F}=1$ 的条件，那么假设在电路输入 1 mV 信号时，输出电压为 1 V，而这 1 V 的输出电压经过反馈电路又取其 1/1 000，也就是 1 mV 反馈回到输入端，如果 $\dot{U}_{di}$ 和 $\dot{U}_f$ 同相，在没有外界输入的情况下，振荡电路就能稳定工作，产生自激振荡。

但是严格地讲，振荡的幅度条件应该是 $\dot{A}\dot{F}\geqslant 1$，或者说产生振荡的起振条件是 $\dot{A}\dot{F}>1$，使振荡幅度稳定下来的条件是 $\dot{A}\dot{F}=1$。这是因为 $\dot{A}\dot{F}=1$ 是振荡已经产生并稳定工作的情况，就像上面所说的，输入 1 mV 放大 1 000 倍得到输出 1 V，再反馈回去 1/1 000 即 1 mV，但是振荡究竟是怎样开始产生的呢？是先有输入还是先有输出？应该说，在振荡还没有开始时，在振荡电路刚与电源接通时，电路中有微小的扰动信号和放大电路本身产生的噪声电压。这一扰动信号和噪声电压中含有一系列不同频率的正弦波分量，其中某一频率的正弦波分量在满足 $\dot{A}\dot{F}>1$ 的自激振荡条件时，在反馈环内每循环一周就会使得输出增大一些，振荡幅度就能逐渐增大，使电路得以起振，待输出幅度达到一定值时，使电路满足 $\dot{A}\dot{F}=1$ 的稳幅条件，输出幅度就稳定了。从 $\dot{A}\dot{F}>1$ 到 $\dot{A}\dot{F}=1$，这是自激振荡的建立的过程。

2．相位条件

$$\varphi_A+\varphi_F=2n\pi\ (n=1,\ 2,\ 3,\ \cdots)$$

式中　n——整数（$n=1$，2，3，…）。

即要求从输出端反馈到输入端的反馈电压和输入电压要同相，也就是必须是正反馈。上式中 $2n\pi$ 就是 360°的整数倍，表示同相的意思。

二、正弦波振荡电路的组成及要求

由前文可知，振荡电路是由放大电路与正反馈电路两部分组成的，但对正弦波振荡电路来说，为了输出单一频率正弦波振荡电压，在放大电路或反馈电路中，必须有选频网络，也就是说振荡电路只对某一特定频率满足振荡条件，对其他频率的正弦波不满足振荡条件。因此正弦波振荡电路由放大电路、正反馈电路和选频网络电路三部分组成。

常用的选频网络有 R－C 电路与 L－C 电路两种，前者称为“RC 振荡电路”，通常作为低频（1 MHz 以下）振荡电路；后者称为“LC 振荡电路”，通常作为高频（1 MHz 以上）振荡电路。

此外振荡电路还要有稳幅措施，也就是说电路在起振时应该使 $\dot{A}\dot{F}>1$，等到输出幅度逐渐增大时，应该使 A（或 F）自动地逐渐减小，直至最后使 $\dot{A}\dot{F}=1$，把电路的输出幅度稳定下来。

第2节　RC振荡电路

用RC电路作为选频网络的正弦波振荡电路称为RC振荡电路，RC振荡电路按不同的选频网络结构可分为两种，一种是RC桥式振荡电路，它用RC串并联网络作为选频网络；另一种是RC移相式振荡电路，它用RC移相电路作为选频网络。

一、RC桥式振荡电路

图6—2所示为RC桥式振荡电路原理图。由图可见，电路中是用RC串并联选频网络作为正反馈电路。选频网络中用到了两对参数相同的电阻及电容，分别组成RC串联电路及RC并联电路。由于电容的容抗与频率有关，因此该选频网络对不同的频率具有不同的反馈系数 $\dot{F}$，网络在起到反馈作用的同时也起到了选频网络的作用。反馈系数 $\dot{F}$ 由下式决定：

$$\dot{F}=\frac{\dot{U}_f}{\dot{U}_o}=\frac{Z_2}{Z_1+Z_2}$$

式中　Z_1——串联电路的复数阻抗；

Z_2——并联电路的复数阻抗。

1. RC串并联网络的频率特性

图6—3所示为反馈系数 $\dot{F}$ 与信号频率 f 的关系曲线，称为RC串并联网络的频率特性，其中图6—3a是幅频特性，图6—3b是相频特性。

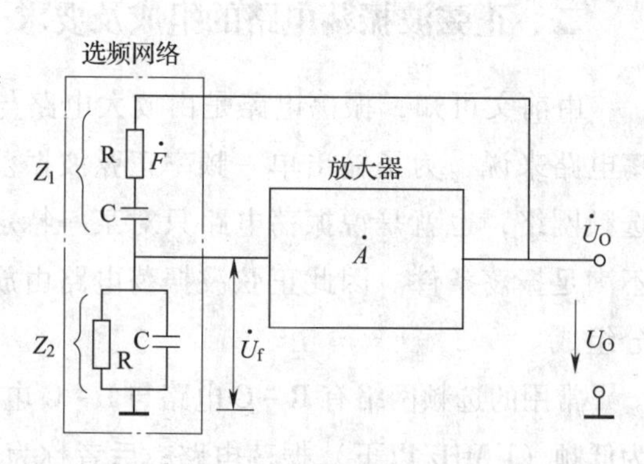

图6—2　RC桥式振荡器原理图

由图6—3可见，该网络对不同的频率反馈系数是不同的，选频网络对某一特定频率 f_0 具有最大的反馈系数 $\dot{F}_{max}=1/3$，而且此时 $\varphi_F=0$，$\dot{U}_f$与$\dot{U}_o$ 是同相的；对于其他的频率，网络的反馈系数 $\dot{F}$ 都比较小，而且$\dot{U}_f$与$\dot{U}_o$ 是

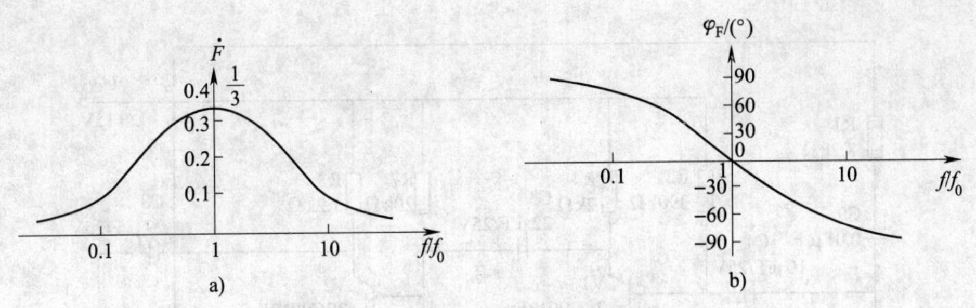

图 6—3　RC 串并联网络的频率特性

a）幅频特性　b ）相频特性

有相位差的，即 $\varphi_F \neq 0$。当 $f = f_o$ 时，$\dot F_{max} = 1/3$，而且 $\dot U_f$ 与 $\dot U_o$ 同相，即电路具有正反馈，因此只要放大电路的放大倍数 $\dot A \geqslant 3$，就可以使电路满足振荡的幅度条件 $\dot A \dot F \geqslant 1$ 与相位条件，使电路产生振荡。振荡频率 f_0 可由下式求得：

$$f_0 = \frac{1}{2\pi RC}$$

2. RC 桥式振荡电路的分析

RC 桥式振荡电路的电路图如图 6—4、图 6—5 所示。由图 6—4 可见，振荡电路由放大电路和选频网络反馈电路部分组成。放大电路是一个带有电压串联负反馈的两级阻容耦合放大电路，可变电阻 R_f 是反馈电阻，输出电压 $\dot U_o$ 通过 R_f 反馈到 V1 的发射极，因此调节 R_f 的值就可调节放大倍数大小。加上电压负反馈是为了降低放大倍数，因为按照振荡的幅度条件 $\dot A \dot F \geqslant 1$，当 $\dot F_{max} = 1/3$ 时，电路的闭环放大倍数只要 $\dot A_f \geqslant 3$ 就够了，根据电压串联负反馈电路在深度负反馈条件下电压放大倍数的近似计算公式为：

$$\dot A_f = \frac{\dot U_o}{\dot U_i} = 1 + \frac{R_f}{R_{E1}}$$

可以估算出反馈电阻 R_F 的大小应为：

$$R_f \geqslant 2R_{E1}$$

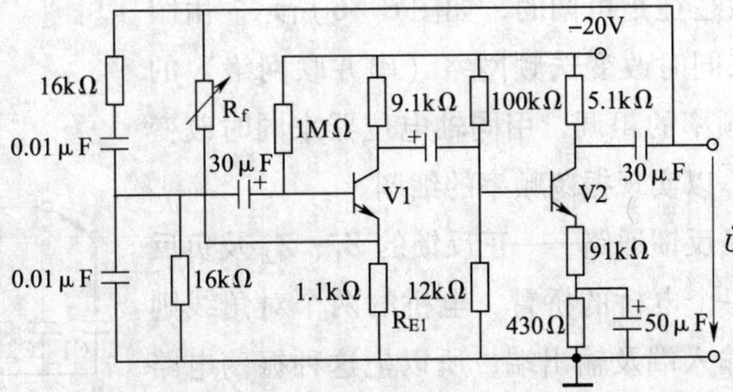

图 6—4　RC 桥式振荡电路的电路图

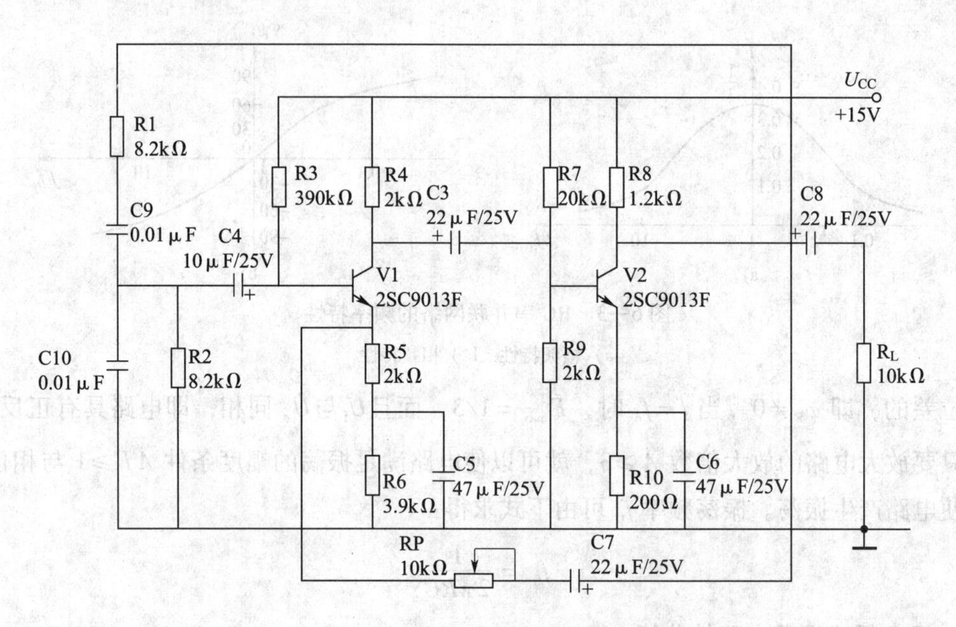

图6—5　RC桥式振荡电路的实验电路图

加上电压负反馈还能使电路工作稳定，波形好，减小输入电阻对振荡频率的影响，增大振荡器带负载的能力等。

为了使振荡电路能顺利起振并稳幅，要求电路中有稳幅措施。在图6—4所示桥式振荡电路中的稳幅措施是用热敏电阻来作为负反馈电阻 R_F。热敏电阻是一种具有负温度系数的电阻，即冷态时电阻大，热态时电阻小。在起振时由于 $\dot{U}_o$ 小，流过 R_F 的信号电流小，发热少，R_F 电阻较大，所以放大倍数较大，满足了 $\dot{A}\dot{F}>1$ 的起振条件，随着振荡的建立，R_F 上的信号电流增大，电阻发热，阻值减小，放大倍数减小，使 $\dot{A}\dot{F}=1$，使得电路的输出幅度稳定下来。

在实际的电路中，为了使振荡频率可以调节，选频网络（串并联网络）的参数往往是可调的，如图6—6所示。由图可见，用2×3开关来同时改变选频网络（串并联网络）的电容值，以实现振荡频率的粗调，用同轴电位器来同时改变串并联网络的电阻值，以实现振荡频率的细调。

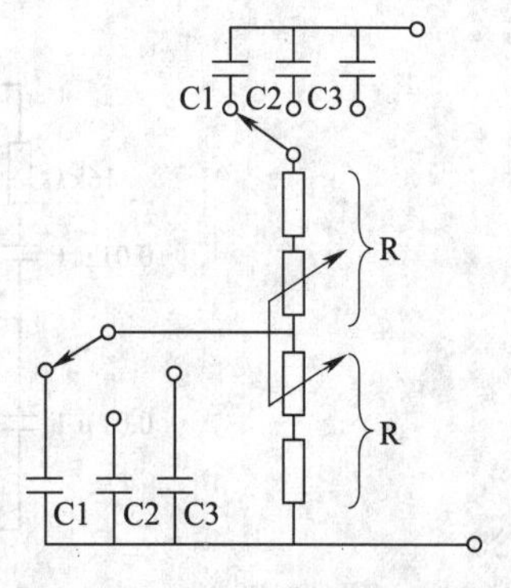

图6—6　调节振荡频率的方法

如果把电路的两条反馈通路——正反馈的 Z_1、Z_2 及负反馈的 R_F、R_{E1} 看成是一个电桥的桥臂，电桥的两个对角线则正好是放大电路的净输入端及输出端，所以把这种振荡电路称为桥式振荡器，也称为文（Wien）氏电桥。

二、RC 移相式振荡电路

RC 移相式振荡电路如图 6—7 所示。图中的放大电路只是一级共射放大电路，输入电压与输出电压是反相的，因此放大倍数的复角 $\varphi_A=180°$，为了使电路能够产生振荡，必须满足振荡的相位条件，即电路必须是正反馈的。也就是说反馈网络也必须使输出反馈信号再反相 180°（$\varphi_F=180°$），这一任务就由反馈网络——三级 RC 移相电路来完成。RC 移相原理分析如下：一级 RC 电路在信号频率变动时的移相情况如图 6—8a的相量图所示。当电路的频率很低时，容抗很大，电路接近纯容性，移相电路的输出电压$\dot{U}_2$极小，电流与电阻上的电压$\dot{U}_2$超前电压$\dot{U}_1$接近 90°，随着频率的升高，容抗减小，电路向纯电阻性靠拢，$\dot{U}_2$超前电压$\dot{U}_1$的角度就逐渐减小向 0°靠拢。所以说一级 RC 移相电路的移相范围是 0° ~ 90°，那么从原理上说二级 RC 移相电路就可以实现 0° ~ 180°的移相范围了，但是应该看到，一级电路移相 90°时，输出电压$\dot{U}_2$已经减小为 0，那么二级 RC 移相到 180°时也是没有输出的，为了使电路在移相的同时有足够的输出，就必须采用三级 RC 移相电路，三级 RC 移相电路的相频特性如图 6—8b 所示。其移相范围为 0° ~ 270°，其中必定有某一频率 f_0 是移相 180°的，电路只对这一频率满足振荡的相位条件，因此这一频率就是振荡频率，三级 RC 移相电路既是正反馈网络，又是选频网络。电路中只要三极管的β大于一定的数值，就能满足振荡的幅度条件，电路就能产生正弦波振荡。

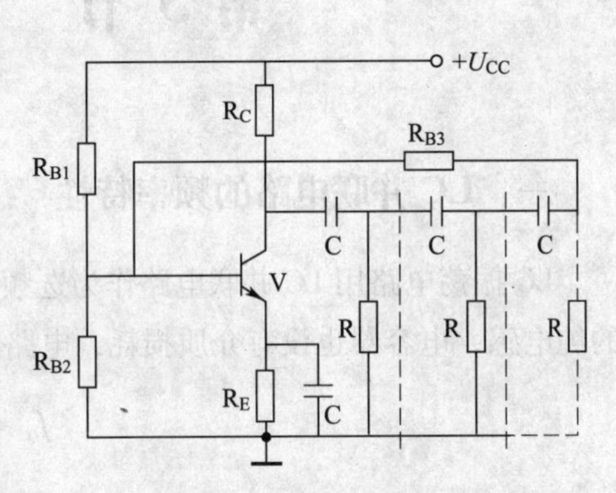

图 6—7　RC 移相式振荡电路

RC 移相式振荡电路具有电路简单的优点，但也有振荡频率及幅度不够稳定、调节频率不够方便等缺点，通常只用于频率固定且要求不高的场合。

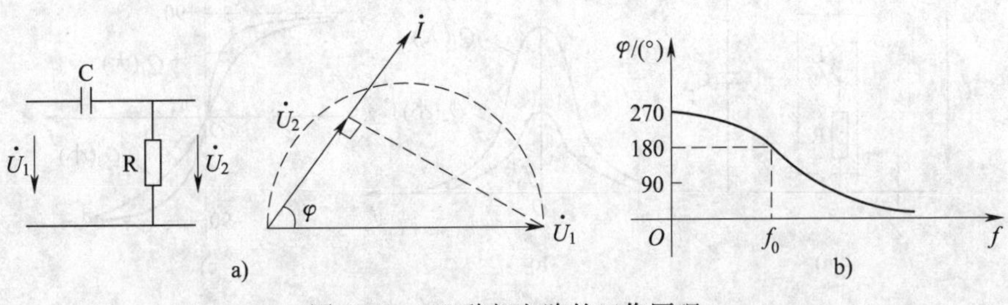

图 6—8　RC 移相电路的工作原理

a）一级移相电路的相量图　b）三级移相电路的相频特性

第3节 LC振荡电路

一、LC并联电路的频率特性

LC振荡电路用LC并联电路作为选频网络，在理想情况下，假设电感线圈为没有电阻的纯电感，电容器也没有介质损耗，电路的谐振频率为：

$$f_0 = \frac{1}{2\pi\sqrt{LC}}$$

对于谐振频率，电路的阻抗为无穷大，但是实际上电感线圈与电容器都不可能是理想元件，尤其是电感线圈总有一定的电阻 R，因此电路在谐振时的阻抗不是无穷大，一个电感线圈接近纯电感的程度，可用品质因数 Q 来表示，它是指谐振时的感抗大于电阻的倍数，即：

$$Q = \frac{X_L}{R} = \frac{2\pi f_0 L}{R} = \frac{\sqrt{L/C}}{R}$$

一般振荡电路中线圈的品质因数 Q 值都很大（数十至数百），谐振频率仍然可用上式计算，但是谐振时的阻抗不是无穷大。在已知线圈的品质因数 Q 值与电阻 R 时，LC并联电路的谐振时阻抗为：

$$Z_m = Q^2 R$$

LC并联电路阻抗的大小与幅角都是随频率而变化的，其频率特性如图6—9所示。由图可见，电路对于谐振频率 f_0 具有最大的阻抗，且此时电路的阻抗角为0°，即电路呈现出纯电阻性；频率大于或小于 f_0 时，电路的阻抗将大大减小，且电路的阻抗角不为0°，分别呈现容性或感性。电路的选频性能与 Q 值的大小有很大的关系，Q 值越大则选频性能越好。

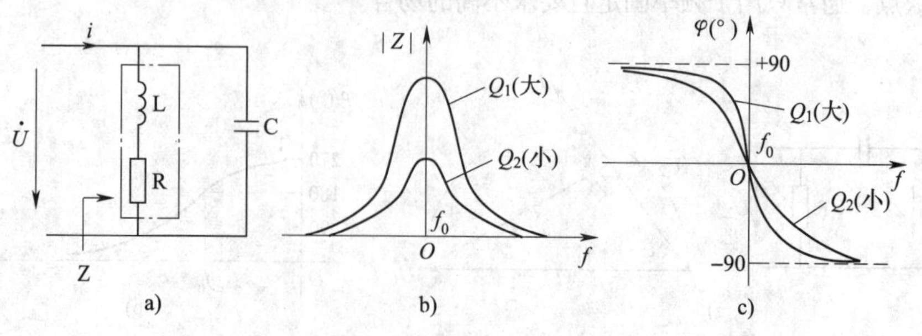

图6—9 LC并联电路的频率特性

a）LC并联电路 b）幅频特性 c）相频特性

二、变压器反馈式振荡电路

变压器反馈式振荡电路如图 6—10 所示。由图可见，电路实际上是一个分压式偏置放大电路，只是用 LC 并联电路代替了原来的集电极电阻 Rc，这样电路对于不同的频率，因为 LC 并联电路的阻抗不同就有不同的电压放大倍数，其中对于谐振频率 f_0 来说，因为阻抗最大，当然放大倍数也就是最大的，这种对于不同的频率有着不同放大倍数的放大电路通常称为“选频放大器”。此外，在制作电感时，同一磁心上绕了两个线圈，做成一个变压器。把变压器二次绕组的信号送回到输入端就形成了反馈，接线时只要注意到变压器一次与二次之间同名端的位置，使电路产生正反馈，由于电路具有选频特性，只对谐振频率 f_0 满足振荡的幅度条件及相位条件产生自激振荡，因此电路的振荡频率就是 LC 并联电路的谐振频率 f_0。

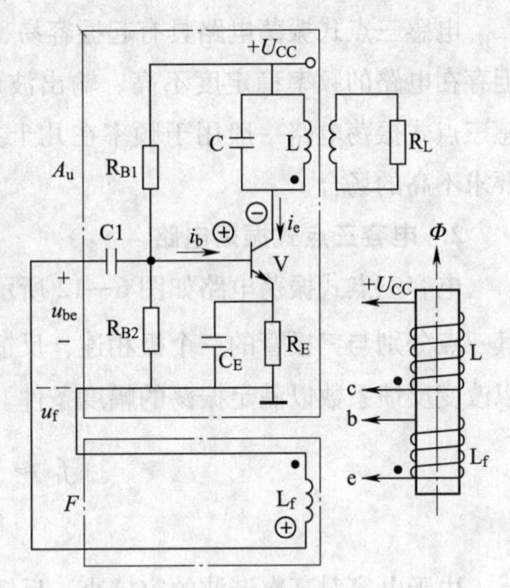

图 6—10　变压器反馈式振荡电路

在分析变压器反馈式振荡电路是否可能产生振荡时，可采用瞬时极性法分析电路的反馈是否是正反馈，在此应特别注意变压器的同名端，在图 6—10 所示的电路中，图中的“.”即为表示两个线圈同名端的标记。设电路由基极输入一个正信号“+”，共射放大器反相输出为“-”，变压器二次侧 L_f 下端输出为“+”，反馈提高了基极电位，故为正反馈，有可能产生振荡。在此特别注意的是，用瞬时极性法分析时，在图上打上的“+”“-”标记是交流信号的瞬时极性，不是直流量，变压器一次侧接电源的一端尽管接有 $+U_{CC}$，但是它的交流瞬时极性始终为 0，因为它是交流接地的。

三、三点式振荡电路

1. 电感三点式振荡电路

电感三点式振荡电路如图 6—11 所示。由图可知，电路采用了一个有抽头的电感线圈，直流电源接在电感线圈抽头上。从交流通路上看，直流电源端是交流接地的，C_E、C_B 对交流都可视为短路。因而电感的三个端钮在交流通路上分别与三极管的三个极相连。由于电感线圈的中间抽头接地，线圈两端感应出来的瞬时极性就应该是反相的，电路就不必再用二次绕组来引出反馈，直接把电感线圈另一端的交流信号反馈到输入端就可以实现正反馈。电

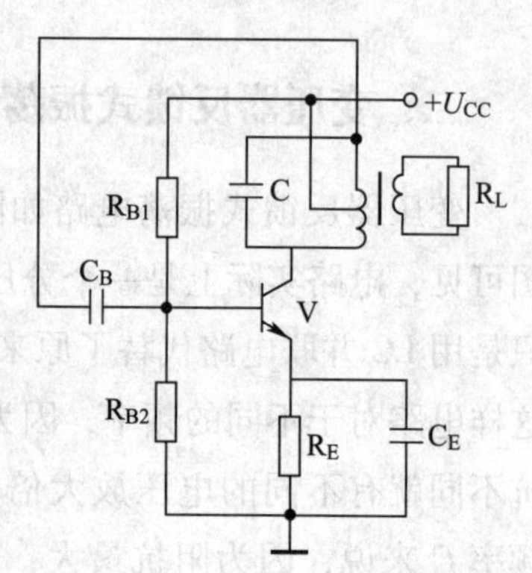

图 6—11　电感三点式振荡电路

感三点式振荡电路只要改变线圈抽头的位置，就可以调节反馈电压的大小使电路满足振荡的幅度条件，一般抽头位置在全部匝数的1/4至1/8之间，具体可通过调试确定。

电感三点式振荡电路具有起振容易、调频方便的优点，但存在电路的频率稳定度不高、输出波形较差等缺点，电感三点式振荡电路一般用于频率在几十兆赫兹以下对波形要求不高的场合。

2. 电容三点式振荡电路

电容三点式振荡电路如图6—12所示。C1与C2连接，其三点分别与三极管的三个极相连，反馈电压从电容C1上取出，改变C1与C2的比值可以改变反馈系数以满足振荡的幅度条件。电容三点式电路的振荡频率 f_0 为：

$$f_0 \approx \frac{1}{2\pi\sqrt{L\dfrac{C_1 C_2}{C_1 + C_2}}}$$

由于电容对高次谐波的容抗小、反馈弱，因此电容三点式振荡电路的输出波形好，振荡频率可以做到100 MHz以上，通常用于高频振荡电路中。但是由于三极管的极间电容与振荡电容并联，所以容易使得振荡频率不够稳定，为了克服这一缺点，可以采用如图6—13所示的改进型电容三点式振荡电路。图中C0的电容量远远小于C1、C2，振荡频率主要由C0决定，因而用它来调节振荡频率。由于加大了C1、C2的数值，使得并联在C1、C2上的极间电容的影响就大大地减小了，但应注意C1、C2数值的增大将使得反馈量减小，过分增大C1、C2将使得电路停止振荡。

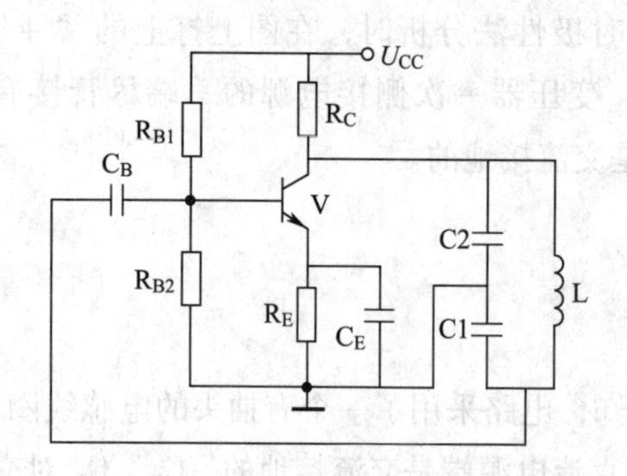

图 6—12　电容三点式振荡电路

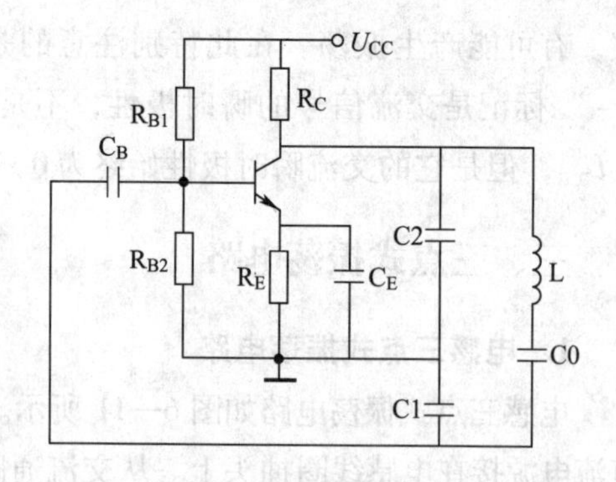

图 6—13　改进型电容三点式振荡电路

由上分析可知，无论是电感三点式还是电容三点式，LC三点式振荡电路的交流通路有这样一个共同点：三极管的三个管脚与LC振荡电路相连时，发射极总是与电感（或电容）的抽头相接，因为唯有这一接法才能使电路产生正反馈，才能满足振荡的相位条件。

3. 石英晶体振荡电路

为了稳定 LC 振荡电路的振荡频率，要求振荡回路的品质因数 Q 值大，但是一般用漆包线绕制的线圈 Q 值最多只能做到几百，不可能再增大了。为了提高电路的频率稳定性，常用“石英晶体振荡电路”。这种振荡电路在大多数情况下就是一种改进型的电容三点式振荡电路，其中的石英晶体是作为一个等效电感用来代替振荡线圈的，石英晶体的 Q 值可以达到 $10^4 \sim 10^6$，因此用石英晶体做成的振荡电路其频率稳定性极高，所以在要求振荡频率极其稳定的场合（如钟表等），通常都采用石英晶体振荡电路。

石英晶体振荡电路如图 6—14 所示。石英晶体的振荡频率以及与之串联的振荡电容 C0 的大小（通常称为“负载电容”）可查有关的产品手册。

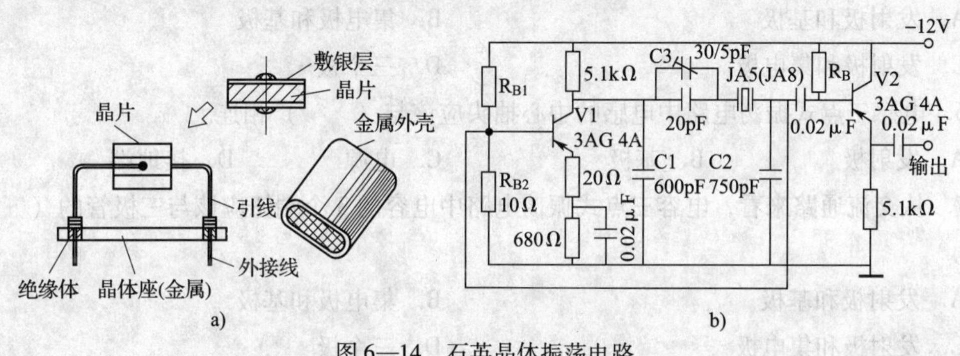

图 6—14　石英晶体振荡电路

a）结构　b）电路图

测　试　题

一、判断题（将判断结果填入括号中。正确的填“√”，错误的填“×”）

1. 正弦波振荡电路是由放大电路加上选频网络和正反馈电路组成的。（　）
2. RC 桥式振荡电路中同时存在正反馈与负反馈。（　）
3. 从交流通路来看，三点式 LC 振荡电路中电感或电容的中心抽头应该与接地端相连。（　）
4. 与电感三点式振荡电路相比较，电容三点式振荡电路的振荡频率可以做得更高。（　）

二、单项选择题（选择一个正确的答案，将相应的字母填入题内的括号中）

1. 正弦波振荡电路是由放大电路加上选频网络和（　　）组成的。

A. 负反馈电路　B. 正反馈电路　C. 整形电路　D. 滤波电路

2. 振荡电路中振荡频率最稳定的类型是（　　）振荡电路。

A. 变压器耦合 LC　B. 石英晶体　C. 电感三点式　D. 电容三点式

3. RC 桥式振荡电路中用选频网络（　　）。

A. 同时作为正反馈电路　B. 同时作为正反馈与负反馈电路

C. 同时作为负反馈电路　D. 不作为反馈电路

4. RC 桥式振荡电路中的闭环放大倍数（　　）。

A. >3　B. ≥3　C. >1/3　D. ≥1/3

5. 从交流通路来看，电感三点式振荡电路中电感的 3 个端钮应该与三极管的（　　）相连。

A. 发射极和基极　B. 集电极和基极

C. 发射极和集电极　D. 三个极

6. 电感三点式振荡电路中电感的中心抽头应该与（　　）相连。

A. 发射极　B. 基极　C. 电源　D. 接地端

7. 从交流通路来看，电容三点式振荡电路中电容的 3 个端钮应该与三极管的（　　）相连。

A. 发射极和基极　B. 集电极和基极

C. 发射极和集电极　D. 三个极

8. 电容三点式振荡电路中电容的中心抽头应该与（　　）相连。

A. 发射极　B. 基极　C. 电源　D. 接地端

测试题答案

一、判断题

1. √　2. √　3. ×　4. √

二、单项选择题

1. B　2. B　3. A　4. B　5. D　6. C　7. D　8. D

第 7 章

直流稳压电源

在五级教材中已经介绍了把交流电变换成直流电的整流电路、滤波电路以及简单的稳压管稳压电路。由于稳压管稳压电路输出的电流不大，稳压性能也不够理想，因此只能应用于一些负载电流较小、要求不高的场合。实际应用的直流稳压电源有晶体管串联式稳压电源和集成稳压电源。许多集成稳压电源工作原理也是基于串联式稳压电路。本章将在初级培训的基础上，继续深入讨论串联式稳压电路的工作原理和集成稳压电源的应用。

第1节　晶体管串联式稳压电路

一、晶体管串联式稳压电路的工作原理

1. 简单的晶体管串联式稳压电路

图7—1所示为最简单的晶体管串联式稳压电路图，图中限流电阻R与稳压管VZ组成一个简单稳压管稳压电路，其工作原理已经在《维修电工（初级）》中介绍过。这种电路存在着输出电流不大和稳压性能不高的缺点。为了增大输出电流，可以利用具有电流放大作用的三极管，图中的三极管正是起到了扩大稳压电路输出电流的作用。

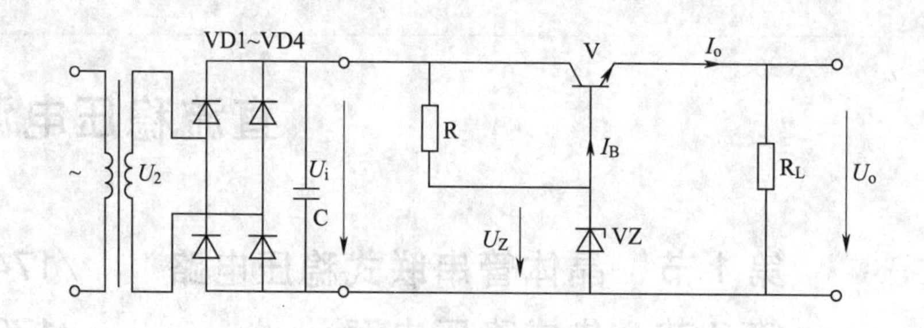

图7—1　简单的晶体管串联式稳压电路

由图7—1可见，电路中稳压管输出的电流为三极管的基极电流，而负载R_L上得到的是经过放大的三极管的发射极电流，因此整个电路的输出电流比稳压管稳压电路的输出电流增大了β倍。由于电路中三极管与负载是串联的，因此电路称为“串联式稳压电路”。从反馈角度看，串联式稳压电路实际上是一个射极跟随器，它具有稳定输出电压的作用。在基极电压（即稳压管电压）U_Z稳定的情况下，输出电压为$U_O=U_Z-U_{BE}$。当输出电压由于某一原因降低时，通过反馈可以使输出电压基本保持稳定，其反馈过程

如下：

$$U_O\downarrow\ \to U_{BE}\uparrow\ \to I_B\uparrow\ \to I_C\uparrow\ \to U_O\uparrow$$

由于电路的输出电压是通过三极管的工作状态来调整的，所以图中的三极管也称为“调整管”。

图7—1所示的简单的晶体管串联式稳压电路，它扩大了稳压管稳压电路的输出电流，但是电路还是存在稳压性能不高的缺点。

2．具有放大环节的晶体管串联式稳压电路

具有放大环节的晶体管串联式稳压电路如图7—2所示。

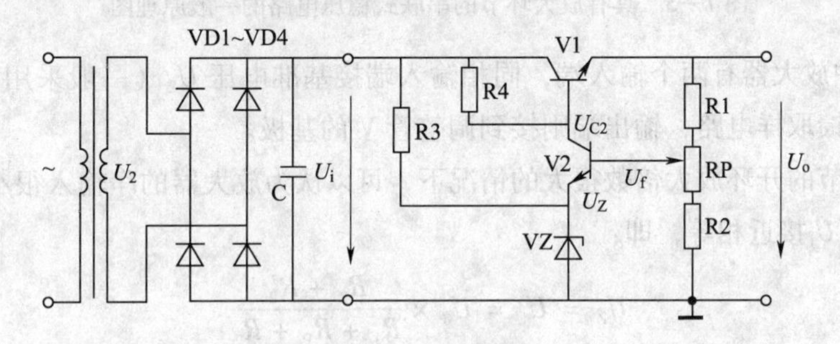

图7—2　具有放大环节的晶体管串联式稳压电路

图7—2中的三极管V1为“调整管”，三极管V2作为放大管，V2的基极接在R1、RP、R2组成的取样分压电路上，V2的发射极接在稳压管VZ和R3组成基准电压电路上，V2的集电极与调整管V1的基极相连。V2的基极—发射极电压U_{BE}是取样电压U_f与基准电压U_Z之差。R4是V2的负载电阻，同时亦是调整管V1的偏流电阻，通过调节放大管V2的集电极电位U_{C2}（即调整管V1的基极电位）改变调整管V1的基极电流I_{B1}，也就改变V1集电极—发射极电压U_{CE1}，实现调整输出电压U_o的目的。R3是稳压管VZ的限流电阻。调整电位器R_P阻值就可调整输出电压U_o。图7—2所示串联式稳压电路的稳压工作原理如下：当输出电压U_o由于某一原因降低时，取样电压U_f就降低，放大管V2的基极—发射极电压U_{BE2}减小，V2的基极电流I_{B2}减小，集电极电流I_{C2}减小，V2的集电极电位U_{C2}（调整管V1的基极电位U_{B1}）上升，调整管V1的集电极—发射极电压U_{CE1}减小，使输出电压U_o保持稳定。电路的自动调整过程可以表达如下：

$$U_o\downarrow\to U_f\downarrow\to U_{B2}\downarrow\to I_{B2}\downarrow\to I_{C2}\downarrow\to U_{C2}(U_{B1})\uparrow\to U_{CE1}\downarrow\to U_o\uparrow$$

反之，当输出电压U_o升高时，取样电压U_f增加，放大管V2的U_{BE2}增加，集电极电流I_{CE2}增加，集电极电压U_{C2}降低，调整管V1的基极电流减小，集电极—发射极电压U_{CE1}增加，输出电压U_o下降，使输出电压U_o保持稳定。

串联式稳压电路中的放大管可以采用其他形式的放大电路，比如差动放大电路、运算放大器等，其一般原理图可以用图7—3来表示。

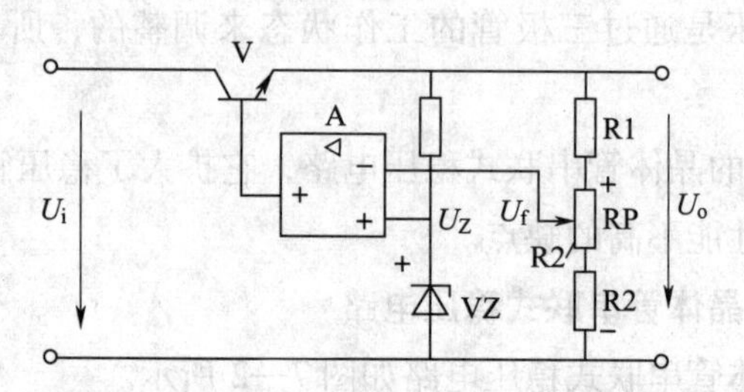

图7—3　具有放大环节的串联式稳压电路的一般原理图

图7—3中放大器有两个输入端，同相输入端接基准电压 U_Z（一般采用稳压管），反相输入端接反馈取样电路，输出端则接到调整管V的基极。

在放大环节的开环放大倍数很大的情况下，可以认为放大器的净输入很小，基准电压 U_Z 与反馈电压 U_f 接近相等，即：

$$U_Z = U_f = U_o \times \frac{R_2 + R_2'}{R_1 + R_P + R_2}$$

稳压电源的输出电压就可以根据基准电压 U_Z 求得：

$$U_o = \frac{R_1 + R_P + R_2}{R_2 + R_2'} U_Z$$

式中 R_2' 是电位器RP的部分电阻，调节电位器RP就可调节稳压电路的输出电压 U_o。

二、采用辅助电源和复合管的串联式稳压电路

图7—4是一个采用差动放大电路作为放大环节，复合管作为调整管，带有辅助电源的典型的串联式稳压电路。

图7—2所示电路中放大管V2的集电极电阻R4接在直流电源的输入端上，在输入电压不稳定的情况下，输入电压的变化通过电阻R4作用到调整管V1的基极上，会直接影响到输出电压的稳定性。为此对图7—2所示电路进行改进，增加一个稳定的辅助电源，把放大管V2的集电极电阻R4接到辅助电源上，如图7—4所示。

由图7—4可见，辅助电源由整流变压器二次侧另一个绕组经整流滤波并经过稳压管VZ2得到一个稳定的直流电压 U_{Z2}，而 U_{Z2} 与输出电压 U_o 是串联的，放大管V4的集电极电阻R4接在这一个比输出电压更高的、稳定的直流电压 $U_{Z2}+U_o$ 上，这样就避免了输入电压对输出的影响。其次，稳压电路中采用差动放大电路作为放大环节，能更好地提高稳压性能。

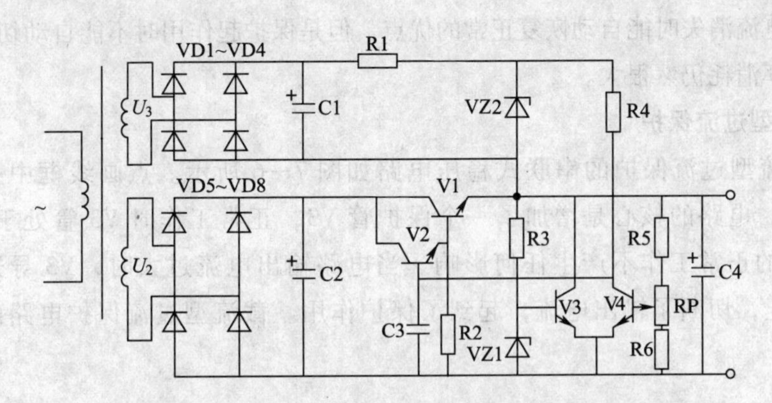

图 7—4　采用辅助电源和复合管的串联式稳压电路

为了提高串联式稳压电路的容量，扩大输出电流，在图 7—4 所示电路中调整管采用复合管（V1 和 V2）。

三、过流保护

当串联式稳压电路输出过载或短路时，调整管上的电流与电压是很大的，将使得调整管很快烧毁。为了保护调整管，通常在稳压电路中都采用了过电流保护措施。过电流保护一般可分为限流型过流保护与截流型过流保护两种。

1. 限流型过流保护

带有限流型过流保护的串联式稳压电路如图 7—5 所示。由图 7—5 可见，在调整管 V1 的输出端接有一个阻值很小的检测电阻 R5 与一个稳压管 VZ2。当输出电流增大时，检测电阻 R5 上的电压降增大。当输出电流增大到一定的值，检测电阻 R5 上的电压降增大使稳压管 VZ2 击穿导通，把调整管 V1 的基极电流分流一部分，起到了限制调整管电流的作用，保护了调整管。由于稳压管的导通要依靠电阻上的电压降，所以输出电流不会减小到零，而是限制在一定的数值上，故称为“限流型”过流保护电路。这种电路具有结

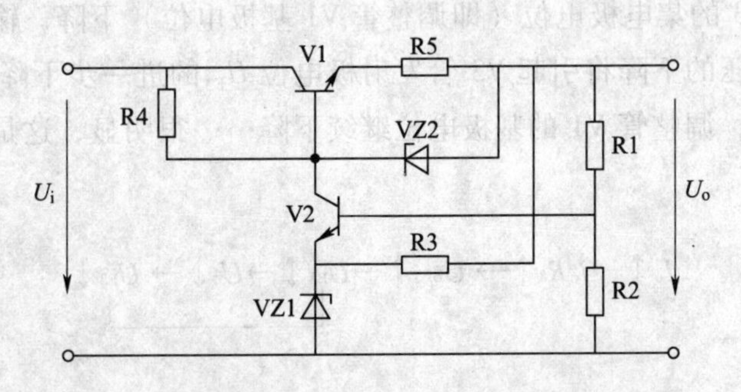

图 7—5　带有限流型过流保护的串联式稳压电路

构简单、过电流消失时能自动恢复正常的优点，但是保护起作用时不能自动切断电路，调整管上的功率消耗仍然很大。

2. 截流型过流保护

带有截流型过流保护的串联式稳压电路如图 7—6 所示。点画线框中是截流型过流保护电路，电路的核心是增加了一个保护管 V3，正常工作时 V3 管处于截止状态，对整个电路的正常工作不产生任何影响。当电路输出电流过大时，V3 导通，使得调整管 V1 截止，切断了输出电流，起到了保护作用。截流型过流保护电路的具体工作原理如下：

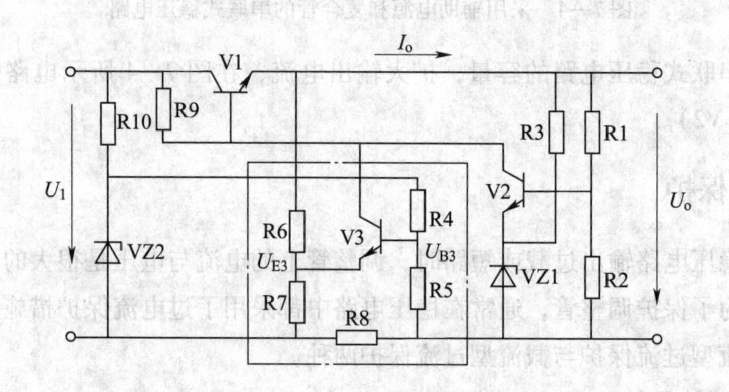

图 7—6　带有截流型过流保护的串联式稳压电路

V3 管的发射极电位 U_{E3} 是由稳压电路的输出电压 U_o 经过 R6、R7 分压确定的，而 V3 管的基极电位 U_{B3} 基本上是由稳压管 VZ2 的稳定电压经过 R4、R5 分压提供的，检测电阻 R 上通过的是输出电流 I_o。在正常情况下，输出电流 I_o 在检测电阻 R 上的压降较小，使得 V3 管基极电位 U_{B3} 低于发射极电位 U_{E3}，V3 管截止。在输出电流 I_o 过大时，检测电阻 R 上的压降也增大了，使得 V3 管基极电位 U_{B3} 高于发射极电位 U_{E3}，从而使 V3 管开始导通，V3 的集电极电位（即调整管 V1 基极电位）下降，输出电压 U_o 也就随之下降，而输出电压的下降将引起 V3 管发射极电位 U_{E3} 的进一步下降，从而使得 V3 管的电流进一步加大，调整管 V1 的基极电位继续下降……很明显，这是一个正反馈过程，即：

$$I_o\uparrow \rightarrow I_oR_8\uparrow \rightarrow U_{BE3}\uparrow \rightarrow U_{B1}\downarrow \rightarrow U_o\downarrow \rightarrow U_{E3}\downarrow$$

最终调整管 V1 的基极电位将迅速减小，使得调整管截止，起到了截流保护作用。

第 2 节　集成稳压电源

一、集成稳压器的型号及性能

在实际应用的直流稳压电源中，集成稳压电路已基本取代了分立元件的稳压电源。三端式集成稳压器由于体积小、性能可靠、价格低廉、接线方便等优点，已经得到了广泛的使用。三端式集成稳压器按照它们的性能和不同用途，可以分成两大类，一类是固定输出正压（或负压）三端式集成稳压器，如 W7800（W7900）系列，另一类是可调输出正压（或负压）三端式集成稳压器，如 W317（W337）系列。前者的输出电压是固定不变的，后者可在外电路上对输出电压进行连续调节。

1. 固定输出正压（或负压）三端式集成稳压器

固定输出三端式集成稳压器中最常用是 W7800 系列（输出正电压）和 W7900 系列（输出负电压）。W7800 和 W7900 两个系列输出固定的电压有 5 V、6 V、9 V、12 V、15 V、18 V、24 V 等多种类型。系列型号中的后两位数字表示输出电压值，例如 W7805 表示输出电压是 +5 V。W7912 表示输出电压为 -12 V 等。产品有金属壳封装和塑料封装等两种封装形式。W7800 的封装及管脚排列如图 7—7 所示。

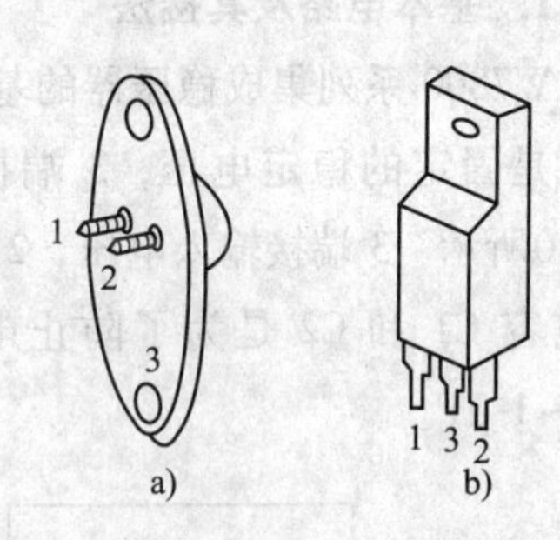

图 7—7　W7800 的封装及管脚排列

a）金属封装　b）塑料封装

三端式集成稳压器的内部电路结构比较复杂，但基本电路原理还是串联式稳压电路。W7800 系列和 W7900 系列集成稳压器只有输入端、输出端和公共端三个外接端子，故称为三端式集成稳压器。电路的最大输出电流为 1.5 A，为了保证电路的正常工作，要求输入电压至少比输出电压高 2 ~ 3 V，但是输入电压最高不得超过 35 ~ 40 V。如 W7812 的输出电压为 +12 V，输入电压为 19 V，最大输入电压为 35 V，最小输入电压为 14.5 V。W7800 系列集成稳压器三个外接端子中，1 为输入端，2 为输出端，3 为公共端。W7900 系列集成稳压器三个外接端子与 W7800 系列不同，其中 1 为公共端，2 为输出端，3 为输入端，使用时应注意。

2. 可调输出正压（或负压）三端式集成稳压器

可调输出正压（或负压）三端式集成稳压器中比较典型的产品有 LM317 和 LM337

等。其中，LM317为可调正电压输出稳压器，LM337为可调负电压输出稳压器，其外形与引脚配置如图7—8所示。这种集成稳压器有3个引出端，即电压输入端、电压输出端和调节端，没有公共接地端，接地端往往通过接电阻再到地。

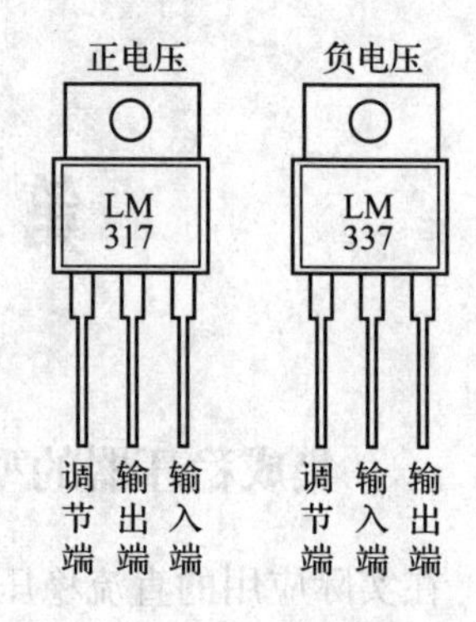

图7—8 LM317、LM337外形与引脚配置

输出可调三端式集成稳压器的输出电压为1.2～37 V。每一类中按其输出电流又分为0.1 A、0.5 A、1 A、1.5 A、10 A等。例如，LM317输出电压为1.2 ～37 V，输出电流为1.5 A；LM337输出电压输出电压－1.2～－37 V，输出电流为1.5 A。

二、集成稳压器的应用电路

1. 基本电路及其接法

W7800系列集成稳压器的基本电路及其接法如图7—9所示。1端接输入电压，2端输出就是固定的稳定电压，3端接地。W7900系列集成稳压器的基本电路及其接法如图7—10所示。3端接输入电压，2端输出就是固定的稳定电压，1端接地。输入端和输出端的电容C1和C2是为了防止电路产生自激振荡、消除输出的高频噪声用的，一般取0.1～1 μF。

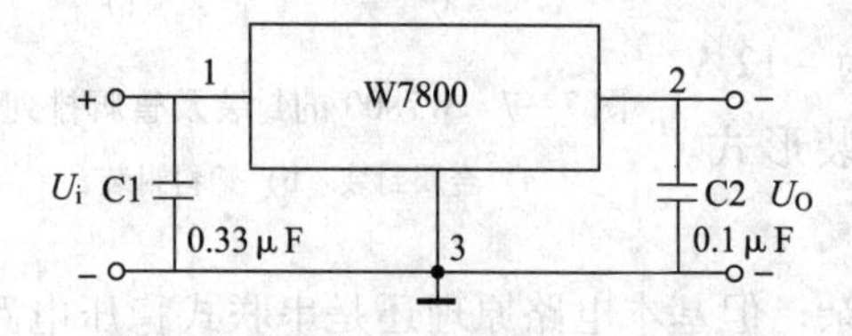

图7—9 W7800系列集成稳压器的基本电路及其接法

图7—10 W7900系列集成稳压器的基本电路及其接法

2. 提高输出电压的稳压电路及其接法

如果输出电压需要高于型号中的固定值时，可以采用图7—11所示的电路。由图7—11a可知输出端接有由电阻R1、R2组成的分压电路，设三端稳压电路W78××的稳定电压是U_W = ××V，从集成电路3端流出的静态电流为I_Q时（为8～12 mA），则可得输出电压U_o：

$$U_o = \left(1 + \frac{R_2}{R_1}\right)U_W + I_Q R_2$$

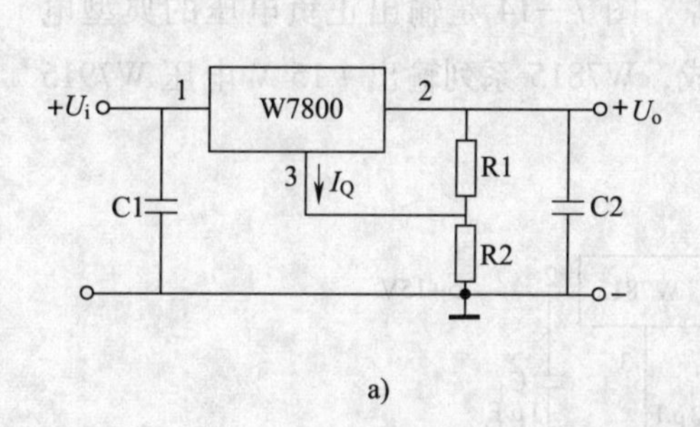

a）

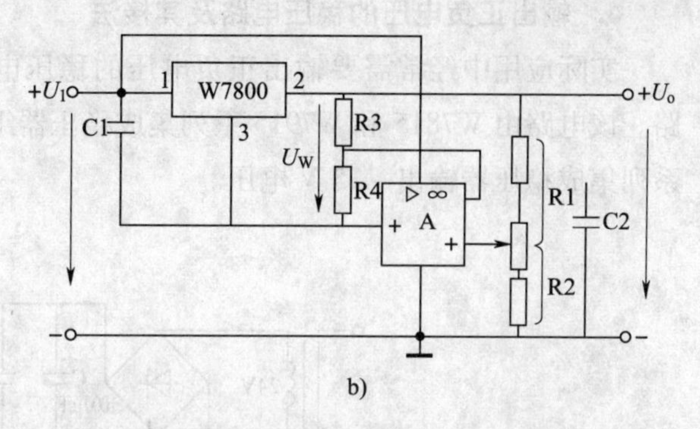

b）

图 7—11　提高输出电压的稳压电路及其接法

a）接法一　b）接法二

由于 I_Q 的大小与输入电压及负载电流有关，因此输出电压 U_O 的稳定性比固定电压 U_W 要差些。在分压电路中如果串入电位器，则输出电压就是可调的了。

为了使 I_Q 的大小不影响输出电压，可以采用图 7—11b 所示的接法，图中取样电阻 R1、R2 和比较放大器 A 用来调节输出电压，输出电压的大小为：

$$U_O = \left(1 + \frac{R_2}{R_1}\right)\frac{R_3}{R_3 + R_4}U_W$$

实际应用中经常采用图 7—12 所示提高输出电压的电路。由图 7—12 可知，用稳压管代替电阻，它的输出电压 $U_o = U_w + U_Z$。

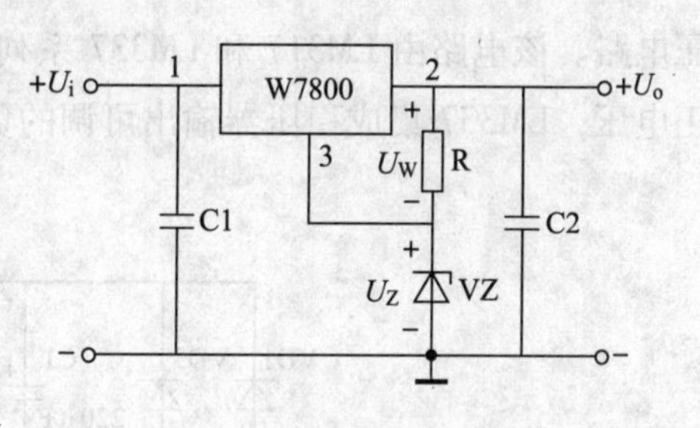

图 7—12　提高输出电压的稳压电路

3. 扩大输出电流的稳压电路及其接法

W7800 系列和 W7900 系列集成稳压器的输出电流最大仅 1.5 A，为了扩大输出电流，可以采用图 7—13 所示的电路。图 7—13 中集成稳压器提供稳定的输出电压与一部分输出电流，另一部分输出电流由大功率三极管 V 提供，图中 R1、R3 和二极管 VD 用于对大功率管 V 进行过流保护。

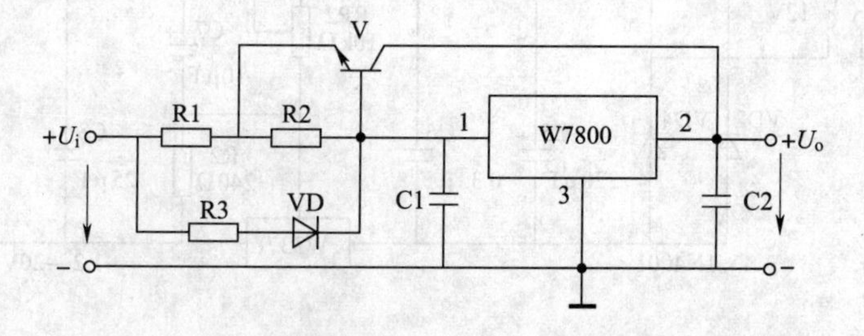

图 7—13　扩大输出电流的稳压电路及其接法

4. 输出正负电压的稳压电路及其接法

实际应用中经常需要输出正负电压的稳压电源，图7—14是输出正负电压的典型电路。该电路由W7815和W7915系列集成稳压器组成，W7815系列输出+15 V电压W7915系列集成稳压器输出-15 V电压。

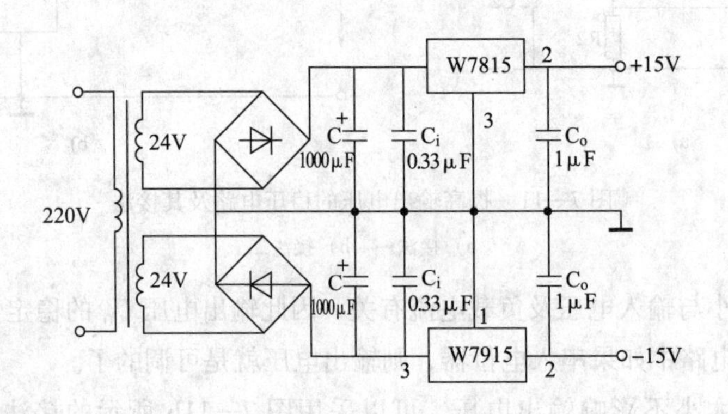

图7—14 输出正负电压的稳压电路及其接法

5. 可调式输出正负电压的稳压电路及其接法

实际应用中需要可调式输出正负电压的稳压电源，图7—15是输出可调正负电压的稳压电路。该电路由LM317和LM337系列集成稳压器组成，LM317集成稳压器输出可调的正电压，LM337集成稳压器输出可调的负电压。

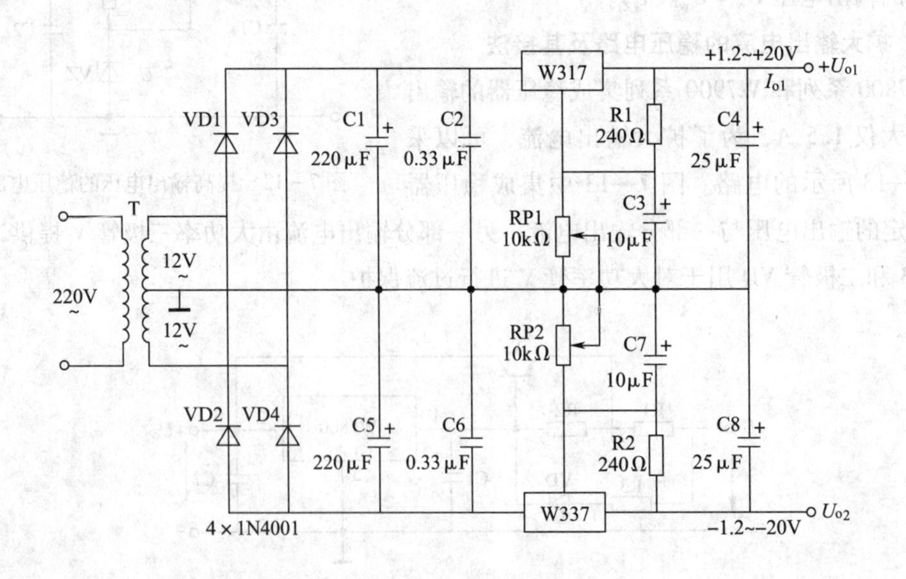

图7—15 输出可调正负电压的稳压电路

测 试 题

一、判断题（将判断结果填入括号中。正确的填“√”，错误的填“×”）

1. 串联型稳压电源中，放大环节的作用是为了扩大输出电流的范围。（　）

2. 采用三端式集成稳压电路 7809 的稳压电源，其输出可以通过外接电路扩大输出电流，也能扩大输出电压。（　）

二、单项选择题（选择一个正确的答案，将相应的字母填入题内的括号中）

1. 串联型稳压电源中，放大环节的作用是为了（　）。

A. 提高输出电流的稳定性　　B. 提高输出电压的稳定性

C. 降低交流电源电压　　D. 对输出电压进行放大

2. 串联型稳压电源中，放大管的输入电压是（　）。

A. 基准电压　　B. 取样电压

C. 输出电压　　D. 取样电压与基准电压之差

3. 根据三端式集成稳压电路 7805 的型号可以得知，其输出（　）。

A. 电压是 +5 V　　B. 电压是 −5 V

C. 电流是 5 A　　D. 电压和电流要查产品手册才知道

4. 采用三端式集成稳压电路 7912 的稳压电源，其输出（　）。

A. 电压是 +12 V　　B. 电压是 −12 V

C. 电流是 12 A　　D. 电压和电流要查产品手册才知道

测试题答案

一、判断题

1. ×　2. √

二、单项选择题

1. B　2. D　3. A　4. B

第 8 章

逻辑门电路

前几章介绍的电子技术知识都是模拟电子技术，在模拟电子技术中电路处理的信号是模拟信号。所谓模拟信号是指信号的大小随时间连续变化。但是，在日常工作中还经常遇到各种随时间不是连续变化的信号，例如电气控制电路中按钮、开关、继电器等元件的工作状态不是接通就是断开，照明电路的灯不是亮就是暗，生产流水线上的产品计数器检测到的信号也只是检测通道上“有产品通过”与“无产品通过”这两种信号。如果把这些信号转换成电信号，这是一种随时间不连续变化的数字脉冲信号。处理这种数字脉冲信号的电子技术就称为“数字电子技术”。由于数字电子技术内容十分丰富，其主要内容将在《维修电工（三级）》一书中介绍，本章仅介绍数字电子技术中最基本的电路单元——“门电路”的一些基本概念。

第1节　基本逻辑门电路

基本逻辑门电路是数字电路中最基本的逻辑电路，其功能是用来完成某种最基本的逻辑运算。逻辑门电路的输入信号与输出信号之间存在一定的逻辑关系。在分析逻辑电路时只有两种相反的工作状态，并用“1”和“0”来代表。例如：开关接通为“1”，断开为“0”；电灯亮为“1”，暗为“0”；三极管截止为“1”，饱和为“0”。逻辑门电路的输入和输出信号都是用电位（习惯上称为电平）的高低来表示，即高电位（高电平）、低电位（低电平）。若规定逻辑电路中，高电位（高电平）为“1”，低电位（低电平）为“0”，则称为正逻辑系统。若规定低电位（低电平）为“1”，高电位（高电平）为“0”，则称为负逻辑系统。由于逻辑电路存在正逻辑系统和负逻辑系统，因而分析逻辑电路时，首先必须要弄清是正逻辑系统还是负逻辑系统，本教材中没有特殊说明时都采用正逻辑系统。基本逻辑门电路有三种：与门、或门、非门。数字电路能完成各种复杂的逻辑运算，内部无非是这三种基本门电路的各种组合。

一、与门电路

1. 与门电路的基本概念

图8—1是用两个开关 S_A 和 S_B 串联控制一个灯 H 的电路。

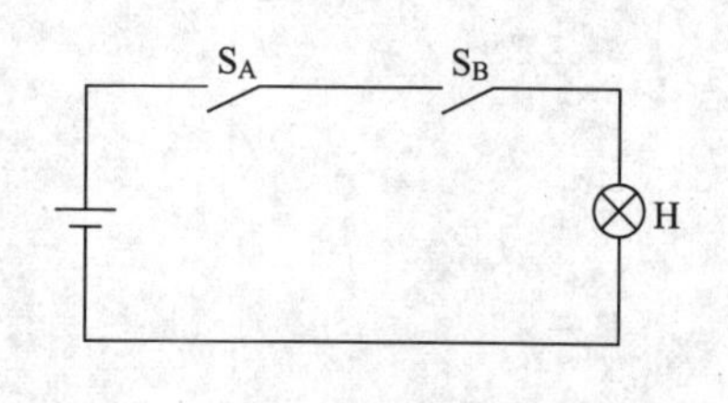

图8—1　用两个开关组成的与门电路

很显然，只有在 S_A、S_B 两个开关都接通的情况下（条件），灯 H 才会亮（结果），如果有一个开关断开了，灯 H 就不亮了。这两个串联开关所组成的电路就是一个与门电路，它的功能是完成了“与”逻辑运算。“与”逻辑的定义为：只有在一件事情的所有条件都具备时，这件事情（结果）才能发生。如果在电路中多串联几个开关 S_A，S_B，S_C，S_D…那么只有在所有的开关都合上时，灯 H 才会亮。

2.“与”逻辑关系的表达方法

在表达一个逻辑关系的时候，可以用“0”“1”来表示两种对立的相反状态。例如用“1”表示具备了某个条件，“0”则表示不具备条件；对于结果，同样可以用“1”表示发生了结果，“0”则表示不发生结果。对于图 8—1 所示用两个开关控制一个灯的电路，可以用表 8—1 来表示可能发生的所有情况。表中两个逻辑变量 A 和 B 全为“1”时，逻辑函数 P 才能而且必定是“1”；反之，A，B 中任意一个为“0”，P 必定是“0”。

表 8—1　与逻辑真值表

A	B	P
0	0	0
0	1	0
1	0	0
1	1	1

表 8—1 称为逻辑代数的真值表。在真值表中，通常把 A、B、P 都称为逻辑变量，其中的 A、B 又称为输入量，P 则称为输出量。每个逻辑变量只有两种可能的取值，即取逻辑“1”或取逻辑“0”。对于输入为两个变量的真值表来讲，可能产生的所有情况就有 $2^2=4$ 种。

上述“与”逻辑关系，除了用真值表表示以外，还可以用逻辑函数式来表示：

$$P = A \times B = A \cdot B = AB$$

逻辑常量 0 和 1 的与运算和普通代数的乘法完全相同，即：

$$0 \times 0 = 0$$

$$0 \times 1 = 1 \times 0 = 0$$

$$1 \times 1 = 1$$

因此，与逻辑运算亦称为逻辑乘法运算。用逻辑函数式来表示一个逻辑关系比用真值表要简洁得多。由上分析可知，与逻辑的输入输出关系可以用一句话来表示：全 1 出 1，有 0 出 0。

如果与逻辑有三个输入量 A，B，C，那么函数式可以简洁地表示为：

$$P = ABC$$

输入为三个变量的逻辑函数，可能出现的输入变量的组合情况有 $2^3=8$ 种，真值表见表8—2。

表8—2　输入为三个变量的与逻辑真值表

A	B	C	P
0	0	0	0
0	0	1	0
0	1	0	0
0	1	1	0
1	0	0	0
1	0	1	0
1	1	0	0
1	1	1	1

3. 二极管与门电路

图8—2所示为二极管与门电路。A、B是它的两个输入端，P是它的输出端。设电路的电源电压为12 V，输入的高电平为6 V，低电平为0 V。在采用正逻辑时，高电平为逻辑“1”，低电平为逻辑“0”（至于多少伏算为高电平，多少伏算为低电平，要根据具体电路而定，电路不同有所不同）。这一电路可以实现与逻辑运算，即可以做到输入全部是高电平时，输出是高电平（全1出1）；输入有低电平时，输出是低电平（有0出0）。其工作原理分析如下：

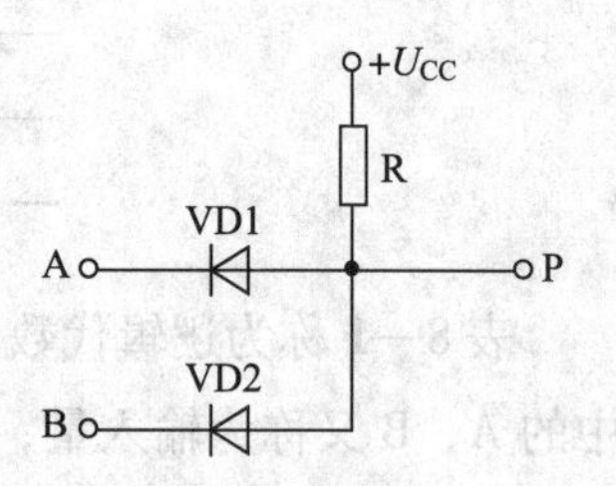

图8—2　二极管与门电路

（1）当输入端A、B是高电平（6 V）时，则两个二极管VD1、VD2在正电源 U_{CC} 的作用下导通，输出端P的电位比6 V略高，因为二极管的正向压降有零点几伏（硅管约为0.7 V，锗管约为0.3 V），现以硅管为例，输出端P的输出为6 + 0.7 = 6.7 V，因此输出端P为高电平1。

（2）当输入端A、B是低电平（0 V）时，则两个二极管V1、V2在电源 U_{CC} 的作用下导通，输出端P的输出为 +0.7 V，因此输出端P为低电平0。

（3）当输入端A、B中有一个为低电平（0 V），比如A为低电平（0 V），B为高电平（6 V），二极管VD1在电源 U_{CC} 的作用下导通，输出端P的输出为 +0.7 V，二极管VD2受反向电压而截止（二极管VD2左边为输入的高电平6 V，右边为输出的低电平0.7 V），把输入端B的高电平与输出端P隔离开来。

综上所述，二极管与门电路的工作状态可以用表8—3来表示，当输入全部是高电平时，输出是高电平（全1出1），当输入有低电平时，输出是低电平（有0出0），实现与逻辑运算。

在数字电路中，与门电路的图形符号如图8—3a所示。门电路在输入一系列的脉冲波形时，输出波形可以根据输入波形按照逻辑关系原理而得出。图8—3b是与门电路的波形图，按照“全1出1、有0出0”的原则，可以在输入全部为高电平1的时间段内画出输出的高电平段，然后在其余的时间段内画出输出的低电平段。

表8—3　二极管与门电路的工作状态表

A	B	P
0 V	0 V	0.7 V
0 V	6 V	0.7 V
6 V	0 V	0.7 V
6 V	6 V	6.7 V

从与门电路的波形图上还可以看出，如果把与门电路的一个输入端B看成是控制端，另一个输入端A看成是信号输入端，那么输入端A信号能否通过与门输出将受到输入端B（控制端）的控制。当B=0时，门电路被封锁，信号A不能输出，输出$P=A\times 0=0$；当B=1时，门电路被打开，信号A输出，$P=A\times 1=A$。

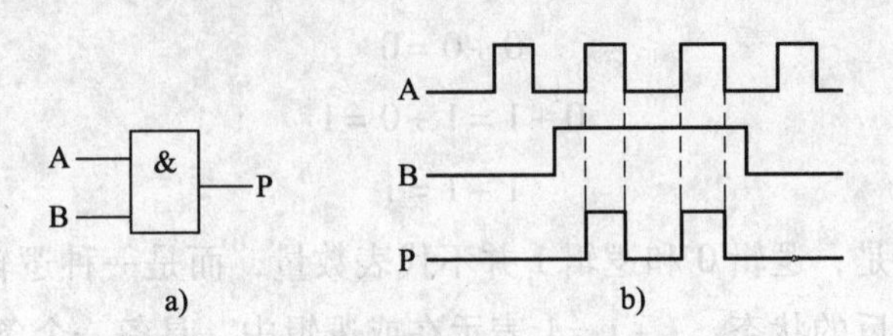

图8—3　与门电路的图形符号和波形图

a）与门电路的图形符号　b）与门电路的波形图

二、或门电路

1. 或门电路的基本概念

图8—4是用两个开关S_A和S_B并联控制一个灯H的电路。很显然，只要有一个开关合上，灯就亮了，只有开关S_A和S_B都断开的情况下，灯H才不亮。这两个开关S_A、S_B并联所组成的电路就是一个或门电路，它的功能

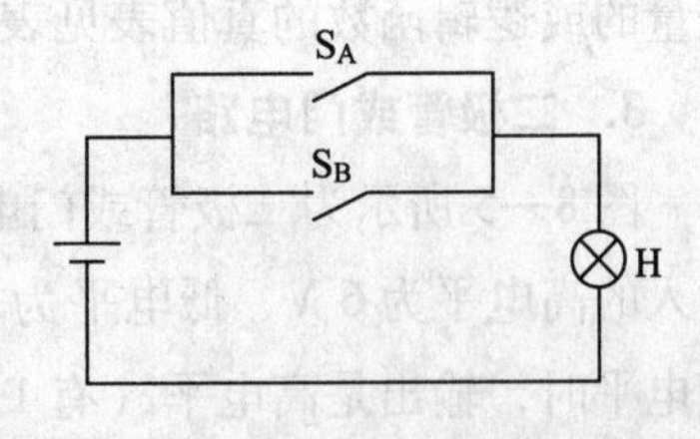

图8—4　用开关组成的或门电路

是完成了“或”逻辑运算。或逻辑定义为：某一件事情只要有一个相关的条件具备时，这件事情（结果）就能发生。如果在电路中多并联几个开关 S_A，S_B，S_C，S_D……那么只要其中的一个开关接通时，灯 H 就亮。

2.“或”逻辑关系的表达方法

对于输入为两个变量 A、B 的或逻辑电路来说，“或”逻辑关系可以用表 8—4 的或逻辑真值表来表示。

表 8—4　或逻辑真值表

A	B	P
0	0	0
0	1	1
1	0	1
1	1	1

或逻辑关系除了用真值表表示以外，也可以用逻辑函数式来表示，输入为两个变量的或逻辑函数式为：

$$P = A + B$$

“或”逻辑运算亦称为逻辑加法运算。逻辑常量 0 和 1 的或运算和普通代数的加法既有相同之处，也有着明显的区别，即：

$$0 + 0 = 0$$

$$0 + 1 = 1 + 0 = 1$$

$$1 + 1 = 1$$

这里需要强调的是，逻辑 0 和逻辑 1 并不代表数量，而是一种逻辑记号，仅仅用来表示一个事物的两种相反的状态。$1 + 1 = 1$ 表示在或逻辑中，具备一个条件和具备两个条件，其效果是相同的。

由上分析可知，或逻辑的输入输出关系可以用一句话来表示：有 1 出 1，全 0 出 0。如果或逻辑有三个输入量 A、B、C，那么函数式可以简洁表示为 $P = A + B + C$。输入为三变量的或逻辑函数的真值表见表 8—5。

3. 二极管或门电路

图 8—5 所示为二极管或门电路。A、B 是它的两个输入端，P 是它的输出端。设电路输入的高电平为 6 V、低电平为 0 V。这一电路可以实现或逻辑运算，即可以做到输入有高电平时，输出是高电平（有 1 出 1）；输入全是低电平时，输出才是低电平（全 0 出 0）。其工作原理分析如下：

表 8—5　三变量或逻辑真值表

A	B	C	P
0	0	0	0
0	0	1	1
0	1	0	1
0	1	1	1
1	0	0	1
1	0	1	1
1	1	0	1
1	1	1	1

（1）当输入端 A、B 是高电平（6 V）时，则两个二极管 VD1、VD2 在信号电压的作用下导通，输出端 P 的输出为 6 - 0.7 =5.3 V，因此输出端 P 为高电平 1。

（2）当输入端 A、B 是低电平（0 V）时，则两个二极管 VD1、VD2 截止，因此输出端 P 为低电平（0 V）。

（3）当输入端 A、B 中有一个为高电平（6 V）时，比如 A 为高电平（6 V），B 为低电平（0 V），二极管 VD1 在信号电压的作用下导通，输出端 P 的输出为 +5.3 V，二极管 VD2 受反向电压而截止（二极管 VD2 左边为输入的低电平 0 V，右边为输出的高电平 5.3 V），把输入端 B 的低电平与输出端 P 隔离开来。

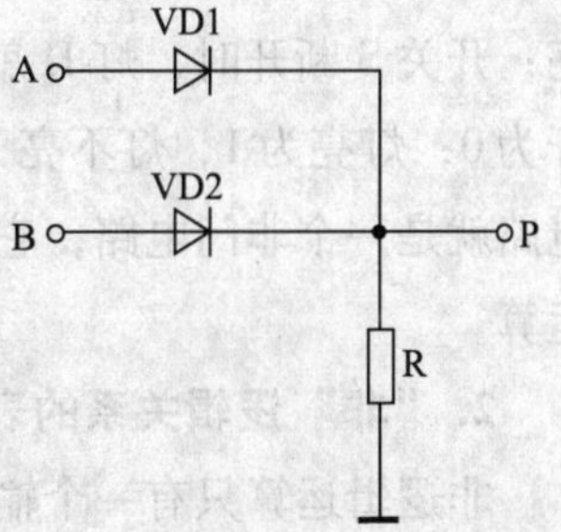

图 8—5　二极管或门电路

综上所述，二极管或门电路的工作状态可以用表 8—6 来表示，当输入有高电平时，输出是高电平（有 1 出 1），当输入全是低电平时，输出才是低电平（全 0 出 0），实现或逻辑运算。

表 8—6　二极管或门电路的工作状态表

A	B	P
0 V	0 V	0 V
0 V	6 V	5.3 V
6 V	0 V	5.3 V
6 V	6 V	5.3 V

或门电路的图形符号和或门电路的波形图如图8—6所示。

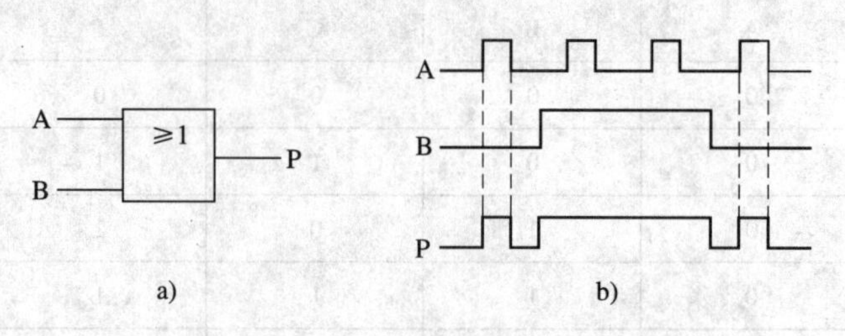

图8—6　或门电路的图形符号和波形图

a）或门电路的图形符号　b）或门电路的波形图

三、非门电路

1. 非门电路的基本概念

如图8—7所示的电路，开关S闭合时，灯H就不亮；开关S断开时，灯H就亮。开关闭合为1，开关断开为0；灯亮为1，灯不亮为0。这个联动开关所组成的电路就是一个非门电路，它的功能是完成了“非”逻辑运算。

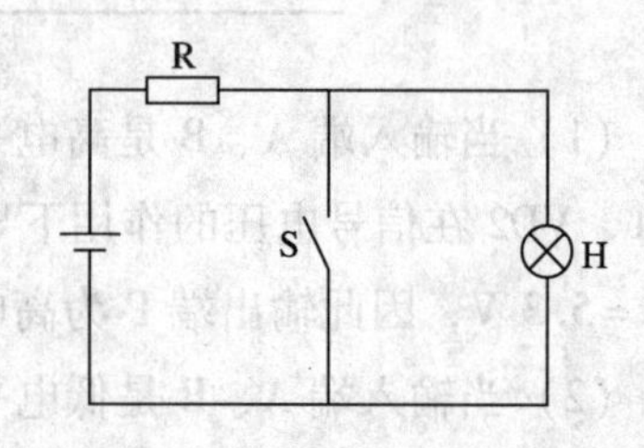

图8—7　用开关组成的非门电路

2. “非”逻辑关系的表达方法

非逻辑运算只有一个输入量，输入量为“1”时，输出量必定为“0”，反之，输入量为“0”时，输出量必定为“1”，起到把输入量反相的作用，即把输入的1反相输出变为0；或者把输入的0反相输出变为1。非逻辑真值表见表8—7。非逻辑函数式表示为：

$$P=\bar{A}$$

表8—7　　非逻辑真值表

A	P	A	P
0	1	1	0

3. 三极管非门电路

（1）三极管的开关作用。三极管不仅有放大作用，而且还有开关作用。三极管的输出伏安特性曲线通常可分为饱和、放大、截止三个区域，相对应三极管有饱和、放大、截止三种工作状态。

现以图8—8所示三极管的开关电路为例说明三极管的开关作用。当输入电压U_i为高电平时，调整R_B使基极电流$I_B>U_{CC}/(\beta R_C)$，使三极管工作在饱和状态，此时集电极电

流 I_C（即集电极饱和电流 I_{CS}）取决于外电路，近似等于 U_{CC}/R_C，集电极—发射极电压 U_{CES} 近似等于零，对于硅管 U_{CES} 约为 0.3 V，锗管约为 0.1 V，三极管集电极—发射极之间近似于短路，相当于开关接通。

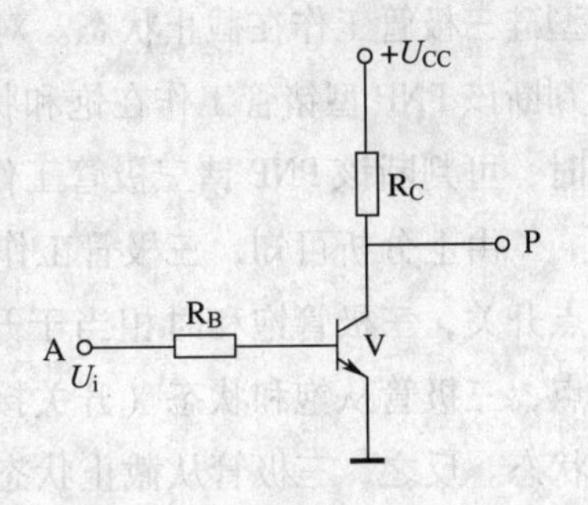

图 8—8　三极管的开关电路

当输入电压 U_i 为低电平时，三极管工作在截止状态，集电极电流 $I_C \approx 0$，$I_B \approx 0$，$U_{CE} \approx U_{CC}$，三极管集电极—发射极之间近似于开路，相当于开关断开。

三极管是否工作在开关状态，取决于电路的参数与输入信号的大小，现举例分析如下：

设图 8—8 中三极管的 $\beta = 100$，集电极电阻 $R_C = 1\ k\Omega$，电源电压为 6 V，当输入电压升高使得基极电流 I_B 不断增大时，集电极电流与输出电压的变化情况见表 8—8。

表 8—8　　**基极电流增大时三极管工作状态的变化**

I_B（μA）	0	10	20	30	40	50	57	60	70
I_C（mA）	0	1	2	3	4	5	5.7	5.7	5.7
U_C（V）	6	5	4	3	2	1	0.3	0.3	0.3
工作状态	截止	放大					饱和		

由表 8—8 可见，当基极电流 I_B 为 0 时，三极管工作在截止状态，三极管 C－E 之间相当于是断开的，集电极输出电压为电源电压 6 V。随着基极电流 I_B 的增大，三极管进入放大状态，集电极电流 I_C 也随着增大，集电极电位 U_C 则不断下降，到基极电流 I_B 增大到某一个数值（57 μA）时，集电极电流已经达到了电路所允许的最大值 5.7 mA，三极管的集电极电压已经降低到了 0.3 V，不可能再降低了，这时三极管已经工作到了饱和状态，也就是说此时三极管的 C－E 之间已经相当于是短接了。以后基极电流 I_B 再增大，集电极电流 I_C 受到电源电压 U_{CC} 和集电极电阻 R_C 的限制已经不可能再增大，三极管始终工作在饱和状态。由此可得，三极管工作在饱和状态的条件为：$I_B \geqslant \dfrac{U_{CC}}{\beta R_C}$

因此，对于图 8—8 所示的三极管开关电路，只要恰当地选择电路参数，就可以使得电路在输入高电平时工作在饱和状态，输入为低电平时电路工作在截止状态。

在日常电路分析和调试中，可根据三极管 U_{BE}、U_{CE} 电压来判别三极管的工作状态。例如对 NPN 型三极管而言，当 U_{CE} 为 0.3 V，U_{BE} 为 0.7 V 时，可判断该 NPN 型硅三极管工作在饱和状态，当 $U_{BE} \leqslant 0.5$ V（在实际应用中往往 $U_{BE} \leqslant 0$），$U_{CE} \approx U_{CC}$，可判断该 NPN

型硅三极管工作在截止状态。对 PNP 锗三极管而言。当 U_{BE} 为 -0.3 V，U_{CE} 为 -0.1 V 可判断该 PNP 型锗管工作在饱和状态，当 $U_{BE} \geqslant 0$ V（实际应用往往 $U_{BE} \geqslant 0.1$ V），$U_{CE} \approx U_{CC}$ 时，可判断该 PNP 锗三极管工作在截止状态。

由上分析可知，三极管工作在饱和与截止状态时，相当于一个由基极电流控制的无触点开关，三极管饱和时相当于开关接通，三极管截止时相当于开关断开。这里要说明一点，三极管从饱和状态（开关接通）转换到截止状态（开关断开），必须要经过中间放大状态。反之，三极管从截止状态（开关断开）转换到饱和状态（开关接通）也必须经过中间放大状态，而电路的转换是需要一定时间的。

（2）三极管非门电路。三极管非门电路如图 8—9 所示，图中加负电源 U_{BB} 是为了使三极管可靠截止。它只有一个输入端。当输入信号为一低电平（即逻辑 0）时，三极管截止，输出电压 U_C 近似等于 U_{CC}，即逻辑 1；当输入信号为高电平（即逻辑 1）时，三极管饱和，输出电压 U_C 近似等于零，即逻辑 0。由此可见，非门电路也就是反相器电路。

非门电路的图形符号及波形图如图 8—9 所示。

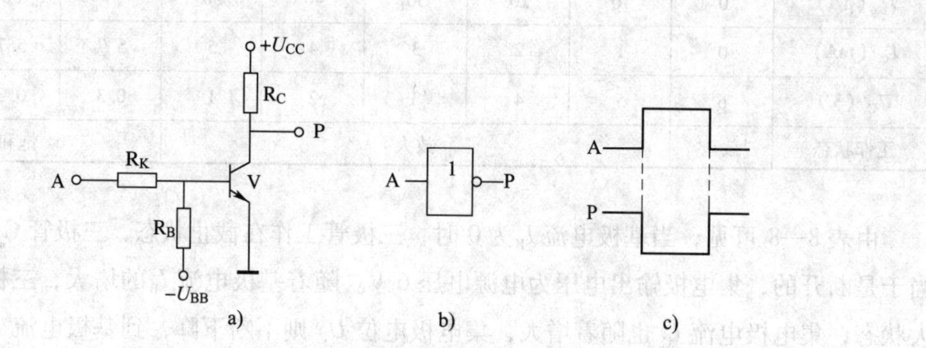

图 8—9　非门电路的图形符号和波形图

a）电路图　b）非门电路的图形符号　c）非门电路的波形图

四、复合门电路

数字电路中的基本门电路有与门、或门和非门三种，但在实际应用中，经常把这三种基本门电路复合起来，做成各种复合门电路。有所谓的与非门、或非门、异或门等。其中常用的是把与门和非门复合起来的与非门，以及把或门和非门复合起来的或非门。二极管与门电路和晶体三极管非门电路组成的与非门电路及其图形符号如图 8—10 所示。

当输入 A、B 全为 1 时，输出 P 为 0；当输入 A、B 有一个或一个以上为 0 时，输出 P 为 1。与非门的逻辑功能是：全 1 出 0，有 0 出 1。与非逻辑函数式表示为：

$$P = \overline{AB}$$

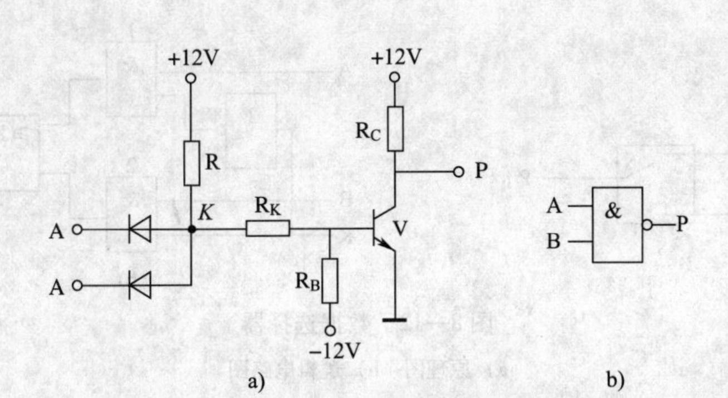

图 8—10　与非门电路及图形符号

a）与非门电路　b）图形符号

与非门逻辑真值表见表 8—9。

另一个常用复合门——或非门的图形符号如图 8—11 所示，逻辑真值表见表 8—10。或非门的逻辑功能为：有 1 出 0，全 0 出 1。

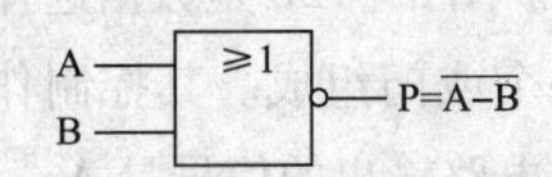

图 8—11　或非门的图形符号

表 8—9　与非门的真值表

A	B	P
0	0	1
0	1	1
1	0	1
1	1	0

表 8—10　或非门的真值表

A	B	P
0	0	1
0	1	0
1	0	0
1	1	0

五、门电路应用举例

1. 数据选择器

数据选择器的功能就是能从多个输入数据中选择一个作为输出，如图 8—12 所示。

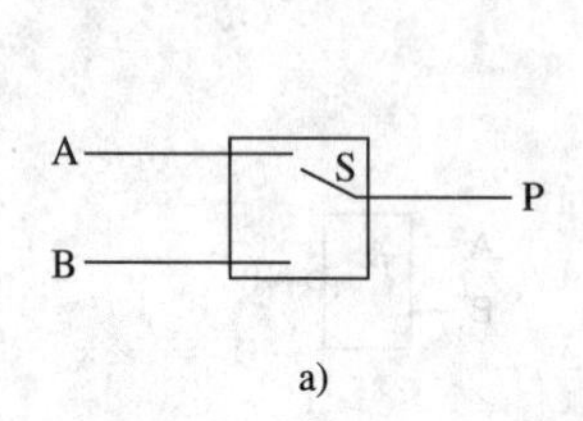

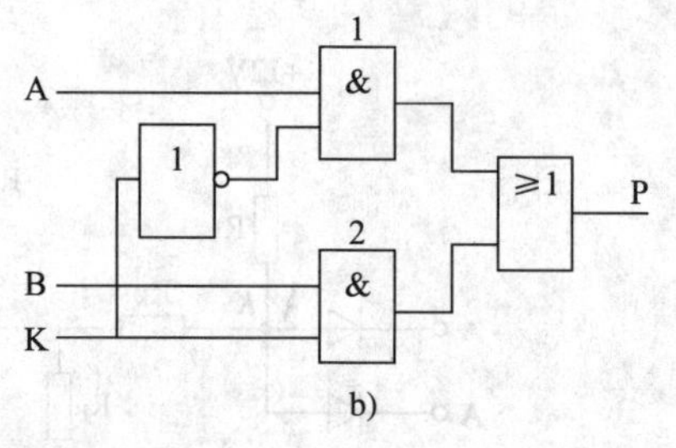

图8—12 数据选择器

a）原理图 b）逻辑电路图

图8—12a的原理图表示有两个输入信号A和B，通过一个控制开关S的选择后输出。当S合向上面的触点时，电路输出的信号是A，当K合向下面的触点时，电路输出的信号是B。图8—12b是数据选择器的逻辑电路图。由图可知，该电路由一个非门、两个与门和一个或门组成。其控制作用是通过一个控制信号K来达到选择信号的目的，当K=0时，电路输出的信号是A，当K=1时，电路输出的信号是B。下面来分析一下它的工作原理。

由图8—12b可见，与门1输入的信号为A和$\bar{K}$，与门2输入的信号为B和K。当控制信号K=0时，$\bar{K}=1$，与门1输出的信号为$\bar{K}\times A=1\times A=A$，与门2的输出为$K\times B=0\times B=0$，即与门2因为K=0使B被封锁，最终或门的输出$P=A+0=A$；当K=1时，与门1的输出为$\bar{K}\times A=0\times A=0$，即与门1因为$\bar{K}=0$使得A被封锁，与门2的输出为$K\times B=1\times B=B$，最终或门的输出$P=B+0=B$。

由图8—12逻辑电路图可以写出逻辑函数式：

$$P=\bar{K}A+KB$$

如把K=0和K=1两种情况代入上式计算，同样可以得出上述的结论。

2. 表决电路

图8—13是一个三变量的表决电路，输入变量为1表示同意，输入变量为0表示不同意，输出为1时表示通过，输出为0表示不通过。当输入的三个变量中有两个或两个以上的1，即两个或两个以上表示同意时，输出为1，表示通过，否则输出为0，表示不通过。由图可以列出逻辑函数式：

$$P=AB+BC+CA$$

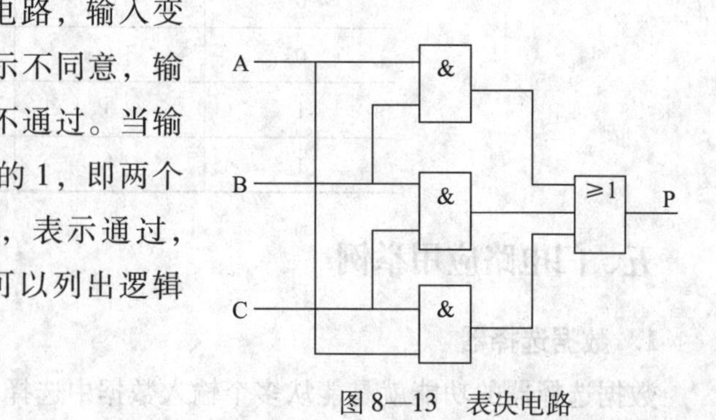

图8—13 表决电路

由逻辑函数式可得出真值表（见表8—11）。由表可见，电路输出的结果与输入的多数取值是一致的。

表8—11　　表决电路的真值表

A	B	C	P
0	0	0	0
0	0	1	0
0	1	0	0
0	1	1	1
1	0	0	0
1	0	1	1
1	1	0	1
1	1	1	1

第2节　集成逻辑门电路

一、常见集成门电路的种类

前面介绍的门电路都是由二极管和三极管等分立元件组成的，而实际应用中都是采用集成门电路。集成电路与分立元件相比具有高可靠性和微型化等优点。

集成电路按照其集成度的大小有小规模集成电路、中规模集成电路、大规模集成电路及超大规模集成电路等。数字集成电路按照其导电类型的不同，可以分为双极型数字集成电路和金属氧化物半导体场效应管集成电路（即MOS电路）等类型。双极型集成门电路是由一般的双极型晶体管组成的集成电路，如TTL电路。MOS型集成门电路是由绝缘栅场效应管组成，绝缘栅场效应管是单极型晶体管。TTL和CMOS门电路应用最广泛，下面对TTL电路和CMOS电路作一简单介绍。

1. TTL电路及其主要参数

TTL门电路速度快，最高工作频率可达125 MHz，电源电压为+5 V，采用正逻辑。TTL电路常用为74系列，参数很多，这里仅举出几个反映性能的主要参数（不同型号的TTL电路某些参数有较大的差异）以供参考：

（1）电源电压。+5 V。

（2）输出高电平电压。是指电路输出为高电平时的电压值，约为3.4 V，随着输出拉电流的增大，输出高电平电压将下降。

（3）输出低电平电压。是指电路输出为低电平时的电压值，约为0.3 V。

（4）门槛电平电压。以TTL非门为例，当输入电平从低电平逐渐增大到门槛电平电压以上时，输出电压将从高电平突然降低为低电平。TTL电路的门槛电平电压约为1.4 V。

（5）输入高电平电流。是指电路某一个输入端接高电平，其他输入端接低电平时，流入该输入端的电流。一般小于50 μA。

（6）输入低电平电流。是指电路某一个输入端接低电平，其他输入端接高电平时，流出该输入端的电流。一般小于1.6 mA。

（7）扇出系数。是指电路最多能够带的同类门电路的数目。它表示集成电路的负载能力。如果TTL电路输出端带同类门电路作为负载，输出高电平时负载电流是流出输出端的，称为“拉电流”；输出低电平时负载电流是流入输出端的，称为“灌电流”。负载过重将使得输出的高电平下降，低电平上升，因此电路对输出端所能驱动的同类门电路的个数是有限制的。一般的TTL电路约为8个，驱动能力强的可达20个。

（8）平均传输延迟时间。在与非门的输入端加上一个脉冲电压时，输入电压与输出电压的波形如图8—14所示。

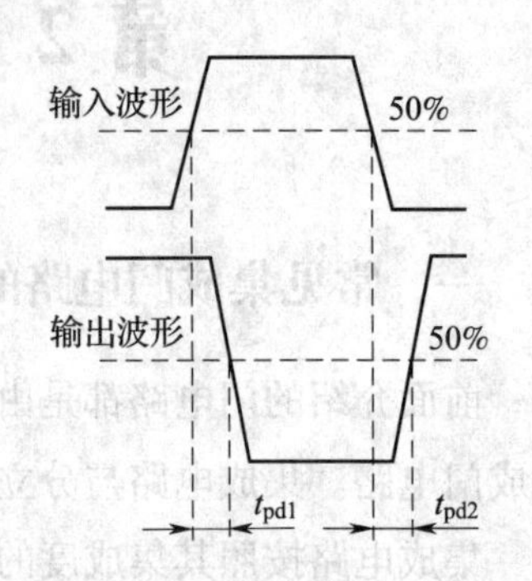

图8—14　输入电压与输出电压的波形

由图8—14可知，输出电压变化与输入电压变化有一定延迟时间。具体分为上升延迟时间和下降延迟时间。上升延迟时间和下降延迟时间的平均值称为平均传输延迟时间。集成电路根据平均传输延迟时间常分为中速和高速元件。中速TTL电路的平均传输延迟时间约为40 ns。

2. CMOS电路及其主要参数

CMOS电路是在MOS电路的基础上发展起来的一种互补对称场效应管集成电路，具有电源电压范围广、功耗低、抗干扰能力强、输入阻抗高、扇出系数大、温度稳定性好以及成本低等优点，因而得到了广泛应用。国产CMOS电路常用有CC4000系列等。CC4000系列工作电源电压为3～18 V，其主要参数列举如下，供参考：

（1）电源电压。一般为3～18 V。

（2）输出高电平电压。接近电源电压。

（3）输出低电平电压。约为0 V。

（4）门槛电平电压。约为电源电压的1/2。

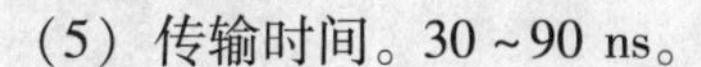

（5）传输时间。30 ~ 90 ns。

二、CMOS 电路与 TTL 电路的主要区别

CMOS 电路与 TTL 电路的主要区别有以下几点。

1．电源电压不同

TTL 电路统一规定为 5 V，而 CMOS 电路可在 3 ~ 18 V 范围内选择。在选择了较高的电源电压时，CMOS 电路的输出高电平电压和门槛电平电压也较高，CMOS 电路抗干扰能力也就有了很大的提高。

2．输入端情况不同

由于 CMOS 电路内部是用场效应管，输入电阻很高，在使用时不允许多余输入端悬空，多余输入端可根据门电路种类相应处理。如与非门可将多余输入端直接接正电源。而 TTL 电路的输入端如果悬空相当于输入高电平。

3．负载能力不同

从输出电流的大小来讲，CMOS 电路负载能力低于 TTL 电路。但由于 CMOS 电路输入阻抗很高，输入端电流极小，输出端带同类门电路时其负载电流也很小，因此扇出系数远大于 TTL 电路。但如果 CMOS 电路驱动的同类门电路过多将使输出端电容增大，从而影响工作速度。

4．功耗不同

CMOS 电路在静态时电路几乎不消耗功率，仅在动态时电路才消耗很小的功率，由于功耗小、发热低，因此 CMOS 电路在大规模集成电路中得到了广泛的应用。

测 试 题

一、判断题（将判断结果填入括号中。正确的填“√”，错误的填“×”）

1．与门的逻辑功能为：全 1 出 0，有 0 出 1。（　　）

2．74 系列 TTL 集成门电路的电源电压可以取 3 ~ 18 V。（　　）

3．或非门的逻辑功能为：有 1 出 0，全 0 出 1。（　　）

二、单项选择题（选择一个正确的答案，将相应的字母填入题内的括号中）

1．或门的逻辑功能为（　　）。

A．全 1 出 0，有 0 出 1　　B．有 1 出 1，全 0 出 0

C．有 1 出 0，全 0 出 1　　D．全 1 出 1，有 0 出 1

2. 非门的逻辑功能为（　　）。

A. 有1出1　　B. 有0出0　　C. 有1出0　　D. 全0出1，有1出0

3. 74系列TTL集成门电路的输出低电平电压约为（　　）。

A. 5 V　　B. 3.4 V　　C. 0.3 V　　D. 0 V

4. 74系列TTL集成门电路的输出高电平电压约为（　　）。

A. 5 V　　B. 3.4 V　　C. 0.3 V　　D. 0 V

5. 与非门的逻辑功能为（　　）。

A. 全1出1，有0出0　　B. 全1出0，有0出1

C. 有1出1，有0出0　　D. 全0出0，有1出1

6. 一只四输入与非门，使其输出为0的输入变量取值组合有（　　）种。

A. 15　　B. 8　　C. 7　　D. 1

测试题答案

一、判断题

1. ×　2. ×　3. √

二、单项选择题

1. B　2. D　3. C　4. B　5. B　6. D

第 9 章

晶闸管可控整流电路

二极管整流电路中，只要电路的输入交流电压一定，其输出的直流电压的大小也就确定了，不能任意调节，因此二极管整流电路是不可控整流电路。然而，在许多场合下，例如在直流电动机的调速电路中，都要求输出电压可调的直流电源，这种电源除了用直流发电机以外，目前大部分都采用晶闸管可控整流电路。晶闸管全称为硅晶体闸流管，以前也曾称为可控硅。它是一种大功率的半导体器件，自从1958年研制成功以来，晶闸管的制造和应用技术发展很快，在各个工业部门和民用方面获得广泛应用，主要用于可控整流、逆变、变频、交流调压、直流斩波和电子开关等方面。晶闸管组成的变流装置具有快速响应好、功耗低、效率高、体积小、质量轻、无噪声和使用方便等优点，但存在产生高次谐波、使电网波形畸变、功率因数低以及晶闸管元件过电压、过电流能力差等问题。本章主要介绍晶闸管、单相可控整流电路及三相半波可控整流电路。

第1节　晶　闸　管

晶闸管包括普通晶闸管、双向晶闸管、快速晶闸管等。由于普通晶闸管应用最广泛，故本节着重介绍普通晶闸管。本书如不特别说明，所说的晶闸管就是指普通晶闸管。

一、晶闸管的结构

晶闸管是一种PNPN四层半导体元件，它有三个极，如图9—1a所示。由P_1引出的是阳极A，P_2引出的是门极G（亦称控制极），N_2引出是阴极K。晶闸管的符号如图9—1b所示。

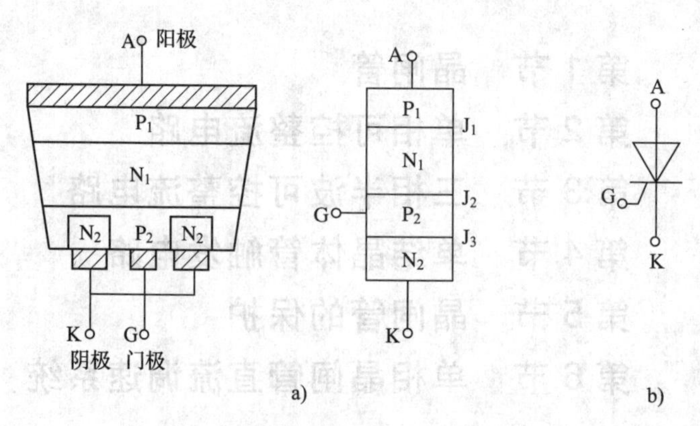

图9—1　晶闸管的内部结构及符号

a）内部结构　b）符号

晶闸管元件有螺旋式、平板式和塑封式三种形式，如图 9—2 所示。图 9—2c 为大功率螺栓式晶闸管，工作时发热较大，必须安装散热器，使用时把螺栓式晶闸管紧紧拧在散热器上。图 9—2d 为平板式晶闸管，它的两端是阳极 A 和阴极 K，中间金属环是门极 G，使用时两个相互绝缘的散热器把晶闸管紧紧夹在中间，散热效果好。目前电流在 200 A 以上的晶闸管，通常多采用平板式。

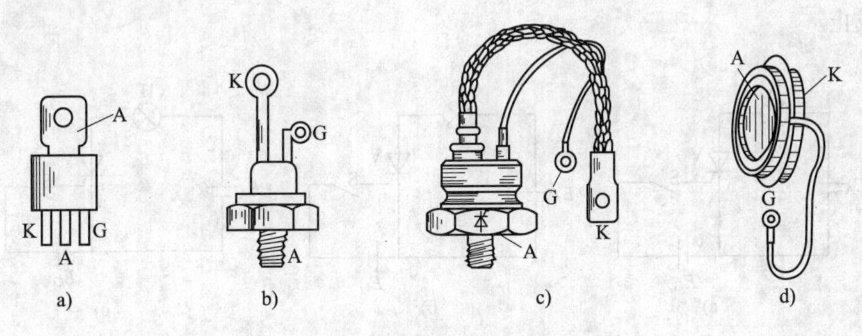

图 9—2　晶闸管的外形

a）塑封式　b）小功率螺旋式　c）大功率螺旋式　d）平板式

二、晶闸管的工作原理

1. 导通与关断条件

由于晶闸管是 PNPN 四层结构，具有三个 PN 结，因此它的工作原理和特性与整流二极管不同。为了说明晶闸管的导通和关断的条件，先通过一个实验来观察与分析晶闸管的导通和关断现象及其规律。实验电路如图 9—3 所示。

图 9—3a 所示电路中，晶闸管 V 的阳极 A 和灯泡 H 串联后再接到可调直流电源 E_A 的正极，V 阴极 K 接到电源的负极。加在晶闸管阳极和阴极之间的电压称为阳极电压，此时晶闸管 V 承受正向电压。门极 G 经过开关 S 连接到门极电源 E_G 的正极。当门极电路中开关 S 断开时，晶闸管 V 门极 G 和阴极 K 之间未加上正向电压，灯泡 H 不亮，说明晶闸管 V 不导通。当将开关 S 接通时，晶闸管门极 G 和阴极加上正向电压时，灯泡 H 亮，说明晶闸管导通。晶闸管导通后，将开关 S 断开即去掉门极上的电压，灯泡 H 仍然亮，表明晶闸管 V 继续导通。这说明晶闸管 V 一旦导通后，门极就失去了控制作用。在灯泡 H 亮，晶闸管导通情况下，降低可调直流电源 E_A 的电压，使流过晶闸管的阳极电流 I_A 减小接近于某一值（几毫安到几十毫安）时，灯泡突然由亮变暗，晶闸管阳极电流 I_A 突然降到零，晶闸管关断。在门极 G 断开时，维持晶闸管导通所需要的最小阳极电流叫做维持电流 I_H。

图 9—3b 电路和图 9—3a 电路的不同之处是门极电源 E_G 的正极接晶闸管 V 的阴极 K，

负极经开关 S 连接晶闸管 V 的门极 G。此时晶闸管的阳极和阴极间仍加上正向电压，当开关 S 接通时，门极 G 和阴极 K 加上反向电压。在这种情况下，不论开关 S 接通还是断开灯泡 H 都不亮，晶闸管 V 截止。

图 9—3c 电路与图 9—3a 电路不同之处是晶闸管的阳极和阴极间加上反向电压。此时不论开关 S 接通还是断开，即门极 G 和阴极 K 间加或不加正向电压，灯泡 H 都不亮，晶闸管 V 截止。

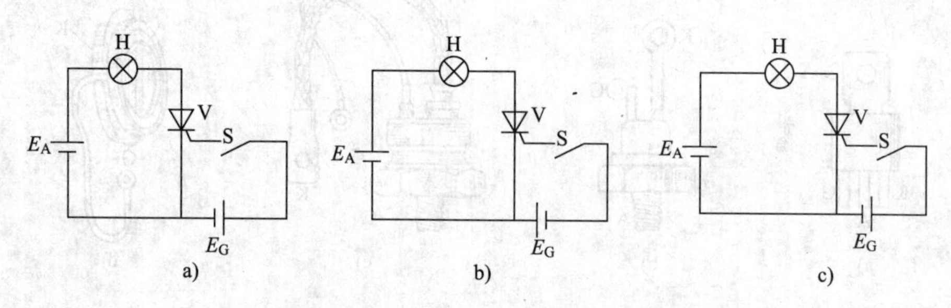

图 9—3　晶闸管导通与关断实验电路图
a）正向阳极电压　b）反向门极电压　c）反向阳极电压

从上述实验可以看出，晶闸管和整流二极管一样具有单向导电特性，电流只能从阳极流向阴极，但晶闸管又不同于整流二极管，还具有正向导通的可控特性。当晶闸管阳极和阴极间加上正向电压时，晶闸管还不能导通，处于正向阻断状态，只有晶闸管阳极和阴极间加上正向电压，同时门极和阴极间加上适当的正向门极电压和电流，晶闸管才能导通，门极起到控制作用。综上所述，晶闸管导通的条件为：晶闸管的阳极 A 和阴极 K 间加上正向阳极电压，同时晶闸管的门极 G 和阴极 K 间加上适当足够的正向电压和电流。

晶闸管关断的条件为晶闸管的阳极电流小于维持电流。在实际应用中，可以在晶闸管阳极和阴极间加上反向电压或将晶闸管阳极电压断开，使晶闸管的阳极电流小于维持电流而关断。

2. 工作原理

由上文可知，晶闸管是一个具有三个 PN 结的 PNPN 四层半导体元件。晶闸管从内部结构上看，可以把它看成两个三极管 V1 和 V2 的组合，其中 V1 是 PNP 管、V2 是 NPN 管，如图 9—4a 所示。

由图 9—4b 可知，V2 的集电极电流 I_{C2} 是 V1 的基极电流 I_{B1}，V1 的集电极电流 I_{C1} 是 V2 的基极电流 I_{B2}。当合上开关 S 加上足够的正向门极电压时，V2 流过基极电流 I_{B2}，经三极管 V2 放大，集电极电流 $I_{C2}=\beta_2 I_{B2}$，由于 I_{C2} 又是三极管 V1 的基极电流 I_{B1}，因此 I_{C2}

又经三极管 V1 再次放大，集电极电流 I_{C1} 为 $I_{C1}=\beta_1 I_{C2}=\beta_1\beta_2 I_{B2}$，$I_{C1}$ 继续经三极管 V2 再次放大，使得 I_{C2} 急剧增大……如此交替放大将产生一个强烈的正反馈。这个正反馈过程可表示为 $I_G\uparrow\to I_{B2}\uparrow\to I_{C2}\uparrow\to I_{B1}\uparrow\to I_{C1}\uparrow\to I_{B2}\uparrow$……使得两个三极管都很快饱和导通，即晶闸管导通。在晶闸管导通后，阳极电流大小由电源电压和负载决定。

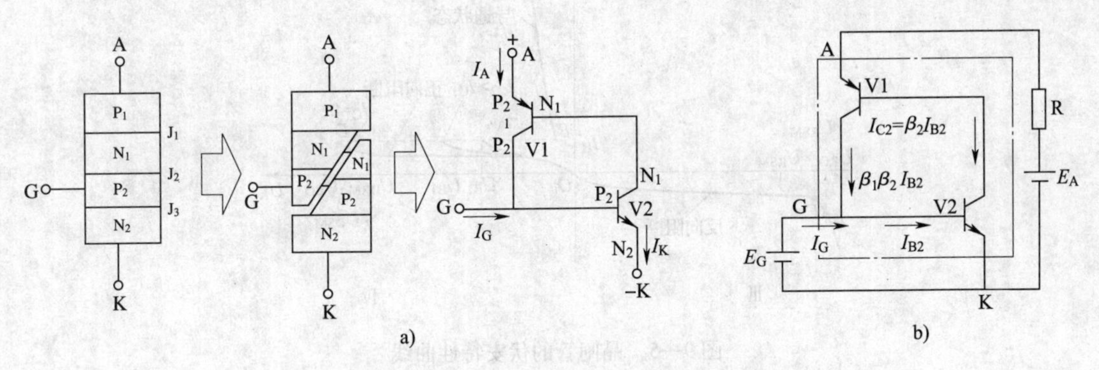

图 9—4　晶闸管的工作原理

a）两个三极管 V1、V2 的组合　b）工作原理

当晶闸管导通后，它的导通状态完全依靠管子本身的正反馈作用来维持，即使取消门极电压（电流），晶闸管仍处于导通状态，这时门极已失去了控制作用，要想使晶闸管关断，可以在晶闸管的阳极和阴极间加上反向电压或将晶闸管的阳极电压断开，使阳极电流小于维持电流而关断。

三、晶闸管的伏安特性

晶闸管的伏安特性是以阴极 K 为参考点，阳极 A 与阴极 K 间的阳极电压 U_A 和阳极电流 I_A 之间的关系。晶闸管的伏安特性曲线如图 9—5 所示。

由图可知，晶闸管伏安特性可分为第Ⅰ象限正向特性和第Ⅲ象限的反向特性。在第Ⅰ象限正向特性区域，当门极断开，门极电流 $I_G=0$ 时，只要元件两端正向阳极电压 $U_A<U_{BO}$（对应于曲线 A 点的电压）时，元件只有很小的正向漏电流，晶闸管处于正向阻断状态。当 U_A 大于 U_{BO} 时，元件立即由正向阻断状态转为正向导通状态，即由曲线 A 点突变到 B 点，对应于 A 点的电压 U_{BO} 称为元件的正向转折电压。上述不用门极控制而依靠加大阳极电压的方法使管子导通的称为硬开通，硬开通可能使晶闸管元件损坏，在正常工作时是不采用的。对应于曲线拐点 D 点的电压 U_{DSM} 称为断态正向不重复峰值电压。当门极电流 $I_G>0$ 时，元件的正向转折电压 U_{BO} 随着门极电流 I_G 增大而迅速降低，当门极电流 I_G 足够大时，元件的正向转折电压非常小。因此只要在门极加上足够的触发电流，就可以使

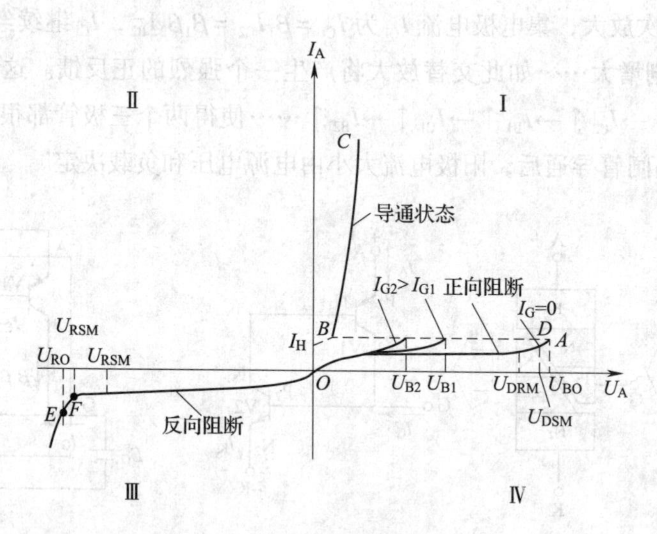

图9—5　晶闸管的伏安特性曲线

晶闸管在任意正向阳极电压下导通。在正常工作时就是采用门极触发电流（电压）使晶闸管导通。

正向导通特性对应于曲线 BC 段，与整流二极管元件正向导通特性相同，此时元件正向电压降很小，为0.6～1.2 V。晶闸管一旦导通后，门极就失去控制作用，阳极电流 I_A 大小取决于外电路特性（电源电压和负载）。当元件阳极电流 I_A 小于元件维持电流 I_H（对应于曲线 B 点的电流）时，元件又从正向导通状态转为正向阻断状态。

在第Ⅲ象限反向特性区域，元件反向特性与整流二极管元件相同，当反向阳极电压 $U_A<U_{RO}$（对应于曲线 E 点的电压）时，元件反向漏电流很小，元件处于反向阻断状态。当反向阳极电压 U_A 大于 U_{RO} 时，元件反向击穿，U_{RO} 称为反向击穿电压。对应于曲线拐点 F 点的电压 U_{RSM} 称为反向不重复峰值电压。

由以上分析可知晶闸管元件实际上是一种理想的无触点开关元件。在日常晶闸管应用中，我们正是利用上述正向特性中可控单向导电性，晶闸管元件加上正向阳极电压时，控制门极电流 I_G 使元件从正向阻断状态转为正向导通状态，使晶闸管成为一个可控的无触点开关元件。

四、晶闸管的主要参数

1. 额定电流（额定通态平均电流）$I_{T(AV)}$

额定通态平均电流是指在40℃环境温度和标准散热冷却条件下，元件在单相工频正弦半波，导通角不小于170°的电阻性负载电路中，当结温稳定且不超过额定结温时所允许通过的最大平均电流。简单来说，额定电流是允许通过的工频正弦半波电流的平均值。

由于管子发热是由有效值决定的，而管子的额定电流却是正弦半波电流的平均值，因此在选择晶闸管的额定电流时，应该从有效值的概念出发，具体应考虑到以下两个方面的因素：

（1）晶闸管额定电流是正弦半波电流的平均值，正弦半波电流的波形系数 K_f 为 1.57，为此相对应的额定电流的有效值是 $1.57I_{T(AV)}$。比如一只额定电流为 200 A 的晶闸管元件，其额定电流有效值为 $1.57\times200=314$ A。

（2）通过管子的电流因负载性质不同、导通角不同等原因，基本上都不是正弦半波，可控整流电路中直流电流的大小往往总是用平均值来表示的，在计算管子上的电流有效值时，必须考虑管子实际的电流波形，按照波形系数的大小求得有效值，才能作为选择晶闸管额定电流的依据。

由于晶闸管的过载能力较小，因此选用晶闸管额定电流时取实际电流有效值 I_T 的 1.5～2 倍，使其有一定的电流余量。综上所述，选择晶闸管应满足下式：

$$1.57I_{T(AV)}\geqslant(1.5\sim2)\ I_T$$

在实际应用中还要注意环境温度、散热冷却条件。当元件实际使用时不能满足标准散热冷却条件和环境温度时，为了保证元件正常工作必须相应降低元件的允许工作电流。

2. 额定电压 U_{TN}（重复峰值电压）

在图 9—5 所示的伏安特性曲线中，对应于第Ⅰ象限正向特性曲线中 D 点的电压称为断态正向不重复峰值电压 U_{DSM}。标准中规定断态正向重复峰值电压 U_{DRM} 为断态正向不重复峰值电压 U_{DSM} 的 90%。对应于第Ⅲ象限反向特性曲线中 F 点的电压称之为反向不重复峰值电压 U_{RSM}，标准中规定反向重复峰值电压 U_{DRM} 为反向不重复峰值电压 U_{DSM} 的 90%。

通常取元件断态正向重复峰值电压 U_{DRM} 和反向重复峰值电压 U_{RRM} 两者中较小的值，并按标准取相应的电压等级作为元件额定电压。正反向重复峰值电压（额定电压）级别见表 9—1。

表 9—1　　正反向重复峰值电压（额定电压）级别

U_{RRM} U_{DRM}（V）	100	200	300	400	500	600	700	800	900	1 000	1 200
级数	1	2	3	4	5	6	7	8	9	10	12
U_{RRM} U_{DRM}（V）	1 400	1 600	1 800	2 000	2 200	2 400	2 500	2 600	2 800	3 000	
级数	14	16	18	20	22	24	25	26	28	30	

如某晶闸管断态正向重复峰值电压值为830 V，反向重复峰值电压为660 V，取两者中较小者660 V，按表9—1相应标准电压等级所取该晶闸管额定电压为600 V。

在选择晶闸管的额定电压时，应考虑到电路中瞬时过电压，因此必须留有较大的安全系数，通常选择晶闸管的额定电压为晶闸管上可能出现的最高瞬时电压 U_{TM} 的2~3倍。即应该满足公式：

$$U_{TN} \geqslant (2 \sim 3)\ U_{TM}$$

3. 通态平均电压

通态平均电压 $U_{T(AV)}$ 是通以额定通态平均电流时所对应的阳极、阴极之间电压平均值。根据通态平均电压大小可分成A、B、C、D、…、I等，共计9个组别，见表9—2。

表9—2　通态平均电压降的组别

组别	A	B	C	D	E	F	G	H	I
平均电压（V）	$U_T \leqslant 0.4$	$0.4 < U_T \leqslant 0.5$	$0.5 < U_T \leqslant 0.6$	$0.6 < U_T \leqslant 0.7$	$0.7 < U_T \leqslant 0.8$	$0.8 < U_T \leqslant 0.9$	$0.9 < U_T \leqslant 1.0$	$1.0 < U_T \leqslant 1.1$	$1.1 < U_T \leqslant 1.2$

通态平均电压降越小，说明晶闸管导通时的功耗越小。在选用元件时，一般应选择通态平均电压 $U_{T(AV)}$ 较小的元件。

4. 门极触发电压 U_{GT} 和触发电流 I_{GT}

门极触发电流 I_{GT} 是指元件在室温条件下，元件两端施加6 V正向阳极电压时，使元件完全开通所需的最小门极电流。对应于门极触发电流时的门极电压称之为门极触发电压 U_{GT}。在实际应用中应注意元件门极触发电压、触发电流参数分散性，同一型号的元件门极参数相差很大。触发电流太小容易导致元件误导通，触发电流太大，触发困难元件不易开通，因而应选用实测门极参数相接近的元件。

5. 维持电流 I_H 和擎制电流 I_L

维持电流 I_H 是指元件在室温下门极开路时，维持晶闸管导通所需的最小阳极电流。擎制电流 I_L 是指元件加上触发脉冲，从阻断状态刚转为导通状态后触发脉冲消失仍能使元件保持继续导通的最小阳极电流。维持电流 I_H 和擎制电流 I_L 是不同的概念参数。维持电流是用以描述元件由开通转入阻断的参数，而擎制电流是用以描述元件由阻断进入导通的参数，两者不可混淆，一般 I_L 比 I_H 大2~4倍。I_H 和 I_L 的值均随温度下降而升高。

6. 断态电压临界上升率 du/dt 和电流上升率 di/dt

晶闸管在断态时，如果正向电压上升过快，会使得管子误导通，因此规定了“断态正向电压临界上升率”。为了避免电压上升过快，晶闸管使用时经常在管子两端并联有阻容回路。

晶闸管在刚导通时，如果电流上升过快，易使管子损坏，因此规定了“通态电流临界上升率”。限制电流上升过快的方法是晶闸管串联空心电感。

五、晶闸管的型号

晶闸管的类型主要有普通型、快速型和双向型。晶闸管元件型号及其含义如下：

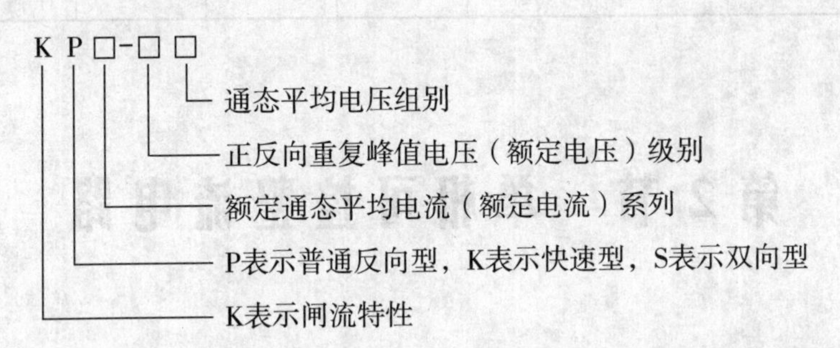

正反向重复峰值电压（额定电压）级别见表9—1，通态平均电压组别见表9—2。如KP－200－15G表示额定电流为200 A，额定电压为1 500 V，通态平均电压为1 V的普通型晶闸管元件。

常用晶闸管元件型号及其主要技术参数见表9—3。

表9—3　　常用晶闸管元件型号及其主要技术参数

参数	KP5	KP20	KP100	KP200	KP300	KP500	KP800	KP1 000
通态平均电流（A）	5	20	100	200	300	500	800	1 000
断态（反向）重复峰值电压（V）	100～3 000	100～3 000	100～3 000	100～3 000	100～3 000	100～3 000	100～3 000	100～3 000
门极触发电压（V）	≤3.5	≤3.5	≤4	≤4	≤5	≤5	≤5	≤5
门极触发电流（mA）	≤70	≤100	≤250	≤250	≤300	≤300	≤400	≤400
断态电压临界上升率（V/μs）	25～1 000							

续表

参数	KP5	KP20	KP100	KP200	KP300	KP500	KP800	KP1 000
通态平均电压（V）	1.2	1.2	1.2	0.8	0.8	0.8	0.8	0.8
额定结温（℃）	100	100	115	115	115	115	115	115

第2节　单相可控整流电路

一、单相半波可控整流电路

用晶闸管代替单相半波整流电路中的二极管，就可以得到单相半波可控整流电路。下面根据负载不同分别进行分析。

1. 电阻性负载

（1）工作原理和波形

图9—6a是带电阻性负载的单相半波可控整流电路电路图。变压器二次侧交流电压u_2、触发脉冲u_g、直流输出电压（即负载电压）u_d及晶闸管两端电压u_T的波形图如图9—6b所示。由于是电阻性负载，因此负载直流电流i_d的波形与直流输出电压的波形是相同的，又因为晶闸管与负载是串联的，所以流过晶闸管的电流i_T就是负载直流电流i_d。

由图9—6b可见，在$0\sim\omega t_1$的这段时间内，尽管交流电压u_2处于正半周，晶闸管受到正向电压，但是因为门极没有触发脉冲u_g，晶闸管处于正向阻断状态，负载电压$u_d=0$。在ωt_1时刻门极加上触发脉冲，晶闸管被触发导通，u_2电压输出到负载R_d上，如略去管子的正向压降，直流输出电压（负载电压）$u_d=u_2$。

在$\omega t=\pi$时，电压u_2下降为零，晶闸管的阳极电流小于维持电流，而使晶闸管关断。在交流电压u_2的负半周，晶闸管由于受到反向电压，继续保持反向阻断状态，负载上的电压、电流始终为零。直到下一个周期的ωt_2时，门极加上触发脉冲晶闸管再次导通，这样，负载R_d上就得出如图9—6b所示的电压波形。

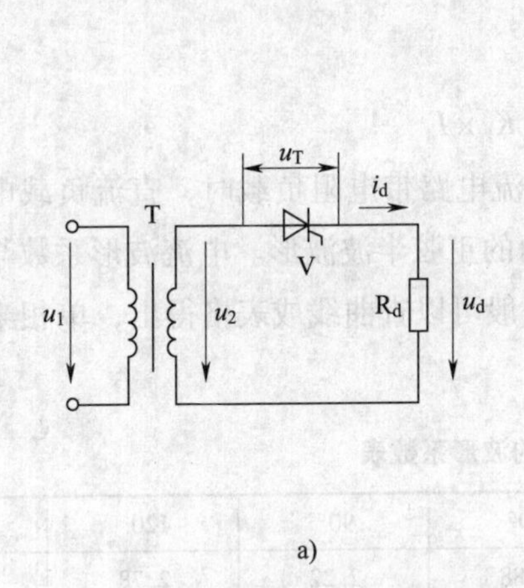

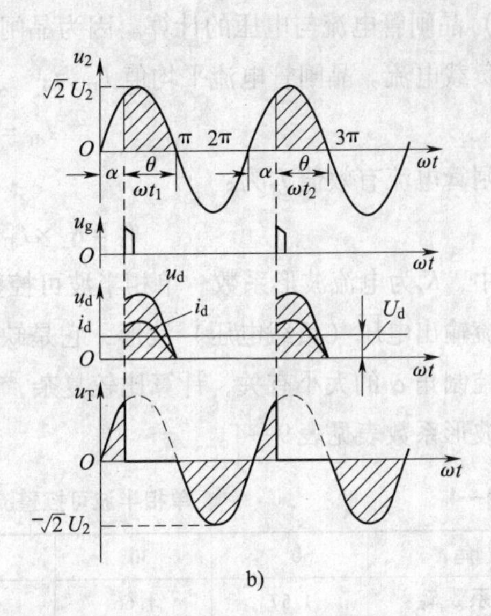

图 9—6　电路带电阻性负载的电路图和波形图单相半波可控整流

a）电路图　b）波形图

在可控整流电路中，把晶闸管开始承受正向电压到触发导通的这段时间所对应的电角度称为控制角（移相角），用符号 α 表示。晶闸管在一周内导通的电角度称为导通角，用符号 θ 表示。在单相半波可控整流电路中，显然 $\theta = 180° - \alpha$，控制角 α 越小，则导通角 θ 就越大，直流输出电压的平均值 U_d（即 U_d 阴影部分在一个周期内的平均值）就越大。由此可见，只要改变控制角 α 的大小，就能改变直流输出电压平均值 U_d 的大小。

晶闸管两端电压波形 u_T 如图 9—6b 所示。当晶闸管处于导通状态时，如忽略管压降，晶闸管两端电压为零。当晶闸管处于正向和反向阻断状态时，晶闸管两端电压等于交流电压 u_2。

（2）直流输出电压平均值 U_d 的计算。直流输出电压平均值 U_d 的计算公式如下：

$$U_d = 0.45U_2\frac{1+\cos\alpha}{2}$$

当 $\alpha = 0°$ 时，直流输出电压平均值 U_d 最大，$U_d = 0.45U_2$，与二极管半波整流电路直流输出电压平均值相同。随着 α 的增大，直流输出电压平均值 U_d 逐渐减小，当 $\alpha = 180°$ 时，输出电压 $U_d = 0$。在可控整流电路中，使直流输出电压平均值 U_d 从最大调整到 0 时，控制角 α 的变化范围称为“移相范围”。电阻性负载时，单相半波可控整流电路的移相范围为 0° ~180°。

直流负载电流的平均值 I_d 为：$I_d = \dfrac{U_d}{R_d} \approx 0.45\dfrac{U_2}{R_d}\cdot\dfrac{1+\cos\alpha}{2}$

（3）晶闸管电流与电压的计算。因为晶闸管和负载串联，因此流过晶闸管上的电流显然就是负载电流。晶闸管电流平均值 I_{dT} 为：

$$I_{dT}=I_{d}$$

晶闸管电流有效值 I_{T} 为：

$$I_{T}=K_{f}\times I_{dT}=K_{f}\times I_{d}$$

式中，K_{f} 为电流波形系数。单相半波可控整流电路带电阻负载时，直流负载电流波形就是直流输出电压（负载电压）波形，它是缺角的正弦半波波形。电流波形系数与电流的波形、控制角 α 的大小有关，计算比较复杂，一般可以查曲线或表格得出，单相半波可控整流的波形系数表见表 9—4。

表 9—4　单相半波可控整流的波形系数表

控制角 α	0°	30°	60°	90°	120°	150°
波形系数 K_{f}	1.57	1.66	1.88	2.22	2.78	3.99

由表可知，$\alpha=0°$ 时，电流波形系数 K_{f} 为 1.57。

由图 9—5b 中 u_{T} 波形图可见，晶闸管两端可能出现的最大正向和反向电压 U_{TM} 就是电源电压 U_{2} 的峰值电压，即：

$$U_{TM}=\sqrt{2}U_{2}$$

【例 9—1】 有一单相半波可控整流电路，带电阻性负载，$R_{d}=10\ \Omega$，交流电源直接从 220 V 电网获得，试求：

1）输出电压平均值 U_{d} 的调节范围；

2）计算晶闸管电压与电流并选择晶闸管。

解：根据题意：$U_{2}=220$ V，$U_{d}=10\ \Omega$

1）$U_{d}=0.45U_{2}\dfrac{1+\cos\alpha}{2}$

当 $\alpha=0°$ 时，$U_{d}=0.45U_{2}\dfrac{1+\cos0°}{2}=0.45U_{2}=0.45\times220=99$ V

当 $\alpha=180°$ 时，$U_{d}=0.45U_{2}\dfrac{1+\cos180°}{2}=0$ V

输出电压平均值 U_{d} 的调节范围为 0～99 V。

2）当 $\alpha=0°$ 时，输出电压平均值 U_{d} 最高，负载电流最大。

$$I_{dMAX}=0.45\frac{U_{2}}{R_{d}}\cdot\frac{1+\cos\alpha}{2}=\frac{99}{10}=9.9\ \text{A}$$

通过晶闸管电流的有效值 I_T 为 $I_T = 1.57 \times 9.9 \approx 15.5$ A

在介绍晶闸管参数时，已经说明过选择晶闸管额定电流 $I_{T(AV)}$ 应该从有效值出发。

$$1.57 I_{T(AV)} \geqslant (1.5 \sim 2)\ I_T$$

则：$I_{T(AV)} \geqslant (1.5 \sim 2)\ \dfrac{I_T}{1.57} = 14.9 \sim 19.8$ A

故晶闸管额定电流值可取 20 A。

晶闸管两端承受的最大电压 U_{TM} 为：

$$U_{TM} = \sqrt{2} U_2 = \sqrt{2} \times 220 = 311\ \text{V}$$

在介绍晶闸管参数时，已经说明过选择晶闸管额定电压 U_{TN} 应该满足：

$$U_{TN} \geqslant (2 \sim 3)\ U_{TM} = 622 \sim 933\ \text{V}$$

故晶闸管额定电压值可取 1 000 V。

由此可选择晶闸管型号为 KP20－10。

2. 电感性负载与续流二极管

在实际应用中，除了上述电阻性负载外，经常遇到的是电感性负载，如各种电动机的励磁线圈、各种电感线圈等。电感性负载既有电感，又有电阻，因而可用串联的电感 L_d 和电阻 R_d 表示。电感对电流的变化有阻碍作用，电感中的电流不能突变，当流过电感中的电流变化时，在电感两端要产生感应电动势，阻止电流变化。当电流增加时，感应电动势的极性阻止电流增加，当电流减小时，感应电势的极性阻止电流减小。可控整流电路接电感性负载和接电阻性负载的工作情况大不相同。

（1）工作原理和波形。单相半波可控整流电路带电感负载的电路图和波形图如图 9—7 所示。

当 $\omega t_1 = \alpha$ 时，晶闸管 V 触发导通，u_2 电压立即加到负载（L_d 和 R_d）上，在负载（L_d 和 R_d）上立即出现输出直流电压 u_d，但由于电感 L_d 作用，产生阻碍电流变化的感应电动势（其极性在图 9—7 中为上正下负），电感中电流（即负载电流）不能突变，只能从零逐步上升。当电流上升到最大值时，感应电动势为零，而后电流减小时，感应电动势也就改变极性（在图 9—7 中为上负下正）。当电源电压 u_2 下降到零，由于电感的感应电动势的作用，晶闸管 V 仍受正向电压而导通，即使交流电压 u_2 由零变负，只要 $|e_L|$ 大于 $|u_2|$，晶闸管 V 仍受正向电压，晶闸管将继续导通，负载上输出电压 u_d 出现负值，当晶闸管电流小于维持电流时，晶闸管 V 关断并承受反向电压。

由图 9—7b 的波形图可见，带电感性负载时，输出电压 u_d 和电流 i_d 的波形与电阻性负载大不相同，由于电感的作用，输出直流电压 u_d 将出现一段时间的负电压，使输出电压平均值 U_d 减小。电感 L_d 越大，负电压部分越大，使输出电压平均值 U_d 下降得越多。当电感

L_d很大，满足$\omega L_d >> R_d$的条件（通常$\omega L_d > 10R_d$即可）时，负载上输出直流电压U_d的正负面积接近相等，输出直流电压的平均值U_d近似等于零。由此可见，单相半波可控整流电路用于大电感负载时，不管α如何调节，U_d电压总是很小，因此这种电路实际上并不采用。

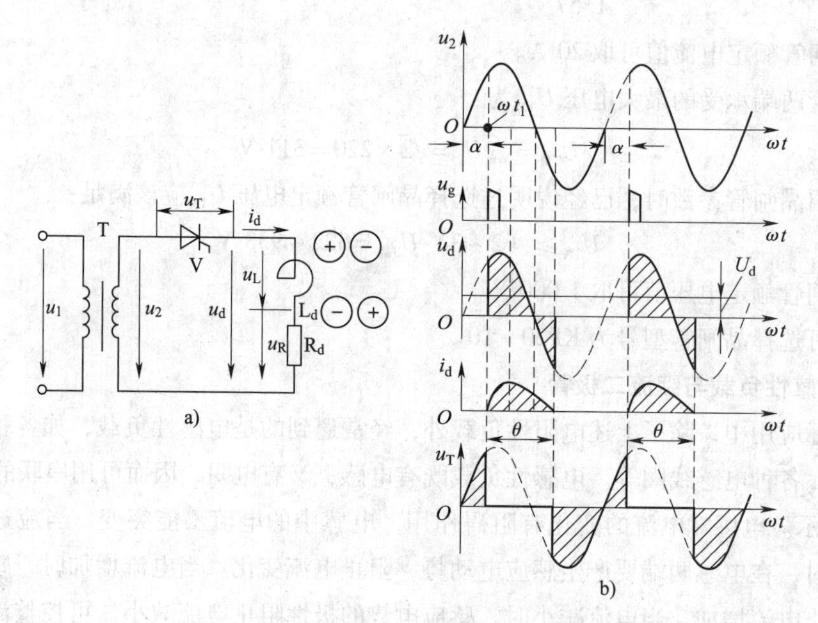

图9—7 单相半波可控整流电路带电感负载的电路图和波形图

a）电路图 b）波形图

实际的单相半波可控整流电路在带有电感性负载时，都在负载两端并联有续流二极管。

（2）续流二极管的作用。为了去掉输出电压的负值部分，可以在负载两端并联一个二极管VD，如图9—8a所示，这个二极管称为“续流二极管”。当交流电压u_2为正时，晶闸管触发导通，此时负载两端电压为正，续流二极管承受反压不导通，负载上电压波形与不加续流二极管相同。当交流电压u_2由过零值变负时，二极管因受到正向电压而导通，晶闸管由于受到负电压而关断，负载电流此时在感应电动势作用下，将通过二极管形成回路，沿着负载与二极管继续流通，此时负载两端电压近似为零。

当电感L_d很大（$\omega L_d > 10R_d$），即所谓大电感负载时，此时由于电感的滤波作用，使得负载电流i_d基本趋于平直，可以看成是一条平行于横轴的直线。负载电流由晶闸管电流i_T和续流二极管i_D两部分组成。负载电流的流通路径为：在晶闸管导通时是通过晶闸管流通的，波形图中晶闸管的导通角用θ_T表示；当晶闸管关断时，负载电流是通过续流二极管流通的，续流二极管的导通角用 θ_D 表示，如图 9—8b 所示。从图 9—8b 的波形图看，大电感负载的负载电流 i_d 基本上是一条水平线，而晶闸管电流 i_T 与续流二极管电流 i_D 则是矩形波。

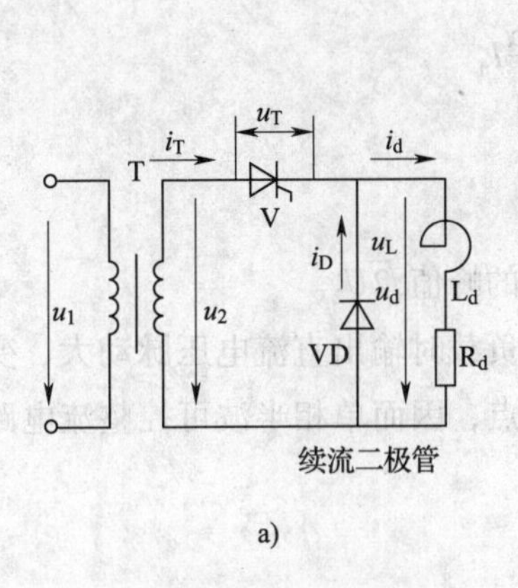

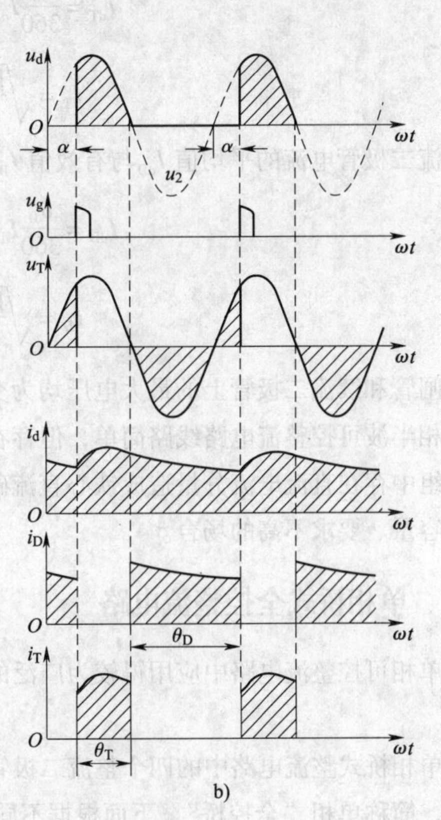

图 9—8　大电感负载带续流二极管的情况

a）电路图　b）波形图

（3）带续流二极管的大电感负载电路的计算。由于电路输出电压波形已经去掉了负值部分，因此输出电压波形与电阻性负载相同，输出直流电压平均值的计算公式与电阻性负载相同，即：

$$U_d = 0.45U_2 \frac{1+\cos\alpha}{2}$$

移相范围与电阻性负载相同为 0 ~180°。

负载直流电流的平均值为：

$$I_d = \frac{U_d}{R_d}$$

由前面的分析可知，这一负载直流电流是由晶闸管与续流二极管两条路径提供的，晶闸管电流的平均值 I_{dT} 与有效值 I_T 分别为：

$$I_{dT}=\frac{\theta_T}{360}I_d=\frac{180-\alpha}{360}I_d$$

$$I_T=\sqrt{\frac{180-\alpha}{360}}I_d$$

续流二极管电流的平均值 I_{dD} 与有效值 I_D 分别为：

$$I_{dD}=\frac{\theta_D}{360}I_d=\frac{180+\alpha}{360}I_d$$

$$I_D=\sqrt{\frac{180+\alpha}{360}}I_d$$

晶闸管和续流二极管上的最大电压均为交流电压的峰值 $\sqrt{2}U_2$。

单相半波可控整流电路线路简单，但存在电阻性负载时输出直流电压脉动大、变压器二次绕组中存在直流电流分量造成铁心直流磁化等缺点，因而单相半波可控整流电路只适用于小容量、要求不高的场合。

二、单相桥式全控整流电路

在单相可控整流电路中应用得较为广泛的是单相桥式全控整流电路和单相桥式半控整流电路。

把单相桥式整流电路中的四个整流二极管都换成晶闸管，电路就成了单相桥式全控整流电路，简称单相“全控桥”。下面根据不同负载特性分别进行分析。

1. 电阻性负载

（1）工作原理和波形

单相全控桥带电阻性负载时的电路图和波形图如图 9—9 所示。在交流电压 u_2 的正半周时（即 A 端为正，B 端为负），晶闸管 V1 和 V3 受正向电压。当 ωt 等于控制角 α 时，触发脉冲作用到晶闸管 V1、V3 的门极上，晶闸管 V1、V3 导通，电流通路从 A→V1→R_d→V3→B，回到变压器，输出直流电压 $u_d=u_2$。$\omega t_1\sim\pi$ 期间，晶闸管 V2、V4 均受反向电压而截止。当 $\omega t=\pi$ 时，交流电压 u_2 减小到零，使晶闸管 V1、V3 因电流小于维持电流而关断。在交流电压 u_2 的负半周时（即 A 端为负，B 端为正），当 $\omega t=\pi+\alpha$ 时，触发脉冲在同样的控制角 α 下，作用到晶闸管 V2、V4 的门极上，晶闸管 V2、V4 导通，电流从 B→V2→R_d→V4→A，回到变压器。当交流电压 u_2 再次过零时，晶闸管 V2、V4 关断。如此周而复始，只要在门极上每隔 180°轮流触发晶闸管 V1、V3 和 V2、

V4，在负载上就得到了由控制角 α 控制的输出直流电压 u_d。输出电压和电流波形图如图 9—9b 所示。

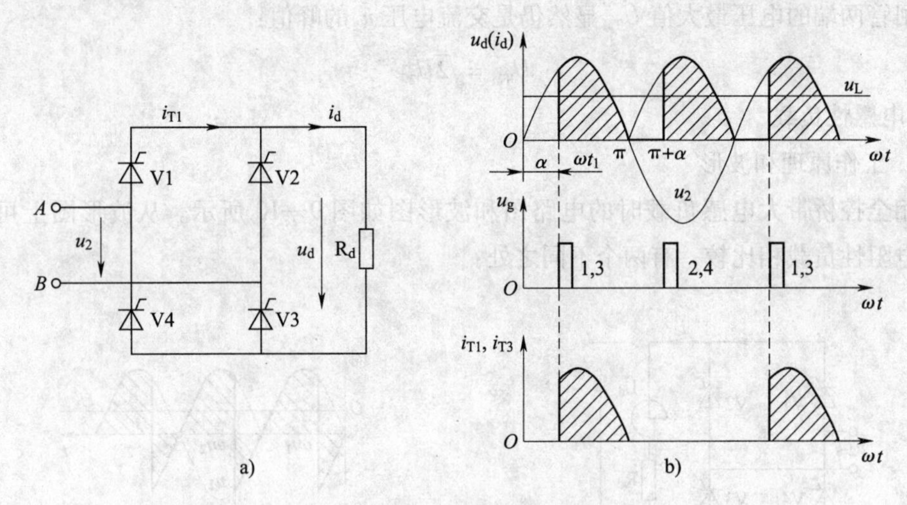

图 9—9　单相全控桥带电阻性负载

a）电路图　b）波形图

（2）输出直流电压平均值 U_d 的计算。由波形图可见，全控桥的输出直流电压比半波可控整流电路多了一倍的波形面积，因此输出直流电压平均值 U_d 显然也比半波可控整流要多一倍，输出直流电压平均值 U_d 可按下列公式计算：

$$U_d = 0.9U_2\frac{1+\cos\alpha}{2}$$

当 $\alpha = 0°$ 时，输出电压最大，为 $0.9U_2$；

当 $\alpha = 180°$ 时，输出电压为 0。

电阻性负载时，电路的移相范围为 0° ~ 180°。

（3）晶闸管电流与电压的计算。电阻负载的电流波形与电压波形是完全一致的，输出直流电流平均值 I_d 可由输出直流电压平均值 U_d 得出：

$$I_d = \frac{U_d}{R_d}$$

晶闸管上的电流波形 i_T 如图 9—9b 所示，由于波形所包围的面积仅仅是负载电流波形面积的一半，因此晶闸管电流平均值 I_{dT} 也就是 I_d 的一半：

$$I_{dT} = \frac{1}{2}I_d$$

单相全控桥晶闸管电流波形与单相半波可控整流相同，因此晶闸管电流的有效值同样可以由表9—3查得波形系数后得出：

$$I_T = K_f I_{dT}$$

晶闸管两端的电压最大值 U_{TM} 显然仍是交流电压 u_2 的峰值：

$$U_{TM} = \sqrt{2} U_2$$

2. 电感性负载

（1）工作原理和波形

单相全控桥带大电感负载时的电路图和波形图如图9—10所示。从波形图上可以看出，与电阻性负载相比较，有两个不同之处：

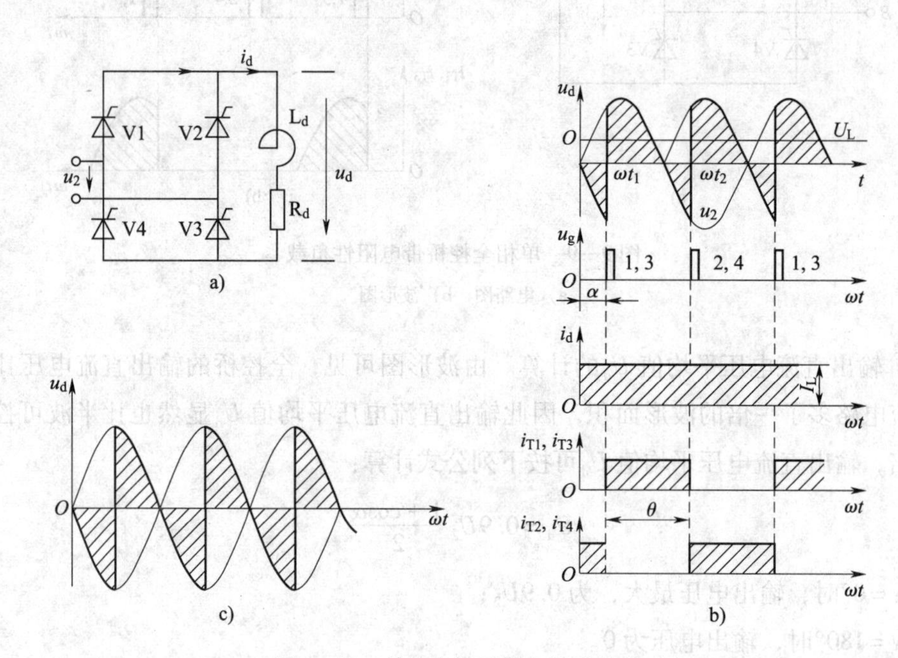

图9—10　单相全控桥带大电感负载

a）电路图　b）波形图　c）α =90°时 u_d 的波形

1）输出电压 u_d 的波形不同。大电感负载时，输出电压 u_d 波形出现负值。当 u_2 为正半周 ωt_1 时，晶闸管V1和V3同时触发导通，交流电压 u_2 加于负载上，此时V2和V4受到反向电压而关断。当 u_2 过零变负时，由于电感上感应电动势的作用，使晶闸管V1、V3继续导通，输出电压 u_d 就出现负值部分，直至 u_2 负半周同一控制角 α 所对应的 ωt_2 时刻触发V2、V4导通，使V1和V3受到反向电压而关断，从而使电流 i_d 从晶闸管V1和V3转换到另外一对晶闸管V2和V4上去。同样V2和V4的关断也是由于V1和V3的触发导通受到反向电压而关断。

2）晶闸管的导通角 θ 始终是180°，与控制角 α 的大小无关。晶闸管电流的波形是半个周期导通，半个周期截止的矩形波。这是由于一对晶闸管的关断，依赖于另一对晶闸管的触发导通，而触发脉冲是每隔180°触发一次。

（2）输出直流电压平均值U_d的计算。单相全控桥带大电感负载时，由于输出电压出现了负值，因此当控制角α相同时，电路的输出电压比电阻性负载要低，输出直流电压平均值U_d的大小可由下式求得：

$$U_d = 0.9U_2\cos\alpha$$

当$\alpha=0°$时，输出直流电压平均值U_d最大为$0.9U_2$，当$\alpha=90°$时，输出直流电压平均值U_d为0，如图9—10c所示，$\alpha=90°$时，输出电压的正负面积正好抵消，输出直流电压平均值U_d为0。

故单相全控桥带大电感负载时移相范围为0°~90°。

（3）晶闸管电流与电压的计算

负载直流电流的平均值：

$$I_d = \frac{U_d}{R_d}$$

晶闸管电流平均值I_{dT}和电流有效值I_T分别为：

$$I_{dT} = \frac{I_d}{2}$$

$$I_T = \frac{I_d}{\sqrt{2}}$$

晶闸管两端的最大电压U_{TM}为电源电压u_2的峰值：

$$U_{TM} = \sqrt{2}U_2$$

单相桥式全控整流电路要用四个晶闸管，电路较复杂，技术性能指标好，主要应用于要求较高或要求逆变的小功率单相的可控整流电路。

三、单相桥式半控整流电路

单相桥式全控电路中，需要两个串联的晶闸管（V1，V3）同时导通，才能形成电流回路，而实际上一条支路的导通只要用一个晶闸管就可以进行控制了，因此图9—10全控桥电路中的两个晶闸管V3和V4可改为二极管VD1和VD2，如图9—11所示。电路也可以正常工作，这种电路就称为“单相桥式半控整流电路”，简称“半控桥”。由于半控桥

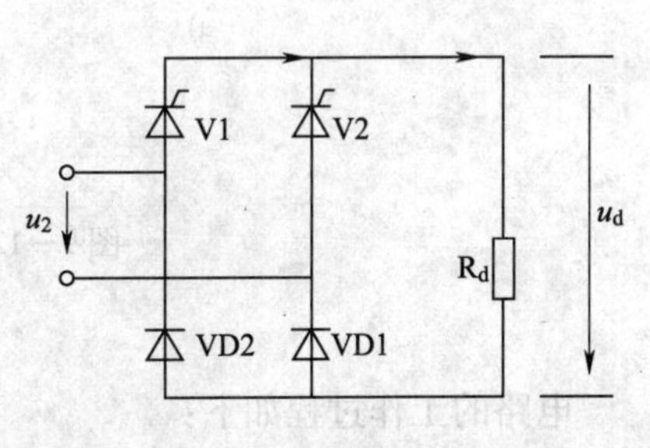

图9—11　单相半控桥带电阻性负载

电路比全控桥电路简单、费用低，因此在一般桥式可控整流电路中得到了较广泛的应用。

1. 电阻性负载

单相半控桥电路带电阻性负载时，其工作情况与单相全控桥电路完全相同。在电源电压 u_2 的正半周，当触发脉冲 u_{g1} 到来时，晶闸管 V1 触发导通，电流经过 V1、负载 R_d、VD1 流通，此时 V2、VD2 均承受反向电压而截止，到交流电压 u_2 过零时，晶闸管 V1 关断。在电源电压 u_2 的负半周，当触发脉冲 u_{g2} 到来时，晶闸管 V2 触发导通，电流经过 V2、负载 R_d、VD2 流通，到交流电压 u_2 过零时，晶闸管 V2 关断。电路的输出电压 u_d 的波形、晶闸管电流 i_T 的波形也与图 9—9b 完全一样。因此电路计算与单相全控桥相同。

2. 电感性负载

(1) 工作原理和波形

单相半控桥带大电感负载的电路图和波形图如图 9—12 所示。分析该电路工作原理时，应注意到二极管只要受正向阳极电压就可导通，而晶闸管不仅要受正向阳极电压且门极需施加正向触发脉冲才能导通。

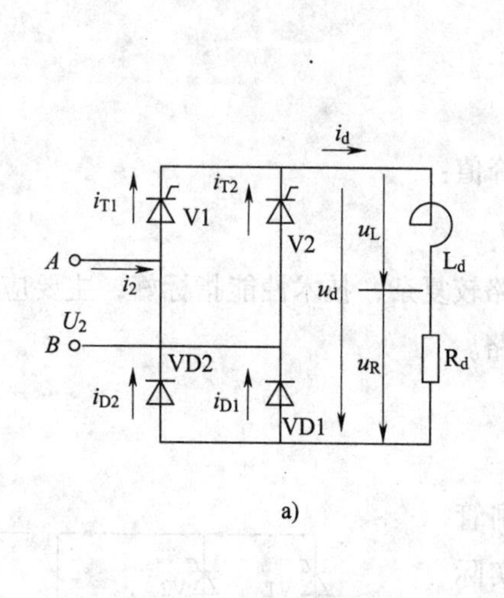

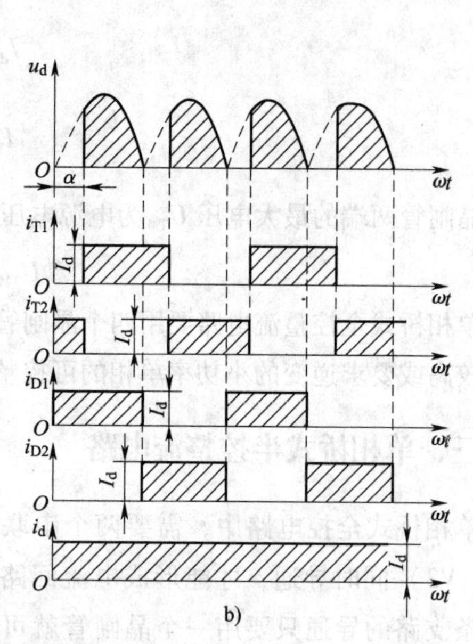

图 9—12　单相半控桥带大电感负载

a) 电路图　b) 波形图

电路的工作过程如下：

当电感足够大时，负载电流 i_d 的波形是一根水平线，在交流电压 u_2 的正半周，当

$\omega t=\alpha$ 时，晶闸管 V1 被触发导通，电流经 V1、L_d、R_d、VD1 流通，电源电压 u_2 加到负载上。当电源电压 u_2 下降到零开始变负时，由于电感 L_d 作用，晶闸管 V1 继续导通，但此时 A 点电位比 B 点电位低，因而二极管 VD2 导通，二极管 VD1 受反向电压而截止，负载电流 I_d 经 VD2、V1 流通。这时二极管 VD2 和晶闸管 V1 起到续流二极管作用，输出电压 $u_d=0$。

在交流电压 u_2 负半周，晶闸管 V2 受正向电压，当 $\omega t=\pi+\alpha$ 时，晶闸管 V2 被触发导通。V2 导通后，电流经 V2、L_d、R_d、VD2 流通，而 V1 受反向电压而关断。当电压 u_2 上升到零开始变正时，由于电感 L_d 作用，晶闸管 V2 继续导通，但此时 B 点电位比 A 点电位低，因而 VD1 导通，VD2 受反向电压而截止。这时 V2 和 VD1 起到续流二极管的作用，输出电压 $u_d=0$。输出电压 u_d、负载电流 i_d 的波形如图 9—12 所示。

虽然单相桥式半控电路带大电感负载时具有自然续流作用，不接续流二极管也能工作，但在突然切断触发脉冲时电路将可能发生正在导通的晶闸管一直导通而两个二极管轮流导通的失控现象。例如在 V1 和 VD1 导通时突然切断触发脉冲，当电压 u_2 过零变负时，由于电感 L_d 的作用，晶闸管 V1 继续导通，而 VD1 和 VD2 自然续流，负载电流将通过 VD2、V1 进行续流，只要电感足够大，这一续流过程完全可以延续到整个负半周，当 u_2 又进入正半周时，晶闸管 V1 因为始终有电流，一直继续导通，而 VD1 和 VD2 换流，电路将由 V1、VD1 通路输出完整的正弦正半周波形，电压 u_2 过零以后又通过 VD2、V1 进行续流，如此就产生晶闸管 V1 一直导通，二极管 VD1、VD2 轮流导通的失控现象，此时，电路输出将是完整的正弦半波波形，这在实际使用中是不允许的。单相半控桥整流电路在带大电感负载时，必须在负载两端并联续流二极管，如图 9—13 所示。

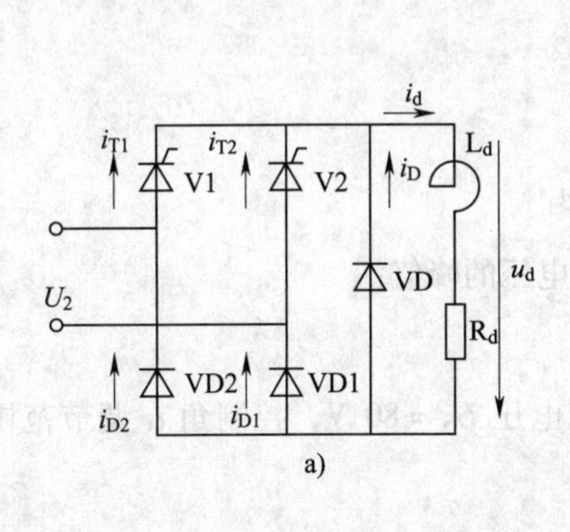

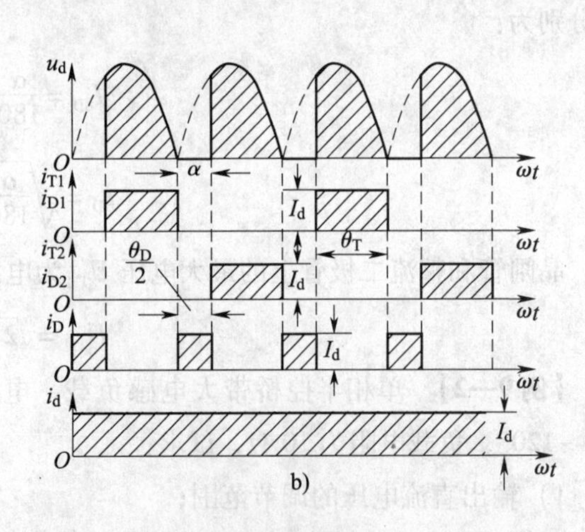

图 9—13　单相半控桥带大电感负载（接有续流二极管）

a）电路图　b）波形图

接上续流二极管后，当电源电压 u_2 过零时，负载电流经续流二极管 VD 续流，使直流输出端，只有 1 V 左右的压降，使晶闸管 V1 的电流小于维持电流而关断，这样不会出现上述失控现象。接续流二极管电路的输出电压、电流波形如图 9—13b 所示。

（2）输出电压平均值 U_d 的计算。由以上分析可知，大电感负载带有续流二极管时，输出电压 u_d 的波形与电阻性负载的输出电压 u_d 波形完全相同，因此对于单相半控桥来讲，无论是何种负载，输出电压平均值的计算公式为：

$$U_d = 0.9U_2\frac{1+\cos\alpha}{2}$$

单相半控桥的移相范围与负载性质无关，均为 0°～180°。

（3）晶闸管电流与电压的计算负载平均电流为：

$$I_d = \frac{U_d}{R_d} = 0.9\frac{U_d}{R_d}\cdot\frac{1+\cos\alpha}{2}$$

由图 9—13 可知，晶闸管和整流二极管电流均为矩形波，若控制角为 α，则晶闸管和整流二极管导通角均为 $\theta = 180° - \alpha$，因此晶闸管电流平均值和有效值分别为：

$$I_{dT} = \frac{\theta}{360}I_d = \frac{180-\alpha}{360}I_d$$

$$I_T = \sqrt{\frac{180-\alpha}{360}}I_d$$

整流二极管电流平均值和有效值与晶闸管相同。

续流二极管电流为每 180°导通一次，导通角为 α，因此续流二极管电流平均值和有效值分别为：

$$I_{dD} = \frac{\alpha}{180}I_d$$

$$I_D = \sqrt{\frac{\alpha}{180}}I_d$$

晶闸管和整流二极管上的最大电压 U_{TM} 为电源电压的峰值：

$$U_{TM} = \sqrt{2}U_2$$

【例 9—2】 单相半控桥带大电感负载，电源电压 $U_2 = 80$ V，控制角 α 调节范围为 30°～120°，负载电阻为 10 Ω，试求：

1）输出直流电压的调节范围；

2）晶闸管、整流管和续流二极管的平均值及有效值。

解：当 $\alpha = 30°$时，输出直流电压为：

$$U_d = 0.9U_2\frac{1+\cos\alpha}{2} = 0.9\times80\times\frac{1+\cos30^\circ}{2} = 67\ \text{V}$$

当 $\alpha = 120^\circ$时，$U_d = 0.9U_2\frac{1+\cos\alpha}{2} = 0.9\times80\times\frac{1+\cos120^\circ}{2} = 18$ V，因此输出直流电压的调节范围为 18 ~67 V。

当 $\alpha = 30^\circ$时，输出直流电压最高，负载电流最大：

$$I_d = \frac{U_d}{R_d} = \frac{67}{10} = 6.7\ \text{A}$$

晶闸管和整流管电流有效值为：

$$I_T = \sqrt{\frac{180-\alpha}{360}}I_d = \sqrt{\frac{180-30}{360}}\times6.7 = 4.3\ \text{A}$$

续流二极管电流有效值为：

$$I_D = \sqrt{\frac{\alpha}{180}}I_d = \sqrt{\frac{30}{180}}\times6.7 = 2.74\ \text{A}$$

晶闸管、整流管和续流二极管上的电压最大值均为：

$$U_{TM} = U_{DM} = \sqrt{2}U_2 = \sqrt{2}\times80 = 113\ \text{V}$$

3. 单相半控桥的其他接法

单相半控桥除了图 9—13 的接法以外，还有图 9—14 所示的接法。

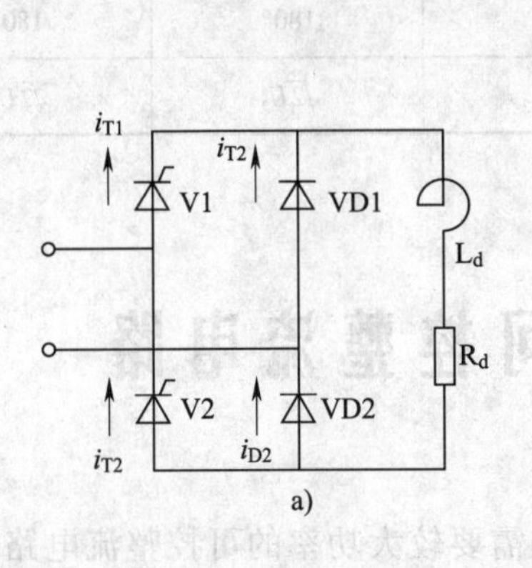

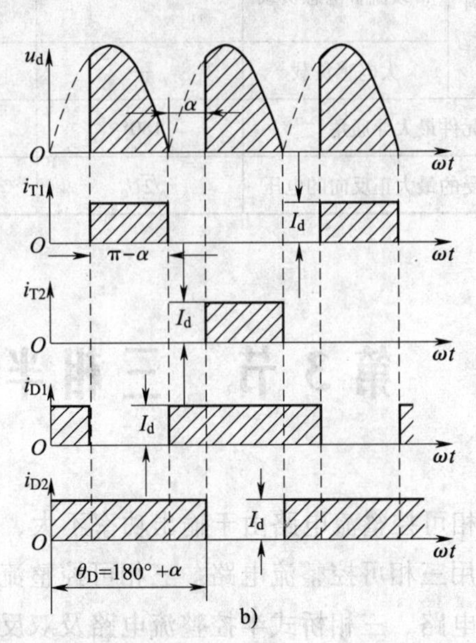

图 9—14 单相半控桥的其他接法

a）电路图 b）波形图

图9—14所示接法优点是两个串联二极管除整流作用外还可以起到续流二极管的作用，从而省了一个续流二极管。缺点是两个晶闸管这样连接没有了公共阴极，两个晶闸管的触发脉冲必须彼此隔离。图中晶闸管的导通角与以前一样为（$180° - \alpha$），但二极管的导通角扩大为（$180° + \alpha$）。

单相桥式半控整流电路较简单，性能技术指标较好，应用较广泛，但该电路不能应用于逆变工作状态。单相可控整流电路的主要参数见表9—5。

表9—5　　常用单相可控整流电路的主要特性参数

参数名称		单相半波可控整流电路	单相全波可控整流电路	单相桥式半控电路	单相桥式全控电路
$\alpha = 0$ 空载直流输出电压 U_{d0}		$0.45U_2$	$0.9U_2$	$0.9U_2$	$0.9U_2$
$\alpha \neq 0$ 空载直流输出电压	电阻性负载或带续流管电感负载	$U_{d0}(1+\cos\alpha)/2$	$U_{d0}(1+\cos\alpha)/2$	$U_{d0}(1+\cos\alpha)/2$	$U_{d0}(1+\cos\alpha)/2$
	大电感负载	—	$U_{d0}\cos\alpha$	$U_{d0}(1+\cos\alpha)/2$	$U_{d0}\cos\alpha$
移相范围	电阻性负载或带续流管电感负载	0~180°	0~180°	0~180°	0~180°
	大电感负载	—	0~90°	0~180°	0~90°
元件最大导通角		180°	180°	180°	180°
元件承受的最大正反向的电压		$\sqrt{2}U_2$	$2\sqrt{2}U_2$	$\sqrt{2}U_2$	$\sqrt{2}U_2$

第3节　三相半波可控整流电路

单相可控整流电路由于输出功率不大，因此在需要较大功率的可控整流电路时，几乎都采用三相可控整流电路。三相可控整流电路有三相半波可控整流电路、三相桥式全控整流电路、三相桥式半控整流电路及双反星形可控整流电路等多种形式，但三相半波可控整流电路是最基本的组成形式，其他电路都可看作三相半波可控整流的串联与并联。

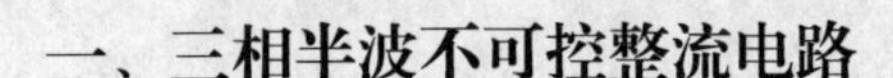

一、三相半波不可控整流电路

三相半波不可控整流电路如图 9—15 所示。它由三相整流变压器供电，变压器二次侧相电压有效值为 $U_{2\phi}$。二次绕组的中线作为直流电源的负端，三根相线分别接有三个整流二极管，由于这三个二极管的阴极连接在一起作为输出直流电压的正端，因此电路又称为“共阴极接法”的三相半波不可控整流电路。它输出的是不可控的直流电压，输出直流电压的波形如图 9—15b 所示，它是三相相电压波形的正向包络线。

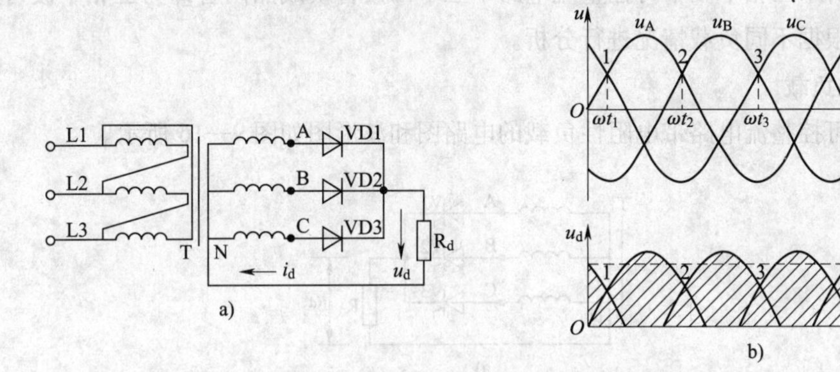

图 9—15　三相半波不可控整流电路

a）电路图　b）波形图

该电路的工作原理如下：

由于二极管具有单向导电特性，只有阳极电位高于阴极电位时才能导通。当三个二极管的阴极连接在一起，三个二极管的阳极输入不同的三相相电压时，只有输入电压最高的那个二极管能够导通，另外两个二极管由于输入电压较低，因此承受反向电压，处于截止状态。从波形图可见，在 $\omega t_1 \sim \omega t_2$，电路中 A 相电压 u_A 最高，因此二极管 VD1 导通，VD2、VD3 受反压而截止，输出的是 A 相电压 u_A，同理在 $\omega t_2 \sim \omega t_3$ 则是 B 相电压 u_B 最高，因此二极管 VD2 导通，VD1 受反压而关断，输出的是 B 相电压 u_B，二极管 VD1 和 VD2 在 ωt_2 时刻换流，在 $\omega t_3 \sim \omega t_4$ 则是 C 相电压 u_C 最高，因此二极管 VD3 导通，输出的是 C 相电压 u_C。二极管 VD2 和 VD3 在 ωt_3 时刻换流，负载 R_d 上的输出电压轮流由三相电源供给，显然电路输出的直流电压的波形就是三相相电压 u_A、u_B、u_C 波形的正向包络线。输出直流电压的平均值 U_d 为：

$$U_d = 1.17U_{2\phi}$$

从波形图中可以看到，三相相电压正半周相邻二相波形的交点 1、2、3 正好是二极管换相的时刻，称为“自然换相点”（或自然换流点）。过了此点，后相的二极管自然转为导通，前相导通的二极管自然转为截止。

如果把电路中的三个二极管翻个身，即把阳极连接在一起作为输出端，三个阴极分别接在三相电压上，则电路称为“共阳极接法”的三相半波整流电路，其输出电压的波形是三相相电压波形的负向包络线，输出直流电压的平均值是负值，即 $U_d = -1.17U_2$，自然换相点是相电压负半周相邻两相波形交点。其工作原理读者可自行分析。

二、三相半波可控整流电路

图9—15所示三相半波不可控整流电路中三个二极管换成晶闸管即为三相半波可控整流电路。下面根据不同负载情况进行分析。

1. 电阻性负载

三相半波可控整流电路带电阻性负载的电路图和波形图如图9—16所示。

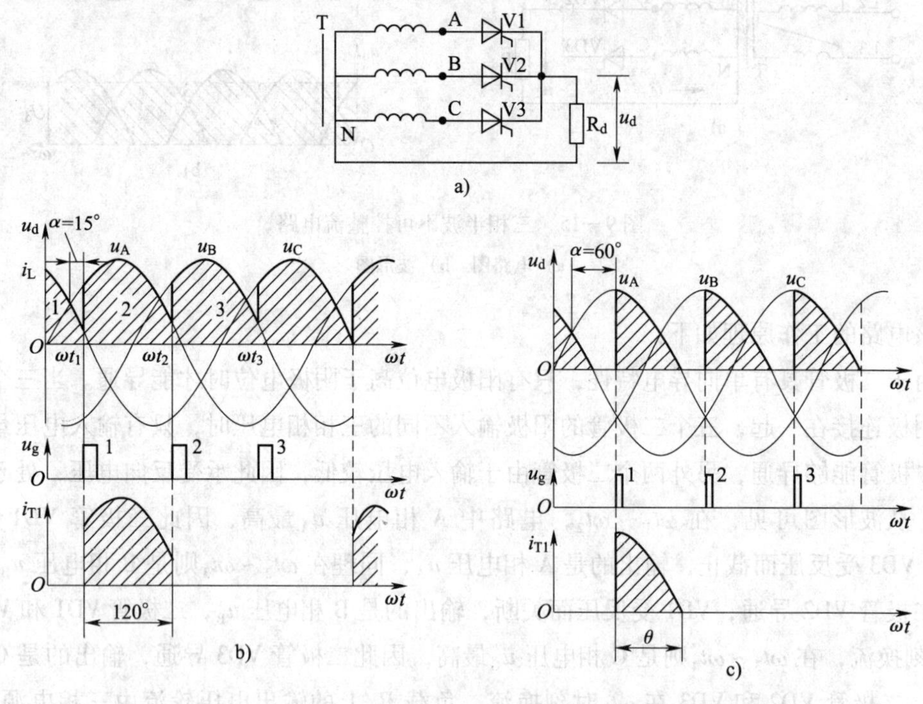

图9—16　三相半波可控整流电路带电阻性负载

a）电路图　b）$\alpha=15°$时的波形图　c）$\alpha=60°$时的波形图

由于自然换相点是各晶闸管触发导通的最早时刻，在此点以前晶闸管承受反向电压，不能被触发导通，因而把自然换相点作为计算控制角 α 的起点，即 $\alpha=0°$。

由于自然换流点相互相差120°，所以晶闸管的触发脉冲也相互相差120°，晶闸管的触发脉冲的顺序与电源相序相同，即 $u_{g1}\rightarrow u_{g2}\rightarrow u_{g3}\rightarrow u_{g1}\cdots$

由图 9—16 可看出，由于自然换流点距相电压波形原点为 30°，所以触发脉冲距对应的相电压的原点为 $30°+\alpha$。当 $\alpha=0°$时，分别在自然换相点加上触发脉冲时，三相半波可控整流电路工作情况与上述三相半波不可控整流电路相同。输出电压波形如图 9—15b 所示。

（1）$\alpha\leqslant30°$的情况。$\alpha=15°$时的输出电压、电流波形图如图 9—16b 所示。在 ωt_1（控制角 α）处，1 号触发脉冲 u_{g1}触发 A 相的晶闸管 V1，使得 V1 导通，输出电压 u_d为 A 相电压，即 $u_d=u_A$。过了自然换相点 2 之后，尽管 B 相电压 u_B已经超过了 A 相电压 u_A，但由于晶闸管 V2 没有触发脉冲仍处于阻断状态，所以依然是 A 相的 V1 导通，输出电压仍然是 A 相电压，这一情况一直延续至 ωt_2，2 号触发脉冲 u_{g2}触发 B 相的晶闸管 V2，使得 V2 导通。V2 导通后，使 V1 承受反向电压而关断，输出电压 u_d为 B 相电压，即 $u_d=u_B$。同样的道理，到了 ωt_3，3 号触发脉冲 u_{g3}触发 C 相的晶闸管 V3，使得 V3 导通，V3 导通后使 V2 承受反向电压而关断，输出电压为 C 相电压 $u_d=u_c$，如此周而复始。只要控制角 $\alpha\leqslant30°$，三个晶闸管总是各自轮流导通 120°，输出电压、电流波形是一个连续的波形，$\alpha=30°$时，输出电压、电流波形处于连续与断续的临界状态。输出直流电压平均值可用下式求得：

$$U_d=1.17U_{2\phi}\cos\alpha \qquad 0°\leqslant\alpha\leqslant30°$$

（2）$\alpha>30°$的情况。$\alpha=60°$时的输出电压波形如图 9—16c 所示。由图可见，输出电压、电流波形是断续的，这是由于当 $\alpha\geqslant30°$时，原来导通的晶闸管由于对应的相电压过零，使得电阻负载上的电流也过零，导通的晶闸管关断。此时下一相的晶闸管虽然承受正向电压，但是它的触发脉冲还未到，不会导通，输出电压、电流为零。这一情况要等到下一相的晶闸管触发脉冲来到时，下一相晶闸管触发导通才有输出电压、电流。这种情况尽管也是三个晶闸管轮流导通，但是每个管子的导通角少于 120°，其值为 $\theta=150°-\alpha$，此时的输出直流电压平均值不能再用上面公式计算，而是要用下式求得：

$$U_d=0.675U_{2\phi}\left[1+\cos(30°+\alpha)\right]\quad(30°<\alpha\leqslant150°)$$

由此可见，随着 α 的增大，输出电压将逐渐减小，$\alpha=150°$时，输出直流电压平均值为零。故三相半波可控整流电路带电阻性负载时，电路的移相范围为 0°～150°。

2. 大电感负载

三相半波可控整流电路带大电感负载的电路如图 9—17a 所示。

三相半波可控整流电路带大电感负载时，负载电流波形由于大电感的滤波作用，始终是平直的直流，也就是说，无论控制角 α 有多大，三个晶闸管的导通角始终是 120°。在 $\alpha\leqslant30°$的情况下，输出电压波形与电阻性负载相同，但是在 $\alpha>30°$时，情况就同电阻性负载时大不相同。现以 $\alpha=60°$ 为例来说明，在 ωt_1 时 V1 被触发导通，ωt_2 时，其 u_A 电压过零开始变负，由于电感 L_d 产生的感应电动势作用，使 V1 仍处于正向电压而继续导通。直到 ωt_3 时 V2 被触发导通，V1 才承受反向电压而关断。尽管 $\alpha>30°$，由于电感产生的感应电动势的作用，已导通的晶闸管还将继续导通下去，使得输出波形出现负值，各相晶闸管的导通角始终是 120°。$\alpha=30°$、$\alpha=60°$ 时的输出电压波形如图 9—17b、图 9—17c 所示。读者可依照此例自行画出 $\alpha=90°$ 时的输出电压波形。

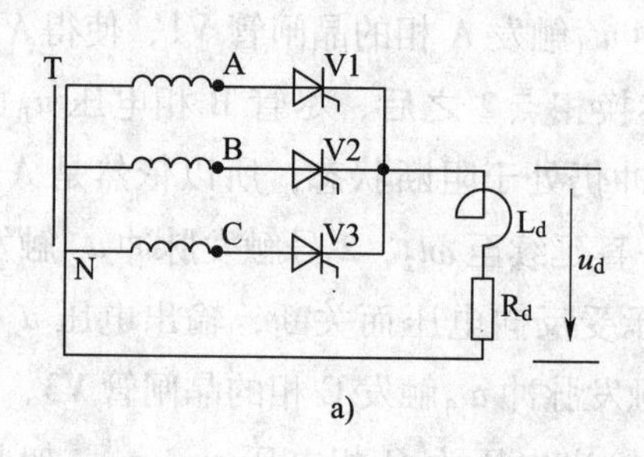

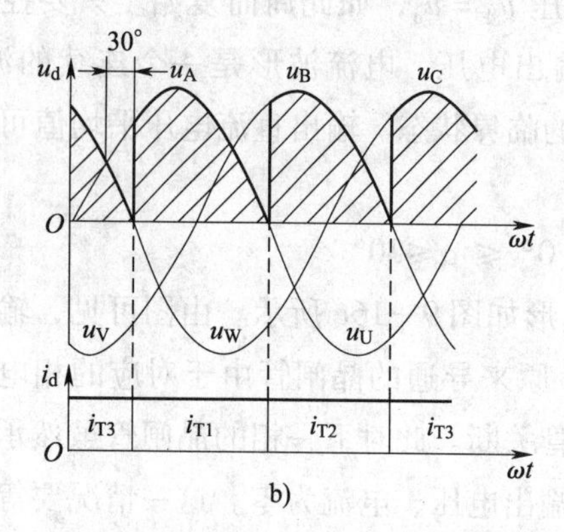

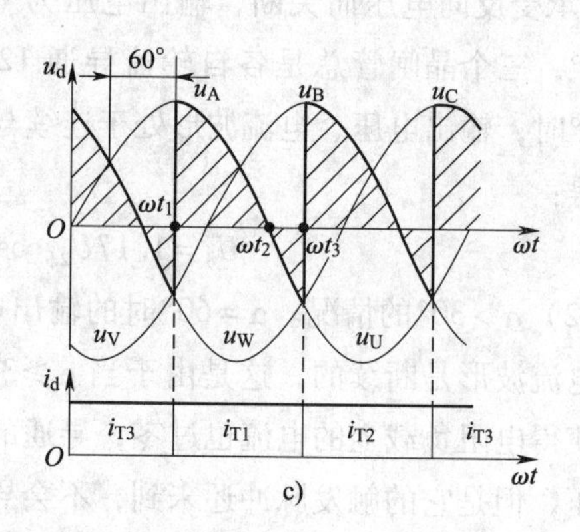

图 9—17　三相半波可控整流电路带大电感负载

a）电路图　b）$\alpha=30°$ 时的波形图　c）$\alpha=60°$ 时的波形图

三相半波可控整流电路带大电感负载时的输出直流电压平均值 U_d 可用下式求得：

$$U_d=1.17U_2\cos\alpha \qquad 0°\leqslant\alpha\leqslant 90°$$

由上式可知，$\alpha=90°$ 时，$U_d\approx 0$，此时输出电压波形的正值部分与负值部分面积正好相等，三相半波可控整流电路带大电感负载时的移相范围为 0°~90°。

负载电流平均值：

$$I_d=\frac{U_d}{R_d}$$

晶闸管电流的平均值 I_{dT} 及有效值 I_T 分别可用下式求得：

$$I_{dT}=\frac{I_d}{3}$$

$$I_T=\frac{I_d}{\sqrt{3}}=0.577I_d$$

由上分析可知，当某一晶闸管导通时，另外两个晶闸管处于阻断状态，此时阻断的晶闸管两端的电压显然是三相电源的线电压，因此晶闸管两端所承受的最大正、反向电压U_{TM}均为三相线电压的峰值：

$$U_{TM}=\sqrt{2}\sqrt{3}U_2=\sqrt{6}U_2$$

三相半波可控整流电路带电感性负载可以在负载两端并联续流二极管，如图 9—18a 电路图所示。此时电路输出电压波形的情况与电阻性负载的输出电压波形完全相同，输出直流电压平均值 U_d的计算公式与电阻性负载时完全相同。图 9—18b 所示为 $\alpha=60°$时感性负载并有续流二极管时的输出电压、电流波形图，其输出电压波形与图 9—15b 所示的电阻性负载时完全相同，电流负载 I_d与大电感负载时一样，负载电流由流过晶闸管和续流二极管的电流组成。由图可见，在输出电压 u_d为零时，对应的负载电流的波形中表明此时负载电流是经过续流二极管 VD 导通的。

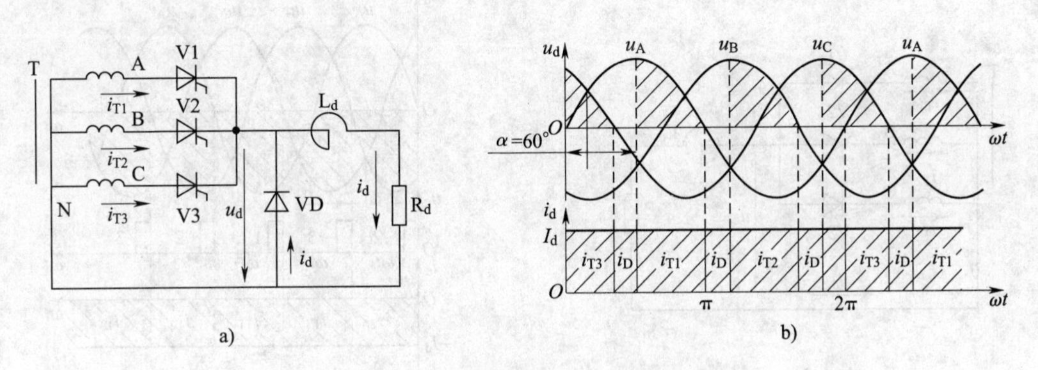

图 9—18 带有续流二极管时电路的输出波形

a）电路图 b）$\alpha=60°$时输出电压、电流波形图

【例 9—3】 三相半波可控整流电路带大电感负载，要求输出电压最大为 200 V，电流 50 A，试求三相变压器二次侧的相电压，$\alpha=0°\sim60°$时的输出电压调节范围，并选择晶闸管元件。

解：变压器二次侧的相电压为：

$$U_{2\phi}=\frac{U_d}{1.17\cos\alpha}=\frac{200}{1.17\times\cos0°}=171\ \text{V}$$

$\alpha=60°$时，输出电压为：

$$U_d = 1.17U_2\cos60° = 1.17 \times 171 \times 0.5 = 100\ \text{V}$$

可见当 $\alpha = 0° \sim 60°$ 时的输出电压调节范围为 200 V 至 100 V。

晶闸管的电流有效值为：$I_T = 0.577I_d = 0.577 \times 50 = 28.9$ A

晶闸管两端承受最大正反向电压为：$U_{TM} = \sqrt{6}U_2 = 2.45 \times 171 = 419$ V

晶闸管额定电流为：$I_{T(AV)} \geqslant (1.5 \sim 2)\dfrac{I_T}{1.57} = 27.6 \sim 36.8$ A

故晶闸管额定电流值可取 50 A。

晶闸管额定电压为：$U_{TN} \geqslant (2 \sim 3)\ U_{TM} = 838 \sim 1\ 257$ V

故晶闸管额定电压值可取 1 200 V。

选择 50 A、1 200 V 的晶闸管，型号为 KP50－12。

3. 共阳极接法的三相半波可控整流电路

如果把图 9—15a 中的三个晶闸管反接，即把管子的阳极接在一起作为电路的输出端，三个阴极分别接到三相电源上，则电路就成为共阳极接法的三相半波可控整流电路。共阳极接法的三相半波可控整流电路及输出电压电流波形如图 9—19 所示。

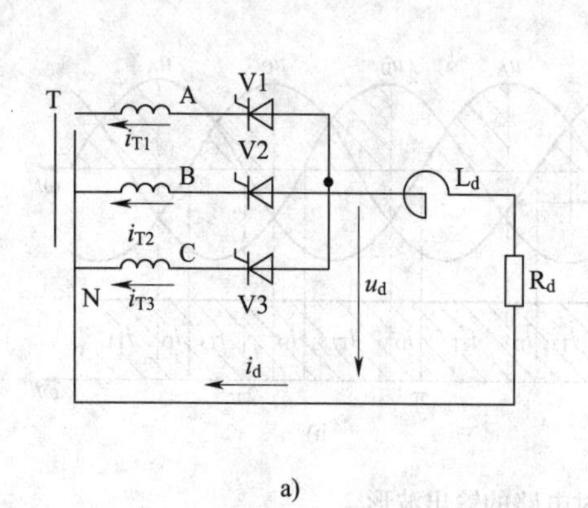

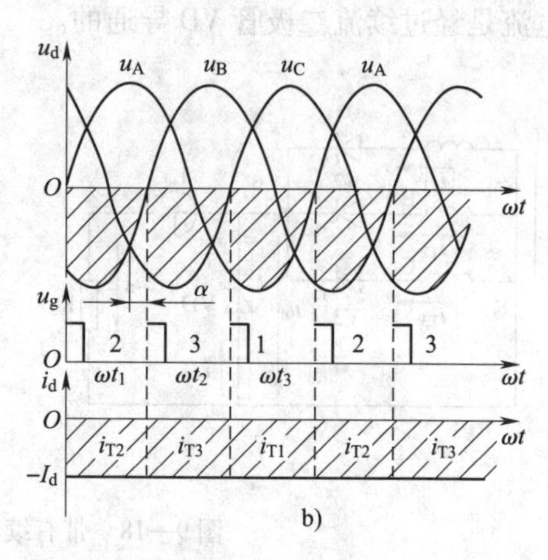

图 9—19　共阳极接法的三相半波可控整流电路及输出电压电流波形

a）电路图　b）输出电压、电流波形

由于晶闸管方向相反，因此只能在电源电压的负半周导通，自然换相点是相电压负半周相邻两相的交点。此时触发脉冲应依相序轮流加到电源相电压最低的那一相，电路将输出负电压，即输出电压平均值均为负值，但其绝对值的大小视负载情况仍可用上述共阴极接法的三相半波可控整流电路的公式计算。

三相半波可控整流电路简单，只用三只晶闸管，与单相电路比较输出功率大，输出电压脉动小，三相负载平衡，但整流变压器利用率低，且变压器二次电流为单向脉动电流，

存在直流电流磁化问题，因而较少采用。

第 4 节　单结晶体管触发电路

前面已知要使晶闸管导通，除了加上正向阳极电压外，还必须在门极和阴极之间加上适当的正向触发电压与电流。为门极提供触发电压与电流的电路称为触发电路。对晶闸管触发电路来说，首先它的触发信号应该具有足够的触发功率（触发电压与触发电流），以保证晶闸管可靠导通。其次触发脉冲应有一定的宽度，脉冲的前沿要陡峭，最后触发脉冲必须与主电路晶闸管的阳极电压同步并能根据电路要求在一定的移相范围内移相。触发电路有很多种类，本节介绍小功率可控整流电路中常用的单结晶体管触发电路。

一、单结晶体管的结构

单结晶体管的结构如图 9—20a 所示，单结晶体管有三个电极：发射极 E、第一基极 B1 与第二基极 B2。由图可见，在一块高电阻率的 N 型硅片上引出两个基极 B1 和 B2，两个基极之间的电阻就是硅片本身的电阻，一般为 2 ~ 12 kΩ。在两个基极之间靠近 B2 的地方用合金法或扩散法掺入 P 型杂质并引出电极，成为发射极 E。它是一种特殊的半导体器件，有三个电极，只有一个 PN 结，因此称为“单结晶体管”，又因为管子有两个基极，所以又称为“双基极二极管”。

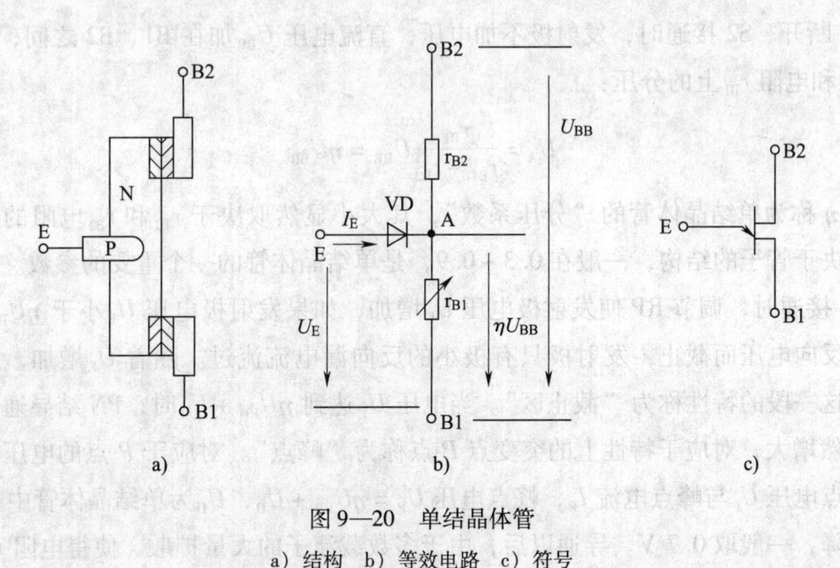

图 9—20　单结晶体管
a）结构　b）等效电路　c）符号

单结晶体管的等效电路如图9—20b所示，两个基极之间的电阻$r_{BB}=r_{B1}+r_{B2}$，其中r_{B2}为E极与B2之间的电阻，r_{B1}为E极与B1之间的电阻，在正常工作时，r_{B1}是随发射极电流大小而变化的，相当于一个可变电阻。PN结可等效为二极管VD，它的正向电压降通常为0.7 V。单结晶体管的符号如图9—20c所示。

二、单结晶体管的伏安特性及主要参数

1. 单结晶体管的伏安特性

单结晶体管的伏安特性就是在B1、B2之间加上恒定的直流电压U_{BB}时，发射极E与基极B1端口上的伏安特性，曲线如图9—21所示。图9—22为说明单结晶体管的伏安特性的实验电路，U_{BB}为基极电压，U_E为发射极电压。

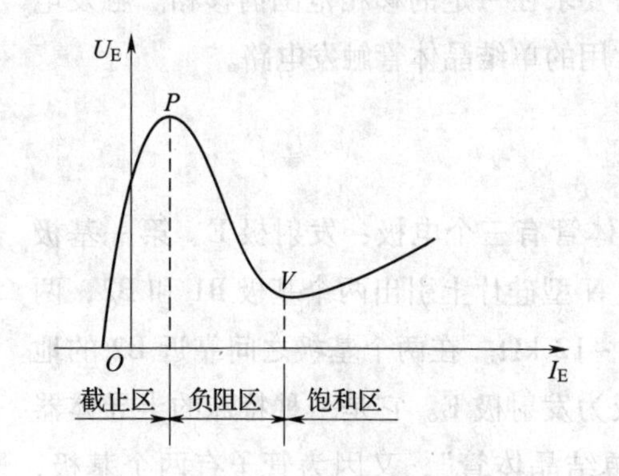

图9—21　单结晶体管的伏安特性

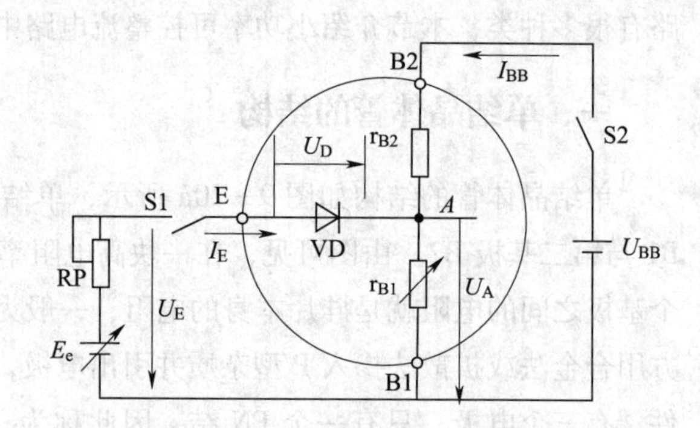

图9—22　单结晶体管的实验电路

当S1断开、S2接通时，发射极不加电压，直流电压U_{BB}加在B1、B2之间，A点电位为电阻r_{B2}和电阻r_{B1}上的分压：

$$U_A=\frac{r_{B1}}{r_{B1}+r_{B2}}U_{BB}=\eta U_{BB}$$

式中η称为单结晶体管的“分压系数”，其大小显然取决于r_{B1}和r_{B2}电阻的大小，也就是说取决于管子的结构，一般在0.3~0.9，是单结晶体管的一个重要的参数。

将S1接通时，调节RP使发射极电压U_E增加，如果发射极电压U_E小于ηU_{BB}，则PN结因承受反向电压而截止，发射极只有极小的反向漏电流流过。随着U_E增加，反向漏电流增加，这一段的特性称为“截止区”。当电压U_E达到$\eta U_{BB}+U_D$时，PN结导通，发射极电流I_E突然增大，对应于特性上的突变点P点称为“峰点”。对应于P点的电压与电流分别称为峰点电压U_P与峰点电流I_P，峰点电压$U_P=\eta U_{BB}+U_D$，U_D为单结晶体管中PN结VD的正向压降，一般取0.7 V。导通以后，由于多数载流子的大量扩散，使得电阻r_{B1}急剧减

小，从而使得分压比 η 也迅速减小，导通所需要的电压 U_E 也就随之减小，这就使得在发射极电流 I_E 增大的同时，发射极电压 U_E 反而减小了，在这一段特性曲线的动态电阻为负值，故这一段特性称为“负阻区”。当发射极电流 I_E 增大到一定值后，电压 U_E 下降到最低点，对应于特性的最低点 V 点称为“谷点”。对应谷点 V 的电压和电流分别称为谷点电压和谷点电流。在谷点以后，电阻 r_{B1} 不再减小，特性的动态电阻又成为正值，发射极电压 U_E 随着电流 I_E 的增大而增大，对应的特性区域称为“饱和区”。此时如果减小发射极电压到谷点电压以下，则管子将回到截止区工作。

2. 单结晶体管的主要参数

单结晶体管的主要参数有基极间电阻 r_{BB}、分压比 η、峰点电流 I_P、谷点电压 U_V、谷点电流 I_V 及耗散功率 P_{B2} 等。国产单结晶体管的型号有 BT31、BT33、BT35 等，BT 表示特种半导体管的意思，其耗散功率分别为 100 mW、300 mW、500 mW。表 9—6 列出了部分常用单结晶体管型号及其主要参数。

表 9—6　常用单结晶体管型号及其主要参数

参数名称	基极间电阻 r_{BB} (kΩ)	分压比 η	峰点电流 I_P (μA)	谷点电流 I_V (mA)	谷点电压 U_V (V)	耗散功率 P_{B2} (mW)
测试条件	$U_{BB}=3$ V $I_B=0$	$U_{BB}=20$ V	$U_{BB}=20$ V	$U_{BB}=20$ V	$U_{BB}=20$ V	
BT33A	2～4.5	0.45～0.9	<4	>1.5	<3.5	300
BT33B	2～4.5	0.45～0.9	<4	>1.5	<3.5	300
BT33C	>4.5～12	0.3～0.9	<4	>1.5	<4	300
BT33D	>4.5～12	0.3～0.9	<4	>1.5	<4	300
BT35A	2～4.5	0.45～0.9	<4	>1.5	<3.5	500
BT35B	2～4.5	0.45～0.9	<4	>1.5	<3.5	500
BT35C	>4.5～12	0.3～0.9	<4	>1.5	<4	500
BT35D	>4.5～12	0.3～0.9	<4	>1.5	<4	500

三、单结晶体管触发电路

1. 单结晶体管弛张振荡电路

利用单结晶体管的负阻特性和电容的充放电，可以组成单结晶体管弛张振荡电路。图 9—23 为单结晶体管弛张振荡电路图和波形图。

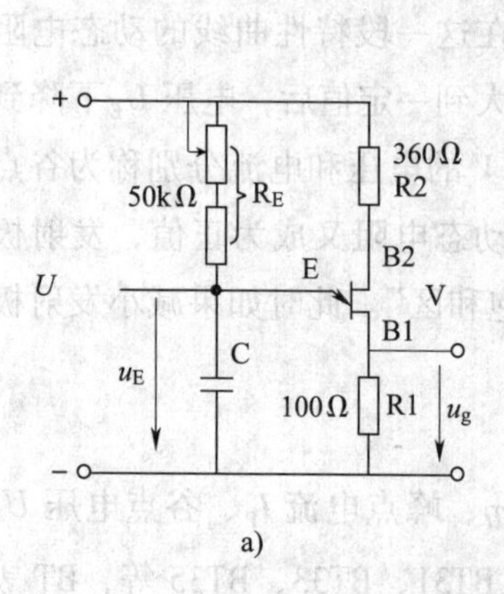

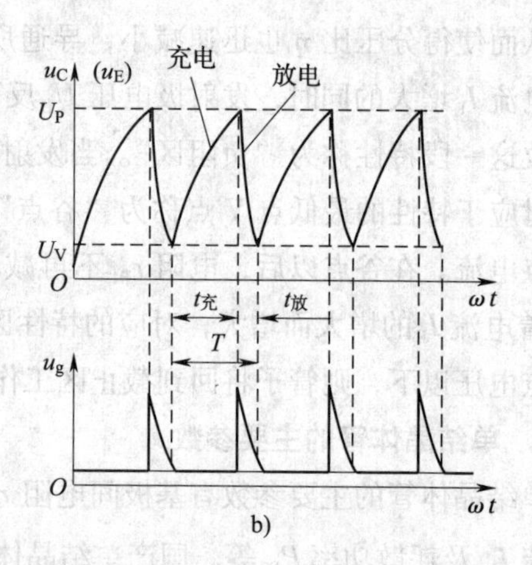

图9—23　单结晶体管弛张振荡电路图和波形图

a）电路图　b）波形图

设电容器初始没有电压，电路接通以后，单结晶体管是截止的，电源经 R_E 对电容进行充电，电容电压从零值起按指数充电规律上升，充电的时间常数为 R_EC；等到电容电压达到单结晶体管的峰点电压 U_P 时，单结晶体管导通，电容开始放电，由于放电回路的电阻 $r_{b2}+R_1$ 很小，因此放电很快，放电电流在电阻 R1 上产生了尖脉冲波。随着电容 C 放电，电容电压降低，当电容电压降低到谷点电压 U_V 以下，单结晶体管截止，接着电源又重新对电容进行充电，如此周而复始，在电容两端会产生一个锯齿波，在电阻 R1 两端将产生一个尖脉冲波。

2．单结晶体管触发电路

上述单结晶体管弛张振荡电路输出的尖脉冲可以用来触发晶闸管，但不能直接用作触发电路，还必须解决触发脉冲与主电路同步问题。单结晶管触发电路实际上就是由同步电路和弛张振荡电路两部分组成的。典型的单结晶体管触发电路如图9—24 所示。

单结晶体管触发电路由同步电路和脉冲移相与形成两大部分组成。

（1）同步电路。此触发电路的同步电路既作为触发电路同步电压又作为触发电路工作电源。同步变压器一次侧与晶闸管整流电路接在同一相电源上，使得晶闸管的阳极电压为正时某一区间内被触发。同步电路由同步变压器 T1、桥式整流电路 VD1 ~ VD4 及电阻 R1、稳压管 VZ 组成。交流电压经同步变压器降压、单相桥式整流后再经过稳压管 VZ 稳压削波形成一梯形波电压 u_B，此电压既作为同步电压又作为单结晶体管触发电路的供电电压。梯形波电压零点与晶体管阳极电压过零点一致。每当 u_B 过零时，U_{BB} 也同时过零，使电容 C 上电荷迅速放电到接近 0 V，使得电容 C 在每半周之初都能从零开始充电，从而实现触发电路与整流主电路的同步。

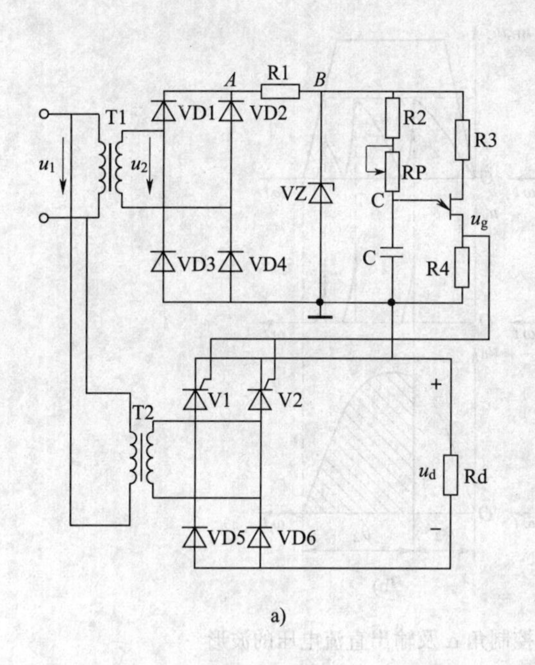

a）

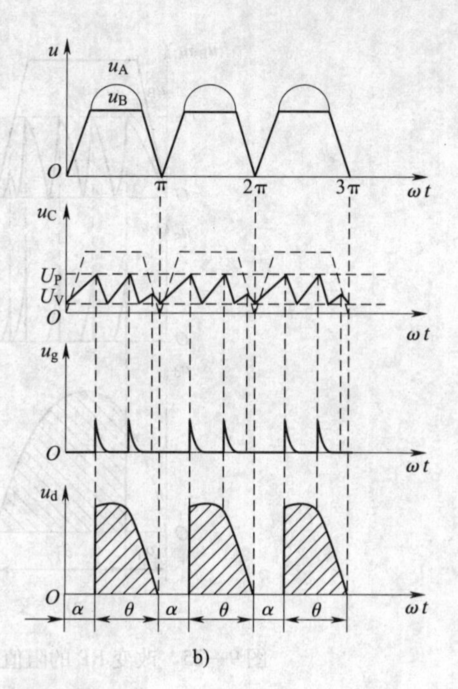

b）

图 9—24　单结晶体管触发电路

a）电路图　b）波形图

（2）脉冲移相与形成。单结晶体管触发电路脉冲移相与形成电路实际上就是上述的弛张振荡电路。改变弛张振荡电路中电容 C 的充电电阻的阻值，就可以改变充电的时间常数，图 9—24 中用电位器 RP 来实现这一变化，例如增大 RP 的阻值时也就是使电容 C 充电时间常数增加，使电容电压 U_C 到单结晶体管峰值电压 U_P 的时间增加，即每半周出现第一个脉冲的时间后移，从而使晶闸管控制角 α 增大，主电路输出的直流电压就会下降，反之调小电位器 RP 的阻值，控制角 α 就减小，主电路输出的直流电压就增大了，如图 9—25 所示。触发晶闸管的脉冲显然就是脉冲系列中的第一个脉冲，其余的脉冲是不起作用的。

用触发电路输出的尖脉冲 u_g 去触发单相桥式半控整流电路中的晶闸管 V1、V2。这一尖脉冲 u_g 同时加到了两个晶闸管上，但是只有其中一个受到正向电压的晶闸管才能导通，另一个晶闸管因为受到反向电压，即使有了触发脉冲，也是不会导通的。因此电路完全可以正常工作，即每半个周期触发一次，使晶闸管换相。本触发电路触发脉冲直接从电阻 R4 输出，触发电路和主电路没有电隔离，不安全。实际应用中，有些场合不允许从 R4 电阻上直接输出脉冲，经常采用脉冲变压器输出方式，如图 9—26 所示。此时电路中原来与第一基极 B1 相连的电阻 R4 可以用脉冲变压器来代替，当电容放电时，脉冲变压器一次

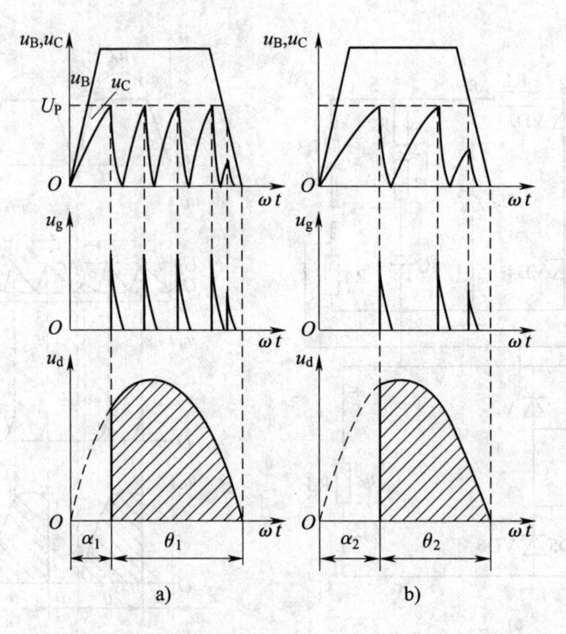

图 9—25　改变 RP 的阻值时控制角 α 及输出直流电压的波形

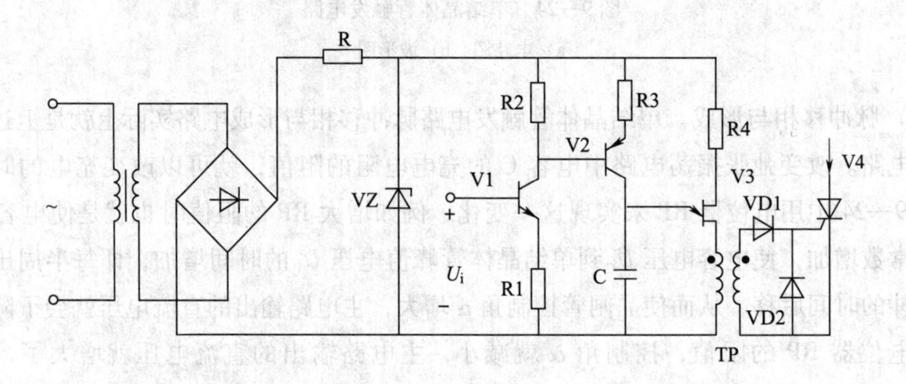

图 9—26　带有脉冲变压器的单结晶体管触发电路

侧通过脉冲电流，二次绕组也会感应出脉冲电压，用来触发主电路的晶闸管。该电路中 V1 是 NPN 管，V2 是 PNP 管，V1、V2 组成直接耦合放大电路。V2 相当于一个可变电阻，随输入电压 U_i 的大小来改变它的阻值，即改变电容充电电流大小，对输出脉冲起移相作用。这和图 9—24a 中改变电位器 RP 的阻值作用相同。

脉冲变压器主要作用除了将低电压的触发电路与高电压的主电路在电气上加以隔离外，还可起阻抗匹配作用，降低脉冲电压幅值，增大输出电流，还可改变脉冲正负极性或同时送出两组及以上的独立脉冲。

单结晶体管触发电路简单，但只能产生窄脉冲，输出功率小，移相范围也较小，常用于50 A以下单相电路。

(3) 单结晶体管触发电路主要元件选择与调试中应该注意的问题

1) 单结晶体管选择。

由表9—6可知，不同单结晶体管的η、谷点电压U_V和谷点电流I_V都不相同，在单结晶体管触发电路中应选用η大些、U_V低些和I_V大些的单结晶体管。

2) 同步变压器二次侧电压和稳压管VZ选择。

单结晶体管触发电路的触发脉冲幅度主要取决于同步电路电压和单结晶体管分压比η，稳压管VZ一般选用18～24 V范围。为了增大触发电路移相范围，要求同步梯形波电压U_Z的两腰边尽量接近垂直，因而在实际应用中尽可能提高同步变压器次级电压，一般选用40～60 V。

3) 对图9—24而言，触发脉冲宽度主要取决于电容C的放电时间常数R_4C，一般选用$C=0.1\sim1\ \mu F$，$R_4=50\sim100\ \Omega$。

4) 对图9—24而言，R2 + RP的阻值不可太小，否则在单结晶体管导通后，电源经R2 + RP提供的电流较大，流过单结晶体管的电流不能降到谷点电流I_V之下，如果电容电压始终大于谷点电位，单结晶体管无法关断造成电路停止振荡。当然R2 + RP的阻值不能太大，否则使充电电流太小，移相范围减小。

5) 对图9—24而言，R3电阻是作温度补偿用，一般取300～510 Ω。

第5节 晶闸管的保护

晶闸管变流装置具有很多优点，但是晶闸管元件承受过电流与过电压的能力差，短时的过电流与过电压都可能会使元件损坏，为了使晶闸管装置能正常工作，除了在选择晶闸管元件时要注意留有较为充裕的余量之外，还必须在电路上采取各种过电流与过电压的保护措施。

一、晶闸管的过电流保护

由于负载短路、元件击穿、晶闸管误导通等原因，都会在电路中产生过电流，晶闸管的过电流保护方法大致有以下几种。

1. 快速熔断器

快速熔断器是最简单有效的过电流保护器件。由于晶闸管热容量小、过载能力差，因此不能使用一般的熔断器，因为一般的熔断器熔断时间较长，等到它熔断时晶闸管早已烧毁了。保护晶闸管有专门制造的快速熔断器，简称“快熔”。快速熔断器通常是作为过电流保护的最后一道保护——短路保护。快熔的熔体采用银质熔体，周围充以石英砂填料，目前国产的快熔有大容量的插入式（RTK）、汇流排式（RS3、RS0）及小容量的螺旋式（RLS）等几种。

快熔的接法有三种：①接入桥臂与晶闸管串联，如图 9—27a 所示，这种接法是最可靠的保护方法，应用最广，但用得快熔数量较多。②接在交流侧，如图 9—27b 所示，这种接法用得快熔数量较少，对晶闸管本身与直流侧负载的故障有保护作用，但保护的可靠性要差一些。③接在直流侧，如图 9—25c 所示，这种接法只需要一个快熔，但是只能保护直流侧负载的故障，无法保护晶闸管本身产生的短路故障，而且快熔的电流较大，晶闸管的电流较小，保护效果较差。

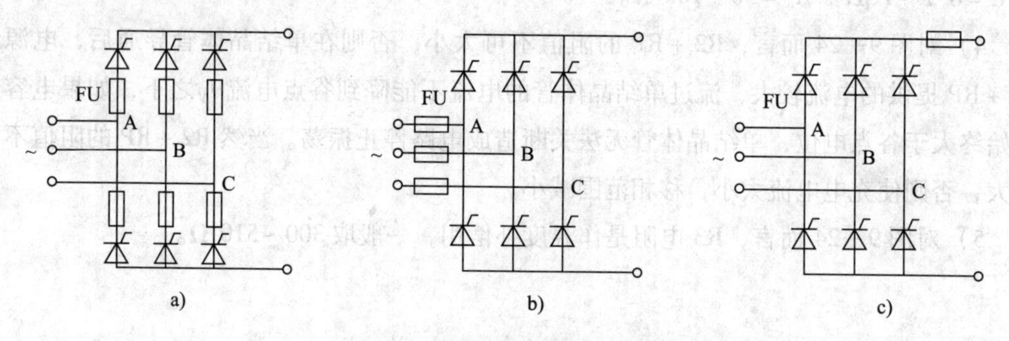

图 9—27　快速熔断器的接法

a）接在桥臂　b）接在交流侧　c）接在直流侧

快速熔断器的选择主要考虑额定电压和额定电流。快速熔断器的额定电压必须大于电路工作电压。在选择快速熔断器的额定电流时，由于晶闸管的额定电流 $I_{T(AV)}$ 是按正弦半波的平均值计算的，其有效值为 $1.57I_{T(AV)}$，而熔断器的额定电流 I_{FU} 是按有效值计算的。当流过晶闸管的实际最大电流的有效值为 I_T，快速熔断器熔体的额定电流 I_{FU} 应该按下式选取：

$$1.57I_{T(AV)} > I_{FU} > I_T$$

2. 直流快速开关

对于大容量或经常逆变的晶闸管变流装置情况，可以用直流快速开关（如 DS 系列）作为直流侧的过电流或短路保护，在发生故障时，要求直流快速开关先于快速熔断器动作，以避免快速熔断器熔断。快速开关的开关机构动作时间只有 2 ms，全部断开电弧的时间也不过是 25 ~ 30 ms，它是较好的直流侧过流保护装置，但由于设备复杂、昂贵，仅用于大容量的变流装置中。

3. 脉冲移相过电流保护

在交流侧设置电流检测装置，利用过电流信号去控制触发电路，使触发脉冲快速后移，或将触发脉冲封锁，从而实现过电流保护。在可逆系统中，将触发脉冲封锁会造成逆变失败，因此只能采用脉冲快速后移的方法。采用这种方法具有反应快、不需要更换器件就可以很快恢复工作的优点，所以是一种较好的过电流保护方法。

4. 过电流继电器

在电路的交直流侧接过电流继电器，在发生故障时使过电流继电器动作，跳开交流侧的自动开关，切断电路。由于过电流继电器的动作时间较长（100 ~ 200 ms），所以电路中还必须有限制短路电流的措施，这一方法只有在小容量的晶闸管变流装置并且短路电流不大的情况下应用。如果没有限流措施，这一方法就只能起到一般的短路保护作用，以避免晶闸管变流装置故障进一步扩大。

二、晶闸管的过电压保护

电路中产生过电压的原因很多，如整流变压器的合闸与分闸的操作电压，晶闸管变流装置的快速熔断器熔断、直流快速开关分闸、晶闸管换相关断时都会产生过电压，此外还由于雷击作用于电路或雷雨云感应而产生的过电压。这些过电压如果不采取措施，将会严重损坏晶闸管，常用的过电压保护措施有 RC 吸收、硒堆、压敏电阻及避雷器等几种。常用的过电压保护措施如图 9—28 所示。

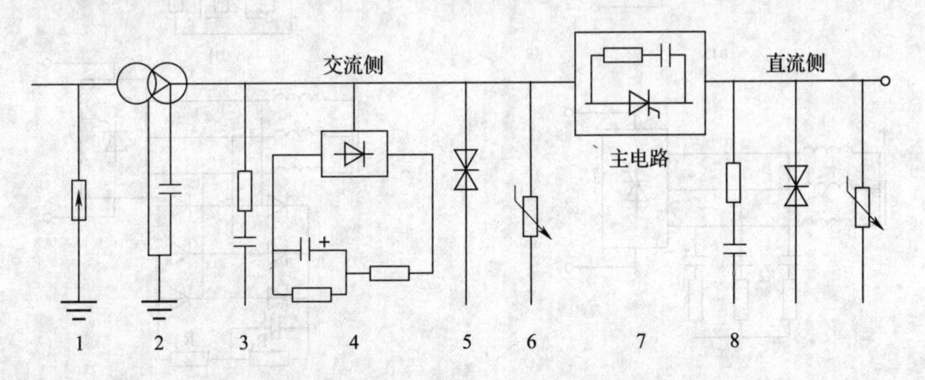

图 9—28　常用的过电压保护措施

1—避雷器　2—接地电容　3—交流侧阻容吸收　4—整流式阻容吸收
5—硒堆　6—压敏电阻　7—晶闸管元件两端阻容吸收　8—直流侧阻容吸收

1. 晶闸管关断过电压及其保护

晶闸管换相过程中，从导通到关断时，电路电感（主要是变压器漏感）将感应产生过电压，作用到刚刚关断的晶闸管上。对于这种过电压保护方法是在晶闸管两端并联 RC 过电压吸收电路，如图 9—29 所示。利用电容 C 两端电压瞬时不能突变的特性，吸收尖峰过电压，电阻 R 一方面用来阻尼 LC 电路振荡，另一方面限制晶闸管开通损耗与电流上升率。

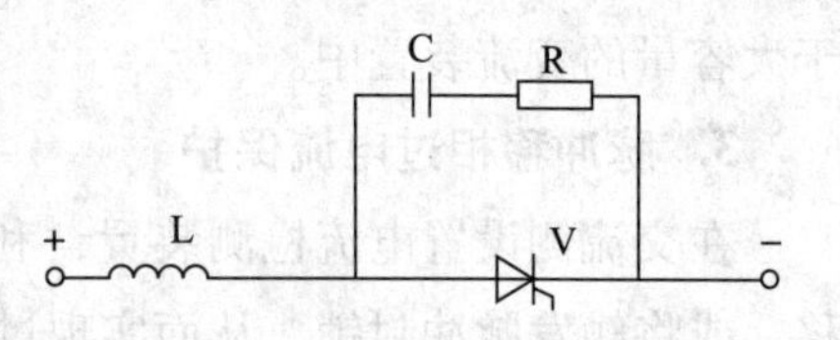

图 9—29　晶闸管关断过电压保护

2. 交直流侧过电压保护

交直流侧过电压保护通常采用 RC 吸收装置、硒堆和金属氧化物压敏电阻。硒堆和金属氧化物压敏电阻都是非线性过电压保护元件。

（1）RC 吸收装置。整流变压器合闸分闸所产生的操作过电压主要是由于电感能量的瞬时释放造成的，一般都是瞬时的尖峰电压，常采用 RC 吸收装置。RC 吸收装置过电压保护的原理是利用电容器两端电压不能突变的性质，当过电压到来时，由于电压的突然升高，电容将迅速吸收过电压的能量，暂时储存到电容中，再把它消耗在电阻上，可以起到缓冲电感能量的释放，减小过电压的作用。图 9—30 是交流侧 RC 过电压吸收装置的几种接法，直流侧 RC 过电压吸收装置则接在晶闸管变流装置的直流输出端。

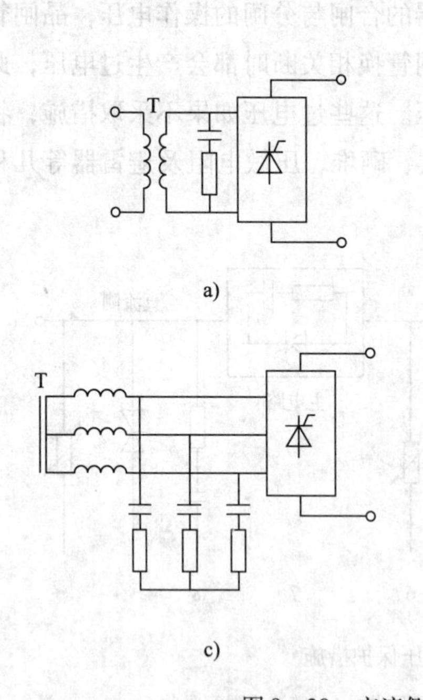

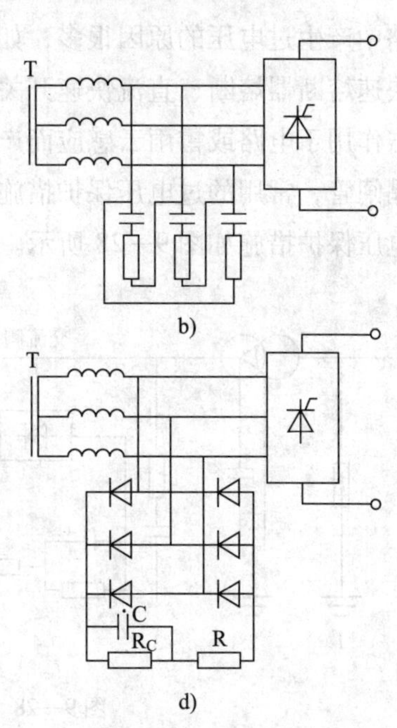

图 9—30　交流侧 RC 过电压吸收装置的接法

a）单相电路　b）三相三角形　c）三相星形　d）三相整流式

（2）压敏电阻。压敏电阻是由氧化锌、氧化铋等烧结而成的非线性元件，它的伏安特性如图 9—31 所示。在正常电压下，压敏电阻不被击穿，它的漏电流很小，仅仅为微安级，遇到过电压时，压敏电阻被击穿，由于它的伏安特性很陡，电流可以达到数千安，因此抑制过电压的能力很强。此外，它对浪涌电压的反应快，本身的体积又小，所以是一种很好的过电压保护元件，其接法如图 9—32 所示。

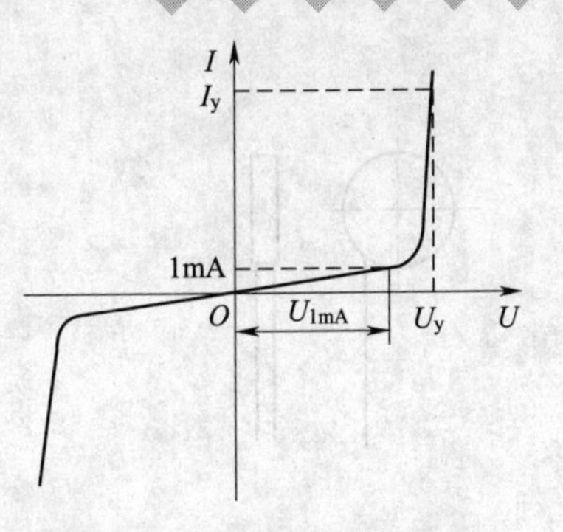

图 9—31　压敏电阻的伏安特性

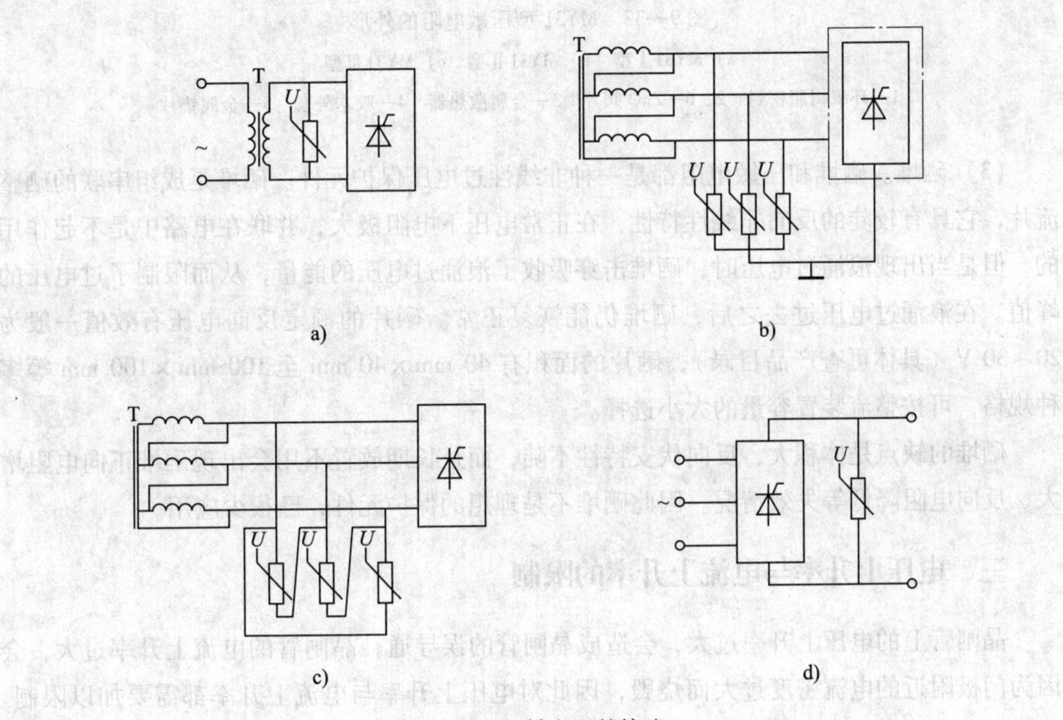

图 9—32　压敏电阻的接法

a）单相电路　b）三相星形　c）三相三角形　d）直流侧

压敏电阻的主要参数有：①额定电压 $U_{1\,mA}$，即对应漏电流为 1 mA 时的电压值；②残压比，即放电电流达到规定值 I_y 时的电压 U_y 与额定电压之比；③流通容量，即在规定波形下允许通过的浪涌电流峰值。MY31 型压敏电阻的外形如图 9—33 所示。额定电压有 100 V、220 V、440 V、660 V、1 000 V、3 000 V 等多种；放电电流 100 A 的残压比小于 1. 8 ~ 2，3 000 A 的残压比小于 3 ~ 5；流通容量有 0. 5 kA、1 kA、2 kA、3 kA、5 kA 等多种。

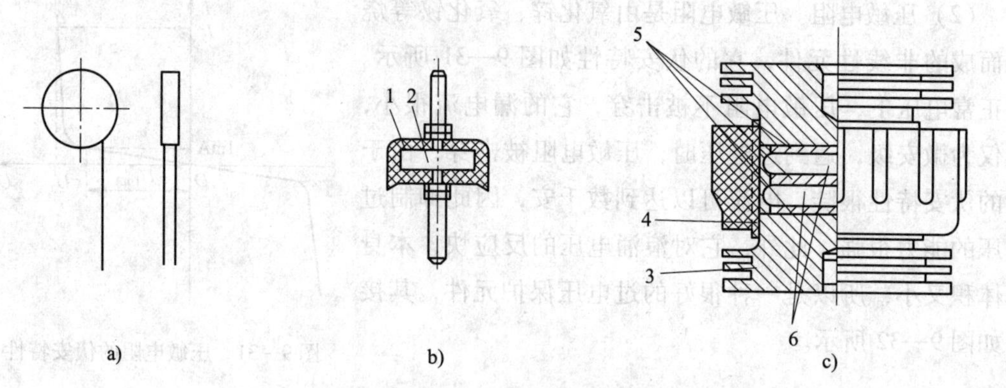

图9—33　MY31型压敏电阻的外形

a）MY31Ⅰ型　b）MY31Ⅱ型　c）MY31Ⅲ型

1—环氧树脂密封　2、6—ZnO阀片　3—金属散热器　4—胶木外套　5—金属垫片

（3）硒堆。硒堆和压敏电阻都是一种非线性过电压保护元件。硒堆是成组串联的硒整流片，它具有较陡的反向非线性特性，在正常电压下电阻极大，并联在电路中是不起作用的，但是当出现浪涌过电压时，硒堆击穿吸收了浪涌过电压的能量，从而限制了过电压的峰值。在浪涌过电压过去之后，硒堆仍能恢复正常。硒片的额定反向电压有效值一般为20~30 V（具体可查产品目录），硒片的面积有40 mm×40 mm至100 mm×100 mm等多种规格，可按整流装置容量的大小选择。

硒堆的缺点是体积大，反向伏安特性不陡，而且长期放置不用会出现硒堆正向电阻增大、反向电阻降低等失效情况。因此硒堆不是理想的保护元件，已很少应用。

三、电压上升率与电流上升率的限制

晶闸管上的电压上升率过大，会造成晶闸管的误导通；晶闸管的电流上升率过大，会因为门极附近的电流密度过大而烧毁，因此对电压上升率与电流上升率都需要加以限制。一般来讲，主电路有整流变压器的情况下，由于变压器绕组本身存在漏感，电压上升率不会太快。如果主电路没有整流变压器，那么可以在电源输入端串联交流进线电抗器，以限制电压上升率，接法如图9—34所示。

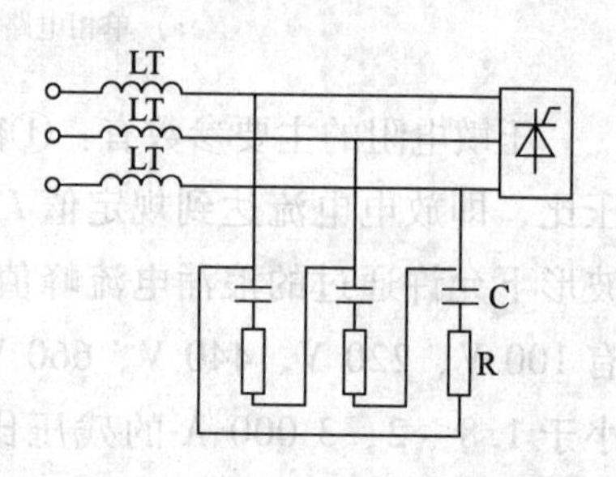

图9—34　串联交流进线电抗器

在晶闸管换相时，阻容吸收电路中的电容放电常常会使得晶闸管的电流上升率过大，限制电流上升率的方法通常是在整流桥的桥臂上串联电感，接法如图9—35所示。这个方法同时还可以限制电压上升率。

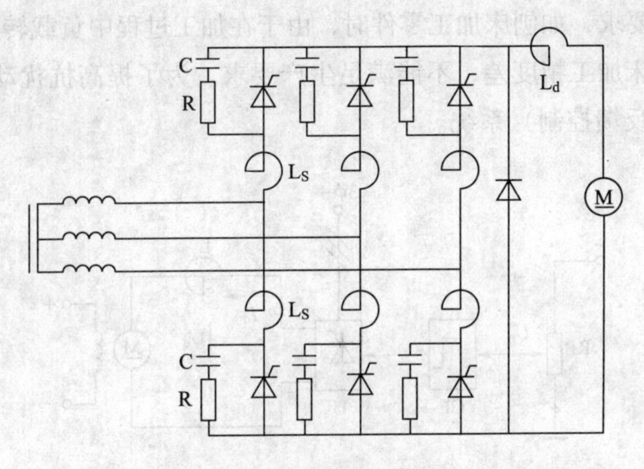

图 9—35 晶闸管串联桥臂电感

第 6 节 单相晶闸管直流调速系统

一、自动调速控制系统的基本概念

生产机械往往要求电动机的转速能按给定值的大小在一定的范围内进行连续调节，通常还要求电动机的转速在负载变化时能基本上保持不变，比如金属切削机床的转速变化一般要求小于2%，造纸、印刷机械的转速变化一般要求小于 0.1%，这样高的要求靠电动机本身的机械特性是达不到的，必须在电动机的控制电路中通过控制系统来加以自动调节，这样的系统称为“自动调速控制系统”。电动机采用了自动调速控制系统之后，除了可以使得电动机的调速范围、静差率（即转速降落的百分比）达到系统的要求之外，还可以使得电动机起动制动调速过程更加快速、稳定。

图 9—36 为晶闸管供电的直流电动机开环调速控制系统。当给定一个电压 U_n^*（输入量)，输出端电动机就有对应一个转速 n（输出量)。给定电压 U_n^* 增大时，通过触发器 CF 使晶闸管整流装置的控制角 α 减小，晶闸管整流装置输出电压 U_d增加，所以电动机的转速 n 将增加。

图 9—36 所示调速控制系统输出量转速 n 不反馈到输入端参与调速控制，称为开环调速控制系统。这种调速控制系统在负载变化、电源电压的波动等情况下都将引起输出量转速 n 的变化。开环调速控制系统结构简单、成本低，但系统抗扰动性能差，控制精度低，

往往不能满足生产要求，如刨床加工零件时，由于在加工过程中负载转矩变化而引起不同的转速降，造成刨床加工精度差，不能满足生产要求。为了提高抗扰动性能和控制精度，可采用闭环控制（反馈控制）系统。

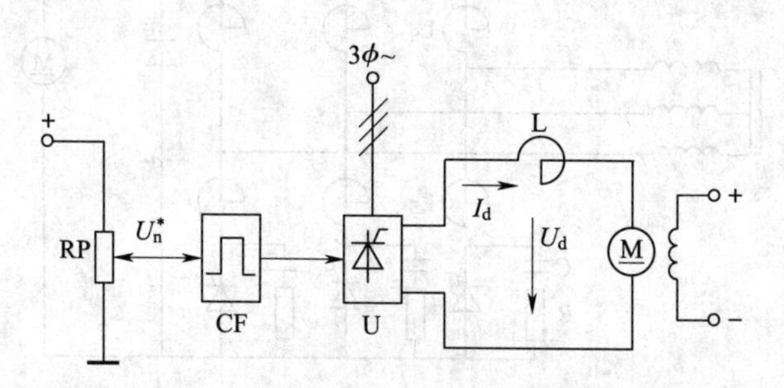

图 9—36　直流电动机开环调速控制系统方框图

闭环控制（反馈控制）建立在负反馈基础之上。在开环系统中加上各种反馈，使得输出端的变化能反馈到输入端，使得系统在输出变化时，输入会自动地做出相应的调整，以维持输出基本保持不变，就组成了闭环调速系统。

图 9—37 为晶闸管供电的直流电动机闭环调速控制系统，测速发电机 TG 与电动机 M 装在同一机械轴上，并从测速发电机 TG 引出转速负反馈电压 U_n，此电压正比于电动机的转速 n。该转速反馈电压 U_n 与给定电压 U_n^* 进行比较，其差值 $\Delta U = U_n^* - U_n$ 经调节放大器后输出控制电压 U_C，从而控制晶闸管变流器的输出电压 U_d，进而控制电动机转速 n，使转速 n 向转速给定值趋近。

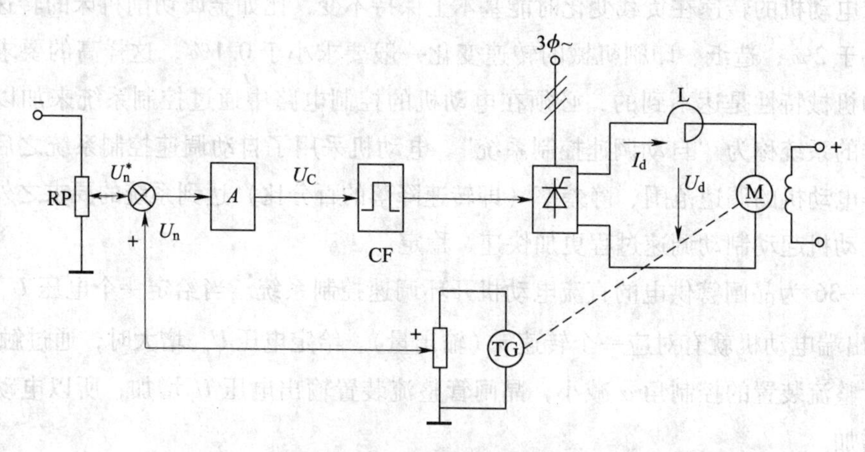

图 9—37　晶闸管供电的直流电动机闭环调速控制系统

当负载增加时，电动机转速 n 下降，则转速反馈电压 U_n 减小，由于转速给定电压 U_n^* 不变，偏差 $\Delta U = U_n^* - U_n$ 增加，通过调节放大器，使晶闸管变流装置输出电压 U_d 增加，从而使电动机的转速 n 回升，从而减小由于负载扰动导致转速偏离转速给定值的偏差，提高了控制精度。

二、单相晶闸管直流调速系统

图 9—38 是单相晶闸管直流调速系统的原理图。图中上半部分是主电路，下半部分是触发电路。

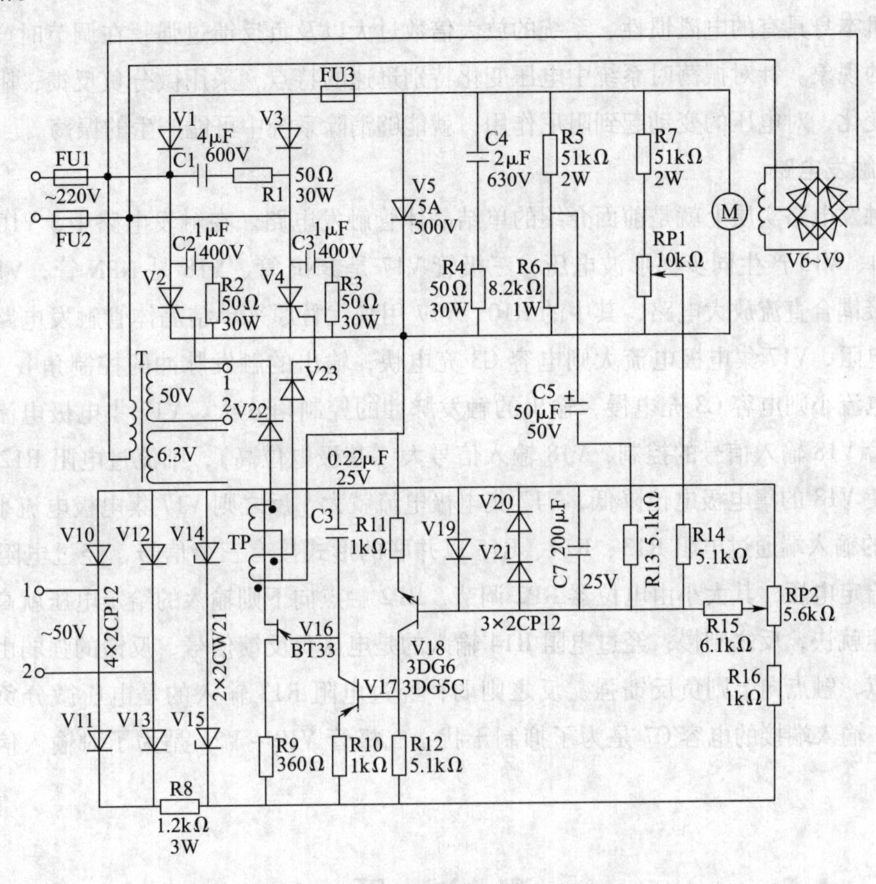

图 9—38 单相晶闸管直流调速系统

1. 主电路

主电路中的 V1、V2、V3、V4 组成单相桥式半控整流电路，V5 是续流二极管，V6 ~ V9 组成的整流桥是供电给直流电动机励磁用的。C1 – R1、C2 – R2、C3 – R3、C4 – R4 是过电压保护的阻容吸收电路，FU1、FU2、FU3 快速熔断器作为晶闸管的过电流保护。由于采用速度负反馈需要用到测速发电机，成本较高，为了节省成本，在调速要求不高的场合，可以使用电压负反馈来代替速度负反馈，以维持主电路输出电压基本保持恒定。本调速系统采用电压负反馈和电压微分负反馈。图中的电阻 R7 与电位器 RP1 就是电压负反馈的取样电阻，电压微分负反馈是由电阻 R5、R6 以及电容 C5 组成的，所谓电压微分负反馈是指当输出电压发生变动时才产生作用的反馈，输出电压变动得越快，反馈就越强；输出电压变动得越慢，反馈就越弱；输出电压不变动就没有反馈。由于电容的隔直通交作用，图中的 C5 就起到了只把输出电压的变动速率反馈回去的作用，即起到了电压微分负反馈的作用，系统中采用微分负反馈是为了防止系统产生振荡，系统产生振荡的原因是由于电动机本身具有的电磁惯性、系统的放大倍数过大以及负反馈过强，在调节时产生了调节过头的现象。针对振荡时系统中电压变化特别迅速的特点，采用微分负反馈，阻止电压的过快变化，对电压的变动起到阻尼作用，就能够消除系统中可能产生的振荡。

2. 触发电路

该触发电路实质上就是前面介绍的单结晶体管触发电路。在触发电路中，V10 ~ V13、R8、V14、V15 产生同步梯形波电压，三极管 V17 是 PNP 管、V18 是 NPN 管，V18、V17 组成直接耦合直流放大电路，其中的 R10、V17 用来代替原来单结晶体管触发电路中的电容充电电阻，V17 集电极电流大则电容 C3 充电快，输出的触发脉冲的控制角 α 小；V17 集电极电流小则电容 C3 充电慢，输出的触发脉冲的控制角 α 大，V17 集电极电流的大小受放大管 V18 输入信号的控制，V18 输入信号大（基极电位高），则流过电阻 R12 的电流也大，使 V18 的集电极电位降低，V17 集电极电流就大，反之则 V17 集电极电流小。放大管 V18 的输入端通过电阻 R13、R14、R15 以并联的形式接有三个信号，经过电阻 R15 输入的是给定电压，其大小由电位器 RP2 调节，RP2 触点向下则输入的给定电压就高，电动机的转速就快，反之则慢；经过电阻 R14 输入的是电压负反馈信号，反馈的强弱由电位器 RP1 调节，触点向上则负反馈强，反之则弱；经过电阻 R13 输入的是电压微分负反馈信号。V18 输入端接的电容 C7 是为了抑制干扰，二极管 V19 ~ V21 是为了对输入信号进行限幅。

测 试 题

一、判断题（将判断结果填入括号中。正确的填“√”，错误的填“×”）

1. 普通晶闸管中间 P 层的引出极是门极。（ ）

2. 普通晶闸管的额定电流的大小是以工频正弦半波电流的有效值来标志的。（ ）

3. 单相半波可控整流电路带电阻性负载，在 $\alpha = 60°$ 时输出电流平均值为 10 A，则晶闸管电流的有效值为 15.7 A。（ ）

4. 单相半波可控整流电路带大电感负载时，续流二极管上的电流大于晶闸管上的电流。 ( )

5. 对于单相全控桥式整流电路，晶闸管 V1 无论是短路还是断路，电路都可作为单相半波整流电路工作。 ( )

6. 单相全控桥式整流电路带大电感负载时，无论是否接有续流二极管，其输出电压的波形都可能出现负值。 ( )

7. 单相半控桥式整流电路带大电感负载时，必须并联续流二极管才能正常工作。 ( )

8. 单相半控桥式整流电路带电阻性负载时，交流输入电压 220 V，当 $\alpha=60°$ 时，其输出直流电压平均值 $U_d=99$ V。 ( )

9. 三相半波可控整流电路，带大电感负载，无续流二极管，在 $\alpha=60°$ 时的输出电压为 $0.58U_2$。 ( )

10. 单结晶体管是一种特殊类型的三极管。 ( )

11. 在常用晶闸管触发电路的输出级中采用脉冲变压器可起阻抗匹配作用，降低脉冲电压增大输出电流，以可靠触发晶闸管。 ( )

12. 在晶闸管过流保护电路中，要求直流快速开关先于快速熔断器动作。 ( )

13. 常用压敏电阻可实现晶闸管的过电压保护。 ( )

14. 在单相晶闸管直流调速系统中，给定电压与电压负反馈信号比较后产生的偏差信号作为单结晶体管触发电路的输入信号，使触发脉冲产生移相，从而使直流电动机的转速稳定。 ( )

二、单项选择题（选择一个正确的答案，将相应的字母填入题内的括号中）

1. 普通晶闸管由 N2 层的引出极是（ ）。

A. 基极　B. 门极　C. 阳极　D. 阴极

2. 普通晶闸管是一种（ ）半导体元件。

A. PNP 三层　B. NPN 三层　C. PNPN 四层　D. NPNP 四层

3. 普通晶闸管的额定电流的大小是以（ ）来标志的。

A. 工频正弦全波电流的平均值　B. 工频正弦半波电流的平均值

C. 工频正弦全波电流的有效值　D. 工频正弦半波电流的有效值

4. 普通晶闸管的门极触发电流的大小是以（ ）来标志的。

A. 使元件完全开通所需的最大门极电流

B. 使元件完全开通所需的最小门极电流

C. 使元件完全开通所需的最小阳极电流

D．使元件完全开通所需的最大阳极电流

5．单相半波可控整流电路带电阻性负载，在 $\alpha=90°$ 时输出电压平均值为22.5 V，则整流变压器二次侧的电压有效值为（　　）。

A．45 V　　B．10 V　　C．100 V　　D．90 V

6．单相半波可控整流电路带电阻性负载，整流变压器二次侧的电压有效值为90 V，在 $\alpha=180°$ 时输出电压平均值为（　　）。

A．0 V　　B．45 V　　C．60 V　　D．90 V

7．单相半波可控整流电路带大电感负载并接有续流二极管，在 $\alpha=90°$ 时输出电压平均值为22.5 V，则整流变压器二次侧的电压有效值为（　　）。

A．45 V　　B．10 V　　C．100 V　　D．90 V

8．单相半波可控整流电路带大电感负载并接有续流二极管，整流变压器二次侧的电压有效值为90 V，在 $\alpha=180°$ 时输出电压平均值为（　　）。

A．0 V　　B．45 V　　C．60 V　　D．90 V

9．对于单相全控桥式整流电路带电阻性负载时，晶闸管的导通角为（　　）。

A．120°　　B．180°　　C．$\pi-\alpha$　　D．与控制角 α 无关

10．单相全控桥式整流带电感负载电路中，控制角 α 的移相范围是（　　）。

A．0°～90°　　B．0°～180°　　C．90°～180°　　D．180°～360°

11．单相全控桥式整流电路带大电感负载并接有续流二极管，整流变压器二次侧的电压有效值为90 V，在 $\alpha=180°$ 时输出电压平均值为（　　）。

A．0 V　　B．45 V　　C．60 V　　D．90 V

12．单相全控桥式整流电路带电阻性负载，在 $\alpha=60°$ 时整流变压器二次侧的电压有效值为100 V，则输出电压平均值为（　　）。

A．0 V　　B．45 V　　C．67.5 V　　D．90 V

13．对于单相半控桥式整流电路带电阻性负载时，晶闸管的导通角是（　　）。

A．120°　　B．180°　　C．$\pi-\alpha$　　D．与控制角 α 无关

14．单相半控桥式电感性负载整流电路中，在负载两端并联一个续流二极管的目的是（　　）。

A．增加晶闸管的导电能力　　B．抑制温漂

C．增加输出电压稳定性　　D．防止失控现象的产生

15．单相半控桥式整流电路带电阻性负载时，交流输入电压220 V，当 $\alpha=90°$ 时，其输出直流电压平均值 $U_d=$（　　）。

A．110 V　　B．99 V　　C．148.5 V　　D．198 V

16. 单相半控桥式整流电路带电感性负载电路中，当 $\alpha = 60°$时，其输出直流电压平均值 $U_d = 148.5$ V，交流输入电压 $U_2 =$ （　　）。

A. 110 V　　B. 220 V　　C. 100 V　　D. 200 V

17. 三相半波可控整流电路，带大电感负载，接有续流二极管，在 $\alpha = 60°$ 时的输出电压为（　　）。

A. $0.34U_2$　　B. $0.45U_2$　　C. $0.58U_2$　　D. $0.68U_2$

18. 三相半波可控整流电路，带电阻性负载，在 $\alpha = 30°$时的输出电压约为（　　）。

A. U_2　　B. $0.45U_2$　　C. $0.58U_2$　　D. $0.68U_2$

19. 单结三极管（单结晶体管）是一种特殊类型的二极管，它具有（　　）。

A. 2 个电极　　D. 3 个电极　　C. 1 个基极　　D. 2 个 PN 结

20. 单结三极管（单结晶体管）也称（　　）。

A. 二极管　　B. 双基极二极管　　C. 特殊三极管　　D. 晶体管

21. 在常用晶闸管触发电路的输出级中，采用脉冲变压器的作用有阻抗匹配、降低脉冲电压增大输出电流以可靠触发晶闸管和（　　）。

A. 将触发电路与主电路进行隔离

B. 阻抗匹配，提高脉冲电压减小输出触发电流

C. 提高控制精度

D. 减小晶闸管额定电流

22. 在常用晶闸管触发电路的输出级中采用脉冲变压器可以（　　）。

A. 保证输出触发脉冲的正确极性

B. 阻抗匹配，提高脉冲电压减小输出电流触发晶闸管

C. 提高控制精度

D. 减小晶闸管额定电流

23. 在晶闸管过流保护电路中，要求（　　）先于快速熔断器动作。

A. 过流继电器　　B. 阻容吸收装置　　C. 直流快速开关　　D. 压敏电阻

24. 常用的晶闸管过流保护是（　　）。

A. 快速熔断器　　B. 阻容吸收装置　　C. 热敏电阻　　D. 压敏电阻

25. 常用的晶闸管过电压保护是压敏电阻和（　　）。

A. 直流快速开关　　B. 脉冲移相过电流保护

C. 快速熔断器　　D. RC 吸收装置

26. （　　）可作为晶闸管过电压保护元件。

A. 直流快速开关　　B. 脉冲移相过电流保护

C. 快速熔断器　　　　　　　　　　D. 硒堆

27. 在单相晶闸管直流调速系统中，（　　）可以防止系统产生振荡，使直流电动机的转速更稳定。

A. 电流负反馈信号　　　　　　　　B. 电压负反馈信号

C. 电压微分负反馈信号　　　　　　D. 转速负反馈信号

28. 在单相晶闸管直流调速系统中，触发电路采用的形式是（　　）。

A. 单结晶体管触发电路　　　　　　B. 正弦波同步触发电路

C. 锯齿波同步触发电路　　　　　　D. 集成触发电路

测试题答案

一、判断题

1. √　2. ×　3. ×　4. √　5. ×　6. ×　7. √　8. ×　9. √　10. ×　11. √　12. √　13. √　14. √

二、单项选择题

1. D　2. C　3. B　4. B　5. C　6. A　7. C　8. A　9. C　10. A　11. A　12. C　13. C　14. D　15. B　16. B　17. D　18. A　19. B　20. B　21. A　22. A　23. C　24. A　25. D　26. D　27. C　28. A

第 10 章

常用电子仪器

第1节　直流电桥

直流电桥可分为单臂电桥和双臂电桥两种，单臂电桥用于测量中阻值电阻，双臂电桥用于测量小电阻。

一、直流单臂电桥

1. 直流单臂电桥的工作原理

直流单臂电桥又称为惠斯登电桥，适用于测量1 Ω～10 MΩ的中阻值电阻，因此应用十分广泛。

直流单臂电桥原理图如图10—1所示。

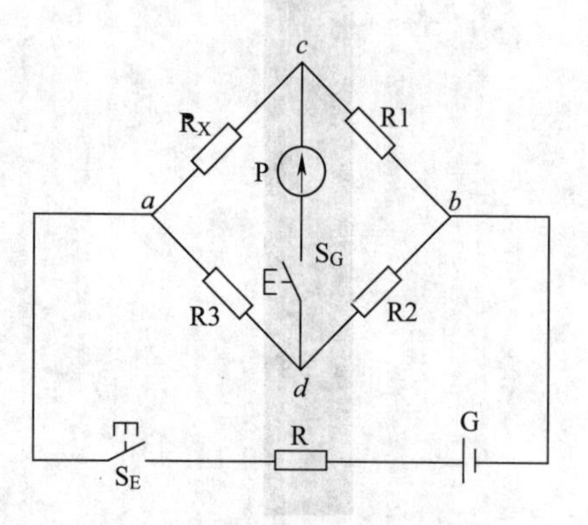

图10—1　直流单臂电桥原理图

图中被测电阻R_x与已知的标准电阻R1、R2、R3组成电桥的四个桥臂。a和b两端接直流电源G，c、d两端接灵敏检流计P。在测量电阻时，调整三个已知标准电阻R1、R2、R3的阻值，使灵敏检流计P的电流为零（即指针指零），电桥达到平衡。根据电工基础知识可以求得电桥平衡的条件为：$R_XR_2=R_1R_3$。根据三个已知标准电阻的阻值，可以求得被测电阻的阻值。

被测电阻R_X为：

$$R_X=\frac{R_1}{R_2}R_3$$

图中电阻R1与R2称为电桥的比例臂，通常由一串标准电阻组成，在不同的阻值上抽头，使R_1/R_2产生不同的比值，这一比值总是配成10的n次方，如0.01、0.1、1、10、100……这个比值称为比例臂的倍率。R3称为电桥的比较臂，一般用十进制标准电阻箱做成。测量电阻时先将电桥的比例臂调到一定的倍率，而后调节比较臂的电阻值，使灵敏检流计指零，电桥达到平衡。此时用电桥比较臂的阻值乘以比例臂的倍率，就可以得出被测电阻R_x的阻值。由于R1、R2、R3都是高精度的标准电阻，灵敏检流计的灵敏度也很高，所以测量的精度也很高。

2. QJ23型便携式单臂直流电桥及其使用方法

（1）仪器简介。QJ23型便携式单臂直流电桥的电路图及面板布置图如图10—2所示。

该电桥的测量范围是 1 ~9 999 000 Ω，准确度为 0.2 级。由图 10—2a 可见，它的比例臂倍率分成 7 挡，分别为 0.001、0.01、0.1、1、10、100 和 1 000，由倍率转换开关选择。比较臂电阻 R3 由四组十进制可调电阻串联而成，每组均有 9 个相同的电阻。第一组为 9 个 1 000 Ω,第二组 9 个 100 Ω，第三组 9 个 10 Ω，第四组 9 个 1 Ω，四组电阻串联，其阻值就可以从 1 ~9 999 Ω 进行调节，每挡只相差 1 Ω。这样，比较臂电阻 R3 四组可调电阻分别对应于 ×1 000、×100、×10、×1 四挡可调电阻。

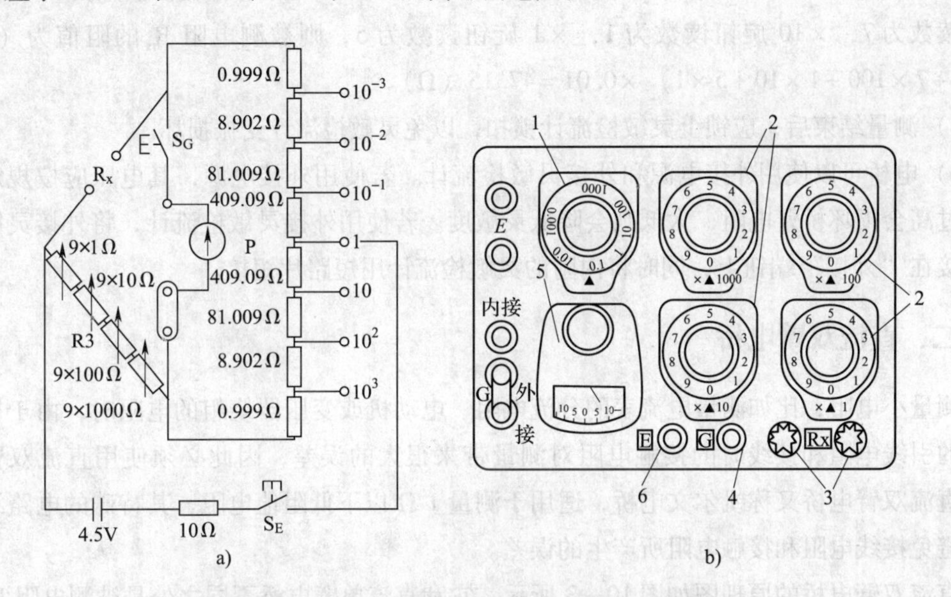

图 10—2 QJ23 型单臂电桥电路图和面板布置图

a）电路图 b）面板布置图

1—比例臂倍率转换开关 2—比较臂电阻调节旋钮 3—被测电阻接线端钮

4—灵敏检流计按钮 G 5—灵敏检流计 6—电源按钮 E

（2）使用方法及步骤。直流单臂电桥的使用步骤如下：

1）首先将灵敏检流计 5 的锁扣打开，调节灵敏检流计上的机械调零旋钮，使指针置于零点。

2）将被测电阻 R_x 接在接线端钮 3 上，根据 R_x 的阻值范围调节倍率旋钮 1，选择合适的比例臂倍率，使比较臂的四组电阻都用上，以得到四位有效数字。比如被测电阻约为几十欧，则倍率应选 0.01，读数就可达小数后两位（最大 99.99）；如选择倍率为 1，则比较臂的千位与百位只能置零，仅能读取两位有效数字，准确度就降低了。

3）测量时，应先按电源按钮 E，再按灵敏检流计按钮 G，然后调节比较臂电阻使电桥平衡；测量完毕后，先松开灵敏检流计按钮 G，再松开电源按钮 E。否则如被测电阻带有较大电感，在首先断开电源按钮时，被测对象产生的感应电动势将会损坏灵敏检流计。

4）按下按钮后，若指针向“+”侧偏转，应增大比较臂电阻；若向“-”侧偏转，则应减小比较臂电阻。调平衡过程中，灵敏检流计按钮不能长时间按住不放，否则灵敏检流计指针可能因猛烈撞击而损坏。只要稍稍一按，能看出指针向哪一个方向偏转，确定下一步如何调整就可以了。

5）选择合适的比例臂倍率后，调节四个比较臂电阻调节旋钮，使电桥灵敏检流计指零，即电桥达到平衡后读数。如倍率选择开关选择在0.01，×1000旋钮读数为4，×100旋钮读数为7，×10旋钮读数为1，×1旋钮读数为5，则被测电阻 R_x 的阻值为 $(4\times1\,000+7\times100+1\times10+5\times1)\times0.01=47.15\ (\Omega)$。

6）测量结束后，应锁上灵敏检流计锁扣，以免灵敏检流计受振损坏。

7）电桥可以使用外接电源和外接灵敏检流计。若使用外接电源，其电压应按规定选择，过高会损坏桥臂电阻，太低则会降低灵敏度。若使用外接灵敏检流计，将外接灵敏检流计接在“外接”端钮上，同时将内附的灵敏检流计用短路片短接。

二、直流双臂电桥

测量小电阻，比如测量电流表的分流电阻、电动机或变压器绕组的电阻时，由于被测电阻的引线电阻和接线时的接触电阻对测量带来很大的误差，因此必须使用直流双臂电桥。直流双臂电桥又称凯尔文电桥，适用于测量1 Ω以下低阻值电阻，其特殊的电路结构可以避免接线电阻和接触电阻所产生的误差。

直流双臂电桥的原理图如图10—3所示，它和直流单臂电桥不同之处是被测电阻 R_x 和已知电阻R1′串联后组成电桥的一个臂；标准电阻 R_S 和已知电阻R2′串联后组成电桥的另一个臂，它相当于单臂电桥的比较臂。另外R1′和R2′间用粗导线连接，其阻值 r 很小。标准电阻 R_S 和被测电阻 R_X 和电阻R1、R2组成电桥的比例臂，电阻R1、R2和R1′、R2′均为可调电阻，调节时不会小于10 Ω；结构上做成两组电阻同步调节，即始终保持R1 = R1′和R2 = R2′，在此条件之下，双臂电桥的平衡条件与单臂电桥相同，即：

$$R_X=\frac{R_1}{R_2}R_S$$

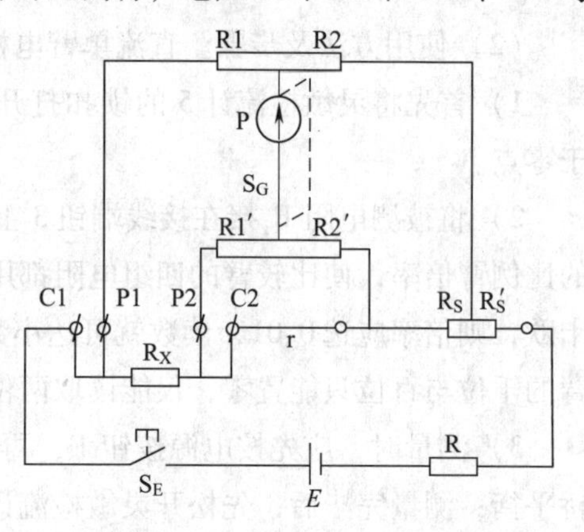

图10—3　直流双臂电桥原理图

为了消除引线电阻和端钮接触电阻的影响，当被测电阻 R_x 接入电桥时要同时接在两对端钮上，其中P1、P2接入桥臂称为电位端钮，C1、C2接在电源回路称为电流端钮。由于被测电阻

R_x接在两对端钮上，电流端钮 C1 与 C2 的接触电阻在电源回路中，只对总的工作电流有影响，对电桥平衡无影响。所以这部分接线电阻和接触电阻对测量结果的影响就排除了。而电位端钮 P1、P2 的接触电阻位于 R1、R1′支路中，标准电阻 R_S 的引线、接触电阻位于 R2、R2′支路中，这些引线和接触电阻的数值与始终大于 10 Ω 的 R1、R1′、R2、R2′的阻值相比，这些引线和接触电阻的数值要小得多，完全可以忽略不计，所以对测量结果的影响也极微小，这样就减小这部分接触电阻和接线电阻对测量结果的影响。由上分析可知，直流双臂电桥把引线和接触电阻由被测支路转移到比例臂支路，消除了它们对测量的影响。

三、QJ42 型直流双臂电桥及其使用方法

1. 仪器简介

QJ42 型直流双臂电桥的面板图如图 10—4 所示。图中面板左侧是用来连接被测电阻的两对电位端钮 P1、P2 和电流端钮 C1、C2 接线端子。左上方是由比例臂 R1/R2 组成的倍率选择开关，有 ×1、$\times10^{-1}$、$\times10^{-2}$、$\times10^{-3}$、$\times10^{-4}$五挡，其下面是灵敏检流计，S_E、S_G 分别为电源按钮和检流计按钮。右上角是外接电源端钮 $E_{外}$ 的 +、- 端子和 $E_{内}$、$E_{外}$电源选择开关；右下角是比较臂电阻 R_S 的调节盘，可在 0.5 ~ 11 Ω 范围内调节。测量电阻时先将电桥的比例臂倍率选择开关调到一定的倍率，在面板上有相应的刻度。而后调节比较臂电阻 R_S 的电阻值，使灵敏检流计指零，电桥达到平衡。此时就可以根据电桥比较臂电阻 R_S 的调节盘的阻值乘以比例臂倍率选择开关的倍率，就可以得出被测电阻 R_x的阻值。

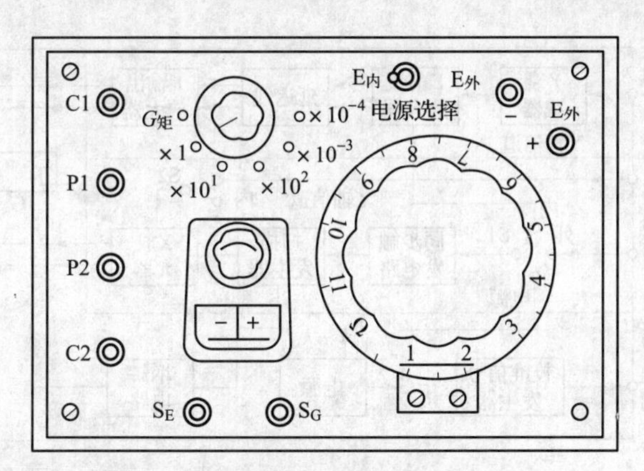

图 10—4　QJ42 型直流双臂电桥面板图

2. 使用方法及步骤

直流双臂电桥的使用方法及步骤与单臂电桥基本相同，但还应注意以下两点：

（1）电桥与被测电阻的连接有四根引线，被测电阻的电位端和电流端应与电桥的电位

端钮和电流端钮正确连接。接线时要使电位接头在电流接头内侧。若被测电阻没有专门的接线，应设法使每端引出两根线，分别接电位和电流端钮，连接导线尽量用粗线和短线。

（2）直流双臂电桥工作电流较大，因此可使用外接电源。测量时操作要快，以免耗电过多，测量结束后应立即关断电源。

第2节　示　波　器

示波器是实验室和生产现场最常用的一种测量仪器。它是一种能把随时间变化的电过程用图像显示出来的测量仪器，主要用来观察电信号的波形，测量电信号波形的（周期）幅度、频率等参数。本节对示波器的结构框图和示波器的工作原理作一简单介绍，重点介绍示波器的使用方法。

一、示波器的工作原理

1. 示波器的结构框图

示波器的结构框图如图10—5所示，主要由示波管、垂直（*Y*轴）放大器、水平（*X*轴）放大器、同步触发电路、扫描发生器及电源等部分组成。

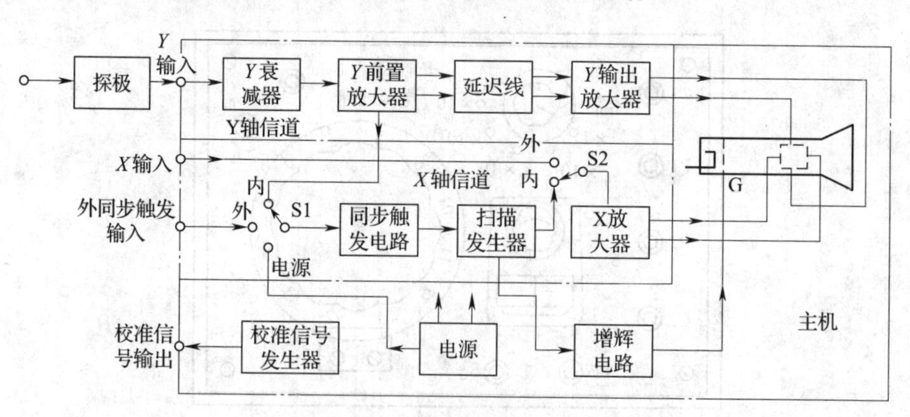

图10—5　示波器的结构框图

2. 示波器的波形显示原理

示波器的核心部件是示波管，它的结构如图10—6所示，它由电子枪、偏转系统、荧光屏三部分组成。

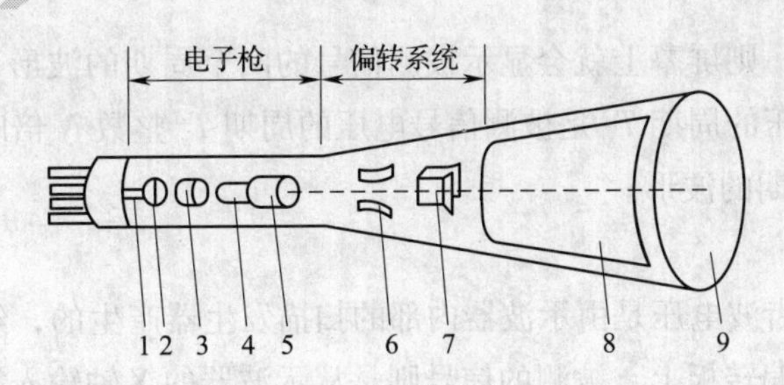

图 10—6　示波管的结构

1—灯丝　2—阴极　3—控制栅极　4—第一阳极　5—第二阳极

6—Y 偏转板　7—X 偏转板　8—炭膜导电层　9—荧光屏

示波管内的电子枪能产生一束细而有一定能量的电子束，电子束打在示波管的荧光屏上就形成光点。示波管中的垂直偏转板和水平偏转板上加上电压之后，依靠电场力的作用，能控制电子束按一定的规律运动，就会在荧光屏上显示线条图形。比如在水平偏转板上加上一个幅度与时间成正比的锯齿波电压，则电子束在锯齿波正程电压（即锯齿波上升时电压）的作用下，会沿水平方向从左向右做匀速直线运动，并在荧光屏上描出一条水平线，在锯齿波逆程电压（即锯齿波下降时的电压）的作用下，电子束又迅速地从荧光屏的右端返回左端。如此周而复始。电子束的这一水平方向的运动在示波器中称为“扫描”，这个锯齿波电压称扫描电压。如果此时在垂直偏转板上同时加上一个被测的信号电压（如正弦波电压），那么，只要当这一被测信号电压的周期 T_y 与锯齿波电压的周期 T_x 完全相同，则电子束在沿水平方向做匀速直线运动的同时，又会按被测信号电压的规律（如正弦规律）作垂直方向的运动，这两种运动合成的结果是电子束会在荧光屏上显示描出一个完整的正弦波形，其原理如图 10—7a 所示。当锯齿波电压的周期 T_x 是被测信号电压的周期

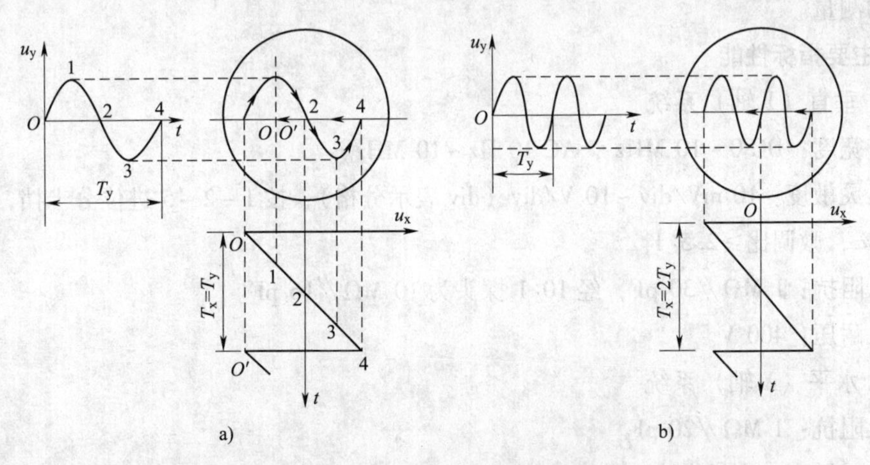

图 10—7　示波器波形显示原理图

a）$T_x = T_y$ 的波形　b）$T_x = 2T_y$ 的波形

T_y 两倍即 $T_x = 2T_y$ 时，则屏幕上就会显示被测信号的两个周期的波形，如图10—7b所示。如果示波器锯齿波电压的周期 T_x 是被测信号电压的周期 T_y 整数 N 倍时，则屏幕上就会显示被测信号的 N 个周期的波形。

3. 波形的稳定

在示波器中，锯齿波电压是由示波器内部的扫描发生器产生的，经水平放大电路放大后加到水平（X 轴）偏转板上。被测的信号则是从示波器的 Y 轴输入端输入，再经过垂直放大电路放大后加到垂直（Y 轴）偏转板上的。为了保证在荧光屏上看到的图形是稳定的，要求锯齿波电压即扫描电压的频率与被测波形的频率正好相差整数倍，即两者要求“同步”，此时，扫描电压每次扫描光点的运动轨道完全重合。如果两者的频率不是整数倍，而是略有差异，则每次扫描的起始点就不是在同一个位置上，不是高了一点就是低了一点，每次扫描产生的波形就比上一次往左或往右移动一点，荧光屏上看到的整个波形就会在水平方向上不断移动，无法稳定下来。为了保证扫描电压与被测输入信号的同步，通常扫描电路的触发启动是由被测信号来加以控制的，这种触发称为“内触发”。示波器中还可以用50 Hz电源电压或外加信号电压作为同步触发信号源，此时分别称为电源触发和外触发。示波器的扫描方式、触发源的选择以及触发电平的调节对于稳定波形有着十分重要的作用，下面介绍具体型号的示波器时将再作说明。

二、ST－16B示波器及其使用

ST－16B型示波器是ST－16的改进产品，是一种便携式的单踪通用示波器。它的 Y 轴输入阻抗很高，且有10 mV输入灵敏度和0～10 MHz的频带宽度，适合正弦波和各种脉冲波形的测量。

1. 主要指标性能

（1）垂直（Y 轴）系统

频带宽度：DC 0～10 MHz，AC 10 Hz～10 MHz。

输入灵敏度：10 mV/div～10 V/div（div表示分格），按1－2－5进位分十挡，误差不超过±5%，微调比≥2.5:1。

输入阻抗：1 MΩ//30 pF，经10:1探头为10 MΩ//16 pF。

输入耐压：400 V。

（2）水平（X 轴）系统

输入阻抗：1 MΩ//20 pF。

触发灵敏度：内触发为1.5 mV/div，外触发为0.3 V/div。

扫描时基：0.1 μS/div～0.1 s/div，按1－2－5进位分十九挡，误差不超过±5%，微调比≥2.5∶1。

触发极性：+，-。

触发源：内、外、电源。

触发方式：常态、自动、电视、锁定。

校准信号：波形：方波。

频率：1 kHz，误差不超过±2%。

幅度：500 mV，误差不超过±2%。

(3) 其他

屏幕有效工作面：8 div×10 div（1 div=6 mm）。

消耗功率：约25 VA。

质量：约3 kg。

2. ST16B示波器的面板主要开关和旋钮

图10—8为ST-16B示波器面板布置图，图中主要开关和旋钮的作用说明如下。

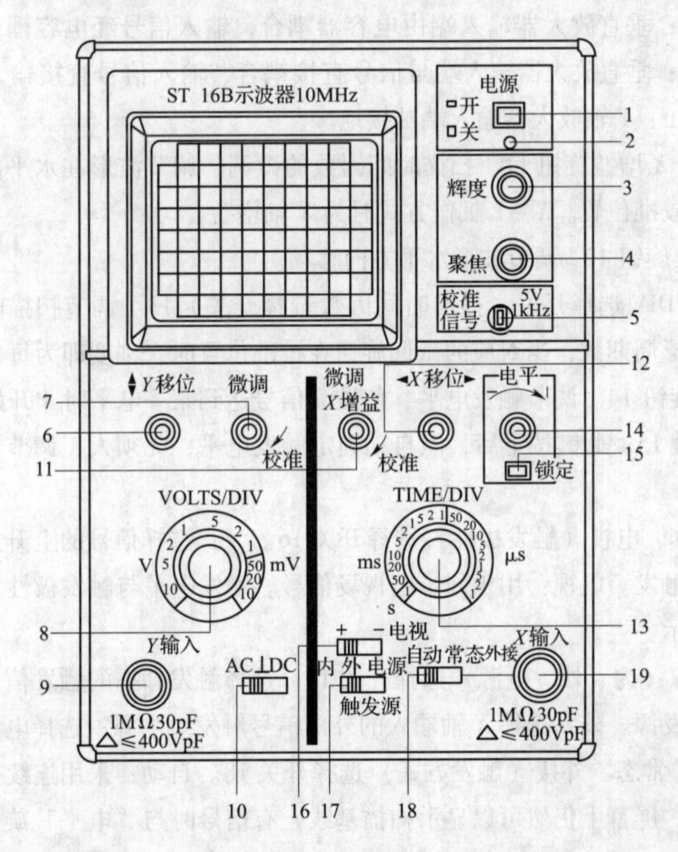

图10—8 ST-16B面板布置图

（1）电源开关1。按下即接通电源。

（2）电源指示灯2。电源接通时灯亮。

（3）辉度旋钮3。调节光迹的亮度，顺时针方向旋转光迹增亮。

（4）聚焦旋钮4。调节光迹的清晰度。

（5）校准信号5。输出频率为1 kHz、幅度为0.5 V的方波信号，用于校正10∶1探极以及示波器的垂直和水平偏转因素。

（6）*Y*移位旋钮6。调节光迹在屏幕中的垂直位置使波形上下移动。

（7）微调旋钮7。对波形垂直方向的大小进行微调，顺时针旋转到底为校准位置。

（8）VOLTS/DIV衰减开关（*Y*轴垂直衰减开关）8。用于选择垂直偏转灵敏度的调节，分级调节波形垂直方向的大小，当对应的*Y*轴微调旋钮在校准位置时，刻度即为每格的电压值。

（9）*Y*输入端子9。*Y*轴信号输入端。

（10）AC⊥DC选择开关（*Y*轴输入耦合方式选择开关）10。选择垂直放大器（*Y*轴）的耦合方式。AC：垂直放大器输入端由电容器耦合，输入信号经电容耦合输入，只能通过交流信号。DC：垂直放大器输入端与信号直接耦合，输入信号直接输入能通过含有直流分量的信号。⊥：*Y*轴放大器输入端被接地。

（11）微调、*X*增益旋钮11。扫描时间因数的微调，调节波形在水平方向的大小，顺时针旋转到底为校准位置。*X*－*Y*工作方式时为*X*轴增益。

（12）*X*移位旋钮12。调节波形水平方向移动。

（13）TIME/DIV选择开关（扫描时间因数选择开关）13。调节扫描时间，即调节在屏幕上看到的波形周期数，当对应的微调旋钮在校准位置时，刻度即为每格的时间值。

（14）电平旋钮14。调节触发电平，使被测信号达到某一电平时才开始触发扫描。

（15）锁定键15。此键按下后，能自动锁定触发电平，无须人工调节，就能稳定显示被测信号。

（16）＋、－、电视（触发极性）选择开关16。＋：选择信号的上升沿触发。－：选择信号的下降沿触发。电视：用于同步电视场信号。触发电平与触发极性对显示波形的影响如图10—9所示。

（17）触发源（内、外、电源）选择开关17。选择触发扫描的触发信号源。内：选择被测信号作为触发源。外：选择*X*轴输入的外部信号触发。电源：选择电源电压触发。

（18）自动、常态、外接（触发方式）选择开关18。自动：采用连续扫描方式，因此在无输入信号时，屏幕上仍然可以显示扫描基线，有信号时与“电平”旋钮配合，自动转换到触发扫描方式，稳定地显示波形。常态：无输入信号时，屏幕上无光迹；有信号时

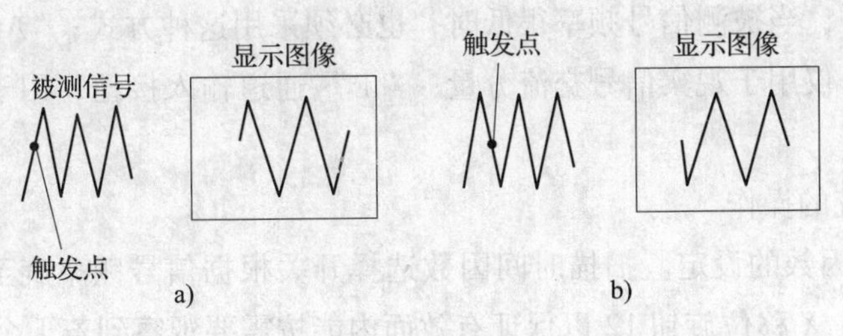

图 10—9　触发电平与触发极性对显示波形的影响

a）+触发极性　b）−触发极性

与“电平”配合稳定地显示波形。外接：X 轴不产生扫描，而是接通 X 轴的输入信号，此时示波器不是用于观察 Y 轴信号对时间的变化情况（即波形），而是用于比较 Y/X 两个输入信号，比如观察比较器的传输特性等。

（19）X 输入端子 19。X 轴信号输入端子，当触发方式开关处于“外接”时，为 X 信号输入端；当触发源选择开关处于“外”时，为外触发信号输入端。

3. SB16B 示波器的操作方法

（1）将有关开关和旋钮按表 10—1 进行设置。

表 10—1　有关开关和旋钮位置的设置

开关和旋钮名称	作用位置
辉度 3	居中
聚焦 4	居中
位移 6、12	居中
垂直衰减开关 8	0.1 V 或合适挡
微调 7、11	校准位置
自动、常态、外接 18	自动
TIME/DIV 13	0.2 ms 或合适挡
+、−16	+
内、外、电源 17	内
AC ⊥ DC 10	DC

（2）开机。接通电源 1，电源指示灯 2 亮，稍后屏幕上出现光迹，预热 5 分钟左右，分别调节辉度 3 和聚焦 4，使光迹清晰。

（3）垂直（Y 轴）系统的操作。衰减开关应根据输入信号幅度旋至适当挡位，配合调节微调旋钮 7、移位旋钮 6 以保证在有效面内稳定显示整个波形。

（4）输入耦合方式的选择。“DC”适用于观察包含直流成分的被测信号，如数字信号和静态信号的电平，当被测信号频率很低时，也必须采用这种方式；“AC”适用于隔断信号中的直流分量，仅用于观察信号交流分量；“⊥”通道输入接地，用于确定输入为零时的光迹所处位置。

（5）水平系统的操作

1）扫描时间因数的设定。扫描时间因数选择开关根据信号频率旋至适当位置，配合调节微调11旋钮、X移位旋钮12以保证有效面内能按需要观察到若干个周期的波形。

2）触发方式的选择。“自动”：无输入信号时，屏幕为一扫描基线，一旦有信号输入，适当调节电平旋钮14，电路自动转换到触发扫描状态，显示稳定的波形（输入信号频率应高于20 Hz）。“常态”：无光迹，一旦有信号输入适当调节电平旋钮14，电路将被触发扫描。“锁定”：此键按下为锁定，无信号时为不稳定扫描，一旦有信号输入时屏幕上就能显示稳定波形，无须调节电平旋钮14。“电视”：对电视信号中场信号进行同步，同步信号为负极性。

3）极性选择。“+”选择被测信号上升沿触发扫描，“-”选择被测信号下降沿触发扫描。

4）电平的设置。用于调节被测信号在某一合适电平上启动扫描。

三、YB43020D双踪示波器及其使用

1. 概述

使用一般的单踪示波器（例如ST－16B）只能观察一个输入波形，而在实际应用中常常需要同时观察两个波形，例如放大电路与门电路的输入与输出波形，变流电路中触发脉冲与同步电压的波形等，这就需要用到双踪示波器。双踪示波器有两组完全相同的Y轴放大器，所以能实现双通道同时工作，对两个不同的被测信号（但是这两个信号必须有公共的接地端）同时进行定性、定量的测量，可以把两个被测波形同时在屏幕上显示，也可以使两个被测信号叠加显示，还可以选择某一通道独立工作，进行单踪显示。

YB43020D双踪示波器具有0～20 MHz的频带宽度，垂直灵敏度为2 mV/div～10 V/div，扫描系统采用全频带触发式自动扫描电路，并具有交替扩展扫描功能。具有丰富的触发功能，如交替触发、TV－H、TV－V等。仪器备有触发输出，正弦50 Hz电源信号输出及Z轴输入。YB43020D双踪示波器采用长余辉慢扫描，最慢扫描时间10 s/div，最长扫描每次可达250 s。

YB43020D双踪示波器主要指标性能如下。

（1）Y轴（垂直）系统

工作方式：CH1、CH2、交替、断续、叠加、X－Y。

频带宽度：DC 0～20 MHz；AC 10 Hz～20 MHz。

CH1 和 CH2 的偏转系数：5 mV/div～10 V/div，按 1－2－5 进位，分 11 挡，误差为 ±3%。

微调：大于所标明的灵敏度值的 2.5 倍。

耦合方式：AC、⊥、DC。

输入阻容：1 ±3% MΩ//30 ±5 pF（直接）；

10 ±5% MΩ//23 pF（经探头）。

最大安全输入电压：400 V（DC＋AC_{p-p}）。

（2）水平系统

扫描方式：自动、触发、锁定、单次。

扫描时间系数：0.1 μs/div～10 s/div，按 1－2（2.5）－5 进位分 29 挡，误差为 ±3%。

（3）触发系统

触发源：CH1、CH2、交替、电源、外。

耦合：AC/DC（外）、常态、TV－V、TV－H。

触发极性：＋，－。

同步频率范围：自动 50 Hz～20 MHz。

最小同步电平：触发 5 Hz～20 MHz。

内 1 div；外 0.2 V_{p-p}。

TV 内 2 div；外 0.3 V_{p-p}。

触发锁定时（20 Hz～10 MHz）。

（4）探头校准信号

波形：方波。

频率：1 ±1% kHz。

幅度：0.5V ±1% V_{p-p}。

（5）示波管

长余辉。

工作面：8 cm×10 cm（1 cm＝1 div）。

（6）电源

AC：220 ±10% V。

频率：50 ±5% Hz。

视在功率：约 35 V·A。

（7）物理特性

质量：约6.5 kg。

外形尺寸：285 mm（宽）、130 mm（高）、385 mm（深）。

2. YB43020D 双踪示波器面板控制件及其作用

YB43020D 双踪示波器前面板控制件布置图如图10—10所示。

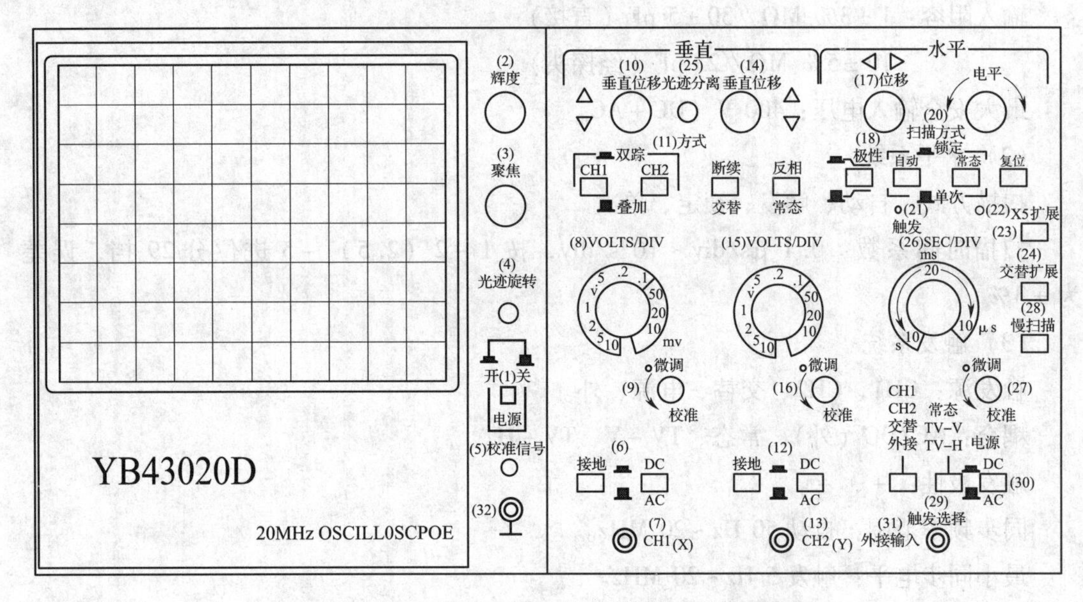

图10—10 YB43020D 双踪示波器前面板布置图

图10—10中，编号（1）～（32）为控制件的编号，下面按控制件的编号次序对控制件的作用进行介绍。

（1）电源开关（POWER）。将电源开关按键按下即接通电源，电源指示灯亮。

（2）辉度（亦称亮度）（INTENSITY）。调节光迹亮度，顺时针调节增加光迹亮度。

（3）聚焦旋钮（FOCUS）。用以调节示波管电子束的焦点，使显示的光点成为细而清晰的圆点。用亮度控制钮将亮度调节至合适的标准，然后，调节聚焦控制钮直至轨迹达到最清晰的程度。

（4）光迹旋转钮（TRACE ROTATION）。由于磁场的作用，当光迹在水平方向轻微倾斜时，该旋钮用于调节光迹与水平刻度线平行。

（5）探头校准信号。此端口输出电压幅度为0.5 V，频率为1 kHz的方波信号，用以校准 Y 轴偏转系数和扫描时间系数。

（6）垂直通道1输入耦合方式选择（AC－GND－DC）。垂直通道1的输入耦合方式选择。AC：垂直放大器输入端由电容器耦合，输入信号经电容耦合输入，信号中直流分量被隔开，只能通过交流信号，用以观察信号的交流分量。DC：垂直放大器输入端与信号直接耦合，输入信号直接输入能通过含有直流分量的信号。当需要观察信号的直流分量或被测信号的频率较低时应选用此方式。GND（⊥）：GND 输入端处于接地状态，用以确定输入端为零电位时光迹所在位置。

（7）垂直通道 1 输入端 CH1（X）。双功能端口，在常规使用时，此端口作为垂直通道 1 输入端，在 $X-Y$ 方式时此端口作为水平轴（X 轴）信号输入端。

（8）垂直通道 1 灵敏度选择开关（VOLTS/DIV）。用于选择垂直轴的偏转系数，从 2 mV/div ~ 10 V/div 分 12 挡，可根据被测信号的电压幅度选择合适的挡。如果使用的是 10∶1 的探头计算时将幅度 ×10。

（9）垂直微调旋钮（VARIBLE）。用于连续调节垂直轴 CH1 偏转系数，调节范围≥2.5 倍，该旋钮顺时针旋到底为校准位置，此时可根据（VOLTS/DIV）开关度盘和屏幕显示幅度读取该信号的电压值。

（10）垂直移位旋钮（POSITION）。用以调节光迹在 CH1 垂直方向的位置。

（11）垂直方式工作按钮（MODE）。选择垂直系统的工作方式。CH1：屏幕上仅显示 CH1 通道的信号。CH2：屏幕上仅显示 CH2 通道的信号。交替：用于同时观察两路信号，此时两路信号交替显示，该方式适合于在扫描速率较快时使用。断续：两路信号断续工作，适合于在扫描速率较慢时同时观察两路信号。叠加：用于显示两路信号相加的结果。CH2 反相：此按键未按下时，CH2 的信号为常态显示，按下此按键时，CH2 的信号被反相。

（12）垂直通道 2 输入耦合方式选择（AC－GND－DC）。垂直通道 2 的输入耦合方式选择，作用于 CH2，该选择开关功能与控制件（6）功能相同。

（13）垂直通道 2 输入端 CH2（Y）。垂直通道 2 输入端口，在 $X-Y$ 方式时，作为 Y 轴信号输入端口。

（14）垂直移位旋钮（POSITION）。用以调节光迹在 CH2 垂直方向的位置。

（15）垂直通道 2 灵敏度选择开关（VOLTS/DIV）。该选择开关功能与控制件（8）功能相同。

（16）垂直微调旋钮（VARIBLE）。用以连续调节垂直轴 CH1 偏转系数，该旋钮功能与控制件（9）功能相同。

（17）水平移位旋钮（POSITION）。用以调节光迹在水平方向移动。

（18）极性按钮（SLOPE）。用以选择被测信号在上升沿或下降沿触发扫描。

（19）电平旋钮（LEVEL）。用以调节被测信号在变化至某一电平时触发扫描。

（20）扫描方式选择（SWEEP　MODE）。选择产生扫描的方式。

自动（AUTO）：当无触发信号输入时，屏幕上显示扫描光迹，一旦有触发信号输入，电路自动转换为触发扫描状态，调节电平可使波形稳定的显示在屏幕上，此方式适合观察频率在50 Hz以上的信号。

常态（NORM）：无信号输入时，屏幕上无光迹显示，有信号输入时，且触发电平旋钮在合适位置，电路被触发扫描，当被测信号的频率低于50Hz时，选择常态触发方式。

锁定：仪器工作在锁定状态后，无须调节电平即可使波形稳定的显示在屏幕上。

单次：用于产生单次扫描，进入单次状态后，按动复位键，电路工作在单次扫描方式，扫描电路处于等待状态，当触发信号输入时，扫描只产生一次，下次扫描需再次按动复位键。

（21）触发指示。该指示灯有两种功能，当仪器工作在非单次扫描方式时，该灯亮表示扫描电路工作在被触发状态；当仪器工作在单次扫描方式时，该灯亮表示扫描电路在准备状态，此时若有信号输入将产生一次扫描，指示灯随之熄灭。

（22）扫描扩展指示。在按下“×5扩展”或“交替扩展”按钮后指示灯亮。

（23）×5扩展按钮。按下“×5扩展”按钮后，扫描速度扩展5倍。

（24）交替扩展按钮。按下“交替扩展”按钮后，可同时显示原扫描时间和×5扩展后的扫描时间。

（25）光迹分离。用于调节主扫描和扩展×5扫描后的扫描线的相对位置。

（26）扫描速率选择开关（SEC/DIV）。根据被测信号的频率高低，选择合适的挡。当扫描微调置校准位置可根据度盘的位置和波形在水平轴的距离读出 被测信号的时间参数。

（27）微调旋钮。用以连续调节扫描速率，此旋钮顺时针方向旋转到底时处于校准位置。

（28）慢扫描开关。用以观察低频脉冲信号。

（29）触发选择（触发源）。用于选择不同的触发源。

第一组。

CH1：在双踪显示时，触发信号来自CH1通道，单踪显示时，触发信号则来自被显示的通道。

CH2：在双踪显示时，触发信号来自CH2通道，单踪显示时，触发信号则来自被显示的通道。

交替：在双踪交替显示时，触发信号交替来自于两个Y通道。

外接：触发信号来自于外接输入端口。

第二组。

常态：用于一般常规信号的测量。

TV－H：用于观察电视行信号。

TV－V：用于观察电视场信号。

电源：用于与市电信号同步。

(30) AC/DC。外触发信号的耦合方式。当选择外触发源，且信号频率很低时，应置DC位置。

(31) 外触发输入端。当选择外触发方式时，触发信号由此端口输入。

(32) ⊥。机壳接地端。

3. YB43020D的基本操作方法

打开电源开关前先检查输入的电压，将电源线插入后面板上的交流插孔，如表10—2所示设定各个控制键。

表10—2　　控制件的设置

主要开关和旋钮名称	作用位置
亮度（INTENSITY）	顺时针方向旋转
聚焦（FOCUS）	中间
AC－GND－DC	DC
垂直移位（POSITION）	中间
垂直工作方式（MODE）	CH1
触发方式（TRIG MODE）	自动
触发源（SOURCE）	CH1
触发电平（LEVEL）	中间
SEC/DIV	0.5 ms/DIV
水平移位（POSITION）	中间

所有的主要开关和旋钮按表10—2设定后，打开电源。当亮度旋钮顺时针方向旋转时，轨迹就会在大约十五秒钟后出现。调节聚焦到轨迹最清晰。如果电源打开后但暂时不用示波器时，将亮度旋钮逆时针方向旋转以减弱亮度。

在一般情况下，应将水平与垂直微调旋钮设定到“校准”位置，即顺时针旋到底，以便读取波形的电压和时间的数值。

改变CH1移位旋钮，将扫描线移动到屏幕的中间。

如果光迹在水平方向略微倾斜，调节前面板上的光迹旋转旋钮与水平刻度线相平行。

屏幕上显示信号波形。如果选择通道1，设定如下主要开关和旋钮。

垂直方式开关：CH1。

触发方式开关：自动。

触发源开关：CH1。

完成这些设定之后，频率高于20 Hz的大多数重复信号可通过调节触发电平旋钮进行同步。由于触发方式为自动，即使没有信号，屏幕上也会出现光迹。如果耦合方式开关设定为DC时，直流电压即可显示。

如果输入的信号频率低于20 Hz，则应该把触发方式开关设为常态（NORM），然后调节触发电平控制键使波形稳定。

如果使用CH2输入，则 *Y* 轴方式开关和触发源开关都应该设定为CH2。

四、示波器的测量应用

现以YB43020D双踪示波器为例说明示波器的测量应用。

1．测量前的检查和调整

为了得到较高的测量精度，减少测量误差，在测量前应对有关项目进行检查和调整。

（1）光迹旋转。当光迹在水平方向轻微倾斜时，可以调节光迹旋钮（4），使光迹与水平刻度线平行。

（2）探头补偿。进行信号测量时一般使用探头作为信号输入线，本机使用10∶1与1∶1可转换探头。为减少探头对被测信号的影响，一般使用10∶1探头（即将探头衰减开关拨到×10位置），探头1∶1（即探头衰减开关拨到×1位置）用于观察低频小信号。

对探头的调整可用于补偿由于示波器输入特性的差异而产生的误差，将探头（10∶1）输入插座与本机校正信号连接，荧光屏上获得如图10—11a波形则为补偿适当，如波形有过冲（见图10—11b）或下塌（见图11—11c）现象则为过补偿或欠补偿，可调节探头微调器对补偿电容值调整（见图10—11d），使波形适当。

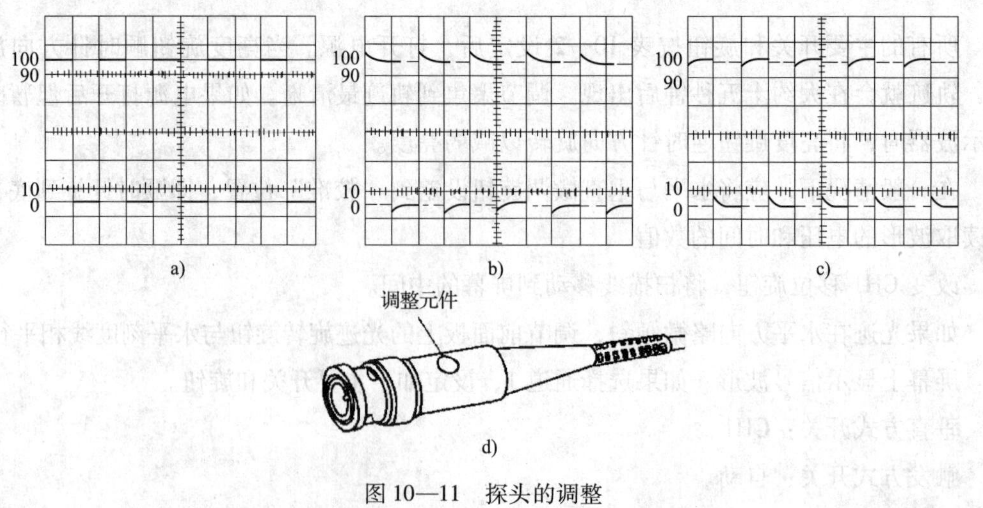

图10—11　探头的调整

a）补偿适当　b）过补偿　c）欠补偿　d）调整方法

2. 直流电压的测量

当测量被测信号的直流或含直流成分的电压时，应先将 Y 轴耦合方式 AC－GND－DC 选择开关置于“GND”位置，调节 Y 轴移位旋钮使扫描基线与某一水平刻度线重合，即将零电平参考基准线定位到屏幕的最佳位置。将 VOLTS/DIV 开关设定到合适的位置，将耦合方式开关转换到“DC”位置，并从通道 1（CH1）或通道 2（CH2）输入端加上被测直流电压。此时直流信号将会产生偏移，直流电压值等于扫描线在 Y 轴方向的位移（相对于零电平参考基线）格数与 VOLTS/DIV 开关所指示值相乘，如图 10—12 所示。如果使用的探头置于 10:1 位置，由于信号经过探头输入示波器时已经衰减了 10 倍，则实际的信号值应将该值乘以 10。

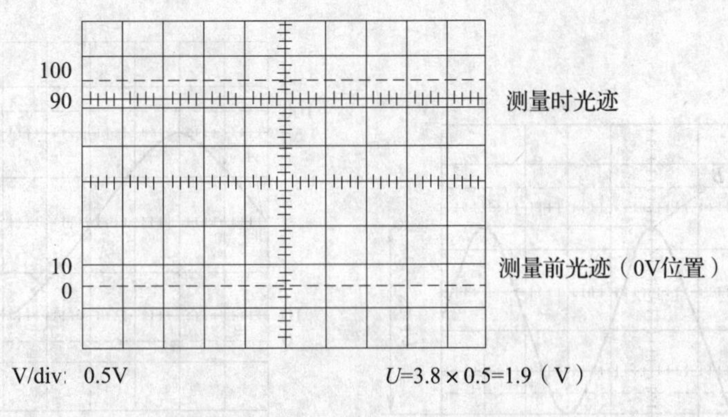

图 10—12　直流电压的测量

3. 交流电压的测量

测量交流电压时与测量直流电压一样，将零电平参考基准线定位到屏幕的最佳位置。如果交流电压信号被重叠在一个直流电压上，此时应将 Y 轴输入耦合方式开关置“AC”位置，隔开信号的直流部分，仅耦合交流电压信号部分。从通道 1（CH1）或通道 2（CH2）的输入端加入被测信号电压，把 Y 轴微调旋钮置于校准位置，调节“VOLTS/DIV”开关，使波形在屏幕中的显示幅度适中，调节“电平”旋钮使用波形稳定，调节 Y 轴位移，使波形显示值方便读取，如图 10—13 所示。根据“VOLTS/DIV”开关的指示值和波形在垂直方向显示的坐标格数，可以求得波形的峰—峰值。例如图 10—13 的电压波形幅度为 4.6 格，如果 Y 轴 VOLTS/DIV 开关指示在 2 V/DIV，则波形的峰—峰值为：

$$4.6\ 格 \times 2\ V/格 = 9.2\ V$$

由此可求得波形的峰值为：

$$9.2/2 = 4.6\ V$$

与直流电压的测量相同，如果使用的探头置于10∶1位置，则实际的信号值应乘以10。

4. 周期（或频率）和时间间隔的测量

对某信号的周期或该信号任意两点间时间间隔的测量，可先输入被测信号，与上面测量交流电压一样使波形获得稳定后，根据该信号周期或需测量的两点间的水平方向距离乘以“SEC/DIV”指示值，如图10—14所示。图中正弦波电压的周期就是*AB*两点之间的距离，如果测定为8格，SEC/DIV开关的设定位置是2 ms/DIV，则周期为：

$$8格 \times 2\ ms/格 = 16\ ms$$

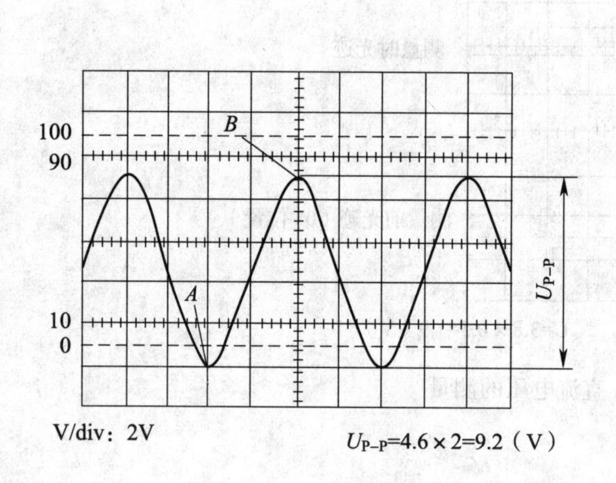

图10—13　交流电压的测量

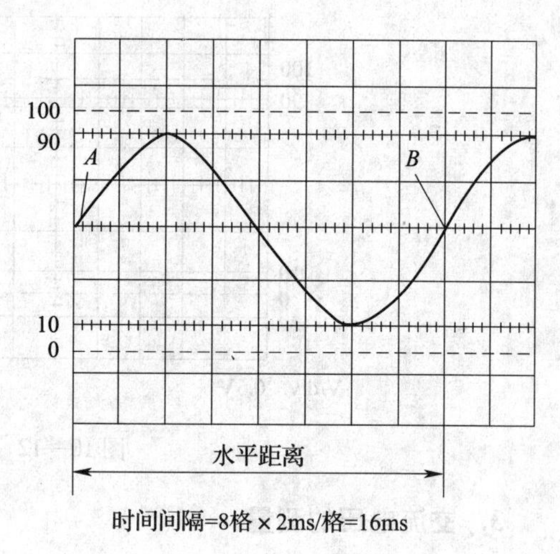

图10—14　周期和时间间隔的测量

由此可得，频率为$\frac{1}{16\ ms}=62.5\ Hz$

如果运用×5扩展，那么SEC/DIV则为指示值的1/5。

5. 上升或下降时间的测量

脉冲波形的上升（或下降）时间的测量方法和时间间隔的测量方式一样，只不过是测量被测波形满幅度的10%和90%两处之间的水平轴距离。测量步骤如下：接入被测信号，调整*Y*衰减器的微调，使波形的显示幅度为5格，调整SEC/DIV开关使屏幕上能清晰地显示上升沿或下降沿。调整垂直移位，使波形的顶部和底部别位于100%和0%的刻度线上，测量10%和90%两点间的水平距离，就可得出波形的上升时间或下降时间，如图10—15所示。

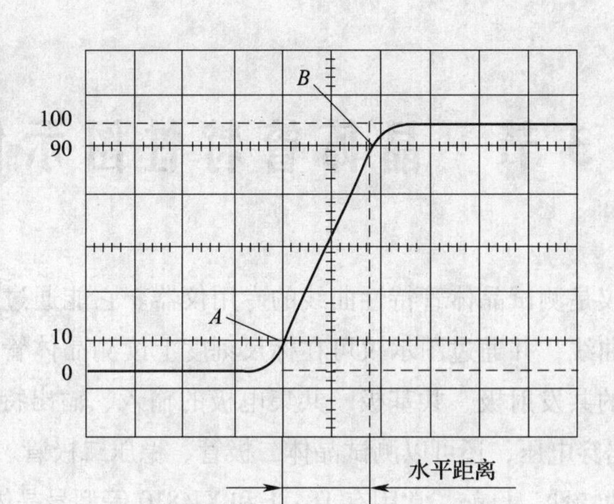

上升时间=1.8格×1μs/格=1.8μs

图 10—15　上升时间的测量

6. 相位的测量

相位的测量通常是指两个同频率交流信号之间相位差的测量。将被测信号 Y1 和 Y2 分别从通道 1（CH1）和通道 2（CH2）输入，调节 SEC/DIV 开关，扫描微调旋钮和触发电平旋钮等使两个被测信号波形稳定。如使被测信号的一个周期在水平方向占 A 格（例如为 8 格），因此水平方向每一格所表示的相位度数为 $360°/A$（如 $360°/8=45°$）。若两个信号同相位点的水平方向相差 T 格，则两者相位差 $\varphi=\frac{360°}{A}T$，如图 10—16 所示。$\varphi=\frac{360°}{8}\times1.5=67.5°$。

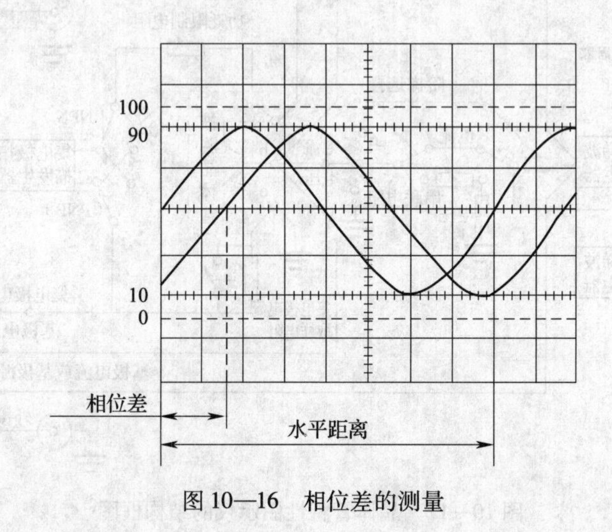

图 10—16　相位差的测量

第3节　晶体管特性图示仪

晶体管特性图示仪是测试晶体管特性曲线的专用仪器。它能通过示波管荧光屏直接显示被测晶体管的特性曲线，并通过图示仪可在标尺刻度上读测晶体管的各项参数。比如它可以测量晶体三极管的共发射极、共基极、共集电极的输入、输出特性、电流放大系数及各种反向电流和各种击穿电压，还可以测试晶体二极管、稳压二极管、双基极二极管、晶闸管及场效应管等元件的特性。目前，常用有 JT－1 和 XJ4810 等型号晶体管特性图示仪。

一、晶体管特性图示仪的工作原理

现以 JT－1 型晶体管特性图示仪为例说明其工作原理。

1. 晶体管特性图示仪的结构框图

JT－1 型晶体管特性图示仪的结构方框图如图 10—17 所示。由图可知，它主要由阶梯波发生器、阶梯波放大器、集电极扫描发生器、水平放大器、垂直放大器、示波管及其控制电路等几部分组成。

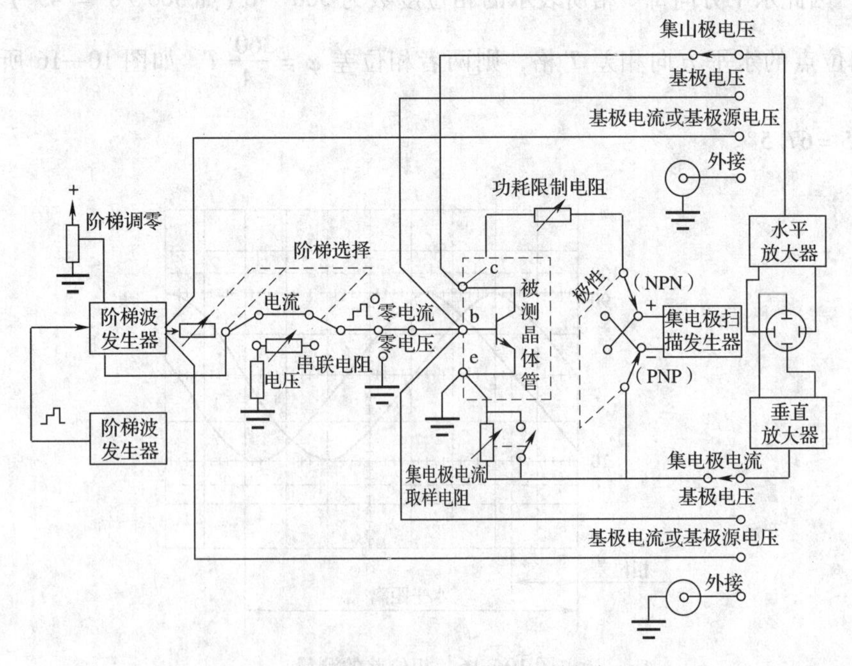

图 10—17　晶体管特性图示仪的结构框图

2. 晶体管特性图示仪的工作原理

现以晶体管共发射极输出特性曲线为例简述其工作原理。在示波管上要显示如图10—18c所示的晶体管共发射极输出特性曲线簇，X轴应为集电极电压U_{CE}值，因此，在示波管的X轴偏转板上应加上反映U_{CE}大小的电压；Y轴应为I_C值，因此在示波管的Y轴偏转板上应加上反映I_C大小的电压。该电压是由集电极电流通过取样电阻而获得。集电极电压U_{CE}还应该是变动的，这样才能使光点扫描画出特性，由于特性在第一象限，U_{CE}电压的变动不应出现负值。U_{CE}电压通常是采用50 Hz的电源电压经整流后得到的全波波形，其频率为100 Hz，如图10—18a所示。此外，为了显示出特性曲线簇，光点每扫描一次应该在基极加上不同的基极电流，例如第一次扫描时基极电流$I_B = 0$，在屏幕上画出第一条曲线，第2次扫描时基极电流$I_B = 10\ \mu A$，画出第二条曲线，第3次扫描时基极电流$I_B = 20\ \mu A$，画出第三条曲线……因此基极电流应该是一个与U_{CE}同步的，U_{CE}每变动一个周期就增加一级的阶梯电流，其波形如图10—18 b所示，阶梯的级数视曲线簇数而定，一般取10级。阶梯信号也可以是U_{CE}每变动半个周期就增加一级的阶梯电流，利用扫描的正程电压扫描出第一条曲线，在扫描的逆程就画出第二条曲线，这样阶梯信号的频率就由100 Hz提高到200 Hz。

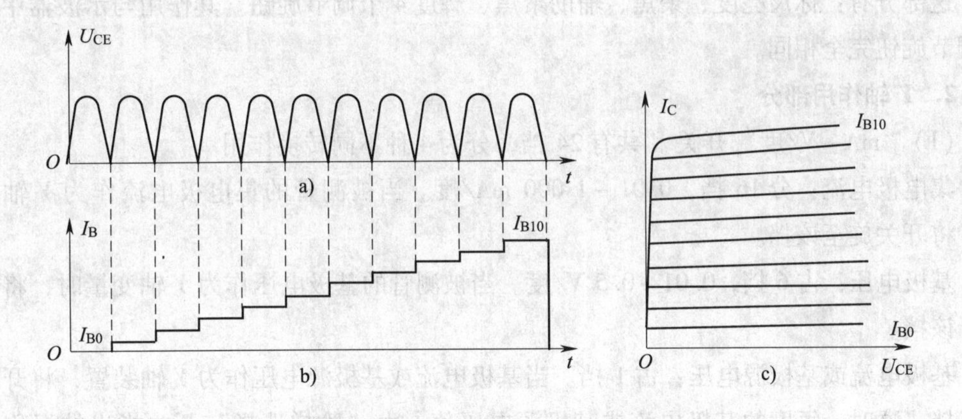

图10—18　特性图示仪的扫描原理

a）集电极电压波形　b）基极电流波形　c）共发射极输出特性曲线簇

在晶体管特性图示仪电路中，集电极扫描发生器把50 Hz电源电压经全波整流变为100 Hz脉动电压加到被测管集电极上，作为集电极电压U_{CE}，其峰值由“峰值电压范围”开关变换不同的电压档次，“峰值电压”旋钮则作连续调节。集电极电压U_{CE}经“X轴作用开关”和“水平放大器”把U_{CE}值显示出来。

在集电极扫描发生器与“地”之间串入集电极电流取样电阻，把被测管集电极电

流 I_C 在取样电阻上的电压降取出，经“Y 轴作用开关”和“垂直放大器”把 I_C 值显示出来。

被测管所需基极信号由“阶梯波发生器”和“阶梯波放大器”提供，集电极电压每扫描一次，基极电流相应跳一级，如此连续扫描就能输出特性曲线簇。实际上各条曲线不可能是同时画出的，靠屏幕上扫描光点的余辉才能从屏幕上显示出一簇完整的输出特性曲线。

为了测量晶体管的各种特性，Y 轴与 X 轴除了分别以 U_{CE} 及 I_C 为变量之外，还可以通过转换开关选择基极电压、基极电流或基极源电压作为变量。根据 X 轴、Y 轴选择的变量不同，就可以显示不同的特性曲线。

二、JT－1 晶体管特性图示仪及其使用

JT－1 型晶体管特性图示仪是一种较早期的产品，但目前仍有不少单位在使用，其面板布置如图 10—19 所示。面板上各单元、开关标志的文字都以晶体三极管共发射极接法命名的，现将其各部分开关、旋钮的功能及使用方法说明如下。

1. 示波管及其控制部分

这部分有：标尺亮度、聚焦、辅助聚焦、辉度 4 个调节旋钮。其作用与示波器中的这类调节旋钮完全相同。

2. *Y* 轴作用部分

（1）“mA－V/度”开关 。共有 24 挡，分为 4 种不同转换作用。

集电极电流：分 16 挡，0.01～1 000 mA/度。当被测管的集电极电流作为 Y 轴变量时，将开关旋至该挡。

基极电压：占 6 挡，0.01～0.5 V/度。当被测管的基极电压作为 Y 轴变量时，将开关置于该挡。

基极电流或基极源电压：占 1 挡。当基极电流或基极源电压作为 Y 轴装置，将开关置于该挡。这时，每度的基极电流或基极源电压值，由“阶梯选择”开关指出的标称值确定。

外接：占 1 挡。配合 JT－3 型大功率晶体管特性图示仪专用。这时 Y 轴每度读数由 JT－3 图示仪“Y 轴作用”开关确定。当基极电流或基极电压源作为 Y 轴变量时将开关置于该挡。

（2）“mA/度”倍率开关。共有“×2”“×1”“×0.1”三挡。一般都用“×1”挡，这时 Y 轴“mA/度”开关每度读数即为“集电极电流”各挡标称值，“×2”“×0.1”挡每度读数要把标称值乘 2 或乘 0.1。

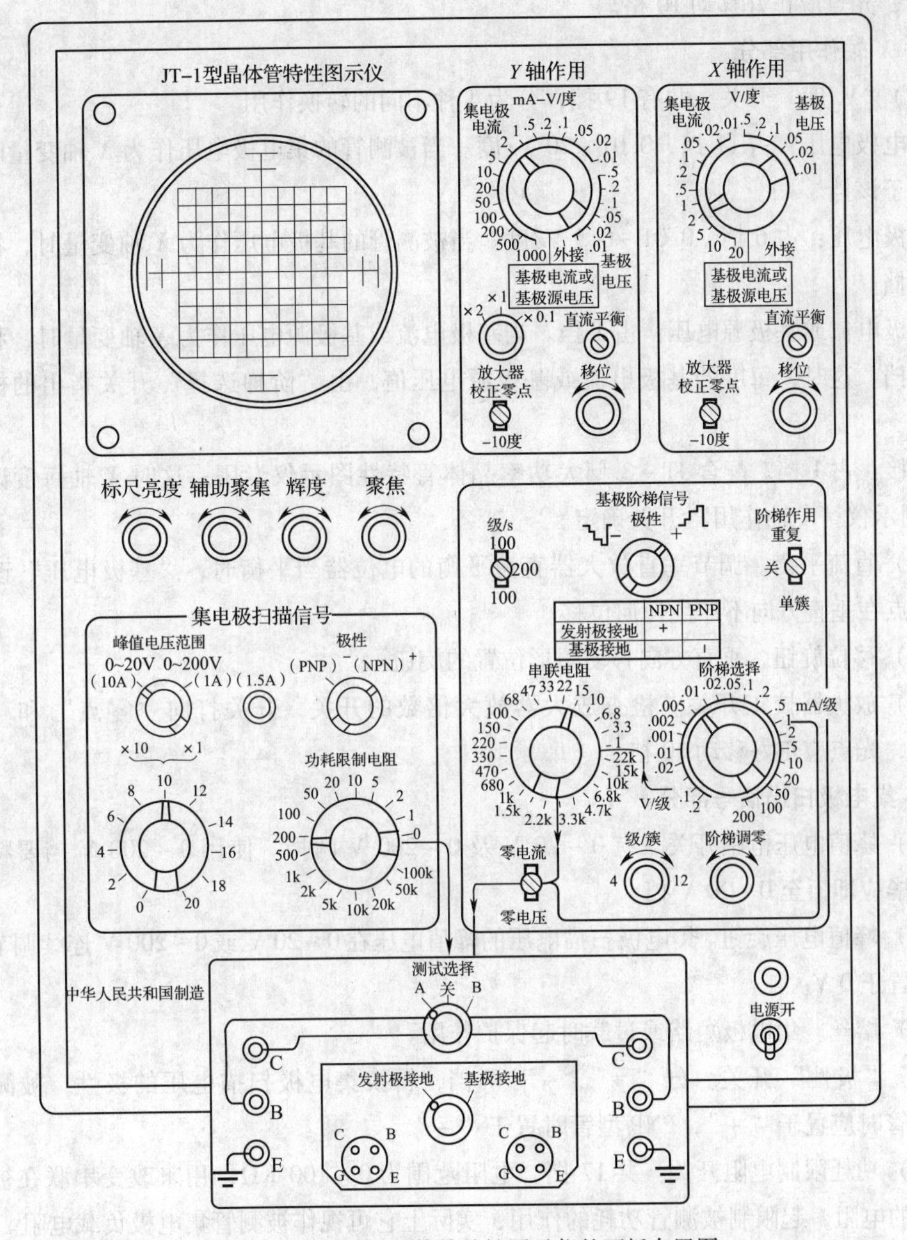

图 10—19　JT－1 晶体管特性图示仪的面板布置图

（3）直流平衡。调节垂直放大器直流平衡的电位器，当平衡时，“基极电压”改变挡位，光点在垂直方向不产生任何位移。

（4）移位旋钮。垂直方向移动图形位置的旋钮。

（5）放大器校正开关。检查放大器放大倍数的开关，开关打向“零点”和“－10

度”时，光点应正好移动10格。

3. X轴作用部分

（1）“V/度”开关。共有19挡，分为4种不同的转换作用。

集电极电压：占11挡，0.01~20 V/度。当被测管的集电极电压作为X轴变量时，将开关置于该挡。

基极电压：占6挡，0.01~0.5 V/度。当被测管的基极电压作为X轴变量时，将开关置于该挡。

基极电流或基极源电压：占1挡。当基极电流或基极源电压作为X轴变量时，将开关置于该挡。这时，每度的基极电流或基极源电压值，由“阶梯选择”开关指出的标称值确定。

外接：占1挡。配合JT-3型大功率晶体管特性图示仪专用。这时X轴每度读数由JT-3图示仪“X轴作用”开关确定。

（2）直流平衡。调节垂直放大器直流平衡的电位器当平衡时，“基极电压”改变挡位，光点在垂直方向不产生任何位移。

（3）移位旋钮。垂直方向移动图形位置的旋钮。

（4）放大器校正开关。检查放大器放大倍数的开关，开关打向“零点”和“-10度”时，光点应正好移动10格。

4. 集电极扫描信号部分

（1）峰值电压范围开关。有0~20 V及0~200 V两挡。使用0~200 V挡要特别小心，用毕应即扳至0~20 V挡。

（2）峰值电压旋钮。集电极扫描电压的峰值电压在0~20 V或0~200 V连续调节，用毕应即置于0 V。

（3）熔丝。集电极短路或过载时起保护作用。

（4）“极性”开关。分“+”“-”两挡，转换集电极扫描电压的极性，被测管是NPN型管时应置于“+”，PNP型管时置于“-”。

（5）功耗限制电阻开关。共17挡，电阻范围为0~100 KΩ，用来改变串联在被测管集电极的电阻，起限制被测管功耗的作用，实际上它可视作被测管集电极负载电阻。

5. 基极阶梯信号部分

（1）“级/s”开关。分上“100”、下“100”和“200”三挡，一般置于“200”，这时用来改变阶梯信号的频率和相位，这时阶梯波为200级/s。

（2）“极性”开关。分“+”“-”两挡，改变阶梯信号正负极性。被测管是NPN型时基极电流为正，极性开关应置于“+”，PNP型则极性开关应置于“-”。

（3）“阶梯作用”开关。分“重复”“关”“单簇”三挡。“重复”是阶梯信号重复地加在被测管基极上，在需要观察被测管的特性曲线簇时，开关应置于“重复”位置。“单族”是阶梯作用开关一次，只输出一级阶梯信号，相应显示一条曲线。用手按下，屏幕上显示一次测试图形后阶梯信号即自动停止，以便进行大功率信号的测试，这对测试不加散热器的大功率管是很有用的，也可用于测各种极限特性、过载特性等。“关”是阶梯信号停止输出。

（4）“串联电阻”开关 。共 24 挡，电阻从 1 Ω 至 22 kΩ。当阶梯选择开关置于电压（V/级）各挡时，串联电阻即串入被测管输入电路。当阶梯选择开关置于电流（mA/级）各挡时，阶梯信号不通过串联电阻，串联电阻不起作用。

（5）“阶梯选择”开关。共有 22 挡，分两种作用。其中基极阶梯电流为 0.001 ~ 200 mA/级占 17 挡，可根据被测管所需基极电流选择合适的挡。比如开关置于 0.01 mA/级，则第 1 级阶梯注入被测管的基极电流是 0.01 mA，第 10 级就是 0.1 mA。基极电压源 0.01 ~0.1 V/级占 5 挡，配合适当的串联电阻把阶梯信号输入被测管基极。

（6）“零电流与零电压”开关。此开关在中间位置时，阶梯信号接入被测管基极。开关打向“零电流”时，被测管基极开路，便于测基极开路时的各种参数，比如漏电流 I_{CEO}、击穿电压 U_{CEO} 等。开关打向“零电压”时，被测管基极接地，与发射极短接，便于测基极对地短路时的各种参数，比如 I_{CES}、U_{CES} 等。

（7）“级/簇”旋钮。用来调节阶梯信号的级数的电位器，从 4 ~12 级/簇连续可调。

（8）“阶梯调零”旋钮。用来调节阶梯信号起始级在零电位的电位器。调节方法：把“Y 轴作用”开关置于“基极电压”0.01 V/度，“X 轴作用”开关置于“集电极电压”1 V/度，“阶梯选择”开关置于“0.01 V/级”，阶梯作用置于“重复”，调峰值电压为 10 V。这时屏幕上即显示阶梯信号为一系列间隔均匀的水平线。把“级/s”置于下“100”，调节“级/簇”使阶梯信号与屏幕刻度线重合。把“零电流、零电压”开关打向“零电压”，把基线移至零刻度线上，然后把“零电压”复位，调“阶梯调零”旋钮使阶梯信号起始级仍在零刻度线上，阶梯信号的零位就调好了。

6. 晶体管测试台

（1）测试选择开关。有“A”“B”和“关”三挡，可分别测试 A、B 两个晶体管，需要测试哪个管子由测试选择开关选择。测试台上可以同时接两个晶体管，测试选择开关可在测试时交替转换 A、B 两个晶体管，以便迅速比较它们的特性。置于“关”位置时，集电极扫描信号和阶梯信号未加到管子上。

（2）接地选择开关。分为“发射极接地”和“基极接地”两挡。“发射极接地”挡观测共发射极特性，“基极接地”挡观测共基极特性；接地方式改变时阶梯信号极性也应相应改变。

（3）固定插座。E、B、C为三个接线柱。固定插座由接线柱或配合外插座运用，适用于大功率管的测试，它的E端是固定接地的，不受接地选择开关控制。

（4）可变插座。可变插座旁边标有E、B、C，适用于测小功率管的插座，接地方式由接地选择开关确定。

三、XJ4810晶体管特性图示仪及其使用

XJ－4810晶体管特性图示仪是全晶体管的较为新型的晶体管特性图示仪，与JT－1图示仪相比性能有很大的提高，扩大了电压与电流的范围，特别是小电流增加了较多的档次，以方便测量漏电流参数；简化了操作按钮与操作方法，同时可以显示两个管子的同类特性。XJ－4810晶体管特性图示仪面板布置图如图10—20所示。XJ－4810与JT－1相比，各部分的主要区别如下。

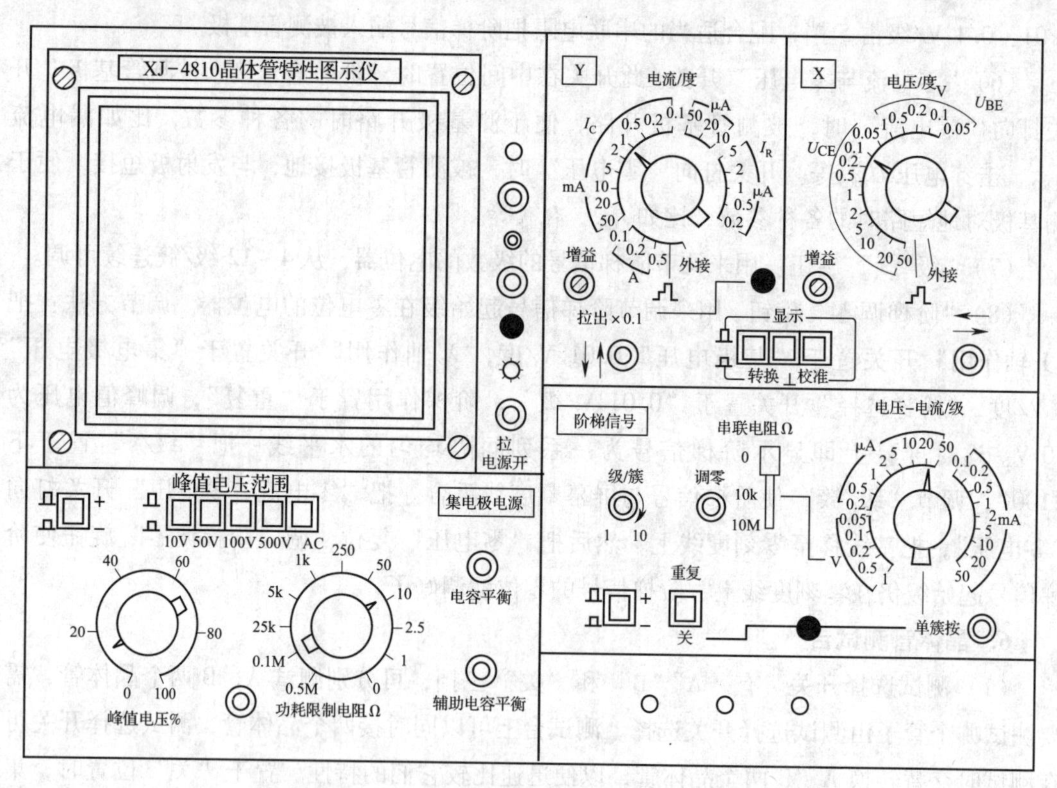

图10—20　XJ4810晶体管特性图示仪面板布置图

1. *Y*轴部分

集电极电流I_C为每度10 μA～0.5 A，分15挡；为了观察二极管微小的反向漏电流，

XJ－4810 比 JT－1 增加了二极管反向漏电流 I_R 的小电流挡，为每度0.2～5 μA，分5挡。

移位旋钮兼作倍率开关，拉出就是刻度读数×0.1（相应指示灯亮），也就是仪器的 Y 轴灵敏度扩展了10倍。

Y 轴选择开关上的阶梯波符号就是基极电流或基极源电压，使得 Y 轴表示基极电流或电压；使用 Y 轴外接时，外接输入端在仪器的左侧面。

增益电位器用于调节 Y 轴的增益，一般不需要经常调节。

2. X 轴部分

测量范围比 JT－1 略有扩大，集电极电压 U_{CE} 为每度0.05～50 V，分10挡；基极电压 U_{BE} 为每度0.05～1 V，分5挡。

3. 阶梯信号

为了适应小电流测量的需要，电流阶梯档次减小为0.2 μA/级～50 mA/级，共分17挡；为了更好地适应测量场效应管等电压控制元件的特性，阶梯电压挡增大到了0.05～1 V/级，共分5挡。基极串联电阻简化为0、10 kΩ 与1 MΩ 三挡，阶梯频率也固定为200 级/s。

级/簇、重复、单簇按钮、极性等开关与旋钮作用与 JT－1 相同，零电压与零电流按钮放到了测试台上。

阶梯信号在使用前应进行阶梯信号的起始级调零，其方法如下：把 Y 轴置于阶梯信号挡以观察阶梯信号，然后把测试台上的“零电压”按钮按下，观察光点在屏幕上的位置。把零电压按钮复位后，调节阶梯信号“调零”旋钮使阶梯信号的起始级光点位置仍在原来的位置。

4. 集电极电源

集电极电源峰值电压范围共分10 V、50 V、100 V、500 V、AC 五挡，用按钮来选择。最高电压500 V 比 JT－1 的200 V 要高，方便了较高击穿电压的测量。此外 XJ－4810 还设有交流 AC 挡，如果按下 AC 按钮，集电极电压将以未经整流的正弦交流电压作为扫描电压，如果此时把原点定在屏幕的中心，就可以完整地同时显示晶体管的正向和反向特性。XJ－4810 各挡集电极电压的最大电流为10 V 对应5 A、50 V 对应1 A、100 V 对应0.5 A、500 V 对应0.1 A。集电极功耗限制电阻为0～0.5 MΩ，分11挡。

XJ－4810 测量小电流时，仪器内部的电容电流就会对测量产生一定的影响，在 Y 轴灵敏度较高时，屏幕上的来回扫描基线会变得不重合，为此仪器上设有“电容平衡”与“辅助电容平衡”旋钮，以调节仪器内部的电容电流，使得屏幕上的水平线基本重合为一条，一般情况下无须经常调节这两个旋钮。

5. 显示部分

有“转换”“⊥”“校准”三个按钮，作用如下：

（1）“⊥”接地。按下此按钮，*X*、*Y* 放大器输入 0 电位，此时光点应在屏幕坐标的左下角，如位置不对，可用水平及垂直移位旋钮调整。

（2）“校准”。按下此按钮，*X*、*Y* 放大器自动输入基准电压，光点应在屏幕坐标的右上角，如位置不对可调节 *X*、*Y* 增益电位器。

（3）“转换”。按下此按钮，*X*、*Y* 两个差动放大器的输入端极性均被颠倒，这样，原来应该在第三象限观察的 PNP 管的特性，就可以转换到第一象限来观察，省去了移动坐标原点的麻烦。也就是说，对 PNP 管就只需要把集电极电源与阶梯信号两个极性按钮按下使信号变为“－”极性，再按下“转换”按钮，就可以在第一象限显示特性了。

6. 测试台

XJ－4810 的测试台面板如图 10—21 所示，可以同时测量两个管子。按下测试选择的“左”键则测量左边的管子，按下“右”键是测量右边的管子，按下“二簇”键则是同时测量和显示两个管子的特性，如图 10—22 所示，两个特性的间距可以用侧面板上的“二簇移位”旋钮来调整。

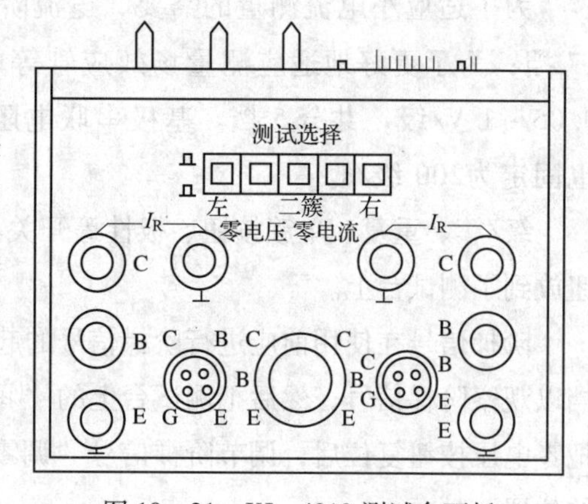

图 10—21　XJ－4810 测试台面板

按下“零电压”按钮基极接地，按下“零电流”按钮基极开路。

测量二极管反向漏电流时，应把二极管插入 I_R 插孔中，即二极管的阳极接地，阴极接 C。

四、晶体管的测试举例

现以 JT－1 型晶体管特性图示仪为例说明晶体管测试方法。测试晶体管时，除了要熟悉面板上各控制开关、旋钮的作用和使用方法外，还要明确被测管的性能和测试条件，因为晶体管是一种非线性元件，其参数是随着工作点变动的。在测试晶体管输出特性曲线、电流放大系数、击穿电压、穿透电流等参数时，可以按照器件手册给出的测试条件，也可以把晶体管在电路中实际工作条件作为测试条件。如电流放大系数，很多小功率晶体管都以 $U_{CE}=10$ V，$I_C=3$ mA 作为测试条件，也就是说在上述条件下测得的电流放大系数作为典型参数。若晶体管在电路中的实际工作点是 $U_{CE}=6$ V，$I_C=1$ mA，那么测试条件也可以此为依据。

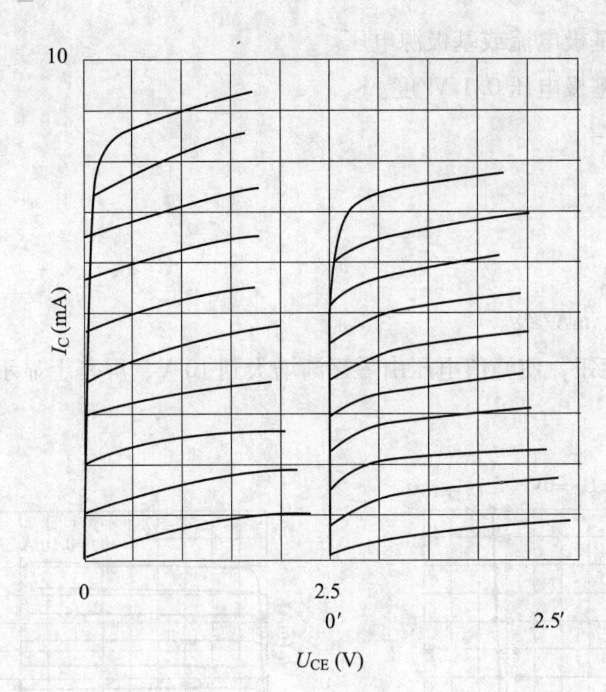

图 10—22　二簇特性显示

1. 晶体管的测试方法及步骤

测试前，首先应根据被测管子的类型及所需测量的特性曲线调整坐标原点的位置。例如，NPN 型晶体管共发射极的各种特性曲线均在第一象限，这时原点应调到屏幕的左下角，反之，PNP 型晶体管共发射极的各种特性曲线均在第三象限，这时原点应调到屏幕的右上角。JT－1 面板上开关和旋钮应根据测试需要置于相应合适档位上。在测量时应注意所加集电极扫描电压应由零逐渐增大，功耗限制电阻应由大逐渐减小，阶梯电流应由小逐渐增大。测试完毕时应将峰值电压旋钮调到零点。

（1）三极管测试

1）NPN 型小功率晶体三极管共发射极特性的测试。把晶体三极管插入测试台对应的 C、B、E 插孔上，将试测台中间的接地选择开关拨至发射极接地（E 接地）位置。

①输入特性曲线的测量。JT－1 型图示仪面板上开关和旋钮位置如下。

a. 集电极扫描信号。

峰值电压范围：0～20 V。

峰值电压：10 V。

极性：＋。

功耗电阻：200 Ω。

b. Y轴作用。基极电流或基极源电压。

c. X轴作用。基极电压0.1 V/度。

d. 基极阶梯信号。

极性：+。

级/s：下100。

阶梯作用：重复。

阶梯选择：0.01 mA/级。

调节峰值电压旋钮，使峰值电压由零逐渐增大到10 V，屏幕上显示出如图10—23a所示输入特性曲线。

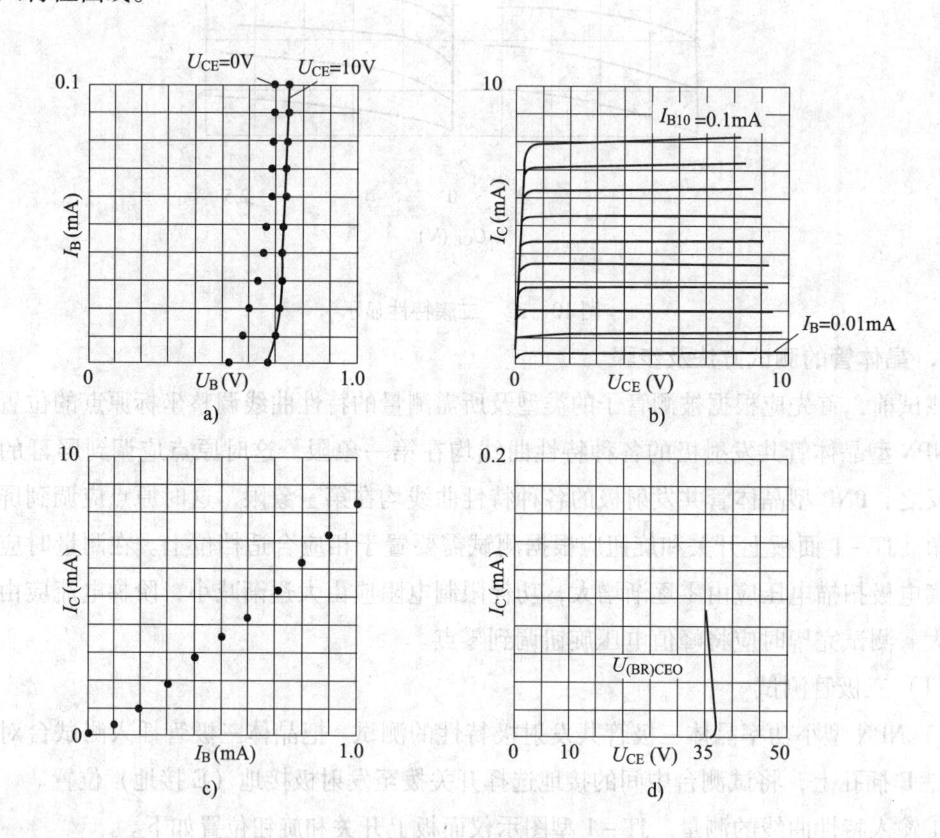

图10—23 三极管特性曲线

a）输入特性 b）输出特性 c）电流放大系数 d）击穿电压

从输入特性可见，输入特性与U_{CE}有关，随着峰值电压的升高输入特性右移，左边光点为$U_{CE}=0$ V的特性，右边的曲线为$U_{CE}=10$ V的特性。

②输出特性曲线的测量 。JT－1型图示仪面板上开关和旋钮位置如下。

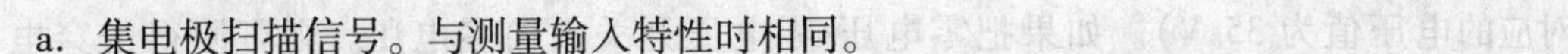

a. 集电极扫描信号。与测量输入特性时相同。

b. Y 轴作用。集电极电流 1 mA/度。

c. X 轴作用。集电极电压 1 V/度。

d. 基极阶梯信号。与测量输入特性时相同或用 200 级/s。

调节峰值电压旋钮使峰值电压由零逐渐增大则 10 V 左右，屏幕上显示出如图 10—23b 所示输出特性曲线。

从输出特性可见，最底下的 $I_B=0$ 曲线的高度就是集电极穿透电流 I_{CEO}，一般硅管都很小，曲线基本与横轴重合。最高的 $I_B=0.1$ mA 的曲线高度约为 $I_C=8.1$ mA，由此可得三极管的 β 约为 81。

③电流放大系数的测量 。电流放大系数是晶体管的重要参数之一，对于共发射极接法，$\bar{\beta}$ 称为直流电流放大系数，β 称为交流电流放大系数。在 U_{CC} 一定时，$\bar{\beta}=\frac{I_C}{I_B}$，$\beta=\frac{\Delta I_C}{\Delta I_B}$。

在测量输出特性曲线基础上，只要把“X 轴作用”开关置于“基极电流或基极源电压”挡，就能在屏幕上显示出如图 10—23c 的图形，连接光点所示曲线的斜率就是三极管的电流放大系数 $\bar{\beta}$。由图中可求出电流放大系数为 $\bar{\beta}=\frac{I_C}{I_B}=\frac{8.1}{0.1}=81$。由图还可求得三极管在不同的工作点时的直流电流放大系数 $\bar{\beta}$ 与交流电流放大系数交流 β 值。

④击穿电压 U_{CEO} 的测量 。JT－1 图示仪面板上开关和旋钮位置如下。

a. 集电极扫描信号。

峰值电压范围：0～200 V。

极性：+。

功耗电阻：5 kΩ。

b. Y 轴作用。集电极电流 0.02 mA/度。

c. X 轴作用。集电极电压 5 V/度。

d. 零电流/零电压选择开关。零电流，此时被测管基极 b 开路。

e. 基极阶梯信号。

阶梯作用：关。

零电流/零电压：零电流。

测量时，峰值电压应从 0 V 开始缓慢增大至特性明显拐弯时为止，如图 10—23d 所示曲线。此时的电压值就是击穿电压 U_{CEO}（图示为 37 V，也可按测试条件取 $I_C=0.1$ mA 所对应的电压值为35 V）。如果把零电压/零电压开关扳向零电压。则可测得击穿电压$U_{(BR)CES}$。

2）PNP型小功率晶体管的测试。除了把集电极扫描信号、基极阶梯信号的“极性”都改为“－”，光点（原点）移到右上角之外，其他都和测NPN型管相同，看到的特性在第三象限。

3）大功率晶体三极管的测试。测试方法和小功率管基本相同，只是测试条件不一样，可根据器件手册或实际工作点定测试条件。

由于集电极电流较大，功耗电阻要减小到10 Ω以下，不加散热器测试时“阶梯作用”尽量用“单簇”。

（2）晶体二极管和稳压管的测试

1）二极管的正、反向特性的测试。把二极管的阳极插入测试台的C端、阴极插入E端，如图10—24c所示。JT－1型图示仪面板上开关和旋钮的位置如下。

a. 集电极扫描信号。

峰值电压范围：0～20 V。

峰值电压：0 V，从0 V开始缓慢增大。

极性：＋。

功耗电阻：5 kΩ。

b. *Y*轴作用。集电极电流0.1 mA/度。

c. *X*轴作用。集电极电压0.1 V/度。

d. 基极阶梯信号。阶梯作用关。

调节峰值电压旋钮，使加在二极管上的最大峰值电压由零逐渐增大，就可在屏幕上显示如图10—24a所示的正向伏安特性。

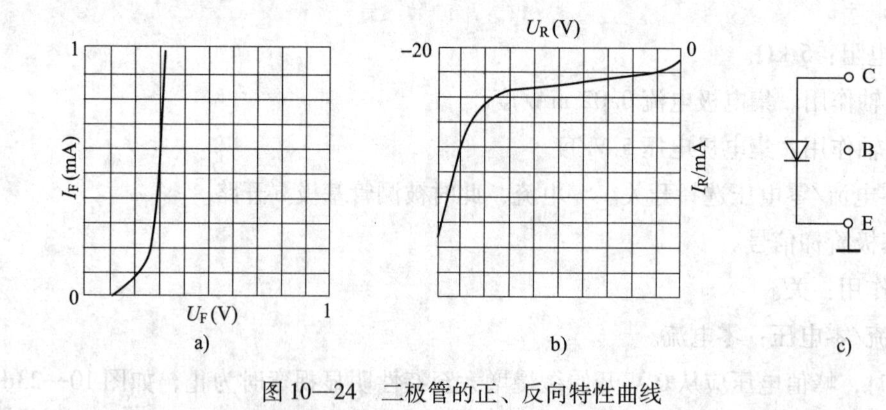

图10—24　二极管的正、反向特性曲线

a）正向特性　b）反向特性　c）接法

测试二极管的反向特性时，只要把集电极扫描信号的极性改为“－”，X 轴作用集电极电压改为 2 V/度，把原点放到右上角，就可以在第三象限测得如图 10—24b 所示特性。如二极管反向击穿电压大，可以取峰值电压范围为 0～200 V，测量时应注意特性拐弯后集电极电压不要加得太大。

从这条反向伏安特性曲线上可以测出反向击穿电压 U_R，反向击穿电压 U_R 是反向电流增大到规定值时所对应的反向电压值。

2）稳压管的稳压特性测试。稳压管的稳压特性测试方法与测普通二极管的反向特性测试方法一样，放在第三象限测量，也可以把管子倒接（阳极接 E，阴极接 C），如图 10—25b 所示。集电极电压极性取“＋”，原点放在左下角，在第一象限测量，如果测试条件要求电流较大，可以适当减小集电极电阻值。图 10—25a 为在第一象限测得的某稳压管稳压特性。

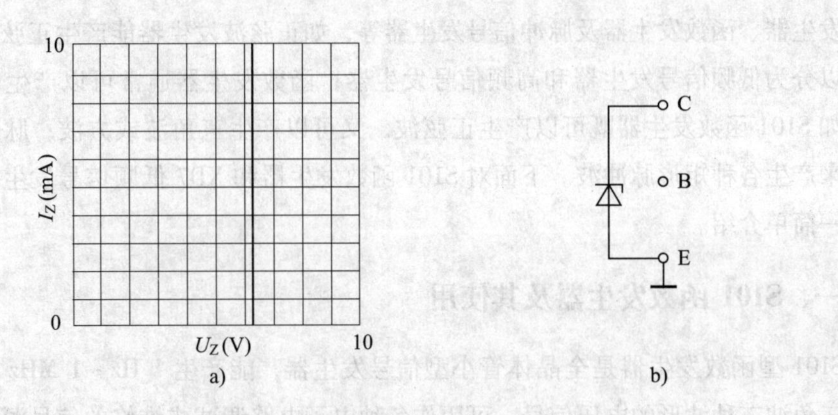

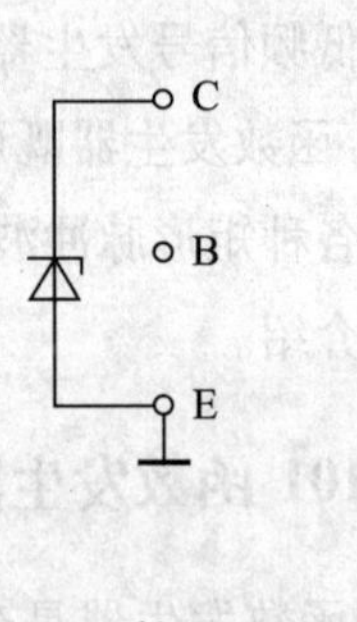

图 10—25　稳压管的稳压特性

a）稳压特性　b）接法

2. 晶体管图示仪使用注意事项

晶体管特性图示仪使用不当容易使被测管损坏，或测得的参数不正确。因此对各开关、旋钮要熟悉，操作要谨慎，特别应注意以下几点。

（1）被测管插入插座之前应检查下列各开关、旋钮的位置：

测试选择——关。

阶梯选择——小电流挡。

峰值电压——0 V。

峰值电压范围——0～20 V。

功耗电阻——在测量二极管时绝对不许取 0，对小电流元件至少取数百欧至数千欧。

然后根据测试需要把各开关、旋钮置于相应挡上。

（2）在测试击穿电压、反向电流时峰值电压调节要慢，并随时注意 Y 轴电流数值。

（3）峰值电压调到高电压时，手不能与被测管接触，防止触电。

第4节　信号发生器

信号发生器是产生各种不同波形的信号的电子仪器，在工厂和实验室中广泛用于电子电路的调试或维修。通常它输出的信号频率与幅度在一定范围内都是连续可调的，在电子电路的测试中，信号发生器一般作为电路的输入信号源使用。信号发生器的种类很多，按信号源的频率范围可以分为低频信号发生器和高频信号发生器。按产生的波形可以分为正弦波发生器、函数发生器及脉冲信号发生器等，如正弦波发生器能产生正弦波信号，一般又可以分为低频信号发生器和高频信号发生器；函数发生器通常可以产生各种不同的波形，如 S101 函数发生器既可以产生正弦波，又可以产生三角波或方波；脉冲发生器则一般用来产生各种矩形脉冲波。下面对 S101 函数发生器和 XD7 低频信号发生器及其使用方法作一简单介绍。

一、S101 函数发生器及其使用

S101 型函数发生器是全晶体管小型信号发生器，能产生 1 Hz ~ 1 MHz 的正弦波、方波、三角波三种波形的电压信号，可用作各种电子电路调试或维修的信号源。它具有体积小、重量轻、用途广、调节简单等特点。

1. 主要技术性能

（1）频率范围。1 Hz ~ 1 MHz 分六个频段，具体分为 1 ~ 10 Hz、10 ~ 100 Hz、100 Hz ~ 1 kHz、1 ~ 10 kHz、10 ~ 100 kHz、100 kHz ~ 1 MHz。

（2）输出波形。正弦波、方波、三角波。

（3）输出电压峰—峰值。0 ~ 20 V（负载开路）。

（4）输出阻抗。600 Ω。

（5）度盘精度。1 Hz ~ 100 kHz 时 < ±5%（读数值）；100 kHz ~ 1 MHz 时 < ±5%（满度值）。

（6）波形特性。正弦波 1 Hz ~ 100 kHz 失真 <3%；三角波（10 kHz），非线性 <2%；方波上升时间 <100 ns（1 kHz 最大输出时）。

2. S101 函数发生器组成和原理方框图

S101 函数发生器主要由电流开关、电平比较电路、波形变换电路、输出放大器等部分组成，其原理方框图如图 10—26 所示。它采用恒流充、放电方法产生线性较好的三角波，同时把三角波电压输入到“电平比较电路”，在输出端取出方波电压。当波形选择键置于“正弦波”时三角波电压输入“波形变换电路”，在输出端取出正弦波电压。最后由波形选择键把某一波形电压输入“输出放大器”进行放大以提高输出电压的幅度和增强带负载能力。

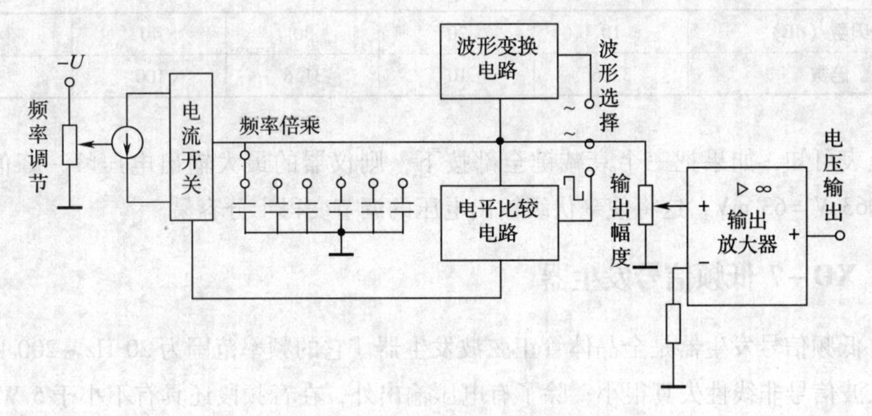

图 10—26　S101 型函数发生器原理方框图

3. 使用方法

S101 型函数发生器面板布置如图 10—27 所示。

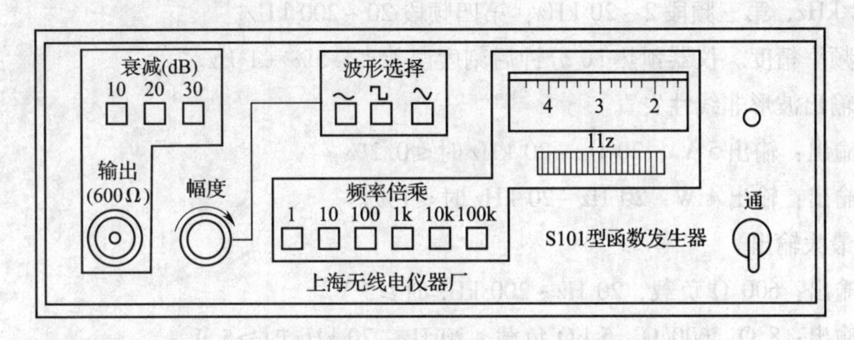

图 10—27　S101 型函数发生器面板布置图

（1）输出波形选择。根据所要求的输出波形按相应的“波形选择键”。

（2）输出频率的调节。通过“频率倍乘”键和“频率调节拨盘”进行调节，输出频率等于频率调节拨盘的刻度乘以频率倍乘数。例如频率拨盘刻度为“6.2”、频率倍乘键为“×100”，则输出频率为 6.2 × 100 = 620 Hz。

（3）输出电压的调节。调节“幅度”旋钮可以使输出电压从零至最大值变化。S101

型函数发生器有10 dB、20 dB、20 dB三个衰减键，“衰减”键的作用是使输出电压按一定的分贝数衰减。按下某一按键，输出电压就衰减相应的分贝数，比如按下10 dB就是衰减10 dB，同时按下10 dB及20 dB就是衰减30 dB，三个都按下则衰减50 dB。分贝数与倍数的关系见表10—3，运算公式为：

$$分贝数（dB）=20\lg（倍数）$$

表10—3　分贝数与倍数的关系

分贝数（dB）	10	20	30	40	50
倍数	3.16	10	31.6	100	316

由上表可知，如果把三个衰减键全部按下，则仪器的最大输出电压峰—峰值为20/316=0.063 V=63 mV，这将使毫伏级输出电压的调节变得十分容易。

二、XD-7低频信号发生器

XD7低频信号发生器是全晶体管正弦波发生器。它的频率范围为20 Hz～200 kHz，输出的正弦波信号非线性失真很小；除了有电压输出外，在音频段还具有不小于5 W的功率输出。可用作检测、调试相应频率范围的放大器、电声设备的信号源。

1. 主要技术性能

（1）频率范围。20 Hz～200 kHz分四个频段：第一频段20～200 Hz，第二频段200 Hz～2 kHz，第三频段2～20 kHz，第四频段20～200 kHz。

（2）频率精度。仪器预热30分钟后刻度误差≤1.5%±1 Hz。

（3）输出波形非线性失真。

电压输出：输出5 V，20 Hz～20 kHz时≤0.2%。

功率输出：输出4 W，20 Hz～20 kHz时≤1%。

（4）最大输出。

电压输出：600 Ω负载，20 Hz～200 kHz时≥5 V。

功率输出：8 Ω、600 Ω、5 kΩ负载，20 Hz～20 kHz时≥5 W。

（5）输出阻抗。8 Ω直接输出（不平衡输出）。600 Ω、5 kΩ（可平衡或不平衡输出）。

（6）功率衰减器衰减量及对应的输出阻抗。0 dB——600 Ω，20 dB——60 Ω，40～80 dB——10 Ω。

2. 低频信号发生器的组成和原理方框图

XD7型低频信号发生器主要由文氏电桥振荡器、功率放大器、输出变压器、衰减器等部分组成，整机的原理方框图如图10—28所示。

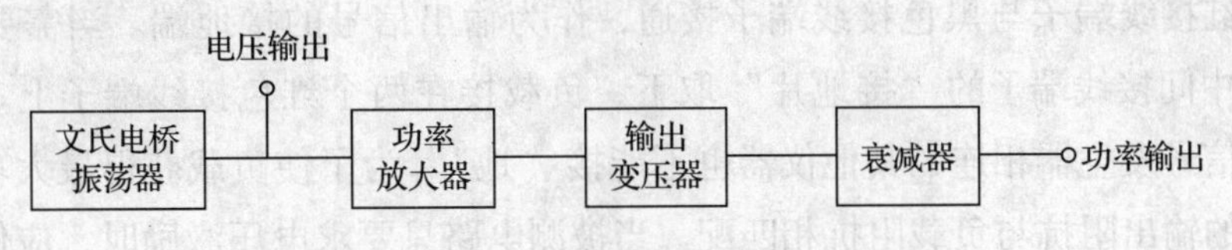

图 10—28　XD7 型低频信号发生器方框图

由图可见，RC 文氏电桥振荡器决定了输出信号的波形和频率，RC 文氏电桥振荡器工作原理见本篇第 6 章。低频信号发生器的频率的改变是通过“频段开关”和“调谐旋钮”实现的。“频段开关”成 10 倍地改变 RC 文氏电桥振荡器的桥路电阻实现频段转换。调节“调谐旋钮”可改变双连电容器的电容量，也就是改变振荡器桥路电容，作为每个频段内频率的细调。振荡器输出级是串接式射极输出器，“电压输出”就是从这里引出的。再把电压输入“功率放大器”放大后就得到足够的功率，然后配以输出变压器、衰减器就得到各挡输出阻抗和不同衰减量的功率输出。“电压输出”和“功率输出”的幅度大小都可通过“输出细调”电位器作连续调节。

3. 使用方法

XD7 低频信号发生器仪器面板布置如图 10—29 所示。

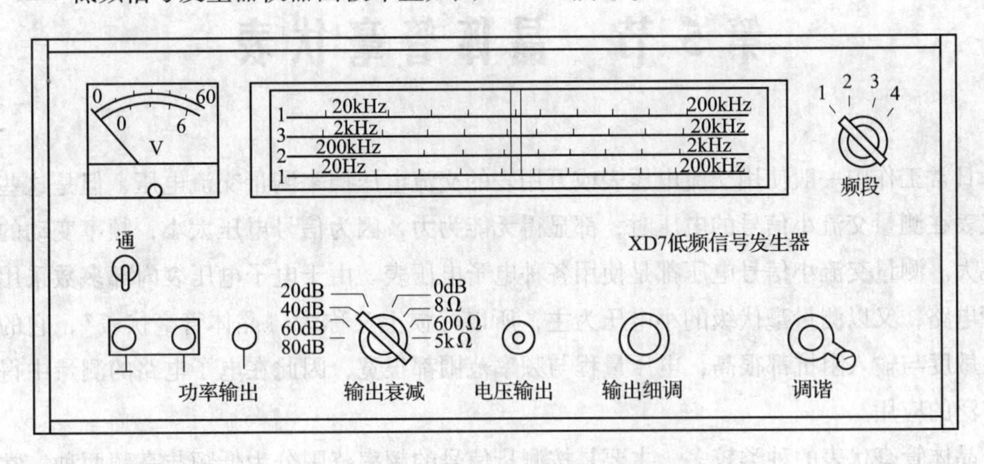

图 10—29　XD7 低频信号发生器面板图

（1）频率调节。先把“频段开关”置于相应频段，调节“调谐旋钮”使指针指在所需频率刻度上。频率调节的机械结构和收音机的调谐结构相似。

（2）电压输出插座。电压信号从这里输出，其输出阻抗是不固定的，随“输出细调”电位器的位置改变而改变。

（3）功率输出端子。从这里既可取得功率输出，又可通过衰减器得到小信号输出。输出有不平衡输出和平衡输出两种形式。一般实验都采用“不平衡输出”形式，这时应用接地片把中间红接线端子与黑色接线端子接通，作为输出信号的接地端。当需要“平衡输出”时，把中间接线端子的“接地片”取下，负载接在两个红色接线端子上。采用这种接法时，与信号发生器相连的其他仪器也不能接“地”。为了使负载获得最大功率，应使信号发生器的输出阻抗与负载阻抗相匹配。当被测电路只要求电压激励时，应使信号发生器输出阻抗小于被测电路的输入阻抗。

仪器本身有功率输出电压表指示输出电压的大小，5 kΩ 时满度为160 V，600 Ω 时满度为70 V，8 Ω 时满度为7 V。在指示衰减输出电压时应用600 Ω 的刻度；因为衰减0 dB时输出阻抗为600 Ω，其他各挡则作相应的衰减。

4. 使用注意事项

本仪器输出端不允许有短路现象发生，使用前应做仔细检查，并把“输出细调”旋钮逆时针转到底。使用时要缓慢转动“输出细调”旋钮至需要的电压值。尤其当“输出衰减”置于“0 dB”“600 Ω”“5 kΩ”各挡时能输出很高的电压，应特别注意。

第5节 晶体管毫伏表

日常工作中一般使用交流电压表或万用表的交流电压挡来测量交流电压，但是这些测量仪表在测量交流小信号的电压时，都显得无能为力，因为信号电压太小，频率变动的范围也大。测量交流小信号电压都是使用各种电子电压表。由于电子电压表内部多数采用晶体管电路，又以测量毫伏级的小电压为主，所以习惯上又称为“晶体管毫伏表”，它的测量灵敏度与输入阻抗都很高，电压量程与频率范围都很宽，因此在电子电路的测量中得到了广泛的应用。

晶体管毫伏表的种类较多，主要是按测量信号的频率范围分为低频与高频两种，常用的是低频的晶体管毫伏表，其中以DA－16型晶体管毫伏表最为常用。下面对DA－16型晶体管毫伏表作一介绍。

一、DA－16晶体管毫伏表的原理框图及主要技术性能

DA－16型晶体管毫伏表是测量正弦交流电压有效值的电压表。它主要由高阻分压器、射极跟随器、低阻分压器、放大器、检波器、指示器等部分组成，其原理框图如图10—30所示。

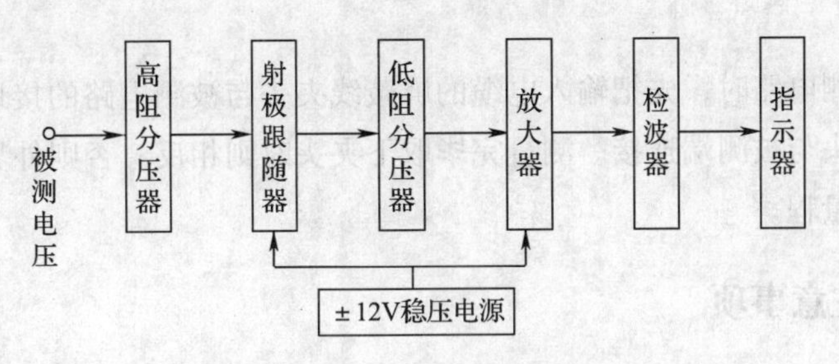

图 10—30 DA－16 型晶体管毫伏表原理框图

仪表输入端是高阻分压器和由两个串接的低噪声晶体管组成的射极跟随器，被测信号经低阻分压器、放大器、检波器后转换成直流电流推动微安表指针作相应的偏转，指示出被测正弦电压的有效值。所以仪表的输入阻抗、输入灵敏度都很高，对被测电路的影响极微小，特别适合测量毫伏级正弦信号。

它的主要技术性能如下。

电压量程：0.1 mV～300 V，分十一挡。

被测电压频率范围：20 Hz～1 MHz。

输入阻抗：1 mV～0.3 V 挡，优于 1 MΩ//70 pF；1 V～300 V 挡，优于 1.5 MΩ//50 pF。

二、DA－16 晶体管毫伏表使用方法

DA－16 晶体管毫伏表仪表面板如图 10—31 所示，使用步骤和方法如下。

1. 机械调零

与普通的指针式仪表一样，仪表使用前应注意机械零位是否正确。DA－16 使用时应垂直放置，如果通电前指针不在零位则应调节表头上的“机械零位”校准螺钉使仪表指针指零。

2. 电气调零

接通电源后应把输入电缆两端短接，并调节“调零”旋钮使指针指零。

3. 量程选择

由于仪表量程大小相差悬殊，因此对被测信号的大小要有一个估计值以便选择合适的量程，一般总是先置于大量程然后逐步降低量程，这样能避免指针被打弯。

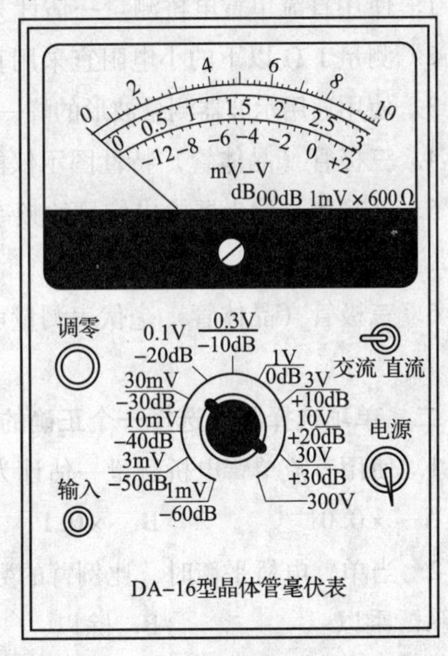

图 10—31 DA－16 晶体管毫伏表面板图

4. 接线顺序

电表接入被测电路时，先把输入电缆的屏蔽线夹头与被测电路的接地端连接，然后再把中心的导线夹头与被测端连接。测量完毕取下夹头时则相反。否则外界的感应信号可能使仪表指针超过量程。

三、使用注意事项

（1）仪表置于低量程时，由于灵敏度很高，如果不测量时把输入端开路，干扰信号可能使指针有很大偏转甚至超过量程。此时应把输入端短接，或者把量程置于高电压挡上。

（2）由于仪表灵敏度高，使用时要选择正确接地点，与被测电路的接触要可靠。手指不能与输入端接触以免人体感应的50 Hz交流电压输入造成误差。

（3）输入电缆的屏蔽线是仪表的“地线”并与仪表机壳连，所以在测量36 V以上电压时要注意机壳可能带电，一般不要用本仪表去测量220 V电源电压，否则可能把火线接到仪表的外壳上，造成触电事故。

测 试 题

一、判断题（将判断结果填入括号中。正确的填“√”，错误的填“×”）

1. 使用直流单臂电桥测量一估计为100 Ω的电阻时，比率臂应选×0.01。（　）
2. 测量1 Ω以下的小电阻宜采用直流双臂电桥。（　）
3. 使用通用示波器测量波形的峰—峰值时，应将*Y*轴微调旋钮置于中间位置。（　）
4. 三极管（晶体管）特性图示仪能测量三极管的共基极输入、输出特性。（　）
5. 低频信号发生器输出信号的频率通常在1 Hz～200 kHz（或1 MHz）范围内可调。（　）
6. 三极管（晶体管）毫伏表测量前应选择适当的量程，通常应不大于被测电压值。（　）

二、单项选择题（选择一个正确的答案，将相应的字母填入题内的括号中）

1. 使用直流单臂电桥测量一估计为几十欧姆的电阻时，比率臂应选（　）。

A. ×0.01　　B. ×0.1　　C. ×1　　D. ×10

2. 当单臂电桥平衡时，比例臂的数值（　）比较臂的数值，就是被测电阻的读数。

A. 乘以　　B. 除以　　C. 加上　　D. 减去

3. 测量（　）宜采用直流双臂电桥。

A. 1 Ω 以下的低值电阻　　B. 10 Ω 以下的小电阻

C. 1～100 Ω 的小电阻　　D. 1 Ω～10 MΩ 的电阻

4. 采用直流双臂电桥测量小电阻时，被测电阻的电流端钮应接在电位端钮的(　　)。

A. 并联　　B. 内侧

C. 外侧　　D. 内侧或外侧

5. 使用通用示波器测量包含直流成分的电压波形时，应将 Y 轴耦合方式选择开关置于（　　）。

A. AC 位置　　B. DC 位置

C. 任意位置　　D. GND 位置

6. 使用通用示波器测量波形的周期时，应将 X 轴扫描微调旋钮置于（　　）。

A. 任意位置　　B. 最大位置

C. 校正位置　　D. 中间位置

7. 三极管（晶体管）特性图示仪测量 NPN 型三极管的共发射极输出特性时，应选择（　　）。

A. 集电极扫描信号极性为“－”，基极阶梯信号极性为“＋”

B. 集电极扫描信号极性为“－”，基极阶梯信号极性为“－”

C. 集电极扫描信号极性为“＋”，基极阶梯信号极性为“＋”

D. 集电极扫描信号极性为“＋”，基极阶梯信号极性为“－”

8. 使用三极管特性图示仪测量三极管各种极限参数时，一般将阶梯作用开关置于（　　）位置。

A. 关　　B. 单簇　　C. 重复　　D. 任意

9. 低频信号发生器一般都能输出（　　）信号。

A. 正弦波　　B. 梯形波　　C. 锯齿波　　D. 尖脉冲

10. 低频信号发生器的最大输出电压，随（　　）的调节发生变化。

A. 输出频率　　B. 输出衰减

C. 输出幅度　　D. 输出波形

11. 三极管（晶体管）毫伏表测量前应先进行（　　）。

A. 机械调零　　B. 电气调零

C. 机械调零和电气调零　　D. 输入端开路并调零

12. 三极管（晶体管）毫伏表的最大特点，除了输入灵敏度高外，还有（　　）。

A. 输入抗干扰性能强　　B. 输入抗干扰性能弱

C. 输入阻抗低　　D. 输入阻抗高

测试题答案

一、判断题

1. × 2. √ 3. × 4. √ 5. √ 6. ×

二、单项选择题

1. A 2. A 3. A 4. C 5. B 6. C 7. C 8. B 9. A
10. C 11. C 12. D

第11章

电子技术技能操作实例

第1节 直流稳压电路安装、调试及其故障分析处理

一、技能操作实例一：晶体管串联式稳压电路安装、调试及其故障分析处理

1. 实训目的

（1）掌握晶体管串联式稳压电路的工作原理及电路中各元件的作用。

（2）掌握晶体管串联式稳压电路安装、调试步骤和方法。

（3）对晶体管稳压电路中故障能加以分析，并能排除故障。

（4）熟悉示波器的使用方法。

2. 实训设备及器材

（1）器材。晶体管串联式稳压电路底板及其元件1套，包括整流变压器、晶体三极管、二极管、稳压管、电阻、电容、电位器、指示灯等元件，如图11—1所示。

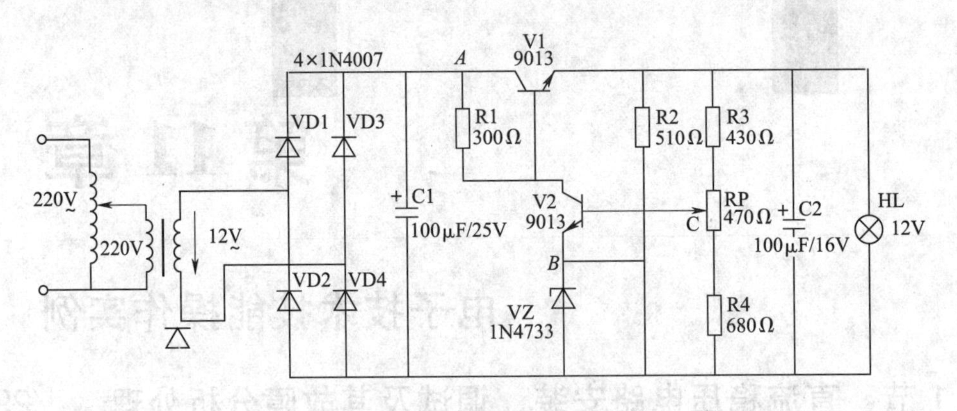

图11—1 晶体管串联式稳压电路

（2）示波器1台。

（3）万用表1台。

（4）单相调压器1台。

3. 实训线路：晶体管串联式稳压电路及其分析

晶体管串联式稳压电路实训线路如图11—1所示。该电路可以分成整流滤波电路和稳压电路两大部分。图中交流220 V电源经变压器降压至12 V，经VD1～VD4整流二极管组

成的桥式整流电路和C1滤波后作为稳压电路中输入直流电源 U_i（13～14 V）。三极管V1（9013）为调整管，三极管V2（9013）为放大管，R2和稳压管VZ组成基准电压回路，稳压管VD5的电压为基准电压。电阻R3、R4和电位器RP组成分压取样电路。改变电位器RP可调节直流输出电压值。

4. 实训内容及步骤

（1）晶体管串联式稳压电路安装。

1）元件布置图和布线图。根据图11—1所示电路图画出元件布置图和布线图。

2）元件选择与测量。根据图11—1所示电路图选择元件并进行测量，重点对二极管、三极管、稳压管等元件的性能、极性、管脚和电阻的阻值、电容容量、极性进行测量和区分。

3）焊接前准备工作。将元件按布置图在电路底板上焊接位置作引线成形。弯脚时，切忌从元件根部直接弯曲，应将根部留有5～10 mm长度以免断裂。引线端在去除氧化层后涂上助焊剂，上锡备用。

4）元件焊接安装。根据电路布置图和布线图将元件进行焊接安装。焊接应无虚焊、错焊、漏焊，焊点应圆滑无毛刺。焊接时应重点注意二极管、稳压管、三极管等元件的管脚和电解电容极性。

（2）晶体管串联式稳压电路的调试。

1）通电前检查。对已焊接安装完毕的电路板根据图11—1所示电路图进行详细检查，重点检查二极管、稳压管、三极管的管脚及电解电容极性是否正确。用万用表测量单相桥式整流输出端及稳压直流输出端有无短路现象，将取样电位器RP调节在中间位置。

2）通电调试。合上交流电源观察电路有无异常现象。正常情况下，负载指示灯HL应该亮，用万用表测量输入直流电压 U_A 和输出直流电压 U_o，正常情况下输入直流电源电压 U_i 为13～14 V。输出直流电压 U_o 随电位器RP的中心端位置而变。改变电位器RP时，观察输出直流电压 U_o 能否连续变化，其调节范围是否在规定范围内。在电路正常工作后调节电位器RP使直流输出电压 U_o 为最小值时，用万用表分别测量并记录输入直流电压 U_A、输出直流电压 U_o、基准电压 U_B、取样电位器RP中心端取样电压 U_C。

3）稳压电路稳压性能测试。稳压电路工作正常后，可进行电路稳压性能调试。断开交流电源，在晶体管稳压电路交流电源端接上单相自耦调压器。

①输入交流电源电压变化时稳压电路稳压性能测试。合上交流电源，首先调节单相自耦调压器使交流电源电压为12 V。调节电位器RP使直流输出电压 U_o 为最小值时，用万用表分别测量与记录直流输入电压 U_A、直流输出电压 U_o、基准电压 U_B、取样电压 U_C 等。

其次，调节单相自耦调压器使交流电源电压为13.2 V（电位器RP仍保持上述位置不能改变）。用万用表测量并记录直流输入电压 U_A、直流输出电压 U_o、基准电压 U_B、取样电压 U_C 等。

最后，调节单相自耦调压器使交流电源电压为10.8 V（电位器 RP 仍保持上述位置不能改变）。用万用表测量并记录直流输入电压 U_A、直流输出电压 U_o、基准电压 U_B、取样电压 U_C 等。

将上述三次调试测量记录进行整理分析，将会得出一个结论，尽管交流电源电压变化，直流输出电压 U_o 基本保持不变。U_o 变化值越小，稳压电路的稳压性能越好。

②负载变化时稳压电路稳压性能测试。负载分为两种：空载（仅带指示灯）和带负载（接入灯泡）。合上交流电源，调节单相自耦调压器使交流电源电压为12 V，调节电位器 RP 使直流输出电压 U_o 为最小值。首先在空载情况用万用表测量并记录直流输入电压 U_A、直流输出电压 U_o、基准电压 U_B、取样电压 U_C 等值，然后在负载情况（接入灯泡）下，用万用表测量直流输入电压 U_A、直流输出电压 U_o、基准电压 U_B、取样电压 U_C 等值。

将空载和负载两种情况下测量记录整理分析也可得出结论，尽管负载变化，直流输出电压 U_o 基本保持不变，U_o 值变化越小，稳压电路稳压性能越好。

（3）稳压电路故障分析及处理。

稳压电路在安装调试及运行中，可能由于元件及焊接等原因产生故障，为此可根据故障现象，采用万用表、示波器等仪表进行检查测量并根据电路原理进行故障分析，找出故障原因并进行处理。对晶体管稳压电源故障分析处理可分成单相桥式整流滤波电路和稳压电路两大部分进行，一般先检查整流滤波电路，然后再检查稳压电路。下面举例说明。

1）稳压电路直流输出无电压。用万用表检查测量单相桥式整流滤波电路输出电压正常，稳压电路输出端无短路现象，说明故障在稳压电路部分。稳压电路部分的故障主要是与调整管 V1、放大管 V2 取样回路及基准回路有关。检查故障时用万用表检查与测量有关电压值，发现调整管 V1 的集射极电压 U_{CE} 很大，不正常，说明调整管 V1 截止或断路，因而使直流输出无电压，从而分析出故障原因。断开交流电源，对调整管部分进行检查，发现调整管 V1 的发射极虚焊，经重焊后故障消除，稳压电路能正常工作，有直流输出电压 U_o。

2）稳压电路直流输出电压降低，稳压性能差。用万用表测量变压器二次侧交流电压正常，单相桥式整流电路直流输出电压明显下降。用示波器观察变压器二次侧交流电压、桥式整流电路直流输出电压及稳压直流输出电压波形如图11—2所示。由图可知，单相桥式整流电路变为单相半波整流电路，使单相桥式整流电路直流输出电压明显下降，稳压直流输出电压纹波增加。断开交流电源，对单相桥式整流电路部分进行检查，发现滤波电容

C1 虚焊及单相桥式整流电路有一个二极管开路。为此更换二极管并将滤波电容 C1 重焊后故障消除，稳压电路正常工作。

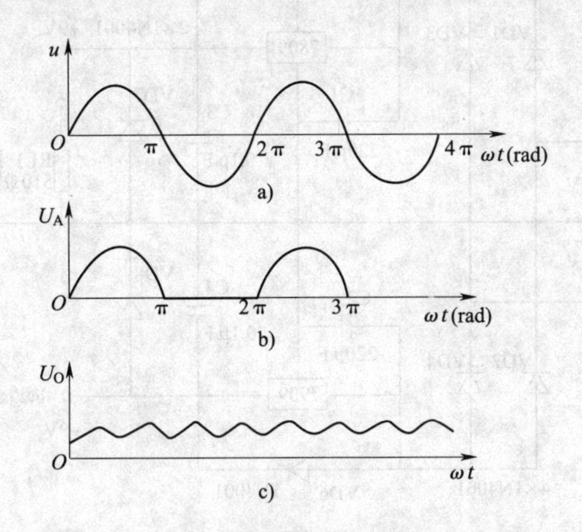

图 11—2　稳压电路直流输出电压故障时波形

a）二次侧交流电压　b）整流电路直流输出电压　c）稳压直流输出电压

二、技能操作实例二：78/79 系列正负稳压电源电路安装、调试及其测量

1. 实训目的

（1）掌握 78/79 系列正负稳压电源电路的工作原理及电路中各元件的作用。

（2）掌握 78/79 系列正负稳压电路安装、调试步骤和方法。

（3）熟悉示波器的使用方法。

2. 实训设备及器材

（1）器材。78/79 系列正负稳压电源电路底板及其元件 1 套，包括整流变压器、集成稳压器 7809 和 7909、二极管、电阻、电容等元件，如图 11—3 所示。

（2）示波器 1 台。

（3）万用表 1 台。

3. 实训线路：78/79 系列正负稳压电路及其分析

78/79 系列正负稳压电路实训线路如图 11—3 所示。该电路是由集成稳压器 7809 和 7909 组成正负稳压电源电路。该电路可以分成整流滤波电路和稳压电路两大部分。图中交流 220 V 电源经变压器 T 降压至 24 V，经 VD1 ~ VD4 整流二极管组成的整流电路和 C1、C2 滤波后作为稳压电路中输入直流电源。集成稳压器 7809 输出 +9 V 电压，集成稳压器 7909 输出 -9 V 电压。集成稳压器 7809 和 7909 等型号及性能在第 7 章中有介绍。

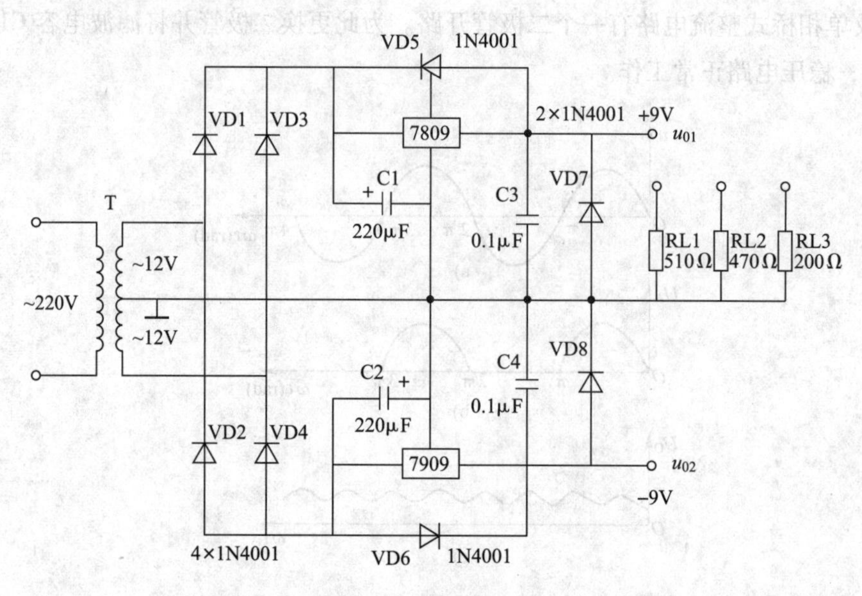

图 11—3　78/79 系列正负稳压电源电路

4. 实训内容及步骤

实训内容及步骤也分为稳压电源电路安装、调试和性能测量，具体可参考技能操作实例一的介绍与说明。

三、技能操作实例三：可调式正负稳压电源电路安装、调试及其测量

1. 实训目的

（1）掌握 W317/337 系列可调式正负稳压电源电路的工作原理及电路中各元件的作用。

（2）掌握 W317/337 系列可调式正负稳压电路安装、调试步骤和方法。

（3）熟悉示波器的使用方法。

2. 实训设备及器材

（1）器材。W317/337 系列可调式正负稳压电源电路底板及其元件 1 套，包括整流变压器、W317/337 系列集成稳压器、二极管、电阻、电容、电位器等元件，如图 11—4 所示。

（2）示波器 1 台。

（3）万用表 1 台。

3. 实训线路：可调式正负稳压电路及其分析

可调式正负稳压电路实训线路如图 11—4 所示。该电路是由 W317/337 系列集成稳压

器组成可调式正负稳压电源电路。该电路可以分成整流滤波电路和稳压电路两大部分。图中交流 220 V 电源经变压器 T 降压至 24 V，经 VD1 ~ VD4 整流二极管组成的整流电路和 C1、C5 滤波后作为稳压电路中输入直流电源。W317 集成稳压器输出 +1.2 V ~20 V 电压，W337 系列集成稳压器输出 -1.2 ~ -20 V 电压。W317/337 系列集成稳压器等型号及性能在第 7 章中有介绍。

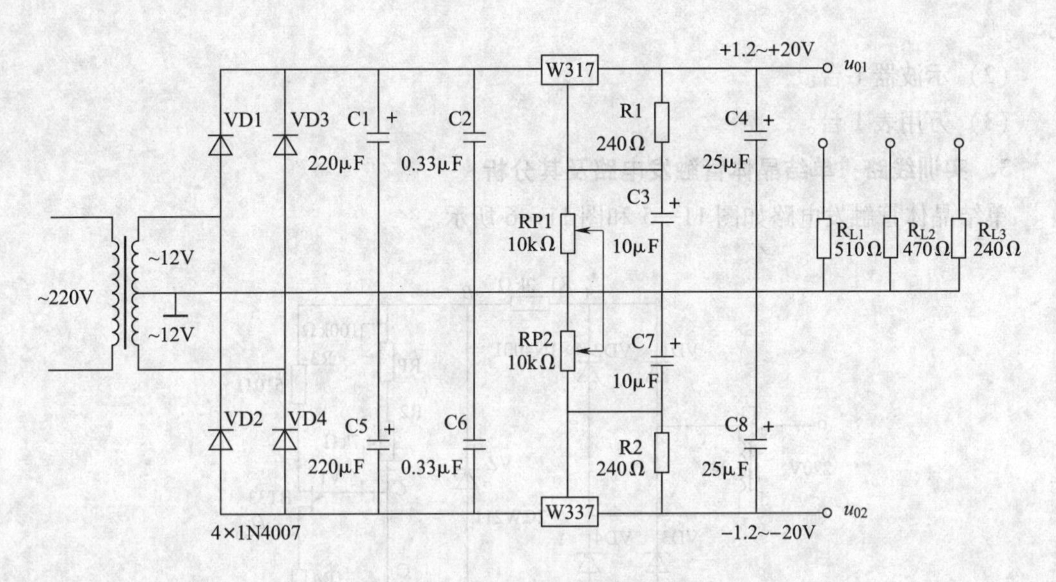

图 11—4 可调式正负稳压电源电路

4. 实训内容及步骤

实训内容及步骤也分为稳压电源电路安装、调试和性能测量，具体可参考技能操作实例一的介绍与说明。

第 2 节 晶闸管应用电路安装、调试及故障分析

一、技能操作实例一：单结晶体管触发电路安装、调试及故障分析

1. 实训目的

（1）熟悉单结晶体管触发电路的工作原理及电路中各元件作用。

（2）掌握单结晶体管触发电路的安装、调试步骤及方法。

（3）对单结晶体管触发电路中故障原因能加以分析并能排除故障。

（4）熟悉示波器的使用方法。

2. 实训设备及器材

（1）器材。单结晶体管触发电路的底板及其元件各 1 套，如图 11—5 和图 11—6 所示。

（2）示波器 1 台。

（3）万用表 1 台。

3. 实训线路：单结晶体管触发电路及其分析

单结晶体管触发电路如图 11—5 和图 11—6 所示。

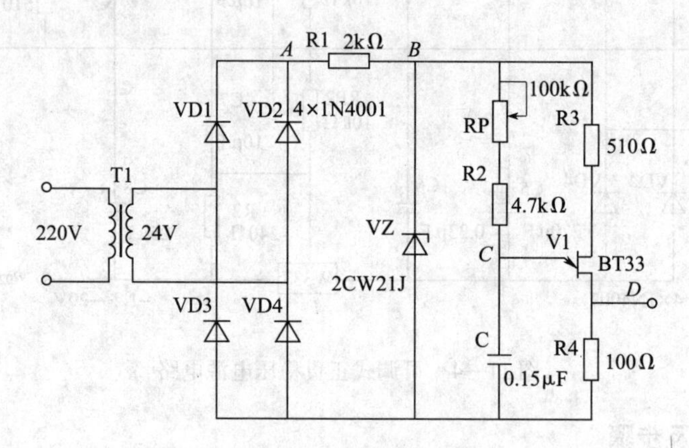

图 11—5 单结晶体管触发电路（一）

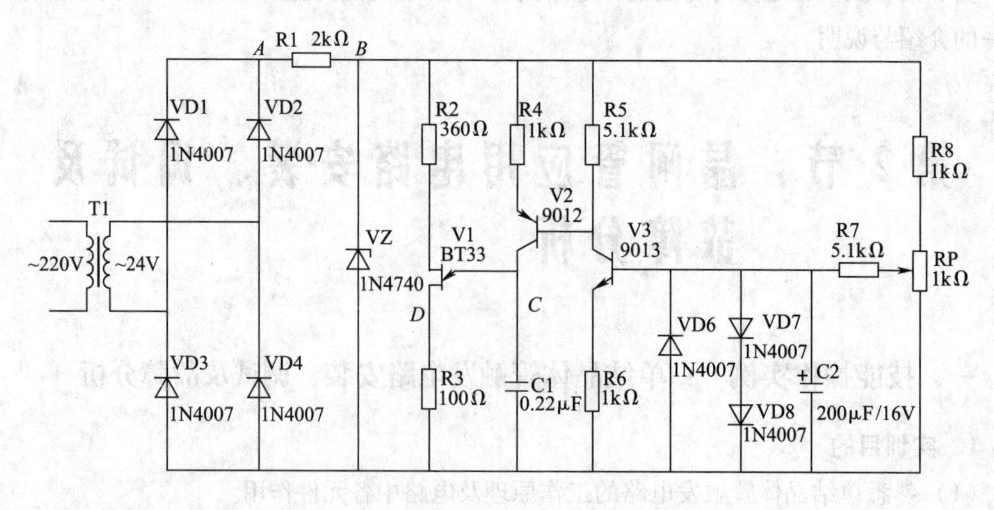

图 11—6 单结晶体管触发电路（二）

由图 11—5 可知，变压器的二次侧 24 V 电压经单相桥式整流，经稳压管 VZ 削波得到梯形波电压，该电压既作为单结晶体管触发电路的同步电压又作为单结晶体管的工作电源电压。调节电位器 RP 就可改变电容 C 的充电电流大小，改变电容 C 的电压达到单结晶体管峰值电压 U_P 的时间，改变触发脉冲的第一个触发脉冲出现时间，即改变晶闸管的控制角 α。图 11—6 所示电路与图 11—5 所示电路不同之处是图 11—6 电路中单结晶体管触发电路带有 V2、V3 组成直接耦合放大电路，V2 采用 PNP 型管（9012），V3 采用 NPN 型管（9013），触发电路的给定电压 U_1 由电位器 RP 调节，U_1 经 V3 放大后加到 V2。当 U_1 增大时，V3 的集电极电流增加，使 V3 的集电极电位降低，V2 的基极电位降低，V2 的集电极电流增大，使电容 C1 的充电电流增大，使出现第一个触发脉冲时间前移，即晶闸管的控制角 α 减小。同理 U_1 减小时，V3 的集电极电流减小，V3 的集电极电位升高，V2 的基极电位升高，V2 的集电极电流减小，使出现第一个触发脉冲时间后移，即晶闸管的控制角 α 增大。三极管 V2 相当于由 U_1 控制的一个可变电阻，它的作用和图 11—5 电路中电位器 RP 的作用相同起移相作用。图中 VD6 ~ VD8 起三极管 V3 的基极正反向电压保护作用。单结晶体管触发电路的工作原理已在第 9 章中有详细介绍。

4. 实训内容及步骤

（1）单结晶体管触发电路安装。

1）元件布置图和布线图。根据图 11—6 所示电路图画出元件布置图和布线图。

2）元件选择与测量。根据图 11—6 所示电路图选择元件并进行测量，重点对二极管、三极管、稳压管、单结晶体管等元件的性能、极性、管脚进行测量和区分。

3）焊接前准备工作。将元件按布置图在电路底板上焊接位置做引线成形。弯脚时，切忌从元件根部直接弯曲，应将根部留有 5 ~ 10 mm 长度以免断裂。引线端在去除氧化层后涂上助焊剂，上锡备用。

4）元件焊接安装。根据电路布置图和布线图将元件进行焊接安装。焊接应无虚焊、错焊、漏焊，焊点应圆滑无毛刺。焊接时应重点注意二极管、稳压管、三极管、单结晶体管等元件的管脚。

（2）单结晶体管触发电路的调试。

1）通电前检查。对已焊接安装完毕的电路板根据图 11—6 所示电路进行详细检查。重点检查二极管、稳压管、三极管、单结晶体管等管脚是否正确。单相桥式整流电路输入、输出端有无短路现象。给定电位器 RP 调节在中间位置。

2）通电调试。合上交流电源接通触发电路，观察单结晶体管触发电路板有无异常现象，如有异常现象立即断开交流电源，并进行检查。单结晶体管触发电路板无异常现象情况下，可进行如下操作：

①用万用表测量变压器二次侧 24 V 电压和单相整流电路直流输出电压和稳压管（VD5）两端直流电压是否正常。

②用示波器逐一观察并记录单结晶体管触发电路中整流输出、梯形波、电容 C1 两端锯齿波电压，单结晶体管输出脉冲波形如图 11—7 所示。

③改变给定电位器 RP 上的输入给定电压，用示波器观察并记录电容 C1 两端锯齿波电压及单结晶体管输出脉冲移动及其移相范围。

（3）单结晶体管触发电路故障分析及处理。单结晶体管触发电路在安装、调试及运行中，由元件及焊接等原因产生故障，为此可根据故障现象，用万用表、示波器等仪表进行检查测量并根据电路原理进行分析，找出故障原因并进行处理，现举例如下。

当改变给定电位器 RP 时，单结晶体管触发电路触发脉冲移相范围较小，此时用示波器测量观察电容 C1 两端锯齿波电压如图 11—8 所示。由图分析可知，说明电阻 R4 阻值太大，使电容 C1 充电时间常数太大（即充电电流太小），使触发脉冲不能前移。此时应减小电阻 R4 的阻值，但电阻 R4 阻值不可太小，否则，可能使单结晶体管无法关断造成触发电路工作不正常，只产生一只脉冲甚至无法产生脉冲。另外，也可能由于电容 C1 充电时间常数太小，使产生的尖脉冲幅度较小，难以触发晶闸管导通。

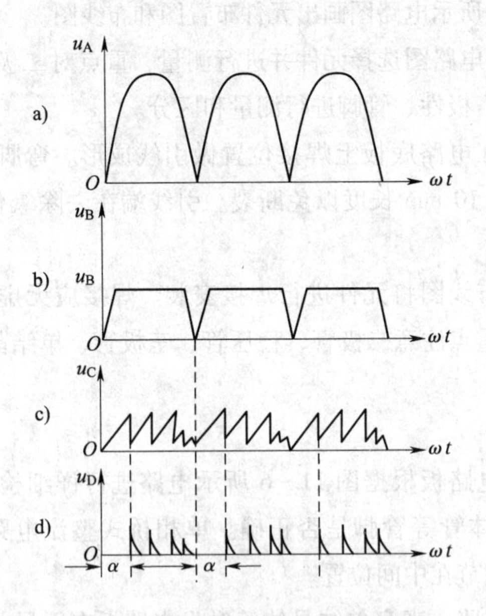

图 11—7　单结晶体管触发电路各点波形

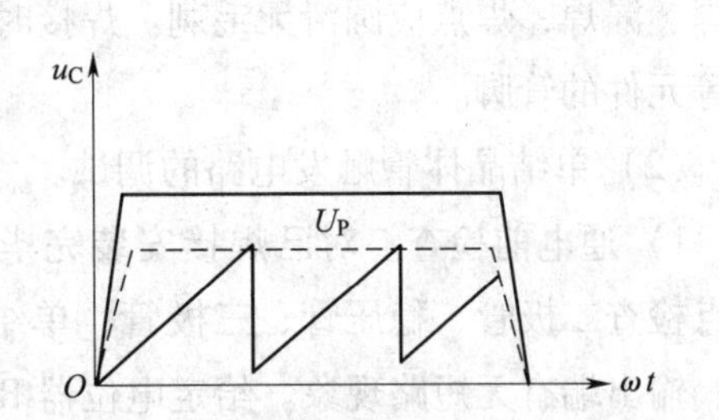

图 11—8　电阻 R4 阻值太大时电容 C1 两端锯齿波电压

二、技能操作实例二：晶闸管调光电路安装、调试及故障分析

1. 实训目的

（1）熟悉晶闸管调光电路的工作原理及电路中各元件作用。

（2）掌握晶闸管调光电路的安装、调试步骤及方法。

（3）对晶闸管调光电路中故障原因能加以分析并能排除故障。

（4）熟悉示波器的使用方法。

2. 实训设备及器材

（1）器材。晶闸管调光电路的底板及其元件各 1 套，如图 11—9 和图 11—10 所示。

（2）示波器 1 台。

（3）万用表 1 台。

3. 实训线路：晶闸管调光电路及其分析

晶闸管调光电路实训线路如图 11—9 和图 11—10 所示。

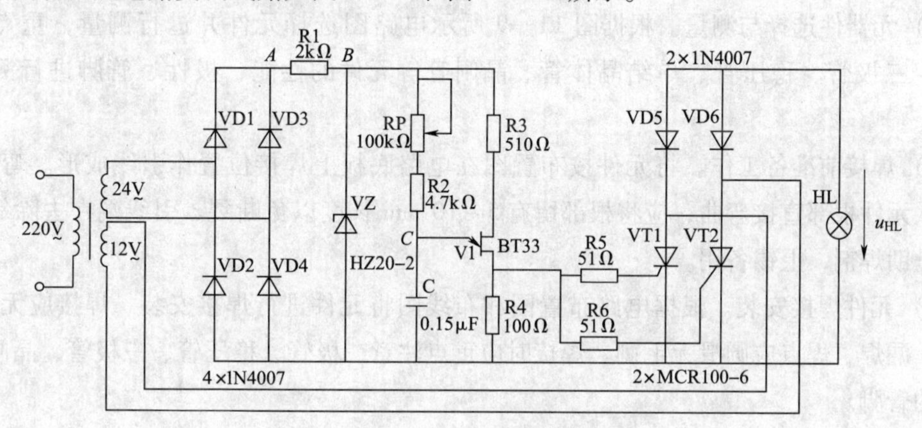

图 11—9 晶闸管调光电路（一）

由图 11—9 可知，该晶闸管调光电路可分成主电路和触发电路两大部分。主电路采用单相桥式半控整流电路，单相桥式半控整流电路的工作原理在第 9 章中有详细介绍。触发电路采用技能操作实例一中图 11—5 所示的单结晶体管触发电路，单结晶体管触发电路的工作原理在第 9 章中有详细介绍。图 11—10 所示的晶闸管调光电路和图 11—9 所示的晶闸管调光电路的不同之处在于图 11—10 的触发电路采用图 11—6 所示的单结晶体管触发电路。

4. 实训内容与步骤

（1）晶闸管调光电路安装

1）元件布置图和布线图。根据图 11—9 所示电路图画出元件布置图和布线图。

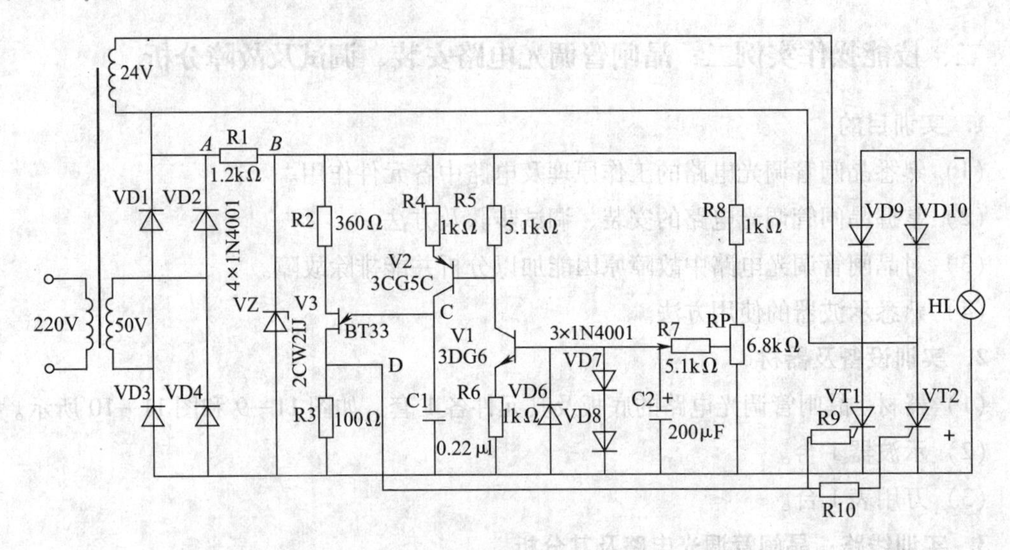

图 11—10　晶闸管调光电路（二）

2）元器件选择与测量。根据图 11—9 所示电路图选择元件并进行测量，重点对二极管、三极管、稳压管、单结晶体管、晶闸管等元件的性能、极性、管脚进行测量和区分。

3）焊接前准备工作。将元件按布置图在电路底板上焊接位置作引线成形。弯脚时，切忌从元件根部直接弯曲，应将根部留有 5 ~ 10 mm 长度以免断裂。引线端在去除氧化层后涂上助焊剂，上锡备用。

4）元件焊接安装。根据电路布置图和布线图将元件进行焊接安装。焊接应无虚焊、错焊、漏焊，焊点应圆滑无毛刺。焊接时应重点注意二极管、稳压管、三极管、晶闸管等元件的管脚。

（2）晶闸管调光电路的调试

1）通电前检查。对已焊接安装完毕的电路板根据图 11—9 所示电路进行详细检查。重点检查晶闸管、二极管、稳压管、三极管、单结晶体管等管脚是否正确。单相桥式整流电路输入、输出端及单相桥式半控整流电路输入、输出端有无短路现象。给定电位器 RP 调节在中间位置。

2）通电调试。晶闸管调光电路可分成主电路（单相桥式半控整流电路）和单结晶体管触发电路两大部分。因而通电调试亦可分成两个步骤，首先调试单结晶体管触发电路，然后再将主电路和单结晶体管触发电路连接，进行综合整体调试。

3）单结晶体管触发电路的调试。首先将主电路（单相桥式半控整流电路）的 12 V 交流输入电源接线断开，即主电路不送电。单结晶体管触发电路的调试方法与步骤见技能操作实例一所述。

4）晶闸管调光电路整体调试。单结晶体管触发电路调试正常后，断开 220 V 交流电源，将主电路（单相桥式半控整流电路）的 12 V 交流电源连线接上，给定电位器 RP 调至中间。合上交流电源，观察晶闸管调光电路板有无异常现象。如有异常现象应立即断开交流电源并进行检查。正常情况下，改变给定电位器 RP，可使白炽灯从暗到亮进行调节，用示波器逐一观察并记录单结晶体管触发电路中整流输出、梯形波、电容 C1 两端锯齿波电压、单结晶体管输出脉冲及白炽灯两端电压 u_d 波形。晶闸管调光电路各点波形如图 11—11所示。

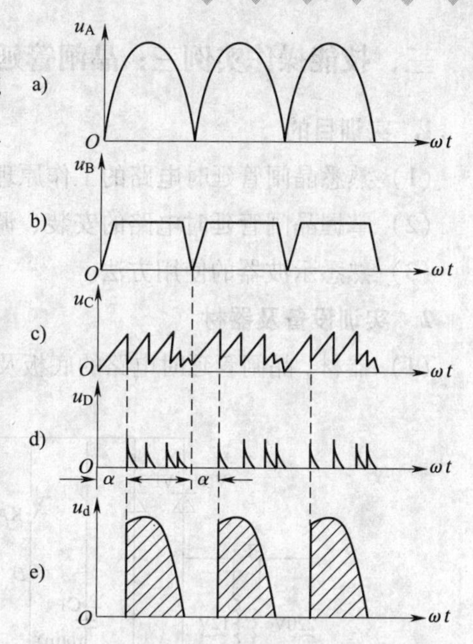

图 11—11　$\alpha=60°$时晶闸管调光电路各点波形

a）桥式整流后脉动电压波形
b）同步电压波形　c）电容电压波形
d）输出电压波形

（3）晶闸管调光电路故障分析及处理。晶闸管调光电路在安装、调试及运行中，由元件及焊接等原因产生故障，为此可根据故障现象，用多用表、示波器等仪表进行检查测量并根据电路原理进行分析，找出故障原因并进行处理，现举例如下：

当改变给定电位器 RP 时，白炽灯亮度较暗且变化不大，用万用表测量单相桥式半控整流电路输出直流电压较小且调节范围不大，此时用示波器测量观察白炽灯两端电压 u_d 及电容 C1 两端锯齿波电压波形如图 11—12 所示。由图分析可知，电阻 R4 阻值太大使电容 C 充电时间常数太大（即充电电流太小），使触发脉冲不能前移，触发脉冲移相较小从而使单相桥式半控整流电路输出直流电压较小且调节范围不大，此时应减小电阻 R4 的阻值。

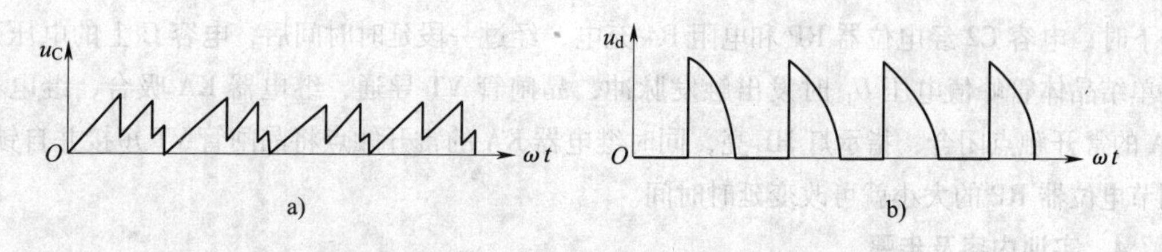

图 11—12　白炽灯亮度较暗且变化不大时 u_d 及电容 C1 两端锯齿波电压波形

三、技能操作实例三：晶闸管延时电路安装、调试及其测量

1. 实训目的

（1）熟悉晶闸管延时电路的工作原理及电路中各元件作用。

（2）掌握晶闸管延时电路的安装、调试步骤及方法。

（3）熟悉示波器的使用方法。

2. 实训设备及器材

（1）器材。晶闸管延时电路的底板及其元件各1套，如图11—13所示。

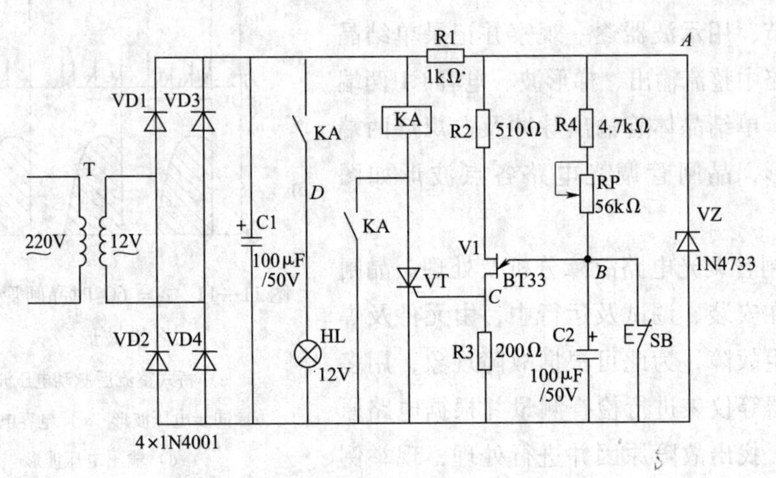

图11—13　晶闸管延时电路

（2）示波器1台。

（3）万用表1台。

3. 实训线路：晶闸管延时电路及其分析

晶闸管延时电路实训线路如图11—13所示。

由图11—13可知，变压器的二次侧交流12 V电压经单相桥式整流后供给晶闸管VT和继电器KA，经稳压管VZ稳压后作为单结晶体管V1的工作电压。当按钮SB未按下时，电容C2被短接，此时晶闸管VT未导通，继电器KA未吸合，指示灯HL不亮。当按钮SB按下时，电容C2经电位器RP和电阻R4充电，经过一段延时时间后，电容C上的电压达到单结晶体管峰值电压U_P时发出触发脉冲，晶闸管VT导通，继电器KA吸合，继电器KA的常开触点闭合，指示灯HL亮，同时继电器KA的常开触点将晶闸管VT短接并自锁。调节电位器RP的大小就可改变延时时间。

4. 实训内容及步骤

实训内容及步骤也分为晶闸管延时电路安装、调试和测量，具体可参考上述技能操作

实例的介绍与说明。

第3节 功率放大电路安装、调试

一、技能操作实例一：OTL 功率放大电路安装、调试

1. 实训目的

（1）熟悉 OTL 功率放大电路的工作原理及电路中各元件作用。

（2）掌握 OTL 功率放大电路的安装、调试步骤及方法。

（3）熟悉示波器的使用方法。

2. 实训设备及器材

器材。OTL 功率放大电路的底板及其元件 1 套，如图 11—14 所示。

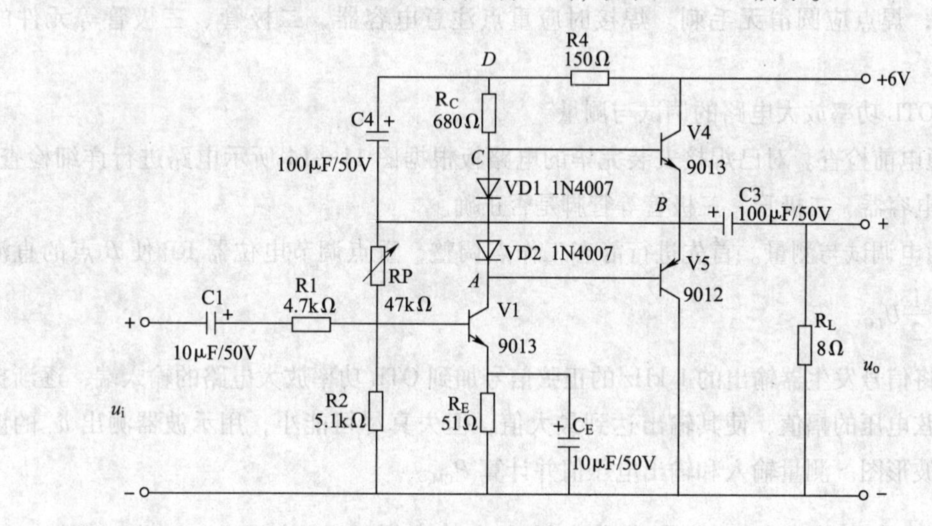

图 11—14　OTL 功率放大电路

（1）示波器 1 台。

（2）万用表 1 台。

（3）直流稳压电源 1 台。

（4）信号发生器 1 台。

3. 实训线路：OTL 功率放大电路及其分析

OTL 功率放大电路如图 11—14 所示。

由图11—14可知，该功率放大电路是一种只使用一个正电源带推动级的OTL电路。图中，C3为输出耦合电容，在静态时，B点的电位U_B为$\frac{1}{2}U_{CC}$。由图11—14可知，调节偏置电阻RP，I_{C3}随之变化，输出端B电位U_B也随之改变。所以一般改变RP大小来调整U_B使U_B为$\frac{1}{2}U_{CC}$。OTL功率放大电路的工作原理在第5章第8节中有详细介绍。

4．实训内容与步骤

（1）OTL功率放大电路安装

1）元件选择与测量。根据图11—14所示电路图选择元件并进行测量，重点对电容器、二极管、三极管等元件的性能、极性、管脚进行测量和区分。

2）焊接前准备工作。将元件按布置图在电路底板上焊接位置做引线成形。弯脚时，切忌从元件根部直接弯曲，应将根部留有5～10 mm长度以免断裂。引线端在去除氧化层后涂上助焊剂，上锡备用。

3）元件焊接安装。根据电路底板布置图将元件进行焊接安装。焊接应无虚焊、错焊、漏焊，焊点应圆滑无毛刺。焊接时应重点注意电容器、二极管、三极管等元件的管脚。

（2）OTL功率放大电路的调试与测量

1）通电前检查。对已焊接安装完毕的电路板根据图11—14所示电路进行详细检查。重点检查电容器、二极管、三极管等管脚是否正确。

2）通电调试与测量。首先进行静态工作点调整，重点调节电位器RP使B点的直流电压$U_B=\frac{1}{2}U_{CC}$。

然后将信号发生器输出的1 kHz的正弦信号加到OTL功率放大电路的输入端，逐渐提高输入正弦电压的幅值，使其输出达到最大值，但失真尽可能小，用示波器测出u_o的波形并画出波形图。测量输入和输出电压值并计算P_{CM}。

二、技能操作实例二：集成功率放大电路安装、调试

1．实训目的

（1）熟悉集成功率放大电路的工作原理及电路中各元件作用。

（2）掌握集成功率放大电路的安装、调试步骤及方法。

（3）熟悉示波器的使用方法。

2．实训设备及器材

（1）器材。集成功率放大电路的底板及其元件1套，如图11—15所示。

（2）示波器 1 台。

（3）万用表 1 台。

（4）直流稳压电源 1 台。

（5）信号发生器 1 台。

3．实训线路：集成功率放大电路及其分析

集成功率放大电路如图 11—15 所示。

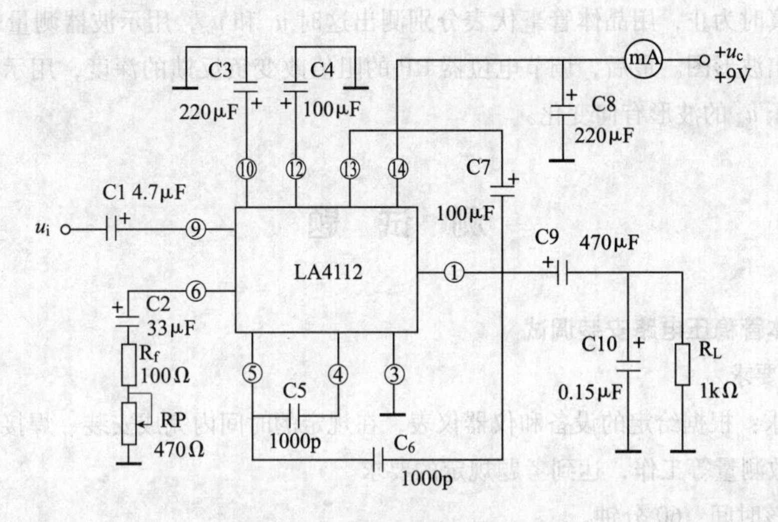

图 11—15　集成功率放大电路

由图 11—15 可知，该功率放大电路是由功率放大集成元件 LA4112 组成的集成功率放大电路。图中，C1、C9 为输入、输出耦合电容，起隔直作用。C2 和 R_f、RP 为反馈元件，调节与决定电路的闭环增益。集成功率放大电路的工作原理在第 5 章第 8 节中有介绍。

4．实训内容与步骤

（1）集成功率放大电路安装

1）元件选择与测量。根据图 11—15 所示电路图选择元件并进行测量，重点对电容器等元件的性能、极性、管脚进行测量和区分。

2）焊接前准备工作。将元件按布置图在电路底板上焊接位置做引线成形。弯脚时，切忌从元件根部直接弯曲，应将根部留有 5 ~ 10 mm 长度以免断裂。引线端在去除氧化层后涂上助焊剂，上锡备用。

3）元件焊接安装。根据电路底板布置图将元件进行焊接安装。焊接应无虚焊、错焊、漏焊，焊点应圆滑无毛刺。焊接时应重点注意电容器、功率放大集成元件 LA4112 等元件的管脚。

（2）集成功率放大电路的调试与测量。

1）通电前检查。对已焊接安装完毕的电路板根据图 11—15 所示电路进行详细检查。重点检查电容器、功率放大集成元件 LA4112 等管脚是否正确。

2）通电调试与测量。首先进行静态调试，接通 9 V 直流电源，测量静态总电流及集成块各引脚对地电压。然后进行动态调试与测量，将信号发生器输出的 1 kHz 的正弦信号加到集成功率放大电路的输入端，逐渐提高输入正弦电压的幅值，使其输出达到最大值，而无明显失真时为止，用晶体管毫伏表分别测出这时 u_i 和 u_o，用示波器测量输出电压 u_o 的波形并画出波形图。最后，调节电位器 RP 的阻值改变负反馈的深度，用示波器测量与观察输出电压 u_o 的波形有何变化。

测 试 题

一、晶体管稳压电路安装调试

1. 考核要求

（1）要求：根据给定的设备和仪器仪表，在规定的时间内完成安装、焊接、调试、测量、元件参数测量等工作，达到考题规定的要求。

（2）考核时间：60 分钟。

2. 操作条件

（1）电子印制电路板一块。

（2）万用表一只。

（3）双踪示波器一台。

（4）焊接工具一套。

（5）相关元件一袋。

（6）变压器一只。

（7）晶体管特性图示仪一台。

3. 操作内容

（1）检测电子元件，判断是否合格。

（2）按图 11—16 所示的晶体管稳压电路图，在已经焊有部分元件的印制电路板上完成安装、焊接。

（3）安装后，通电调试，并测量电路电压值。

（4）用晶体管特性图示仪测量晶体管的 β 值及 U_{CEO} 值。

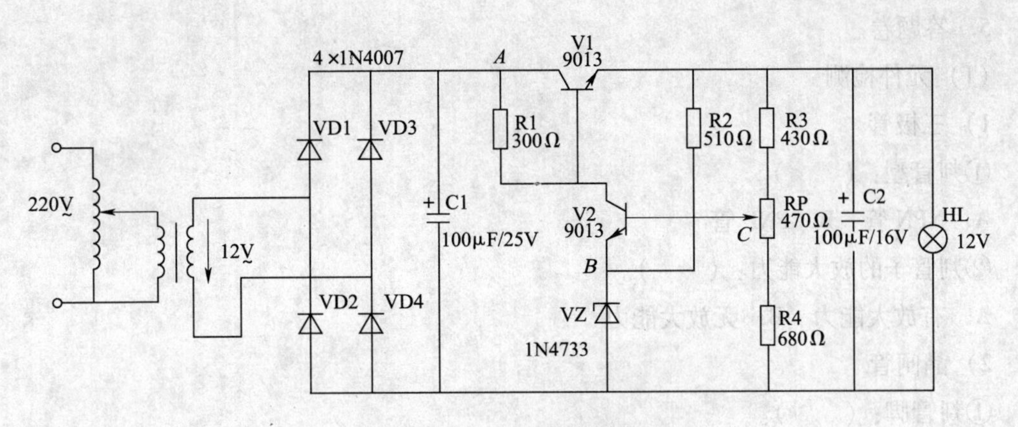

图 11—16　晶体管稳压电路图

4. 操作要求

(1) 根据给定的印制电路板和仪器仪表，在规定时间内完成焊接、调试、测量工作。

(2) 调试过程中一般故障自行解决。

(3) 焊接完成后必须经考评员允许后方可通电调试。

(4) 安全生产，文明操作，未经允许擅自通电，造成设备损坏者该项目零分。

附元件清单（见表 11—1。表中带下划线的元件名表示该元件为本印制线路板已焊接在电路板上的元件）。

表 11—1　　**元件清单**

序号	符号	名称	型号与规格	数量
1	VD1、VD2、VD3、VD4	二极管	1N4007	4
2	V1、V2	三极管	2SC9013	2
3	VZ	稳压管	1N4733（5.1 V）	1
4	RP	电位器	WH5 - 470 Ω	1
5	R1	电阻	RT、300 Ω、1/4W	1
6	R2	电阻	RT、510 Ω、1/4 W	1
7	R3	电阻	RT、430 Ω、1/4 W	1
8	R4	电阻	RT、680 Ω、1/4 W	1
9	C1	电解电容	100 μF /25 V	1
10	C2	电解电容	100 μF /16 V	1
11	HL	灯	12V	1

5. 答题卷

（1）元件检测

1）三极管

①判管型：(　　)。

A. NPN管　B. PNP管

②判管子的放大能力：(　　)。

A. 有放大能力　B. 无放大能力

2）晶闸管

①判管脚：(　　)。

A. 1号脚阳极；2号脚阴极；3号脚门极

B. 1号脚阴极；2号脚阳极；3号脚门极

C. 1号脚门极；2号脚阴极；3号脚阳极

②判管子好坏：(　　)。

A. 好　B. 坏

3）单结晶体管

①判管脚：(　　)。

A. 1号脚为e

B. 2号脚为e

C. 3号脚为e

②判管子好坏：(　　)。

A. 好　B. 坏

（2）仪器使用

1）用晶体管特性图示仪测量晶体管元件。

①当 $U_{ce}=6$ V，$I_c=10$ mA时，测晶体管 β 值______________；

②当 $I_{ceo}=0.2$ mA时，测晶体管 U_{CEO}______________。

2）用数字式万用表实测电路电压。

①当输出直流电压调到____V时，测 A 点电压____________；

②当输出直流电压调到____V时，测 B 点电压____________；

③当输出直流电压调到____V时，测 C 点电压____________；

④当输入电压为12 V时，测输出电压的调节范围____________；

⑤当输入电压变化（±10%）、输出负载不变时，测输出电压____________。

二、晶闸管调光电路安装调试

1．考核要求

（1）要求：根据给定的设备和仪器仪表，在规定的时间内完成安装、焊接、调试、测量、元件参数选定等工作，达到考题规定的要求。

（2）时间：60 分钟。

2．操作条件

（1）电子印制电路板一块。

（2）万用表一只。

（3）双踪示波器一台。

（4）焊接工具一套。

（5）相关元件一袋。

（6）变压器一只。

3．操作内容

（1）检测电子元件，判断是否合格。

（2）按图 11—17 所示的晶闸管调光电路图，在已经焊有部分元件的印刷电路板上完成安装、焊接。

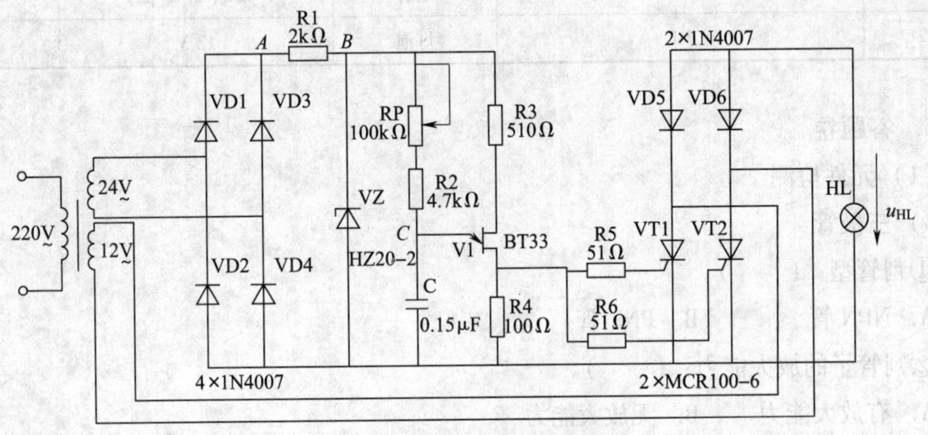

图 11—17　晶闸管调光电路图

（3）安装后，通电调试，用示波器实测并画出波形图。

4．操作要求

（1）根据给定的印制电路板和仪器仪表，在规定时间内完成焊接、调试、测量工作。

（2）调试过程中一般故障自行解决。

（3）焊接完成后必须经考评员允许后方可通电调试。

（4）安全生产，文明操作，未经允许擅自通电，造成设备损坏者该项目零分。

附元件清单（见表11—2。表中带下划线的元件名表示该元件为本印制电路板已焊接在电路板上的元件）。

表11—2　　元件清单

序号	符号	名称	型号与规格	数量
1	VD1、VD2、VD3、VD4、VD5、VD6	二极管	1N4007	6
2	VZ	稳压管	1N4740（10 V）	1
3	V1	单结晶体管	BT33 A	1
4	V2、V3	晶闸管	MCR100-6	2
5	R1	电阻	RT、2 kΩ、1/4 W	1
6	R2	电阻	RT、4.7 kΩ、1/4 W	1
7	R3	电阻	RT、510 Ω、1/4 W	1
8	R4	电阻	RT、100 Ω、1/4 W	1
9	R5、R6	电阻	RT、51 Ω、1/4 W	2
10	RP	电位器	WH5-100 kΩ	1
11	C1	电容	CBB、0.15 μF	1
12	HL	灯泡	12 V	1

5. 答题卷

（1）元件检测

1）三极管

①判管型：（　　）。

A. NPN管　　B. PNP管

②判管子的放大能力：（　　）。

A. 有放大能力　　B. 无放大能力

2）晶闸管

①判管脚：（　　）。

A. 1号脚阳极；2号脚阴极；3号脚门极

B. 1号脚阴极；2号脚阳极；3号脚门极

C. 1号脚门极；2号脚阴极；3号脚阳极

②判管子好坏：（　　）。

A. 好　　　　　　　　B. 坏

3）单结晶体管

①判管脚：(　　)。

A. 1 号脚为 e

B. 2 号脚为 e

C. 3 号脚为 e

②判管子好坏：(　　)。

A. 好　　　　　　　　B. 坏

（2）仪器使用。（用示波器实测并在图 11—18 上画出晶闸管调光电路各点波形图）

1. 桥式整流后脉动电压

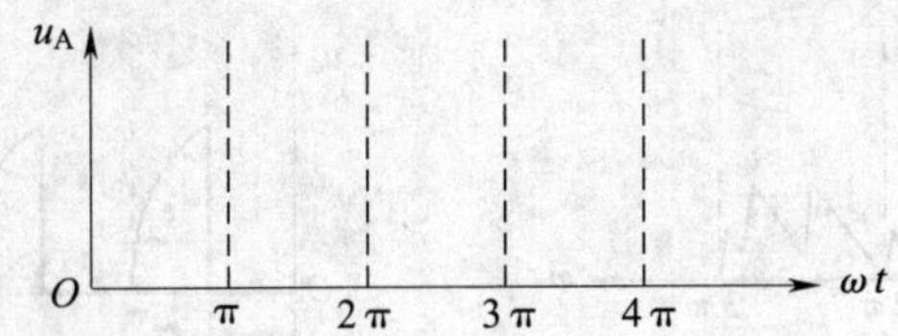

2. 同步电压波形

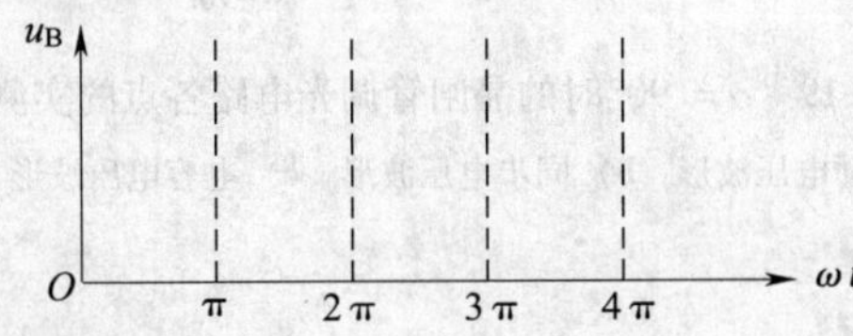

3. 电容电压波形

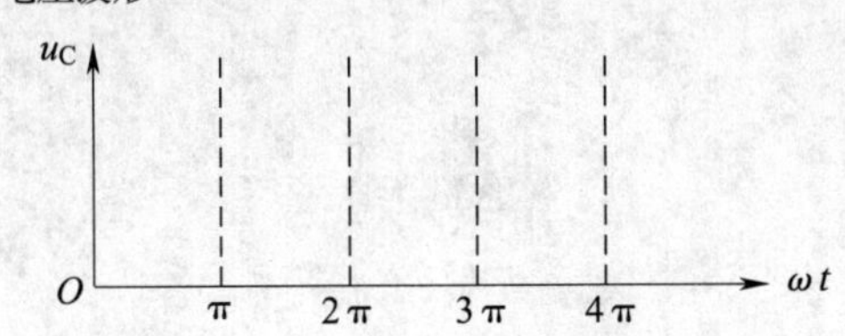

4. 输出电压波形α = ________°（由考评员选定30°、60°、90°、120°）

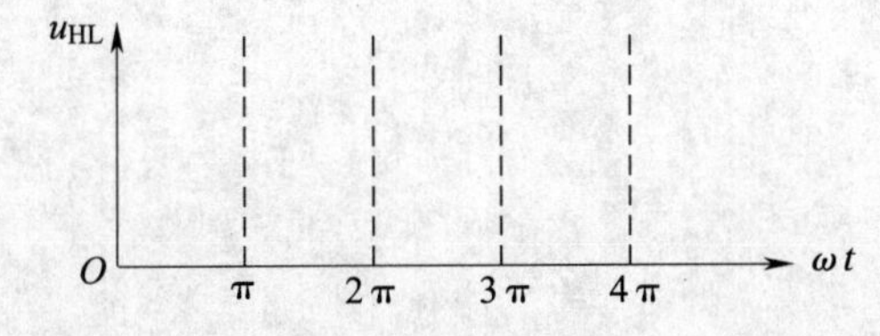

图 11—18　晶闸管调光电路各点波形图

测试题答案

晶闸管调光电路安装调试：$\alpha = 90°$时的晶闸管调光电路各点的实测波形图如图11—19所示。

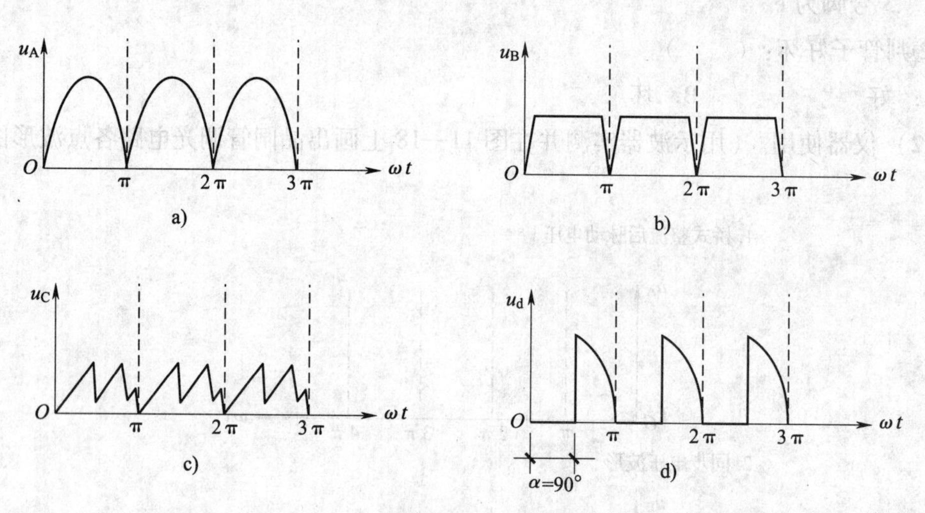

图11—19　$\alpha = 90°$时的晶闸管调光电路各点的实测波形图

a）桥式整流后脉动电压波形　b）同步电压波形　c）电容电压波形　d）输出电压波形